# Die Herstellung des Tempergusses und die Theorie des Glühfrischens

## nebst Abriß über die Anlage von Tempergießereien

### Handbuch für den Praktiker und Studierenden

Von


### Dr.-Ing. Engelbert Leber

Privatdozent an der Bergakademie Freiberg i. Sa.


Mit 213 Abbildungen im Text und auf 13 Tafeln

**Berlin**

Verlag von Julius Springer

1919

ISBN 978-3-642-51802-7     ISBN 978-3-642-51842-3 (eBook)
DOI 10.1007/978-3-642-51842-3

Herrn Oberingenieur

# MAX ESCHER

in freundschaftlicher Verehrung

# Vorwort.

Die Herstellung des Tempergusses umfaßt eine Reihe technologischer Vorgänge, die nur dieser eigentümlich sind; hierher gehört besonders das Glühfrischen. Dieses selbst birgt eine Anzahl von Problemen, die wiederum nur diesem Verfahren eigen sind und das wissenschaftliche Interesse ungemein fesseln; ein Teil der mit dem Tempern verbundenen Erscheinungen greift indessen in das Gebiet der allgemeinen eisenhüttenmännischen Wissenschaft über.

Unter der in den letzten Jahren stark angewachsenen eisenhüttenmännischen Literatur gab es bis jetzt kein einziges Buch deutschen Ursprungs, das sich ausschließlich mit diesen Dingen befaßte. Der Sonderdruck von Rott „Die Fabrikation des schmiedbaren und Tempergusses“, an dem man bis heute gezehrt hat, stammt aus dem Jahre 1881, das Buch Moldenkes „The Production of Molleable casting“, ist eine Sammlung von Einzelaufsätzen und beschäftigt sich, wie leicht verständlich, lediglich mit den „black heart castings“, und zwar nur von der praktischen Seite.

Da es kein Buch über den europäischen Temperguß gab, so liegt die Vermutung nahe, daß kein Bedürfnis vorlag; es ist aber auch der Rückschluß eines konservativen Verhaltens in Kreisen der Tempergießer gestattet, und in seinem Verkehr mit Tempergießereien wurde der Verfasser in dieser Auffassung bestärkt. Das Interesse richtet sich hier mehr auf wirtschaftliche Fragen, das Wissenschaftliche glaubt man beiseite schieben zu können. Man treibt teilweise noch immer Geheimniskrämerei, wie der Gießereimann es in früheren Zeiten allgemein tat, obgleich man gar nichts zu verheimlichen hat. Die allgemeine, tätige Teilnahme, die der Eisenhüttenmann, der Eisen- und Stahlgießer an den literarischen und wissenschaftlichen Vorkommnissen seines Fachgebietes nimmt, ist dem Tempergießer fast fremd. Die Wissenschaft ist von sich aus vorgegangen und hat das Gebiet des Glühfrischens durchleuchtet und hat dabei doch meist den praktischen Bedingungen Rechnung getragen; sie ist über das Wissen des Praktikers weit hinaus vorgedrungen, so daß dieser nur von der Wissenschaft profitieren kann. Er sollte deshalb seine Türen offen halten, wenn sie Rückfragen hat. Leider muß man hier auf das bessere Beispiel der Amerikaner hinweisen, die mit einer auffallenden und erfreulichen

Offenheit und Gründlichkeit die praktischen und wissenschaftlichen Fragen des schmiedbaren Gusses öffentlich besprechen und in Zeitschriften behandeln.

Die verschiedenen angeführten Umstände ließen es jedenfalls dem Verfasser als eine lohnende Aufgabe erscheinen, die Theorie und Praxis des schmiedbaren Gusses ausführlicher darzustellen, in der Absicht, damit nicht nur dem Betriebsmann Hilfe anzubieten, wenn er theoretische Aufklärung sucht, sondern auch dem Studierenden entgegenzukommen, wenn er sich über das zur Rede stehende Sondergebiet unterrichten will.

Ebenso naheliegend wie für Moldenke die Behandlung des schwarzkernigen Tempergusses war für den Verfasser diejenige des weißkernigen. Indessen lag es in der Natur der Sache, daß auch auf die amerikanische Glühmethode eingegangen werden mußte in theoretischer Hinsicht sowohl als auch bezüglich ihrer Wirkung auf das Erzeugnis.

Die vorliegende Arbeit mußte kompilatorischen Charakter erhalten, weil sich eine theoretische Übersicht nur aus vielen, weitzerstreuten wissenschaftlichen Arbeiten gewinnen ließ. Der Verfasser war daher bemüht, die einschlägige Literatur nicht nur möglichst vollständig anzuführen, sondern auch zweckdienlich zu verarbeiten. Ob das gelungen ist, darüber mag der Erfolg entscheiden. Durch Militärdienst und andere Umstände wurde die Veröffentlichung verzögert. Das Buch mußte der Verfasser während des Krieges im Ausland fertigstellen, wodurch der Verkehr mit den deutschen Fachbibliotheken aufs äußerste erschwert und teilweise unterbunden war. Die Folge war, daß manche Angaben leider nicht mehr nachgeprüft werden konnten und auf einige verzichtet werden mußte.

Lugano, im Mai 1919.

E. Leber.

# Inhaltsverzeichnis.



## Erster Teil.

## Die theoretischen Grundlagen des Glühfrischens.



## Zweiter Teil.

## Die Technologie des schmiedbaren Gusses.

# Geschichtliches und Statistisches.

In der Fachliteratur findet man hier und da (III, 65)[1]) die Meinung ausgesprochen, daß man schon im 17. Jahrhundert Kenntnis davon besessen habe, weißes Gußeisen durch Glühen weich zu machen und vereinzelt auch Gebrauch davon gemacht habe. Bereits vor 400 Jahren, sogar im frühen Mittelalter sei dies Verfahren bekannt gewesen und ausgeübt worden. La m la schreibt in der Gießereizeitung (65), „mehreren Aufzeichnungen könne entnommen werden, daß schmiedbarer Eisenguß im Siegerland und in Westfalen im 17. und 18. Jahrhundert, wenn auch vereinzelt, hergestellt wurde". Auf welche Quellen oder Urkunden sich diese Äußerungen stützen, ist dabei nicht vermerkt, so daß eine Nachprüfung zunächst unmöglich ist. Auch bei meinem Studium der Literatur bin ich nirgends auf eine Unterlage gestoßen, die jene Ansicht stützt, so daß vorläufig die Annahme berechtigt ist, daß es sich dabei um bloße Vermutungen handelt. Die erste Kundgebung, die sich mit dem Weichmachen von hartem Eisen befaßt, ist ein englisches Patent, das D a v i d R a m s e y im Jahre 1630 erhalten hat. Die Urkunde läßt aber offen, ob es sich dabei um ein Tempern von Gußeisen, insbesondere von Weißeisenguß, gehandelt hat, denn die maßgebende Stelle lautet nach V o g e l (155) einfach „to make hard iron soft"; was für eine Art harten Eisens gemeint ist, wird also nicht gesagt, immerhin bleibt es denkbar, daß ein gegossenes Eisen darunter zu verstehen war. Vielleicht gibt weitere Nachforschung den gewünschten Aufschluß. Deutlicher sprechen sich drei Schriften zu Patenten aus, die dem Prinzen R u p r e c h t, einem in England lebenden Sohne des Winterkönigs (Friedrich V. von der Pfalz), am 1. Dezember 1670, am 6. Mai 1671 und am 1. Dezember 1671 erteilt wurden. Die betreffende Stelle der ersten Patentschrift lautet: „Softening cast iron, so that it may be filed and wrought like forged iron —", in der zweiten heißt es: „A new invention or art of preparing and softening all cast or melled iron, so that it may be fyled and wrought as forged iron;" die dritte Fassung lautet fast genau so wie die zweite. Wenn auch nichts Näheres über das Verfahren selbst und seinen Erfolg bekannt ist, so wird doch hier mit vollkommener Deutlichkeit gesagt, daß es

---

[1]) Die im Text eingeschobenen, eingeklammerten Zahlen verweisen auf die im Literaturverzeichnis unter denselben Zahlen angeführten Veröffentlichungen.

sich um ein Weichmachen von gegossenem Eisen jeglicher Art handelt,
also möglicherweise auch weißem Eisen. Als erste bestimmtere Urkunden
über die Herstellung von schmiedbarem Guß dürften somit vorläufig die
Patentschriften des deutschen Prinzen Ruprecht anzusprechen sein. In
dem Taschenwörterbuch „Närrische Weisheit und weise Narrheit" des
naturwissenschaftlichen Schriftstellers Dr. Joh. Joachim Becker,
der 1680 nach England floh und mit Prinz Ruprecht in Verbindung
trat, finden wir, wie Vogel (155) berichtet, noch die wissenswerte Angabe, daß es sich um eine „contrare operation" der Zementierung
handelte und daß der Prinz „in Groß" (im großen) arbeiten ließ. Indessen bleiben doch die ersten, wichtigsten Veröffentlichungen, die sich
eindringend mit dem Gegenstand befassen, zwei aus dem Jahre 1722
stammende, in der Literatur oft erwähnte Schriften Réaumurs (VII,
VIII). Diese Arbeiten sind nicht allein dadurch bemerkenswert, daß
Réaumur sich darin vom theoretischen und praktischen Standpunkt
aus mit der Herstellung des Tempergusses befaßt, sondern auch deshalb,
weil wir in ihnen die Anfänge und Grundlagen einer wissenschaftlichen
Behandlung des Eisenhütten- bzw. Gießereiwesens zu erblicken haben.
Nach Réaumur fällt die erste Herstellung des schmiedbaren Gusses in
Frankreich etwa in das Jahr 1701. Er sagt nämlich in seinem Buch, daß
der Gedanke, Gußeisen weich zu machen, schon mehrfach aufgetaucht und
wieder vergessen worden sei. Seinen Nachforschungen sei es gelungen,
einen Meister festzustellen, der vor etwa 20 Jahren in Paris gelebt und
es verstanden habe, Gußeisen weich zu machen. Diesem Manne sei es
aber offenbar nicht gelungen, immer eine gleich gute Ware zu erzielen,
wie die von ihm (Réaumur) untersuchten Stücke des unbekannten
Meisters bewiesen. Letzterer selbst sei verschollen. Solange also nicht
die eingangs erwähnten Annahmen auf sichereren Boden gestellt sind
und nichts Sicheres und Genaueres über das Schicksal der Erfindung
des Prinzen Ruprecht bekannt wird, muß man annehmen, daß Réaumur
zuerst den Temperguß technisch hergestellt und verwertet hat. Jedenfalls aber ist der französische Gelehrte durch seine wissenschaftliche
Beschäftigung mit der Eisengießerei selbständig zur Erfindung des
schmiedbaren Gusses geführt worden. Die großen Hoffnungen, die der
bedeutende Gelehrte an das neue Verfahren knüpfte, haben sich weder
zu seinen Lebzeiten — Réaumur starb 1757 — noch in der zweiten Hälfte
des 18. Jahrhunderts erfüllt. Wie schon so oft, wurde mit Réaumurs
sterblichen Resten eine verheißungsvolle Idee zu Grabe getragen, ohne
daß ihr Schöpfer ihre Verwirklichung erlebt oder gar Früchte aus ihr
hätte reifen sehen.

Réaumurs Schriften überzeugen jedenfalls unmittelbar, daß es sich
um durchaus eigene Gedanken und Arbeiten handelt. Es dürfte vom
geschichtlichen und auch vom technischen Gesichtspunkt aus angebracht
sein, etwas näher auf sie einzugehen. Bereits im November 1721 hat er

die ersten Berichte über seine Versuche und Erfolge der Akademie der
Wissenschaften, deren Mitglied er war, vorgelegt. Im Jahre 1722 erschienen dann die beiden berühmten Schriften über sein neues Verfahren.
Die eine davon ist dem Herzog von Orléans zugeeignet und betitelt:
„L'art de convertir le fer forgé en acier et l'art d'adoucir le fer fondu,
ou de faire des ouvrages de fer fondu aussi fini que de fer forgé", die
andere führt die Überschrift: „Nouvel art d'adoucir le fer fondu et de
faire des ouvrages de fer fondu aussi finis que de fer forgé" und findet
sich auch in dem 1761 von Duhamel du Monceau herausgegebenen
technologischen Sammelwerk „Description des arts et des metiers"
Vol. II. Die Arbeiten stimmen in den Abbildungen und im Wortlaut
fast vollkommen überein, letztere enthält nur noch einige zusätzliche
Teile, die sich hauptsächlich mit der Behandlung des Sandes und der
Form und mit Versuchen Réaumurs beschäftigen, das Eisen schon
im flüssigen Zustand weich zu machen (tentatives faites pour adoucir
la fonte en fusion); auch die Verwendung von Metallformen mag als
besonders bemerkenswert aus diesen Erweiterungen hervorgehoben
werden. Im übrigen beschäftigt sich Réaumur in den uns vornehmlich
fesselnden Abschnitten zunächst sehr eingehend mit den verschiedenen
Gußeisenarten, die in Frage kommen können, dem weißen Gußeisen
und dem grauen. Hier mag besonders darauf hingewiesen werden, daß
auch Réaumur das weiße Gußeisen als dasjenige Eisen angesehen hat,
das für den Glühprozeß am besten geeignet ist (il est aisé d'avoir de la
fonte blanche, et toute aussi blanche qu'on voudra, il est bon de le savoir
et d'ou cela dépend, parce que c'est cette fonte que nous emploierons
dans la fuite). Das weiße Eisen ist, wie Réaumur weiter ausführt,
reiner und enthält weniger Fremdkörper; das graue Eisen kann aber
durch mehrmaliges Umschmelzen in weißes umgewandelt werden.
Mit einem Wort, es handelt sich darum, weißes Eisen zu erhalten,
das man weiter behandeln kann; es handelt sich darum, ihm seine
Härte, seine Sprödigkeit (roideur) zu nehmen, es weich zu machen. Ich
hebe diese Stelle hervor, weil man in der Literatur andere unzutreffende
Auffassungen findet; so in dem französischen Werk von Lelong
und Mairy (IV), in dem die Sache so dargestellt wird, als habe
Réaumur gar keinen eigentlichen Temperguß angefertigt, sondern nur
sehr reines Gußeisen geglüht, indem er die Stücke mit einem Gemisch
von kohlensaurem Kalk und Holzkohle in Tiegel packte und längere Zeit
erhitzte, so wie man es heute noch mit dünnwandigem Grauguß macht,
um ihn bearbeiten zu können. Dem ist jedoch nicht so. Allerdings geht
aus den eingehenden Beschreibungen des Bruchaussehens der geglühten
weißen und grauen Gußstücke nicht hervor, daß sich aus dem weißen
Roheisen freier Kohlenstoff abgeschieden hat. Aber einige der von
Réaumur gebotenen Abbildungen (s. z. B. Abb. 1) deuten doch darauf
hin und dann auch seine sonstige Darstellung. Er sagt: Das geglühte

Erzeugnis wird im Bruch grau wie gewöhnlicher Stahl, das Gefüge körnig. An der Außenfläche bildet sich ein weißer Ring, glänzend, heller als die Farbe des Stahls. Bei weiter getriebenem Glühen nimmt der helle Ring an Ausdehnung zu, und das ganze Innere wird nach und nach heller. Wenn das auf diese Weise feilbar gewordene weiße Eisen abgeschreckt wird, so nimmt es Härte an, ebenso wie der Stahl, und durch Wiedererhitzen kann das Metall auch wieder weich gemacht werden. Bei dicken Stücken aber kommt es vor, daß man nach dem Glühen an der Außenfläche im Bruch weiches Eisen erkennt, weiter nach innen folgt Stahl und im Kern, der noch nicht weich ist, hat sich weißes Eisen erhalten. Wenn man somit das Glühen nur bis zu einem gewissen Grade durchführt, erhält man also Stahl, der von weichem Eisen umgeben ist, dauert das Glühen aber lange genug, so erhält man reines weiches Eisen. Auffallend ist auch, daß Réaumur zahlreiche, dicht beieinander liegende kleine Hohlstellen zwischen den Körnern unter dem Mikroskop erkannt hat. Von den grauen und tiefgrauen Gußstücken, die an sich schon feilbar sind und von denen man eigentlich ein „zuverlässiges" Weichwerden erwarten sollte, sagt Réaumur, daß sie sich durchs Glühen kaum schmiedbar machen lassen. Sie haben einen viel geringeren Grad von Geschmeidigkeit und lassen sich nicht kalt zusammenfalten wie das geglühte weiße Gußeisen. In Abb. 1 sind eine Anzahl von Réaumur aufgezeichnete mikroskopische Bilder wiedergegeben, die ein dem Temperguß jedenfalls höchst ähnliches Aussehen haben, namentlich die Abbildung $K$, in der die Hohlstellen mit $L$, $L$ bezeichnet sind.

Im übrigen beschreibt Réaumur dann die verschiedenen Schmelzofenarten, von denen sein feststehender und kippbarer Schachtofen (s. Abb. 2 und 3) als Vorläufer des feststehenden und kippbaren Kupolofens besonders hervorzuheben ist. Auch der von Réaumur konstruierte Glühofen wird beschrieben. Er bestand, wie die der Originalschrift entnommene Abb. 4 erkennen läßt, aus einem gemauerten Schacht, der in drei Füllräume für die Gußware (von Réaumur mit creuset bezeichnet) unterteilt ist, zwei schmälere liegen an der Wand, ein größerer in der Mitte. Zwischen je einem schmäleren und dem mittleren Füllraume liegt eine Feuerung, die von zwei gußeisernen Wänden eingeschlossen wird. Die Gußplatten werden gegeneinander abgesteift, damit sie sich nicht so stark werfen. Jeder Füllraum hat eine breite schlitzartige Öffnung, durch die das Innere zugänglich wird. Sind die Gußstücke eingepackt, so werden die Schlitze durch aufeinandergesetzte Steine geschlossen, wie aus Abb. 4 links (Fig. 3) ersichtlich ist. Als Brennstoff dient trockenes Holz, das durch die Öffnungen $B$, $B$ dem Feuerraum zugeführt wird. Bei $A$ liegen die Luftzutrittsöffnungen. Der Ofen ist allseitig armiert, im Grundriß etwa 2 m lang und 2 m breit bei 2,25 m Höhe. Réaumur hat mit zahlreichen Glühmitteln Versuche angestellt; so mit Gips, gemahlenen Muschelschalen, mit verschiedenen alkalischen Salzen, Pottasche, auch

Abb. 1. Von Réaumur hergestellter Temperguß.

mit Eisenoxyd u. a. Als bestes Mittel hat sich ihm Knochenasche und
besonders gemahlene Kreide bewährt, die mit Holzkohle untermischt
war. Mit diesem Gemisch wurden die Gußstücke in die Füllräume gepackt, und zwar nach Größe geordnet, oder die stärkeren wurden näher
an die Feuerwand gelegt. Die Stücke wurden je nach ihrer Stärke

Abb. 2. Réaumurs feststehender Schachtofen.

10 Stunden bis mehrere Tage hindurch geglüht. Für eine Glühung waren ungefähr zwei Fuhren Holz erforderlich.

Aus dem letzten Abschnitt dieser denkwürdigen Arbeit geht hervor, daß Réaumur sich von seiner Erfindung geradezu eine Umwälzung in der

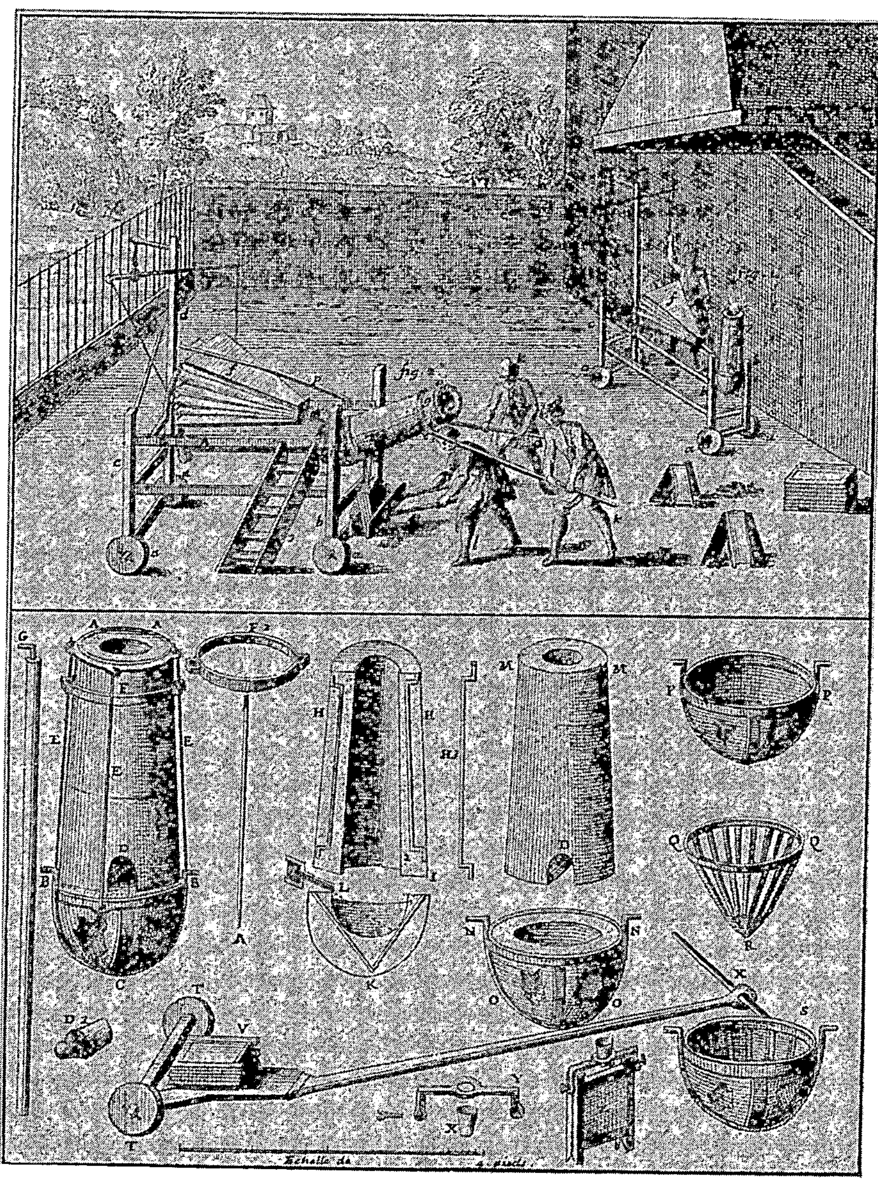

Abb. 3. Réaumurs kippbarer Schachtofen.

Eisenindustrie versprach. Namentlich sollten Schmiedearbeiten, wie Gitter,
Balkone usw., durch seinen Guß ersetzt werden, dann vor allem Schloß-
teile aller Art, Schlüssel, Türklopfer (Abb. 5), Türbeschläge, überhaupt
Beschlagteile, Kaminplatten, besonders auch alle solche schmiedeisernen
Stücke, die mit reichen Verzierungen versehen und „für den guten Ge-
schmack" bestimmt waren. Vor allem sollte der englischen Ware ein

Abb. 4. Réaumurs Glühofen für Temperguß.

wettbewerbfähiges Erzeugnis entgegengestellt werden. Viele Teile, vorzugsweise Luxusgegenstände wie Vasen, Büsten u. a., die man bisher aus Bronze
gegossen hatte, sollten aus seinem Temperguß hergestellt werden, ebenso
die zahlreichen Gerätschaften, die aus Kupfer getrieben waren, wie z. B.
Kochtöpfe, Kasserole und anderes Küchengerät. Schließlich glaubte er
auch, daß seinem Erzeugnis noch eine Zukunft bei der Bewaffnung der

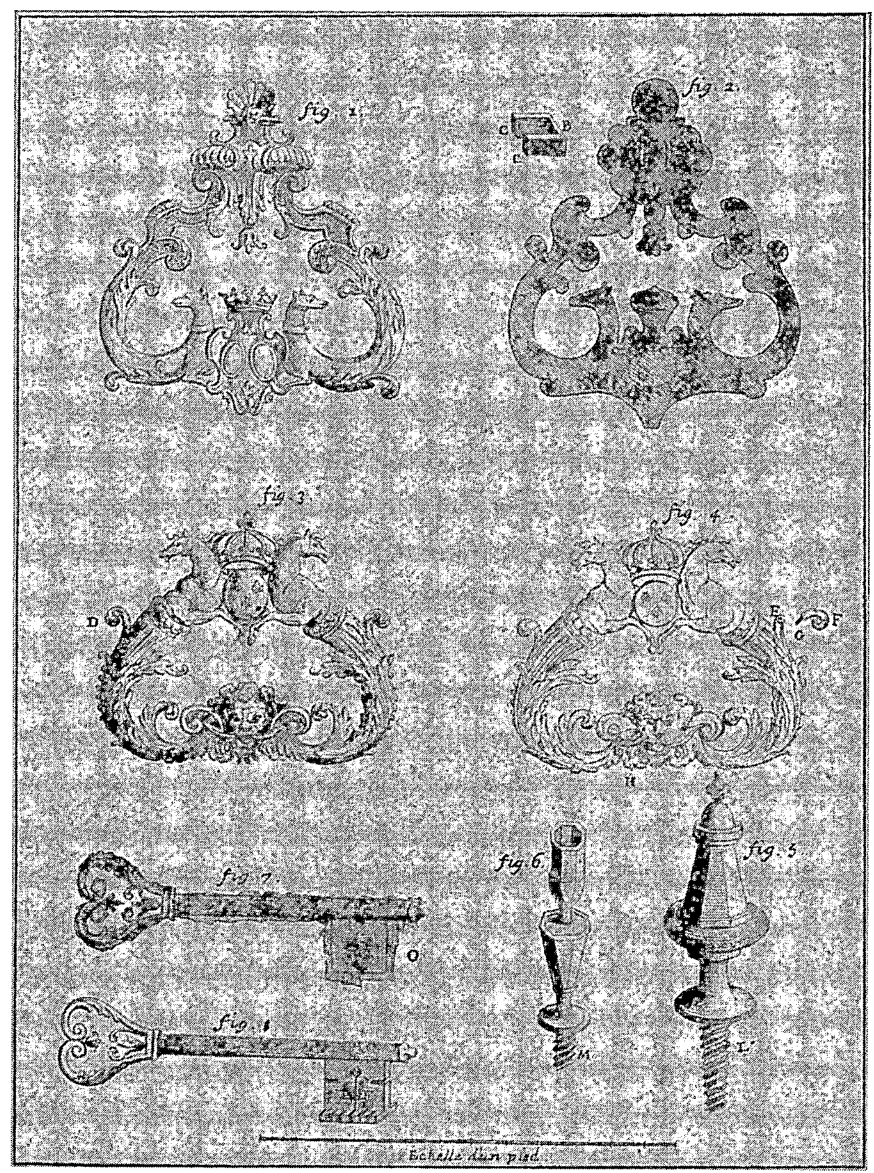

Abb. 5. Von Réaumur hergestellte Tempergußteile.

Artillerie und der Herstellung von Schiffsteilen bevorstände. Abb. 5 bietet einige solcher von Réaumur getemperter Gegenstände.

Das Verfahren kam zunächst in Vergessenheit, und auch der Engländer Horne (1773) und der Schwede Rinman (1782), die sich mit dem Temperprozeß befaßten, stellten, wie Lohse (XII) angibt, der Verwirklichung von Réaumurs Gedanken und Plänen ein schlechtes

Horoskop. Man dachte nicht mehr an „die Kunst, das Eisen weich
zu machen", bis im Jahre 1803 Robert Ransom, ein Engländer
aus Ipswich, ein Patent auf gußeiserne Pflugscharen nahm, die getempert wurden. Im folgenden Jahre wurde dann dem Engländer
Samuel Lucas ein Patent auf die Herstellung von Temperguß erteilt,
das im allgemeinen dem heutigen Verfahren entspricht. Nach seinem
Patent soll man gußeiserne Gegenstände mit zerkleinerten Oxydationsmitteln, z. B. Eisenerz in gußeiserne Töpfe bringen und einem fünf bis
sechs Tage andauernden Glühen unterziehen. Indessen gelang es erst
dem Bruder des Erfinders Thomas Lucas mehrere Jahre später das
Verfahren brauchbar zu gestalten. Die ersten Waren, die er aus Temperguß in eigner Fabrik in Chesterfield herstellte, waren Schneidwaren.
Jedenfalls knüpft sich an das Lucassche Patent die erste eigentliche ge-
werbliche Erzeugung von schmiedbarem Guß. Einen zweiten Anstoß
empfing das englische Tempergießereigewerbe später, als der amerikanische
schmiedbare Guß hier eingeführt wurde. Über die heutige Leistungsfähigkeit der englischen Tempergießereien konnte Verfasser keine Zahlen
ermitteln.

Nach Blume (7) soll Belgien das erste europäische Land gewesen
sein, in dem der Temperguß aufkam, wobei er offen läßt, ob es sich hier
um eine selbständige, ohne Anlehnung an fremde Vorbilder erfolgte, ge-
werbliche Gründung handelt. Von Belgien aus soll das Verfahren zunächst nach Frankreich und dann in die übrigen europäischen Länder
gekommen sein. Wie dem auch sei, wie den Annales des Mines zu
entnehmen ist (1819, IV, S. 159), brachten im Jahre 1818 Déodor
und Baradelle (s. XIII, Bd. 4, S. 247 u. 331) das Verfahren nach
Frankreich und begründeten damit die neuere französische Tempergußindustrie. Nähere Angaben über die nicht sehr beträchtlichen heutigen
Erzeugungsziffern liegen nicht vor. Im Jahre 1828 kam auch die heute
noch bestehende und bekannte Schweizer Firma Fischer in Schaffhausen
mit Temperguß auf den Markt. Mag es nun mit den eingangs erwähnten Anfängen der Tempergußerzeugung in Deutschland be-
stellt gewesen sein, wie es will, so unterliegt es doch keinem Zweifel, daß
das hier im 19. Jahrhundert aufblühende Gewerbe mit so vielen anderen Neuerungen aus dem damals die Eisenindustrie führenden, ja be-
herrschenden England nach Deutschland verpflanzt wurde, und zwar in
die rheinisch-westfälischen Industriereviere. Wenn auch das Jahr der
Einführung nicht bekannt ist, so ist doch anzunehmen, daß sie in das
erste Jahrzehnt des 19. Jahrhunderts fällt. So war schon, wie der Fest-
schrift der Gutehoffnungshütte (XIV) zu entnehmen ist, auf der dama-
ligen Antony-Hütte im Jahre 1804 ein Temperofen in Betrieb. In den
vierziger Jahren wurden nach Beck (XIII, Bd. 4, S. 531) in Solingen
die ersten Tempergießereien eingerichtet. Noch heute findet man im
rheinisch-westfälischen Bezirk die meisten Tempergießereien größeren

und kleineren Umfangs. Die ersten österreichischen Betriebe auf
Temperguß finden wir in Neuenkirchen bei Wiener Neustadt (Brevillier
& Co.) und in Traisen (B. Fischer).

Das übliche Verfahren bestand darin, geeignete Einsätze im
Tiegel zu schmelzen und die Gußware in gemauerte Kisten oder gußeiserne Töpfe mit Erz einzupacken und zu glühen. Erst in den 70er Jahren
bürgerte sich das Schmelzen im Kupolofen in Belgien ein, nachdem
man schon früher vergebliche Versuche nach dieser Richtung gemacht
hatte, die aber an der Unsicherheit des Verfahrens gescheitert waren.
Insbesondere führte der hohe Zusatz von schmiedbarem Eisen, den man
im Kupolofen einsetzte, zu Zufallsergebnissen. In Deutschland schmolzen, soweit meine Kenntnis reicht, zuerst die Firmen H. Bovermann
in Gevelsberg und I. C. Post Söhne in Hagen vor etwa 30 Jahren
im Kupolofen. Diesen folgten alsbald zahlreiche andere Tempergießereien, und auch heute noch findet man den Kupolofen namentlich für die Erzeugung des sogenannten Temperstahlgusses vielfach im
Betrieb. Im Jahre 1881 baute dann Heinrich Eckardt den ersten
Martinofen für Temperguß in der Weicheisen- und Stahlgießerei
von Fischer in Traisen in Niederösterreich. Im Jahre 1884 folgte ein
zweiter 1-t-Ofen für die Firma Hardey, Capitain & Co. in Nougon in den
Ardennen und 1887 der dritte bei Georg Fischer in Schaffhausen. Damit
fand dann überhaupt der Klein-Martinofen erfolgreichen Eingang in die
Temper- und Stahlgießerei. Die Bedeutung des Eckardtschen Gedankens
liegt darin, daß es nun möglich war, größere Mengen Temperguß zu
erzeugen, die dem guten, bisher nur im Tiegel schmelzbaren Erzeugnis
gleichkamen und billiger waren, dabei aber, um wirtschaftlich zu
sein, doch nicht zu große Gußmengen hervorbringen mußte, wie die
Amerikaner, weil man in der gleichzeitigen Herstellung von Stahlgüssen
höherer Gewichte einen Ausgleich hatte; kurz, in der Anpassung an
deutsche Verhältnisse lag das Verdienst. Heute hat der Martinofen einen
gesicherten Platz neben den übrigen Schmelzöfen. Im Jahre 1897 erhielt
dann Walrand (Paris) ein Patent (s. St. u. E. 1898, S. 820) auf das
Frischen des Roheisens in der Bessemerbirne, dessen Anspruch
folgendermaßen lautete: „Verfahren zur Herstellung von gegossenen Tem-
perstahlgußgegenständen, gekennzeichnet durch Verblasen von Roheisen
mit hohem Siliziumgehalt in der sauren Birne bis auf den zum Gießen
des Eisens noch erforderlichen Gehalt an Kohlenstoff, der gegebenenfalls
durch Zusatz eines anderen flüssigen Roheisens erzielt wird, wonach das
Eisen in bekannter Weise in die Form gegossen und durch das Glühen
weiter entkohlt wird." Nach C. Rott (X) soll man den Kleinkonverter
in England vor mehr als 30 Jahren schon zur Erzeugung von Temperroheisen angewendet haben, indem man geeignete Roheisensorten so weit
in der Birne feinte, bis sie die gewünschte Zusammensetzung hatten;
das sogenannte, in Deutschland wohlbekannte O. K.-Eisen soll auf diese

Weise hergestellt worden sein, ebenso die Marken H. C. M. In Deutschland übt man heute ebenfalls dieses Verfahren aus. Demnach — die Schrift Rotts stammt aus dem Jahre 1881 — hätte man also in England zuerst die Kleinbirne angewendet, was nachzuprüfen wohl der Mühe lohnte. Die ersten Versuche in Deutschland, schmiedbaren Guß in der Kleinbirne zu erzeugen, wurden wohl um das Jahr 1900 oder 1901 in einer Gießerei des rheinisch-westfälischen Industriegebietes gemacht und zwar in Birnen mit dem kleinen Inhalt von 500 bis 700 kg. Auch dieses Verfahren war von Erfolg begleitet, wenn auch die Einführung der Kleinbirne für diesen Zweck beschränkt blieb. Heute schmilzt man meist in Birnen von 1 t Fassungvermögen, seltener in 2-t-Birnen. Schließlich sei noch auf die Verwendung des Elektroofens für die Tempergußdarstellung hingewiesen. Allenthalben findet man in der Literatur Angaben, daß neuerdings auch der Elektroofen der Herstellung des schmiedbaren Gusses diene, aber man vermißt stets nähere Auskunft über Ort und Zeit dieser Einführung. Dem Verfasser ist es nach längeren Bemühungen gelungen, festzustellen, daß Doubs im Jahre 1910 oder 1911 auf einem Werk Österreichs eine größere Anzahl Tempergußchargen im Elektroofen hergestellt und eine süddeutsche Gießerei einige Versuchsschmelzen vorgenommen hat, die Erfolg versprachen. Auch die Schmelzungen Doubs waren nur Versuche. Darüber aber, daß ein Werk für dauernd einen regelmäßigen Schmelzbetrieb für Temperguß im Elektroofen aufgenommen habe, ist dem Verfasser nichts bekannt geworden.

Wenn auch Deutschland bei weitem nicht so bedeutender Mengen Temperguß bedarf wie die Vereinigten Staaten, so sind die in den amerikanischen Zeitschriften angeführten Zahlen über die außeramerikanischen Erzeugungen zu niedrig gegriffen. Nach einer Schätzung Moldenkes aus dem Jahre 1915 soll die Jahreserzeugung der Vereinigten Staaten 900 000 t, die der übrigen Länder zusammen nur 75 000 t ausgemacht haben. Nach dem Statistischen Jahrbuch aus dem Jahre 1917 stellte sich die Tempergußerzeugung Deutschlands vor dem Kriege wie folgt

| im Jahre | 1000 t |
|---|---|
| 1910 | 59,7 |
| 1911 | 61,3 |
| 1912 | 72,1 |
| 1913 | 71,0 |
| 1914 | 58,8 |

Demgegenüber wurden in Deutschland nach einer Schätzung des Vereins deutscher Eisengießereien (68, S. 347) bereits im Jahre 1909 115 000 t Temperguß erzeugt, und der Jahresumsatz wird in den letzten Jahren vor dem Krieg kaum zurückgegangen sein. Nach der letzten, aus dem Jahre 1915 stammenden Zusammenstellung der in Deutschland betriebenen Eisen- und Stahlgießereien in der „Gemeinfaßlichen Darstellung des Eisenhüttenwesens" gab es in Deutschland 145 Tempergießereien, heute wird die Zahl vielleicht überschritten sein. Eine Liste der deutschen Tempergießereien ist im Anhang geboten. Es ist interessant, daraus zu entnehmen, wie sich diese Sonderindustrie besonders stark in Rheinland und Westfalen angesiedelt hat, und zwar schon von Anfang der Tempergußerzeugung an. Namentlich die Orte Remscheid, Hagen, Haspe, Gevelsberg, Velbert, Milspe bildeten einen stärkeren Anziehungspunkt für viele größere und kleinere Betriebe.

Leider muß hier festgestellt werden, daß man in den vielen kleinen Tempergießereien Deutschlands keineswegs von allen Mitteln Gebrauch macht, die ihnen die Wissenschaft an Hand gibt. Noch heute ist die Geheimniskrämerei hier an der Tagesordnung und jeder sucht sein Rezeptchen ängstlich zu bewahren. Geschichtlich ist dieses Verhalten leicht erklärlich, die Vorgänge beim Glühprozeß blieben lange im Dunkel, wodurch der Geheimhaltung aller Erfahrungen natürlich Vorschub geleistet wurde; sind doch noch keine 50 Jahre verflossen, daß man sich überhaupt einmal gründlicher mit den Veränderungen befaßt hat, die sich beim Glühfrischen in dem Material abspielen und kaum 40 Jahre, daß man mit Bestimmtheit die Abscheidung des elementaren Kohlenstoffes erkannt und richtig erklärt hat. Inzwischen hat die Wissenschaft die in der Praxis angesammelten, aber niemals fruchtbar gewordenen Erfahrungen längst von sich aus gemacht und überholt; sie ist besser über alle Vorgänge unterrichtet als die Schwarzkünstler wissen, die heute nur von ihr profitieren können, sofern sie sich überhaupt mit ihr beschäftigen wollen. Zu verbergen haben sie wirklich nicht viel. In dieser Hinsicht können wir nur von den Amerikanern lernen, die viel offener über die Fabrikationsfragen des schmiedbaren Gusses verhandeln oder vielmehr verhandeln müssen. Denn die Kühnheit, mit der der Amerikaner in der Anwendung des Tempergusses vorgeht, erhöht auch die Verantwortung, und diese treibt von selbst zu einem freimütigen Austausch der praktischen Erfahrungen, sei es in Fachkreisen oder auf literarischem Wege.

Der Begründer des amerikanischen Tempergießereiwesens ist Seth Boyden, der um das Jahr 1830 den ersten schmiedbaren Guß in Newyork N. Y. herstellte. Im Jahre 1835 zählte man in Nordamerika fünf Gießereibetriebe, die sich mit der Herstellung des neuen Erzeugnisses beschäftigten. Wie überall, vollzog sich auch hier die Entwicklung allmählich und unter möglichster Verheimlichung aller Kenntnisse und praktischen Erfahrungen. Besondere Verdienste erwarb sich William Mc Conway in Pittsburg um die Hebung dieses Sonderzweiges des Gießereigewerbes und seine wissenschaftliche Förderung. In den ersten Jahrzehnten verarbeitete man auch in Amerika ausschließlich Holzkohlenroheisen, bis man mit dem bedeutenden Aufschwung des Tempergießereiwesens am Ende des vorigen Jahrhunderts zur überwiegenden Verwendung von Koksroheisen überging. Um 1900 gab es in den Vereinigten Staaten etwa 90 Gießereien für Temperguß, von denen die größten damals schon Tageserzeugungen von 80 t aufwiesen. Heute sind Tageserzeugungen von 100 t nichts Seltenes. Der Amerikaner gießt bekanntlich den weitaus größten Teil seines Tempergusses aus dem Flammofen, seit dem Jahre 1891 auch aus dem Martinofen. Die kleineren Tempergießereien mit Tageserzeugungen bis etwa 5 t bedienen sich häufiger des Kupolofens. In Amerika wird der meiste Temperguß nicht so lange und bei niedrigerer Temperatur geglüht als bei uns und nur wenig entkohlt; man begnügt sich damit, den Kohlenstoff im wesentlichen als Temperkohle abzuscheiden, ohne ihn zu vergasen. Etwa 85 v. H. allen amerikanischen schmiedbaren Gusses ist auf diese Weise hergestellt und unter dem Namen „black heart castings" bekannt. Die übrigen 15 v. H. werden nach dem europäischen Verfahren geglüht und mit „white heart castings" bezeichnet; der meiste Guß dieser Art ist für landwirtschaftliche Maschinen bestimmt. Heute beträgt die Gesamtjahreserzeugung an Temperguß sicher über 1 000 000 t — im Jahre 1907 hat sie schon einmal nahezu 1 Mill. Tonnen betragen (173) —, von denen allein etwa 65 v. H. für die Eisenbahnbetriebe bestimmt sind, die übrigen 35 v. H. bestehen hauptsächlich aus Zubehörteilen für landwirtschaftliche Maschinen. Schon daraus geht hervor, daß der Temperguß in starken Wettbewerb mit dem Stahlguß treten muß. Der Amerikaner ist, wie schon erwähnt, in der Verwendung getemperten Materials unbedenklicher als wir, da er es auch für solche Konstruktions-Bau- und Maschinenteile benutzt, bei denen wir beim Stahlguß bleiben. In der Hauptsache handelt es sich, wie gesagt, größtenteils um ganz bestimmte Industriezweige, die damit versorgt werden, außer um Eisenbahnbedarf und Teile zu landwirtschaftlichen Maschinen namentlich um Ofenguß, Fittings und zahllosen Kleinguß, wie er auch bei uns hergestellt wird. In den letzten Jahren hat der Temperguß auch starke Aufnahme im Automobilbau gefunden. Wenn man die einschlägige Literatur studiert, fühlt man deutlich die Verantwortung heraus, die damit das Tempergießereigewerbe auf sich genommen hat. Lebhafte Besprechungen über die geeigneten Rohstoffe und Zusammensetzungen des geglühten Gusses, Festigkeitsvorschriften und Gießmethoden, an denen die ersten Fachleute, wie M o l d e n k e , C h a d s e y , T o u c e d a u. a., beteiligt sind, bilden viel häufiger als bei uns den Gegenstand von Veröffentlichungen und Versammlungsvorträgen. Namentlich die Festlegung bewährter Querschnitteabmessungen und Formen machen den Fachleuten manches Kopfzerbrechen (104, 145, 146, 148, 180, 196). Ähnlich wie bei uns haben sich übrigens auch in Amerika die Tempergießereien in bestimmten Bezirken festgesetzt. Die meisten Betriebe findet man ziemlich gleichmäßig zerstreut in den Staaten nördlich vom Ohio und östlich vom Mississippi, eine kleinere Anzahl — im Jahre 1910 waren es 10 — befindet sich auch in Kanada. Wieviel von den heute fast an die Zahl 7000 heranreichenden Gießereibetrieben der Vereinigten Staaten Temperguß herstellen, konnte Verfasser nicht ermitteln. Im Jahre 1910 zählte man nach einer Aufzählung aller Betriebe in der Zeitschrift „The Foundry" 178 Tempergießereien, heute sind es wohl weit über 200 (173, 176, 185).

In Schweden, Norwegen und Dänemark soll nach G. A. Blume (7) bis zum Jahre 1876 oder 1880 keine Tempergießerei bestanden haben. Damals wurde eine kleine Anlage in der Nähe von Stockholm errichtet. Mehrere Jahre später wurden auch in Kopenhagen und Kristiania einige kleinere Betriebe eröffnet, ebenso in Schweden. Bis zum Jahre 1906 mögen in den skandinavischen Ländern etwa 500 t Temperguß im Jahre erzeugt worden sein. Im Jahre 1906 gab es in Schweden drei Gießereien für schmiedbaren Guß, die teils im Tiegel, teils im Martinofen schmolzen. Zwei von diesen lieferten etwa 200 t Gußwaren jährlich, die dritte brachte es bis zum Jahre 1908 auf 1500 t im Jahr. Eine vierte wurde im Jahre 1906 in Betrieb genommen und ist für eine Jahreserzeugung von 2000 t bestimmt. Man stellt in Schweden weißkernigen und schwarzkernigen Temperguß her. Die zuletzt erwähnte Tempergießerei in Västerås (183), die ich im Jahre 1915 zu besichtigen Gelegenheit hatte, ist z. B. ganz nach amerikanischem Muster eingerichtet und schmilzt im Flammofen, während die größte der zuerst genannten mit Martinöfen arbeitet.

In Rußland baute man wohl in den 80er Jahren die erste Tempergießerei in Jacobstadt (Finnland); andere kleinere Betriebe wurden in den baltischen Provinzen ins Leben gerufen, die vorzugsweise unter deutscher Leitung arbeiteten.

Was die wissenschaftliche Seite der Herstellung von Temperguß anlangt, so blieb die theoretische Erklärung der Vorgänge beim Glühen lange Zeit unbekannt. Die erste Aufhellung brachte eigentlich die Arbeit Davenports aus dem Jahre 1871 (15) in der Zeitschrift „Mechanics Magazines", in der die tatsächlichen Veränderungen des Rohgusses durch das Glühen auf analytischem Wege festgestellt wurden (s. S. 81). Noch wichtiger aber war die aus dem Jahre 1881 stammende noch öfter zu erwähnende Veröffentlichung Forquignons (28), in der die Feststellung gemacht wird, daß die Umwandlung des weißen Eisens in eine schmiedbare Form nicht allein auf einer Abnahme des Gesamtkohlenstoffs, sondern auch auf der Abscheidung von amorphem Kohlenstoff durch Zersetzung des Eisenkarbides beruht, wodurch erst die Entkohlung möglich wird. Diese Ergebnisse wurden dann 1886 von Ledebur nachgeprüft und bestätigt (77). An diese und noch weitere Versuche knüpfte sich die denkwürdige Arbeit Ledeburs aus dem Jahre 1888 „Über die Benennung der verschiedenen Kohlenstofformen im Eisen" (79), in der die Temperkohle als eine selbständige, neue Kohlenstofform angesprochen und als solche bezeichnet wird. Die von Ledebur in dieser Arbeit vorgeschlagenen Bezeichnungen haben allgemeine Annahme gefunden, insbesondere unterscheidet man in europäischen Ländern mit Ausnahme von England schärfer zwischen Graphit und Temperkohle, während in den englisch sprechenden gewöhnlich nur vom „graphit" oder „gafitic carbon" die Rede ist. Schon vorher, im Jahre 1886, hatte Ledebur seine Theorie der Molekularwanderung (77) ausgesprochen, die auch heute noch nicht ganz aufgegeben ist aus Gründen, die im zweiten Abschnitt dieses Buches näher dargelegt sind. Dann sind die von Royston im Jahre 1897 angestellten Versuche (124) bemerkenswert, um die genauen Bedingungen, insbesondere die Temperaturen zu ermitteln, bei denen sich die Temperkohle abscheidet. Das Jahr 1902 brachte wichtige Untersuchungen Charpys und Grenets (12) über die Gleichgewichtsbedingungen bei der Temperkohleabscheidung unter verschiedenen Temperaturverhältnissen und bei verschiedenem Siliziumgehalt. Zugleich förderten die Beobachtungen der Forscher neue Merkmale für den selbständigen Charakter der Temperkohle zutage. Hervorzuheben sind noch eine Anzahl Arbeiten verschiedener Gelehrter, die den experimentellen Nachweis des der Entkohlung voraufgehenden Karbidzerfalles bringen, so die Arbeit von Wüst (162), Benediks (6) und die von Goerens (40). Eine größere Anzahl verdienstvoller Arbeiten wurden dann in der nachfolgenden Zeit von Wüst und seinen Schülern herausgebracht, unter diesen die bemerkenswerteste von Wüst selbst über die Theorie des Glühfrischens (164) aus dem Jahre 1908, in der er seine von der bis zu diesem Zeitpunkt allein maßgebenden Molekularwanderungslehre gänzlich abweichende Anschauung über den Verlauf des Glühfrischens begründet. Der Träger der Oxydation ist die in das Eisen eindringende Kohlensäure, die in Kohlenoxyd und Sauerstoff zerfällt und durch Abgabe des freiwerdenden Sauerstoffatoms an den durch Karbidzerfall ebenfalls frei gewordenen Kohlenstoff die Entkohlung herbeiführt. (Näheres s. S. 33.) Diese Auffassung Wüsts hat starke Anhängerschaft gefunden. Die letzte Entscheidung liegt indessen noch nicht vor, und von verschiedener Seite, so auch von Heyn (181) wird die Meinung vertreten, daß unter gewissen Bedingungen der Glühfrischprozeß sowohl im Sinne der Ledeburschen als auch der Wüstschen Vorstellung verlaufen kann. Auch die Amerikaner, namentlich Moldenke, Touceda, Chadsey, Fulton, Putnam, Pero, Nulsen, Trasher u. a., haben sich mit zahlreichen Arbeiten, auf die weiter unten häufiger zurückgegriffen wird, an der Erörterung des Glühfrischproblems beteiligt, im großen ganzen aber mehr vom praktischen Gesichtspunkt aus.

# I. Die theoretischen Grundlagen des Glühfrischens.

## 1. Erklärung des Begriffs „schmiedbarer Guß" und anderer Bezeichnungen des Erzeugnisses.

Die unter der Bezeichnung schmiedbarer Guß, Temperguß, Glühstahlguß, Temperstahlguß in den Handel gebrachten Erzeugnisse des Gießereigewerbes sind Gußstücke, die aus weißem Roheisen gegossen und dann in einem sauerstoffabgebenden Glühmittel, das meist aus Eisenoxyd (Eisenerz, Hammerschlag) besteht, anhaltend geglüht werden, um so den größeren Teil des Kohlenstoffs aus ihm zu entfernen und sie schmiedbar zu machen. Man geht dabei von der Erwägung aus, daß es einfacher und vorteilhafter ist, ein vollkommenes Formstück aus dem leicht- und dünnflüssigen Roheisen zu gießen als aus dem erst bei viel höherer Temperatur vergießbaren und trägflüssigeren schmiedbaren Eisen. Besonders kleine, schwache, dünnwandige und vielgliedrige Teile lassen sich aus schmiedbarem Eisen nur schwer in eine vollkommen einwandfreie Form bringen. Erst wenn man sie aus Roheisen gießt und dann entkohlt, gelangt man mühelos zu dem gewünschten Ziel. Man bedient sich dieses Umweges gewöhnlich nur, um Gegenstände von wenigen Gramm bis zu einigen Kilogramm herzustellen, weil die erforderliche, ziemlich weitgehende Entkohlung um so unsicherer wird, je schwerer und starkwandiger die Gußstücke sind, und von einer gewissen Größe an auch der unmittelbare Guß aus schmiedbarem Eisen besser gelingt. Bestimmte Werkzeuge, Beschlagteile, Gebrauchsgegenstände, kleine Maschinenteile, an die man höhere Ansprüche hinsichtlich der Festigkeit und Dehnung, kurz der Zähigkeit stellt, erzeugt man vielfach aus schmiedbarem Guß. So werden Becher für Becherwerke, Teile für landwirtschaftliche Geräte und Maschinen, Kurbeln, Deckel, Räder, Nähmaschinenfüße, Griffe, Tür- und Fensterbeschläge, Formstücke für Eisenbahnwagen, Schmierbüchsen für Radsätze, Förderwagenräder, Buchsen für Schmalspurbahnen, Türschlüssel und Schloßteile, Schraubenschlüssel, Karabinerhaken, Kettenhaken, Pferdegebisse, Rohrpaßstücke (Fittings), Teile von Leuchtern, Ofenteile, Ofenplatten, Handwurfminen, Geschoßböden, Gewehrteile,

Muffen, Muttern, Spindeln, Rollen, Zahnräder, Zubehörteile für Walz-
und Räderwerke, Automobilteile und viele andere Gegenstände aus
Temperguß hergestellt.

Beim Gebrauch der oben erwähnten Bezeichnungen versteht man
unter schmiedbarem Guß und Temperguß in der Praxis genau dasselbe,
und es stiftet nur weitere Verwirrung, wenn man, wie es z. B. C. Rott
(X) tut, Temperguß und Temperstahlguß für ein und dasselbe hält und
diese dem schmiedbaren Guß gegenüberstellt.

In der Praxis macht man allerdings noch einen Unterschied, und zwar
zwischen schmiedbarem Guß oder Temperguß einerseits und Temperstahlguß andererseits. Aber auch diese Trennung ist schlecht begründet. In
seinem Handbuch der Eisen- und Stahlgießerei (II) führt Ledebur folgendes
darüber aus: „Als man anfing, den Kupolofen für diesen Zweck (die Erzeugung von Temperguß nämlich) zu benutzen und einen Einsatz zu
wählen, der zum größten Teil aus schmiedbarem Eisen bestand, hielt man
das Schmelzerzeugnis für wirklichen Stahl, welcher durch das nachfolgende
Glühen nur noch weich gemacht zu werden braucht, ohne der Entkohlung
zu bedürfen. Man nannte deshalb die aus dem Kupolofen gegossenen
Waren Temperstahlguß. Noch jetzt findet die schlechtgewählte Bezeichnung mitunter Anwendung.“ Diese aus dem Jahre 1901 stammenden
Ausführungen haben noch heute ihre Gültigkeit, nur mit dem Unterschied,
daß der Ausdruck nicht bloß mitunter gebraucht wird, sondern sich in
der Praxis so gut wie eingebürgert hat. Vielleicht spielt aber auch die
Beobachtung dabei eine Rolle, daß sich Kupolofenguß schwerer glüht,
bzw. daß das Kupolofenerzeugnis unter den sonst üblichen Glühbedin-
gungen nicht so weich und schmiedbar ist wie der übrige Temperguß
und daß man von dem härteren Erzeugnis aus auf eine Art Stahlguß
schloß. Daß das in so weitem Umfange geschehen konnte, ist nicht nur
darauf zurückzuführen, daß der Ausdruck zu Empfehlungszwecken (als
wenn Temperstahlguß etwas besseres wäre als Temperguß) vielfach angewendet und in Fachaufsätzen und kleineren z. T. veralteten, aber noch
häufig benutzten Schriften, wie z. B. der eben genannten von C. Rott,
anzutreffen ist, sondern auch von maßgebenden Behörden, wie der Marine-
verwaltung, aufgegriffen und der sogenannte Tempergußstahl sogar zum
Gegenstand einer Vorschrift gemacht wurde, ohne daneben die allgemein
und seit alters eingeführten und guten Begriffe Temperguß und schmiedbarer Guß entsprechend zu berücksichtigen. Diese Vorschrift trägt keineswegs dazu bei, den fraglichen Begriff weiter zu klären, sondern eher Verlegenheit für den Praktiker zu schaffen. Diese Vorschrift lautet: „Temperstahlguß ist aus schwedischem oder österreichischem Holzkohleneisen mit
geeigneten Abfällen von Schweiß- oder Flußeisen herzustellen. Gußstücke
von annähernd gleicher Wandstärke und Dicke sind zusammen zu tempern.
Temperstahlguß soll ohne Anwendung von Zusatzmaterial durch und
durch härtbar sein. Die Probestäbe, die etwa die gleiche Dicke wie

die Gußteile haben sollen, sind im allgemeinen an letztere anzugießen. Die Zerreißfestigkeit soll über 35 kg/qmm und die Dehnung über 5 v. H. betragen. Kaltbiegeproben sind an quadratischen Probestäben von 30 mm Kantenlänge und 300 mm Gesamtlänge vorzunehmen. Der Krümmungsradius des Dornes soll 80 mm und der Biegewinkel mindestens 90° betragen."

Vergegenwärtigt man sich, daß der Begriff Temperstahlguß kein wissenschaftlicher ist, sondern aus der Praxis entnommen und das geringste oder doch sehr ungleichmäßig ausfallende Kupolofenerzeugnis damit gemeint ist, so ist die Marinevorschrift unverständlich. Denn wenn man einmal bei der begrifflichen Erklärung hinsichtlich des Tempergusses eine Parallele zum Flußstahl oder Schweißstahl schaffen will, so kann es doch nur die sein, daß man unter einem durch und durch härtbaren Erzeugnis, wie es die Vorschrift verlangt, ein Material mit einem über 0,5 v. H. liegenden Gehalt an gebundenem Kohlenstoff versteht, und zwar nicht nur einem durchschnittlich, sondern vor allem in der Randzone über 0,5 v. H. liegenden Kohlenstoffgehalt, sonst ist eben die Vorschrift einer Härtung des ganzen Querschnittes nicht befriedigt. Aber gerade diese Bedingung läßt sich nicht ohne sehr genaues Arbeiten, das beim Kupolofenguß nicht eben allgemein üblich ist, erfüllen, ja sie widerspricht geradezu den Grundbedingungen des Tempervorganges überhaupt, der immer, auch bei einem Erzeugnis, das durchschnittlich über 0,5 v. H. gebundenen Kohlenstoff enthält, am Rande eine stärkere Entkohlung bis zum ausgesprochen ferritischen Gefüge herbeiführt. Nach innen zu nimmt dann der Gehalt an gebundenem Kohlenstoff zu, und die Anteile an perlitischen Strukturbestandteilen vermehren sich, so daß dadurch ein über 0,5 v. H. liegender Durchschnittsgehalt an gebundener Kohle möglich wird. Will man also eine Vorschrift, die mit der Wissenschaft nicht in Widerspruch steht, aufstellen, so wird man sich zu vergewissern haben, ob es überhaupt möglich ist, ein Erzeugnis herzustellen, das in der Randzone mindestens noch 0,5 v. H. gebundenen Kohlenstoff enthält und dabei noch 35 kg/qmm Festigkeit und 5 v. H. Dehnung besitzt. Wissenschaftlich ist diese Frage aber noch gar nicht behandelt. Vor allem, welche Bedeutung kommt in diesem Zusammenhang den Querschnittsabmessungen zu! Wie will man vor allem praktisch diesen Vorschriften Genüge leisten, wenn es sich um mehr oder weniger verschiedene Querschnittsabmessungen am selben Stück handelt und die Gußstücke obendrein noch aus einem dem Kupolofen entstammenden und deshalb unsicheren Material hergestellt sind. Einen gewissen Sinn hat die Vorschrift nur bei sehr dickwandigen Stücken, sofern man sie überhaupt einzuhalten versteht. Zwar enthält sich die Marinevorschrift einer Bestimmung darüber, in welchem Schmelzofen der „Temperstahlguß" verschmolzen sein muß, ihre Erfüllung mag damit insofern etwas leichter sein, weil man im Martin- und Tiegelofen sicherer arbeitet, ob aber eine genaue Einhaltung an sich möglich ist, wird damit noch nicht entschieden. Hinzu kommt nun noch die weitere Bedingung, daß das Erzeugnis unter Verwendung von schwedischem oder österreichischem Holzkohlenroheisen und Schweiß- und Flußeisen ohne sonstige Zusatzeisen verschmolzen werden muß. Auch diese Vorschrift ist unbefriedigend; sie bezweckt durch die Verarbeitung besserer Rohstoffe eine höhere Gewähr für die Erreichung der Härtbarkeit, der Festigkeit und Dehnung zu bieten. Schmilzt man aber den Temperstahlguß im Kupolofen, was ja das Herkömmliche ist, so wird der Vorteil eines Zusatzes des reinen schwedischen Holzkohleneisens durch die unvermeidliche Schwefelaufnahme wieder aufgehoben. Das an sich siliziumarme Holzkohleneisen mit dem ebenfalls siliziumarmen Schweiß- oder Flußeisen gattiert, führt leicht zu einer zu siliziumarmen Schmelze, die dann ohne die verbotenen Zusatzmittel nicht auf den notwendigen Silizierungsgrad gebracht werden kann. Ein siliziumarmer Rohguß, besonders wenn er dickwandig ist, tempert sich schwer und muß unter Umständen zweimal getempert werden, wodurch zwar die Dehnung aber nicht die Festigkeit verbessert werden kann. Benutzt man aber den Martinofen, den Ölflammofen oder Tiegelofen, was ja eigentlich der praktischen Auffassung des Begriffes widerspricht, so kommt man sehr gut ohne die teuren ausländischen Sondereisen aus. Im Grunde genommen ist die Vorschrift daher wertlos und nur bemerkenswert, weil sie u. W. die einzige ist, die eine Gattierungsvorschrift an eine Festigkeitsvorschrift bindet, eine Entscheidung, die man beim Gußeisen z. B. bewußt vermeidet, weil hier ebenso wie beim Temperguß, die verschiedensten Wege zum vorgeschriebenen Ziel führen. Dann wäre es, wenn auch bedenklich, schon folgerichtiger, man gäbe eine Analysenvorschrift.

Braucht man sich nicht an die Vorschrift zu halten, so sucht man das Ziel, wie C. Rott in seiner Schrift (S. 5) bemerkt, dadurch zu erreichen, daß man der Gattierung einen Zusatz von Eisenerz, Ferromangan und Hammerschlag hinzufügt, bei stärkeren Stücken den Anteil an Schmiedeeisen in demselben Verhältnis vermehrt, als man denjenigen an Guß- bzw. Roheisen abnehmen läßt, und den Rohguß 24 bis 48 Stunden weniger der Vollhitze aussetzt als gewöhnlichen Temperguß. Als Beispiel führt er folgenden Satz an: 60 v. H. graues, feinkörniges Eisen, 5 v. H. weißes Eisen, 2 v. H. Ferromangan, 12 v. H. Eisenerz mit etwas Braunstein, 12 v. H. Schmiedeeisen- und Stahlabfälle, 9 v. H. Hammerschlag. Über den Erfolg der Zusätze darf man wohl einige Zweifel hegen. Vor allem dürfte schließlich die Frage am Platze sein: Aus welchem Grunde und für welche besonderen Fälle soll der Temperguß durch und durch härtbar sein? Im klassischen Land des Tempergusses kennt man ein so benanntes Erzeugnis nicht, und auch in der Fachliteratur findet man außer der Bezeichnung selbst und ihrer Bemängelung — s. z. B. Osann, Temperstahlguß (111, S. 23) — keine sachbezüglichen Ausführungen.

Wie Moldenke (181, S. 717) berichtet, stellt man in Amerika eine Art Stahlware her, die getempert und dann gehärtet wird. Derartigem Material, aus dem man Fräsräder und andere Werkzeuge herstellt, gibt man einen ungefähren Kohlenstoffgehalt von 1,5 v. H., wobei allerdings nicht vermerkt ist, ob gebundener Kohlenstoff oder der gesamte Kohlenstoffgehalt gemeint ist. Diese Werkzeuge sind nur außen hart und innen weich, was Moldenke als besonders vorteilhaft betrachtet. Werkzeuge für Holzbearbeitung, wie Stemmeisen u. dgl., werden in Amerika zwar als Stahlguß verkauft, bestehen aber aus Temperguß. Am Rand stark entkohltes Material kann man nicht durch Abschrecken härten. Um solchen Gußteilen — in der Hauptsache handelt es sich um Schneidwerkzeuge — dennoch eine harte Außenschicht zu geben, zementiert man sie. Man erhält so eine Art Werkzeugstahl mit einem gußeisenartigen Kern (130, S. 1200).

Den ungeglühten Guß bezeichnet man mit Rohguß oder hartem Guß (nicht Hartguß) zum Unterschied vom geglühten, weichen Guß, den man fälschlich manchmal auch mit „Weichguß" bezeichnet.

Man unterwirft auch in Graugießereien dünnwandige Stücke einem längeren Glühen, weil sie zu hart aus der Form kommen, um gut bearbeitbar zu sein. Man bringt diese Gußstücke in gußeiserne Töpfe, packt sie in neutrale Stoffe wie Holzkohle oder Asche ein, um sie vor einer Oxydation durch die Luft zu schützen, und setzt sie in meist sehr einfach gehaltene Glühöfen ein. Bei diesem Glühprozeß verwandelt sich etwa vorhandene Härtungskohle in Karbidkohle um; bei langem Glühen scheidet sich auch schließlich Temperkohle aus. Auch dieses Verfahren hat man in früherer Zeit mit Tempern bezeichnet oder tut es hier und dort auch jetzt noch. Seitdem man aber den Unterschied in den inneren Vorgängen zwischen diesem Verfahren und dem eigentlichen Glühfrischen kennengelernt hat, beachtet man eine schärfere Unterscheidung.

Dann wäre noch der von Tunner zuerst dargestellte und nach ihm bezeichnete Tunnersche Glühstahl zu erwähnen, ein dem Temperguß verwandtes, aber nicht für Gußware benutztes Erzeugnis, das heute überhaupt nicht mehr technisch verwandt wird. Bei diesem Verfahren glühte man Roheisen, das zu dünnen Platten ausgegossen war, im Luftstrom und setzte das auf diese Weise entkohlte Material bei der Tiegelstahlerzeugung zu. Indessen überließ man, um stärkere Oxydationen zu vermeiden, das Eisen nicht unmittelbar der Einwirkung der Luft, sondern verpackte es in Quarzsand, wodurch die Luftströmung eingedämmt und die Verbrennung verzögert wurde. Gewöhnlich jedoch wählte man geröstete Eisenerze als Glühmittel, die durch einen Zusatz von Braunstein oder sauerstoffärmeren Stoffen in ihrer Wirkung verstärkt oder gemildert wurden. Das Verfahren hatte in den sechziger Jahren eine Zeitlang in steirischen Werken Eingang gefunden, wird aber, wie gesagt, heute nicht mehr angewendet.

## 2. Die Theorien des Glühfrischens.

Der Vorgang des Temperns oder Glühfrischens ist noch nicht bis in seine letzten Einzelheiten geklärt. Zu seinem Verständnis ist es unerläßlich, sich mit dem derzeitigen Stand der wissenschaftlichen Erforschung des Glühfrischprozesses zu befassen.

Es ist eine lange bekannte Tatsache, daß schmiedbares Eisen mit entsprechendem Kohlenstoffgehalt, Graueisen oder Weißeisen, wenn man es einem länger anhaltenden Glühen zwischen etwa 700 und 1000° aussetzt, nicht unbeträchtliche Veränderungen in der Struktur und damit in den physikalischen Eigenschaften erfährt. Am ausgesprochensten treten sie beim geglühten Weißeisen auf, um das es sich bei der Herstellung des Tempergusses allein handelt.

Der für die Praxis wichtige Prozeß ist durch zwei Erscheinungen charakterisiert, erstens durch die Abscheidung der Temperkohle und zweitens durch die Entfernung eines größeren oder geringeren Anteils des Kohlenstoffes aus den dem Glühen unterworfenen Gußstücken. Weißeisen besteht in der Hauptsache aus Zementit und je nachdem aus einem gewissen Anteil Perlit, so daß also der Kohlenstoff in der Form des Karbides $Fe_3C$ auftritt. Wenn also eine Kohlenstoffabscheidung infolge des Glühens eintritt, so kann sie nur auf einer Auflösung, einem Zerfall des Karbides beruhen. Diese Auffassung ergibt sich auch aus den Versuchen einer Reihe von Forschern, die sie teils vermutet, teils klar ausgesprochen haben. [Forquignon (28), Ledebur (77), Royston (124), Watanabe (80), James (62), Charpy und Grenet (12), Outerbridge (113), Wüst (162), Goerens (42), Benedicks (6).] Karbidzwischenstufen, die sich nach älteren Ansichten verschiedener Forscher (2, S. 619) bilden sollen, treten dabei jedenfalls nicht auf.

Wie sich das perlitische Karbid bei diesem Vorgang verhält, bedarf wohl noch weiterer Beobachtung. Für die Klärung des gesamten Prozesses ist es nun von Bedeutung, in welcher Form sich der Zerfall abspielt. Aus den Versuchsergebnissen mehrerer Forscher ist zu entnehmen, daß die Abscheidung des Kohlenstoffs im Verlauf des Glühens nach und nach erfolgt, während Wüst (166) die Anschauung vertritt, daß der Zerfall, sobald die entsprechenden Bedingungen (bestimmter Kohlenstoffgehalt und bestimmte Glühtemperatur) gegeben sind, ziemlich plötzlich eintritt.

Der andere Vorgang nun, die Abnahme des Kohlenstoffgehaltes, hat die verschiedensten Auslegungen erfahren, auf die hier näher eingegangen werden soll. Zunächst sei darauf hingewiesen, daß die Kohlenstoffabnahme nicht notwendig eintreten muß. Der Glühvorgang kann so verlaufen, daß überhaupt kein Kohlenstoff oder nur sehr wenig aus dem Eisen austritt. Über diese Erscheinungen liegen eine größere Anzahl von Versuchsergebnissen vor, von denen noch die Rede sein wird. Natür-

lich hängt auch diese Erscheinung von gewissen Bedingungen ab. So
erhält man, wie z. B. die Versuche von Wüst unter Anwendung des Va-
kuums beweisen, überhaupt keine Kohlenstoffabnahme, ebenso wenn man
die Gußstücke im Stickstoffstrom oder Wasserstoffstrom glüht, wie es
Geiger (32) durchgeführt hat. Aber auch unter den Bedingungen, wie
sie die Praxis bietet, tritt der Fall ein, daß kein oder nur wenig Kohlenstoff entfernt wird, ein Vorgang, von dem die Amerikaner auch tatsächlich Gebrauch machen, wie noch genauer ausgeführt wird.

Naheliegend ist die Erklärung, daß die Kohlenstoffabnahme durch
den in den Glühmitteln vorhandenen und in die Gußstücke eindringenden
Sauerstoff verursacht wird, indem er die im Innern abgelagerte Temperkohle verbrennt. In der Literatur stößt man mehrfach auf diese Auffassung, so bei Ledebur in einer Arbeit aus den achtziger Jahren gelegentlich von ihm selbst in Sand und einiger von Forquignon in verschiedenen Glühmitteln durchgeführter Versuche (77, S. 381 und 383).
Royston (124) schreibt die Kohlenstoffabnahme der unmittelbaren
Einwirkung der in die Glühmittel (Kalk, Sand, Knochenasche) eingedrungenen Verbrennungsgase und dem darin vorhandenen Luftsauerstoff
zu. Stead (81, S. 655) stellt die etwas unklare Theorie auf, daß die Entkohlung durch eindringende Kohlensäure hervorgerufen wird, die sich
sozusagen in dem Eisen löst, und vom Kohlenstoff hat er die Vorstellung,
daß er sich gleichmäßig in dem Querschnitt verteilt, indem er sich wie
ein Gas verbreitet. Eine zusammenfassende Vorstellung bietet indessen
erst Ledebur mit seiner Molekularwanderungslehre und Wüst mit seiner
Theorie der Entkohlung durch eindringende Kohlensäure. Diese Vorstellung von der Wanderung des Kohlenstoffs im Zusammenhang mit
dem Glühfrischen wird, soweit ich es verfolgen konnte, von Ledebur zum
erstenmal im Jahre 1886 (77, S. 386) ausgesprochen. In seiner Eisenhüttenkunde stellt Ledebur den Vorgang wie folgt dar: „Das Verfahren
des Glühfrischens wird überhaupt erst durch den Umstand möglich, daß
bei dem Glühen des Eisens in Berührung mit sauerstoffabgebenden Körpern
die Entkohlung sich nicht allein auf die Oberfläche des geglühten Eisenstückes beschränkt, sondern sich auch auf seine inneren Teile fortpflanzt,
sofern das Glühen ausreichend lange fortgesetzt wird und die Temperatur
entsprechend hoch ist. Eine Wanderung des Kohlenstoffs findet statt.
Wenn am Rande des Eisenstückes die Menge des Kohlenstoffs sich verringert, fließt von innen her Kohlenstoff nach, damit Ausgleich stattfinde.
Man kann sich einen Begriff des Vorganges machen, wenn man ihn sich
derartig vorstellt, daß von Molekül zu Molekül des Eisens Kohlenstoff
abgegeben wird, sobald das eine Molekül kohlenstoffärmer als das andere
geworden ist; solcherart vollzieht sich während des Glühens eine unaus-
gesetzte Bewegung des Kohlenstoffs von innen nach außen. Immerhin
bleiben, sofern das Glühen unterbrochen wird, die inneren Teile, der
Kern, eines Eisenstückes kohlenstoffreicher als die der Oberfläche zu-

nächst gelegenen Teile." Diese Theorie der Molekularwanderung ist von dem umgekehrten Prozeß des Zementierens herübergeholt. Der Ausdruck Molekularwanderung ist wohl von Mannesmann (89) geprägt, eine in gleicher Richtung liegende Erklärung wohl schon von Gay Lussac (89, S. 33) gegeben worden. Obgleich es doch ein erheblicher Unterschied ist, ob der Kohlenstoff wie beim Zementieren von außen nach innen, oder wie beim Glühfrischen von innen nach außen wandert, so wurde Ledebur zur Übertragung der Vorstellung nicht nur durch den äußeren Anschein veranlaßt. Das Entscheidende war wohl und darf auch noch heute zur Unterstützung der Ledeburschen Auffassung angeführt werden, daß bei Versuchen, die mit schmiedbaren Eisenstücken verschiedenen Kohlenstoffgehalts z. T. unter Ausschaltung oxydierender Einflüsse bzw. im Vakuum angestellt wurden, von verschiedenen Forschern, so von Arnold und William (2, S. 617), Royston (124), Mannesmann (89) festgestellt wurde, daß eine Anreicherung des kohlenstoffärmeren Eisens stattfindet, die man nur mit einem „Abfließen" des Kohlenstoffs aus dem reicheren nach dem ärmeren Teil erklären konnte. Warum sollte dieser Vorgang nicht auch im Weißeisen stattfinden, in dem doch auch der Kohlenstoff in gelöstem Zustande vorhanden ist, und der kohlenstoffärmere Teil dadurch entsteht, daß am Rande der Gußstücke eine Oxydation des Kohlenstoffs stattfindet und so gewissermaßen der Anreiz zur Kohlenstoffwanderung gegeben wird, die ihrerseits eine Entkohlung im Innern hervorruft. Denn das ist die auch von Ledebur ausdrücklich betonte (80, S. 634; 83, S. 620) Voraussetzung, daß sich die Kohlenstoffabgabe „von Molekül zu Molekül" nur in dem Eisen vollzieht, das gelösten Kohlenstoff enthält. Wüst indessen vertritt den Standpunkt, daß nach Abscheidung der Temperkohle Kohlendioxyd, das sich durch Randoxydation bildet, in das Eisen eindringt, hier in Kohlenoxyd und Sauerstoff zerfällt, der freigewordene Sauerstoff die Temperkohle oxydiert und sich der wesentliche Teil der Entkohlung auf diese Weise vollzieht. Weiter unten wird noch näher auf diese Auslegung eingegangen.

Da noch immer die Ledebursche und die Wüstsche Theorie des Glühfrischens um eine vorherrschende Anerkennung ringen, dürfte eine kritische Würdigung beider, und zwar zunächst der älteren Wanderungstheorie, am Platze sein.

So einfach und klar diese auf den ersten Blick zu sein scheint, so ist sie doch nicht ohne innere Widersprüche. Vor allem wird es erforderlich sein, die Ledebursche Vorstellung in ihrem ganzen Umfang kennenzulernen. Die eben angeführte Stelle erklärt die Entkohlung des Eisens ausschließlich mit der Wanderung des Kohlenstoffs nach außen. Die Stelle „wenn am Rande die Menge des Kohlenstoffs sich verringert", ist wohl so zu verstehen, daß der Kohlenstoff hier zu Kohlenoxyd verbrennt und entweicht. Wie man sich diesen Vorgang des näheren vorstellen soll, führt Ledebur an einer anderen Stelle in Stahl und Eisen

(81, S. 655) aus, an der er sich mit Stead über den Entkohlungsvorgang in einem Flußeisen mit 0,47 v. H. Kohlenstoff auseinandersetzt: „Stead nimmt an, daß die Entkohlung durch eindringende oxydierende Gase, insbesondere Kohlendioxyd, bewirkt werde, welche gewissermaßen in Eisen gelöst würden, und von außen nach innen vordrängen, und sucht diese Theorie durch verschiedene Darlegungen zu beweisen. Es ist jedoch nicht einzusehen, weshalb man nicht die einfachere Erklärung annehmen will: Sauerstoff, aus den Erzen oder der Luft stammend, wandert ein, Eisenoxydul bildend, welches im glühenden Eisen ebenso wie im geschmolzenen Flußeisen sich löst. Von Molekül zu Molekül wird Sauerstoff abgegeben, während der eindringende Sauerstoff den ihm entgegenwandernden Kohlenstoff verbrennt. Wo sich beide treffen, liegt die Grenzlinie zwischen strahligem (oxydiertem) und körnigem Gefüge (des Flußeisens). Eine Untersuchung des strahligen kohlenstofffreien Eisens auf einen Sauerstoffgehalt würde erweisen, ob die Ansicht richtig ist." Wenn dieser Vorgang sich auch nicht auf geglühtes weißes Roheisen bezieht, so belehrt er uns doch darüber, wie sich Ledebur die Verbrennung des wandernden Kohlenstoffs vorstellt. In diesem Zusammenhang mag dann noch darauf hingewiesen werden, daß nach Ledebur (83, S. 620; 80, S. 634) nur der gelöste Kohlenstoff zu wandern vermag.

Aber mit diesen Ausführungen ist nur ein Teil des Glühfrischprozesses erklärt. Die Darstellung des Verlaufes des anderen müssen wir aus seinem Handbuch der Eisen- und Stahlgießerei entnehmen, wo es heißt, „daß durch anhaltendes Glühen weißen Roheisens, dessen Kohlenstoff in Temperkohle, d. i. eine dem Graphit ähnliche Kohlenstofform, umgewandelt würde. Das Eisen verliert an Härte, wird leichter bearbeitbar, aber ohne weiteres noch nicht schmiedbar. Von dem Graphit unterscheidet sich jedoch die Temperkohle wesentlich dadurch, daß sie oxydierenden Einflüssen leicht zugänglich ist. Findet also während des Glühens eine Berührung mit sauerstoffabgebenden statt, so verbrennt die entstandene Temperkohle zu Kohlenoxyd, welches entweicht, und das Eisen wird kohlenstoffärmer, schließlich schmiedbar. Die Tatsache, daß Gußstücke durch die einfache Oberflächenberührung mit dem sauerstoffhaltigen Körper auch in den inneren Teilen ihres Querschnittes entkohlt werden können, sofern das Glühen ausreichend lange fortgesetzt wird, findet ihre Erklärung in einer Kohlenstoffwanderung, welche beginnt, sobald an der Oberfläche Kohlenstoff verbrennt. Von innen her fließt alsdann Kohlenstoff nach, von Molekül zu Molekül fortwandernd, um den Ausgleich herzustellen. Hieraus folgt aber, daß die erforderliche Zeitdauer für die Entkohlung mit der Dicke des Querschnittes des Arbeitsstückes wächst". In einer Fußnote fügt dann Ledebur, was sehr wichtig ist, hinzu: „Ob auch die ursprünglichen Kohlenstofformen, Härtungs- und Karbidkohle, unmittelbar verbrennen können oder ob sie stets zuvor in Temperkohle umgewandelt werden müssen, ist bislang nicht mit Sicher-

heit erwiesen, jedoch hat die letztere Annahme die größere Wahrscheinlichkeit für sich", und zur Begründung der vorherigen Temperkohleabscheidung verweist er auf S. 1014 seiner Eisenhüttenkunde, wo es heißt:
„Temperkohle erscheint — bei Watanabes Versuchen (80, S. 633) — erst
am sechsten Tag, und erst von diesem Zeitpunkt an zeigt sich eine rasche
Abnahme des Gesamtkohlenstoffgehaltes, während der Gehalt an Temperkohle zunächst zunimmt. Auch bei Forquignons (29) Versuchen läßt sich
regelmäßig zunächst die reichliche Bildung von Temperkohle wahrnehmen,
bevor der Gesamtkohlenstoffgehalt abnimmt, und man darf aus beiden
Versuchsreihen schließen, daß der Kohlenstoffgehalt, bevor er überhaupt
aus dem Eisen austritt, vollständig oder fast vollständig in Temperkohle
übergeht."

Nach Ledebur erfährt also das geglühte Eisen eine Entkohlung auf
zweierlei Weise, erstens durch Wanderung des gelösten Kohlenstoffs von
innen nach außen und Verbrennen dieses Kohlenstoffs durch eindringenden Sauerstoff oder am Rande des Stückes durch Erzsauerstoff. Dabei läßt es
Ledebur dahingestellt, ob der wandernde Kohlenstoff unmittelbar verbrennt
oder erst nach einer durch Zerfall des Karbids hervorgerufenen Abscheidung als Temperkohle. Nach seiner soeben angeführten Kritik der Stead-
schen Auffassung muß man sogar annehmen, daß Ledebur eine unmittelbare Verbrennung des wandernden gelösten Kohlenstoffs vorschwebt.
Auch andere Forscher, auf deren Versuche noch weiter unten zurückgegriffen werden soll, halten diesen Vorgang für möglich und suchen den
experimentellen Nachweis zu bringen. Vorerst aber handelt es sich um
das Wandern des gelösten Kohlenstoffs. Nach einer so gut wie allgemein
anerkannten Theorie ist aller Kohlenstoff im festen Eisen als Karbid
$Fe_3C$ gelöst, gleichgültig, ob dieses Karbid in der Form des Zementites,
des Perlites oder einer $\gamma$-Modifikation auftritt. Wenn man daher sagt
„gelöster Kohlenstoff wandert", so liegt darin ein Widerspruch, denn
gelöster Kohlenstoff hat die Form $Fe_3C$, trennt sich das Kohlenstoffatom
aus dieser Verbindung, so ist es eben nicht mehr im gelösten, sondern
im Gegenteil im losgelösten Zustand, weil eben die Form $Fe_3C$ ein Kri-
terium des Lösungszustandes ist. Somit ist ein Wandern gelösten Kohlenstoffs im Lichte der Zustandslehre von vornherein ausgeschlossen. Gelöster
Kohlenstoff könnte nur als Karbid wandern; stellt man sich aber dieses
als sich von innen nach außen bewegend vor, so wird der Entkohlungsvorgang durch Wandern einfach unmöglich, denn an Stelle eines Karbid-
moleküls träte ein anderes oder es blieben Hohlstellen zurück. Will man
daher die Vorstellung der Wanderung gelösten Kohlenstoffs nicht fallen
lassen, so muß man entweder die Theorie, daß aller Kohlenstoff als Karbid
gelöst ist, aufgeben, wozu kein hinreichender Grund vorliegt, oder man
muß sich den Vorgang anders denken. Meines Erachtens bleibt hier nur
eine Möglichkeit übrig, nämlich die Annahme zu machen, daß infolge des
langen Glühens ein allgemeiner, in den verschiedenen Zonen je nach

Gefügeaufbau, Glühtemperatur, Glühdauer verschieden weit getriebener Auflockerungszustand eintritt, in dem es nur eines Anstoßes bedarf, um das Kohlenstoffatom aus seinem Zusammenhang zu lösen. Dieser Anstoß wird durch die Randoxydation gegeben, die den Gleichgewichtszustand stört. Unter dem Einfluß der Glühtemperatur ist die Reaktionsfähigkeit des Karbidkohlenstoffatoms so gesteigert, daß es mit dem Sauerstoff des Eisenerzes oder auch mit eingedrungenem Sauerstoff zu Kohlenoxyd verbrennt. Das somit zunächst in den äußeren Zonen freigewordene Eisen ist aber seinerseits so reaktionsfähig geblieben, daß es den nach innen liegenden benachbarten und ebenfalls schon gelockerten Karbidmolekülen ihr Kohlenstoffatom entzieht. Dieser Vorgang schreitet mit zunehmender Glühdauer und dem Tieferdringen der Auflösungstemperatur weiter ins Innere vor, so daß mit fortschreitender Kohlenstoffverbrennung in den Randteilen, den auch weiter innen liegenden Karbidmolekülen schließlich der Kohlenstoff entzogen wird. Der Kohlenstoff befindet sich in einem dem Status nascendi genäherten oder gleichkommenden Zustand, der ihn eben befähigt, mit dem benachbarten äußeren Eisenmolekül in Reaktion zu treten, wobei die Vorstellung erlaubt sein mag, daß das mehr nach außen liegende, durch die nach und nach nach innen vordringende Temperatur zuerst höher erhitzte und soeben entkohlte Eisen so reaktionsfähig geworden ist, daß es dem nach innen anliegenden, aber auch schon gelockerten Karbidmolekül den Kohlenstoff zu entziehen vermag. Es stellt sich auf diese Weise ein mit der Glühdauer und Glühtemperatur fortschreitendes „Abfließen" des Kohlenstoffs nach außen heraus, bei dem das Eisen kein stabileres Karbid mehr zu bilden vermag, sondern nur mehr noch als Zwischenträger des Kohlenstoffatoms auftritt. In den von der Auflockerung betroffenen Zonen ist gar kein gelöster Kohlenstoff mehr vorhanden, eben weil er in Bewegung ist.

Zweifellos haben verschiedene Forscher, z. B. William und Arnold (2) mit einer Erklärung des im gelösten Zustande wandernden Kohlenstoffs Schwierigkeiten gehabt; die Annahme von Zwischenkarbiden, die erst die Wanderung, d. h. Abgabe des Kohlenstoffs von einem zum andern Molekül vorstellbar machen sollten, deutet darauf hin; und Stead (81, 135) weiß keinen anderen Ausweg, als daß er sich einfach die Kohlenstoffatome als unter dem Einfluß des Glühens aus ihrer Verbindung herausgelöste Teilchen vorstellt, die sich ähnlich wie ein Gas in dem Querschnitt verteilen; die Stelle lautet: „The carbon apparently expands like a gas." Die Ledebursche Molekularwanderungstheorie kann m. E. nur noch aufrechterhalten bleiben, wenn man zunächst die Auffassung verläßt, daß der Kohlenstoff gelöst sein müsse, um wandern zu können. Einfacher wäre es ja, wenn man diese Theorie überhaupt fallen ließe, aber dem steht doch die, wie mir scheint, unbestrittene Tatsache gegenüber, daß ein „Abfließen" des Kohlenstoffs in Fluß- und Weißeisen experimentell nachgewiesen ist, und daß man diese Vorgänge, auf die sich Ledebur beruft, nicht anders als mit einer Wanderung des Kohlenstoffs, allerdings unter der soeben ausgesprochenen Einschränkung, erklären kann. Namentlich handelt es sich hier um die Versuche von Mannesmann (89), bei denen er ein Stück Schmiedeeisen mit Spiegeleisen umgoß, und sich schon nach 21 Minuten am Umfang des Schmiedeeisenstückes eine mit Kohlenstoff angereicherte Stahlschicht gebildet hatte. Arnold und William (2) umgaben 3 Stahlkerne mit bzw. 0,38, 0,81 und 1,78 v. H. Kohlenstoff mit einem engpassenden, fast kohlenstofffreien Zylinder und glühten die so zusammengefügten Stücke 10 Stunden lang im Vakuum bei 1000°. Nach dem Glühen zeigte sich die aus Abb. 6 ersichtliche Kohlenstoffverteilung. Welche Erklärung bleibt hier übrig, wenn man nicht eine Wanderung des Kohlenstoffs annehmen will?

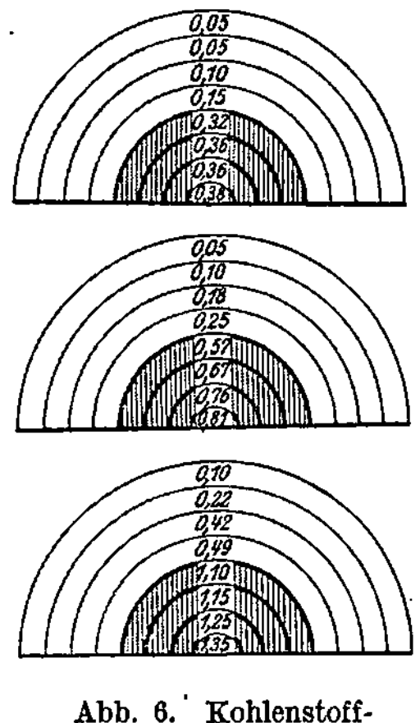

Abb. 6. Kohlenstoffwanderung im Stahl (2).

**Zahlentafel 1.**

**Wanderung des Kohlenstoffs beim Glühen von Flußeisen und Stahl.**

| Ursprünglicher Kohlenstoffgehalt des | | Glühdauer | Glühtemperatur | C in der 1 mm starken Mantelschicht | Gewanderter Kohlenstoff |
| Mantels | Kerns | | | | |
| % | % | Stunden | °C | % | % |
|---|---|---|---|---|---|
| 0,05 | 1,78 | 6 | 636 | 0,05 | 0,00 |
| | | | 739 | 0,05 | 0,00 |
| | | | 785 | 0,16 | 0,11 |
| | | | 855 | 0,45 | 0,40 |
| 0,59 | 1,78 | 6 | 750 | 0,76 | 0,17 |
| | | | 850 | 0,87 | 0,28 |
| 0,89 | 1,78 | 6 | 740 | 0,87 | 0,00 |
| | | | 840 | 0,87 | 0,00 |
| | | | 960 | 1,20 | 0,31 |

Bemerkenswert ist hier übrigens auch der Umstand, daß keine Wanderung mehr bei Temperaturen unter 740° stattfand. Man setzte, um dies festzustellen, in den Glühofen drei Kerne mit dem gleichen Kohlenstoffgehalt von 1,78 v. H. ein und umgab jeden mit einem Mantel mit bzw. 0,05, 0,59 und 0,89 v. H. Kohlenstoff. Nach dem Glühen bei verschiedenen Temperaturen hatte die dem Kern nächstliegende Mantelschicht von 1 mm Stärke die aus Zahlentafel 1 ersichtlichen Kohlenstoffgehalte angenommen. Auch Royston (124, 80) konnte bei gleichgerichteten Versuchen eine Kohlenstoffverschiebung feststellen. Nach allem ist es nicht angängig, die Wanderungstheorie eher fallen zu lassen, als bis man eine bessere an ihre Stelle zu setzen weiß, die die eben beschriebenen Vorgänge erklärt.

Der weitere Verlauf der Entkohlung wird von Ledebur dahin erläutert, daß der durch den Karbidzerfall abgeschiedene Kohlenstoff
unmittelbar vom eindringenden Sauerstoff verbrannt wird. Gegen diese
Erklärung an sich erhebt sich insoweit kein Widerspruch, als sie tatsächlich einen Teil des Entkohlungsvorganges ausmacht. Indessen zeigt
Wüst, daß sie nicht ausreicht, den ganzen Verbrennungsvorgang der Temperkohle zu erklären. Der Prozeß, wie ihn Ledebur darstellt, spielt sich
nur in den äußeren Zonen ab, im Innern, d. h. aber im wesentlichen
verläuft er in einer gänzlich anderen Weise, die auf S. 34 noch eingehender
Würdigung findet, und die die Molekularwanderung vollkommen verwirft. Ledebur bleibt uns aber doch noch einige Aufschlüsse über den
zeitlichen Verlauf der beiden Entkohlungsvorgänge schuldig. Er sagt
darüber nur aus, was bereits S. 25 wörtlich angeführt wurde: Die Temperkohle verbrennt zu Kohlenoxyd, wenn Berührung mit sauerstoffabgebenden
Körpern stattfindet, was ja während des ganzen Prozesses der Fall ist,
und die Kohlenstoffwanderung beginnt, sobald an der Oberfläche Kohlenstoff verbrennt, sofern das Glühen lange genug fortgesetzt wird. Da
also beide Prozesse, das Wandern sowohl als auch das Verbrennen der
Temperkohle, von der Randoxydation abhängen, so ist man zur Annahme
der Gleichzeitigkeit beider berechtigt. Indessen ist es doch, um zu einer
völlig klaren Vorstellung zu kommen, wichtig zu erfahren, ob der
wandernde Kohlenstoff unmittelbar verbrennen kann oder nicht. Ledebur
ist nach seinen auf S. 25 angeführten Worten im Zweifel, ob die ursprünglichen Kohlenstofformen Härtungs- und Karbidkohle, also gelöster Kohlenstoff verbrennen können, es bleibt also unsicher, ob damit
Ledebur nun den tatsächlich in fester Lösung befindlichen Kohlenstoff oder den seiner Ansicht nach ja auch gelösten aber wandernden
Kohlenstoff oder beide meint. Diese Frage ist insofern nicht ohne Bedeutung, weil man dann auch erfahren möchte, ob sich der wandernde
oder der in fester Lösung befindliche oder beide Kohlenstoffarten erst
in Temperkohle verwandeln müssen, um zu verbrennen. Mögen auch
beide Formen des Kohlenstoffs in der Annahme Ledeburs gleichgesetzt
werden, tatsächlich sind sie aber nicht mehr dasselbe. Ledebur neigt
zu der Annahme, daß die Abscheidung der Temperkohle vor der Verbrennung erfolgen müsse. Denkt er dabei an den wandernden Kohlenstoff, so schiebt sich also zwischen Wanderung und Verbrennung noch
der Zerfallsvorgang, der sich dann im Augenblick des Zusammenstoßes
abgeschieden oder schon vorher abgelagert haben kann; es ist also dabei
an sich nicht nötig, daß alle abgeschiedene Temperkohle erst gewandert
sein muß. Ein Teil des Kohlenstoffs kann, während ein anderer wandert,
an Ort und Stelle ausscheiden und je nach dem Ablauf des Glühens hier
liegen bleiben bis zur Erstarrung oder auch verbrennen. Jedenfalls
bleibt die Möglichkeit dieses Unterschiedes und damit die Frage offen,
welches die Ursachen des einen oder anderen Verhaltens sind. Spielt

hier die Form des Karbides (Zementit, Perlit, $\gamma$-Modifikation) eine Rolle, welchen Einfluß üben die Glühtemperatur, Glühdauer, Gefügeaufbau und chemische Zusammensetzung aus? Leider wissen wir ja über das Verhalten der Karbidformen gegenüber Gasen vom Standpunkt der Gleichgewichtslehre aus noch so gut wie nichts; die Arbeiten von Baur und Glaessner (4) beziehen sich auf Gase und Eisen, aber nicht auf Gase und Eisenkarbid.

Über den Punkt, ob der in fester Lösung befindliche Kohlenstoff, also das Karbid, unmittelbar vom Sauerstoff angegriffen werden könne, gleichgültig ob er als solcher in das Eisen eindringt oder erst durch den Zerfall eindringender Kohlensäure entsteht, ist man sich auch heute noch nicht im klaren und wiederholt haben sich neuere Forschungen dieser Frage zugewandt. Die Glühfrischvorgänge würden in ein ganz anderes Licht gerückt, sollte sich die Angreifbarkeit bestätigen. Stellt man sich die Einwirkung des Glühens so vor, daß dem Verbrennen des Kohlenstoffs eine allgemeine Auflockerung des Gefüges vorangeht, so wird auch eine unmittelbare Verbrennung des Kohlenstoffs, d. h. ohne vorherige Umwandlung in Temperkohle, leichter vorstellbar, weniger leicht indessen, wenn man dabei an die noch unveränderte, feste Lösung des Karbides denkt. Verschiedene Umstände deuten trotz des Widerspruchs, den die Theorie einer unmittelbaren Vergasung des im Karbid gebundenen Kohlenstoffs vielfach findet, darauf hin, daß der Vorgang doch nicht ausgeschlossen ist. — Stotz (139) vergleicht die spezifischen Gewichte solcher schwefelarmer Probestücke, bei denen die Temperkohle zuerst im Stickstoffstrom abgeschieden und dann durch zweimaliges Glühen in Roteisenerz vergast wurde, mit stark schwefelhaltigen Probestücken, die einer einmaligen und zweimaligen Temperung in gewöhnlicher Weise unterworfen wurden. Das Ergebnis war, daß die auf

Zahlentafel 2.

Hohes spezifisches Gewicht bei geringer Temperkohle-abscheidung.

| Material | Spez. Gew. | S % | Temper-kohle % | Ges. C % | Vergas-ter C % | Si % | P % | Mn % | Bemerkung |
|---|---|---|---|---|---|---|---|---|---|
| Tiegelguß . . . . . { | 7,36 | 0,038 | 0,50 | 0,72 | 2,46 | 0,51 | 0,068 | 0,24 | 1 mal getempert bei hoher Temperatur |
| | 7,42 | 0,103 | 0,22 | 0,43 | — | — | — | — | normal getempert |
| | 7,40 | 0,108 | 0,20 | 0,39 | — | — | — | — | normal getempert |
| Kupolofenguß . . . . | 7,69 | 0,232 | 0,07 | 0,92 | 2,38 | 0,48 | 0,074 | 0,20 | 1 mal getempert bei derselben Temper. |
| Kupolofenguß . . . . | 7,60 | 0,232 | 0,11 | 0,28 | 3,02 | 0,48 | 0,074 | 0,20 | 2 mal getempert bei derselben Temper. |
| Dünner Kupolofenguß | 7,61 | 0,218 | 0,09 | 0,24 | 3,14 | 0,54 | 0,085 | 0,26 | 1 mal getempert |
| Dünnes Kettenglied aus Kupolofenguß . | 7,63 | 0,229 | 0,10 | 0,34 | — | — | — | — | 1 mal getempert |

gewöhnliche Weise getemperten, schwefelhaltigen Stücke ein nicht unbeträchtlich höheres spezifisches Gewicht hatten, was darauf zurückgeführt wird, daß sie im Vergleich zu den anderen Probestücken nur wenig Temperkohle ausgeschieden hatten und daß die beträchtliche Menge vergasten Kohlenstoffes unmittelbar oxydiert wurde, ohne erst die Form von Temperkohle angenommen zu haben; diese Abscheidung wurde durch den höheren Schwefelgehalt verhindert. In Zahlentafel 2 sind oben die Zahlenangaben für die Proben mit niedrigem Schwefelgehalt und unten diejenigen für die starkgeschwefelten Proben gemacht.

In der Literatur fand ich nur zwei Fälle, die diese Auffassung zu stützen vermögen, jedoch ohne daß an den betreffenden Stellen ein entsprechender Hinweis gemacht ist. Bei den bereits erwähnten Untersuchungen Watanabes nämlich (s. Zahlentafel 4) fällt auf, daß nach viertägigem und fünftägigem Glühen keine Temperkohle abgeschieden war, aber doch ein Teil des Kohlenstoffes vergast worden war. Will man nicht gerade annehmen, daß die möglicherweise bis zur Herausnahme der Probestücke aus dem Ofen gebildete Temperkohle genau bis zum letzten Rest vergast wurde, so bleibt keine andere Erklärung als die, daß eine unmittelbare Oxydation des gelösten Kohlenstoffs stattgefunden hat. Auch die von Watanabe untersuchten Proben waren stark schwefelhaltig. Dann werden unter den Versuchen Forquignons (28) zwei angeführt, bei denen sich nach 36, 72 und 144 Stunden Glühdauer die aus Zahlentafel 3 ersichtlichen Verhältnisse einstellten. Bei dem ersten, 1,78 v. H. Mangan enthaltenden Versuchsstück war nach 72stündigem Glühen in Roheisenerz noch keine Temperkohle abgeschieden, aber der Kohlenstoff hatte sich bereits von 3,79 v. H. auf 3,03 v. H. verringert. Die zweite Probe mit 0,38 v. H. Mangan enthielt nach 36stündigem Glühen keine Temperkohle, der Gesamtkohlenstoffgehalt war aber von 3,38 auf 3,28 zurückgegangen, nach einer Glühzeit von 72 Stunden zeigte sich nur eine Spur Temperkohle, während der

Zahlentafel 3.

Abnahme des Gesamtkohlenstoffs ohne vorherige<br>Temperkohleabscheidung.

| Glühdauer | Weißeisen mit 1,78 v. H. Mangan u.0,49 v.H.Silizium | | Weißeisen mit 0,38 v. H. Mangan u.0,43 v.H.Silizium | | Weißeisen mit 0,15 v. H. Mangan und 0,77 v. H. Silizium | | | |
|---|---|---|---|---|---|---|---|---|
| | Ges. C | Temperkohle | Ges. C | Temperkohle | Ges. C | Geb. C | Graphit | Graphit und Temperkohle |
| | % | % | % | % | % | % | % | % |
| Vor dem Glühen | 3,79 | 0,00 | 3,30 | 0,00 | 3,45 | 2,94 | 0,51 | — |
| Nach 36 stünd. Glühen | — | — | 3,28 | 0,00 | 3,23 | 1,41 | — | 1,82 |
| „ 72 „ „ | 3,03 | 0,00 | 2,63 | Spur | 2,68 | 1,11 | — | 1,57 |
| „ 144 „ „ | — | — | 1,81 | 0,13 | 2,07 | 0,91 | — | 1,16 |

Kohlenstoffgehalt auf 2,63 v. H. zurückgegangen war und nach 144stündigem Glühen waren nur 0,13 v. H. Temperkohle abgeschieden, der Gesamtkohlenstoff jedoch auf 1,94 v. H. gesunken. War in den vorigen Fällen der Schwefel an der Behinderung der Temperkohleabscheidung schuld, so ist sie bei den Forquignonschen Versuchen offenbar auf den Mangangehalt zurückzuführen, der, wie noch gezeigt werden wird, ebenfalls darauf hinwirkt, den Kohlenstoff in Lösung zu halten. Ein dritter Versuch, bei dem nur 0,15 v. H. Mangan zugegen waren, verlief normal, wie sich aus der Zahlentafel 3 ergibt. Auffallend ist, daß Forquignon auf Grund weiterer Versuche trotzdem zu dem Schluß kommt, die Temperkohlebildung müsse der Entkohlung vorangehen, was sie offenbar nicht beweisen, sondern höchstens offen lassen. Diese Erscheinung kann man meines Erachtens nicht anders erklären, als daß man eine unmittelbare Vergasung annimmt oder, falls Temperkohle abgeschieden war, eine schnelle Rückbildung zu Karbid im Augenblick der Unterbrechung des Glühprozesses eintrat, was aber weniger wahrscheinlich ist. Welche Annahme die richtige ist, müßten allerdings besondere Untersuchungen erweisen.

Endlich ließ Stotz (139) von normal getemperten Versuchsstücken einen Teil normal, also sehr langsam innerhalb zweier Tage abkühlen, einen anderen aber nahm er heraus und kühlte ihn an der Luft in einem Kästchen ab. Die normal behandelten Proben zeigten die guten Eigenschaften des schmiedbaren Gusses, die an der Luft abgekühlten jedoch nur geringe Zähigkeit; die langsam erkalteten Stücke ließen von innen nach außen ohne jede Zonenbildung einen allmählichen Übergang von stärker perlitischem zu einem etwas weniger Perlit enthaltenden Gefüge erkennen, die früher aus dem Ofen entnommenen jedoch zwei streng geschiedene, mit dem bloßen Auge schon wahrnehmbare Zonen, einen perlitischen Kern und einen ferritischen Rand. Die Erscheinung wird damit erklärt, daß sich beim Glühprozeß ein Gleichgewichtszustand zwischen eindringendem Gas und nach außen wanderndem Kohlenstoff einstellt. Im Falle des gleichmäßigen Überganges überwog die nach außen strebende Kohlenstoffwanderung und zementierte gewissermaßen die Randteile, daher die gleichmäßige Kohlenstoffverteilung; im anderen Falle wurde der Bewegungszustand im Augenblick der Probeentnahme aus dem Ofen durch rasches Abkühlen festgehalten, auf der Grenze beider Zonen kam die Kräftewirkung zum Stillstand. Diese Auslegung hat übrigens Ledebur schon den von Stead mitgeteilten Beobachtungen gegeben und wurde auf S. 25 schon erwähnt. Übrigens müßte ein solcher Versuch auch darüber Aufschluß geben, ob der wandernde Kohlenstoff unmittelbar vergast werden kann oder sich erst als Temperkohle abscheiden muß. Ist das letztere der Fall, so müßte sich die Grenze der von Stotz beobachteten beiden Zonen durch einen Kranz abgeschiedener Temperkohle, in die sich der wandernde Kohlenstoff umgewandelt hat, hervorheben, sonst bleibt keine andere Darstellung übrig, als daß im Augenblick der Prozeßunterbrechung durch Herausholen der Probe Rückbildung des wandernden bzw. schon abgeschiedenen Kohlenstoffs stattfand. Stotz berichtet nichts darüber, er spricht nur von einem entkohlten Rand und einem weißen Kern.

Auch Hatfield (49) stellt auf Grund eigener Beobachtung die Behauptung auf, daß der Kohlenstoff unmittelbar vergast werden könne, ohne daß überhaupt Temperkohle vorhanden sei. In der Praxis sei häufig zu beobachten, daß geschmiedete Werkstücke entkohlt würden, ohne daß man Temperkohle feststellen könne. Demgegenüber sei aber auf die Versuche Roystons (124, S. 629) und Ledeburs (III, S. 301) hingewiesen, bei denen man einen Werkzeugstahl schmiedete, bis unter Rotglut erkalten ließ und durch rasch folgende Hammerschläge wieder zur deutlichen Rotglut erhitzte. Nach dem Abkühlen in normaler Weise zeigte sich ein dem bloßen Auge erkennbarer schwarzer Saum, der 0,66 v. H. Temperkohle bei 1,54 v. H. Gesamtkohlenstoff (s. a. St. u. E. 1895, S. 948) enthielt. Zur Bekräftigung seiner Behauptung führt Hatfield folgende Versuche an. Ein Material mit 1,36 v. H. Kohlenstoff enthielt nach 48 Stunden Glühzeit bei 960° C, wobei Holzkohle als Tempermittel diente, keine Temperkohle; ein anderes Material mit 1,64 v. H. Kohlenstoff wurde in Holzkohle, Sand und in Eisenoxyd 48 Stunden bei 960° C geglüht und enthielt nach dem Abkühlen, wenn Holzkohle als Glühmittel diente, 1,63 v. H., wenn Sand verwendet wurde, 0,74 v. H. und beim Einpacken in Eisenerz 0,15 v. H. gebundene Kohle, aber keine Temperkohle. Noch auffallender ist der Versuch, bei dem in einem Weißeisen mit 3,5 v. H. Kohlenstoff nur 0,50 v. H. Silizium nach 100stündigem Glühen bei 950° keine Temperkohle nachzuweisen war, am Rande aber eine weitgehende Entkohlung stattgefunden hatte; auch der Kern war völlig frei von Temperkohle.

Nun hat Wüst auf Grund genauer Versuche eine eigene, in wichtigen Punkten vollkommen von der Ledeburschen Auffassung abweichende Theorie aufgestellt, die nicht minder Anspruch auf Geltung erheben kann. Zunächst bestätigten seine eigenen Versuche (164) und die seiner Schüler (40, 166), daß die Bildung der Temperkohle durch Zerfall des Karbides vor sich geht gemäß der Gleichung: $Fe_3C = 3 Fe + C$, d. h. Zementit (Karbid) = Ferrit + Temperkohle. Bei weiteren Versuchen (164) wurde nun in mehreren Versuchsstäben aus Weißeisen die Temperkohle durch Glühen im Vakuum abgeschieden, ohne daß der Gesamtkohlenstoff abnahm. Dann wurden diese so vorbereiteten Stäbe neben einigen anderen ungetemperten Weißeisenstäben dem Glühprozeß unter Verwendung von getrocknetem Eisenerz in Temperaturen zwischen 900 und 960° 20 bis 52 Stunden unter Vermeidung von Luftzutritt im Heräusofen geglüht, und zwar richtete man die Versuche so ein, daß das Eisen und das Erz in gesonderten Schälchen nebeneinander geglüht wurden, ohne daß eine Berührung stattfand; eine Probe wurde ganz in Eisenerz eingepackt und eine andere nur zur Hälfte. Von Zeit zu Zeit wurden Gasproben entnommen und analysiert. Das Ergebnis war, daß bei allen Proben der Gesamtkohlenstoff abnahm; bei denjenigen Proben, bei denen die Temperkohle abgeschieden war, hatte sich nur die Menge der Temperkohle verringert, nicht aber der in anderer Form vorhandene Kohlenstoff. Weiterhin ergab die laufende Untersuchung der Gase, daß sich Kohlensäure und Kohlenoxyd gebildet hatte, und zwar nahm mit der Glühdauer der Prozentgehalt der Kohlensäure ab, der des Kohlenoxydes zu. Z. B. sank der Kohlensäuregehalt bei einer Probe von 68 v. H. auf 31 v. H., während der Kohlenoxydgehalt von 32 v. H. auf 68 v. H. stieg. Das Eisenerz hatte seinen Sauerstoffgehalt bei einzelnen Versuchen bis zu 70 v. H. verringert und war teilweise selbst zu metallischem Eisen reduziert. Die unzweifelhaften genauen Feststellungen führten zu einer gänzlich neuen Auffassung der Vorgänge beim Glühfrischen, die Wüst (164) in folgende Sätze zusammenfaßt: „Der Sauerstoff verbrennt die Temperkohle zu Kohlensäure und wird, sobald der entwickelte Sauerstoff auf diese Weise verbraucht ist, der Prozeß dadurch in Gang gehalten, daß die Kohlensäure die Temperkohle vergast und Kohlenoxydgas bildet. Das Kohlenoxydgas tritt in Reaktion mit dem Eisenoxyd und reduziert dasselbe vollständig zu Eisenoxydul und schließlich metallischem Eisen, wobei Kohlensäure wieder regeneriert wird. Das Verhältnis der Kohlensäure zu dem Kohlenoxydgas hängt von dem Verhältnis der Menge des angewendeten Eisenoxydes zu dem Gewichte des zu frischenden Materials ab. Fehlt es an Erzsauerstoff, so unterbleibt die Rückbildung der Kohlensäure, und der Gehalt an Kohlenoxyd kann in dem Gasgemisch so weit steigen, daß durch Zerfall des Kohlenoxydes eine kohlende Wirkung auf das Gußeisen ausgeübt wird.“

Nach Wüst vollzieht sich nun die Temperkohleabscheidung nicht allmählich, wie man allgemein annimmt, sondern auf einmal, wie durch die in Zahlentafel 13 vereinigten Versuchsergebnisse bewiesen werden soll. Indessen liefert die Literatur, wie z. B. auch Zahlentafel 4 und 15 zeigt, doch eine ganze Anzahl Belege dafür, daß die Abscheidung der Temperkohle nicht gleichzeitig, sondern sprunghaft oder allmählich vor sich geht. Selbst die S. 60 in Zahlentafel 13 angeführten Versuche Wüsts lassen schon erkennen, daß auch hier teilweise die Absonderung nach und nach erfolgt ist. Im Anschluß hieran mag bemerkt werden, daß in diesem Punkt m. E. ein kleines Mißverständnis herrscht. Man hält sich an Wüsts Ausdrucksweise, spricht von einer plötzlichen Abscheidung über den ganzen Querschnitt, nimmt also an, daß die Abscheidung etwa ähnlich erfolgt wie die plötzliche Absonderung von Eis aus Wasser, das auf Temperaturen unter Null abgekühlt und dessen Unterkühlung durch Hineinwerfen eines Eiskristalls oder sonstwie aufgehoben wird. Wüst sagt aber an der betreffenden Stelle (166): „Aus vorstehenden Versuchen kann geschlossen werden, daß, je höher der Gehalt des Eisens an Kohlenstoff, desto größer seine Neigung ist, bei derselben Temperatur Temperkohle abzuscheiden. Die Ausscheidung des Kohlenstoffs beginnt bei etwa 1000° C und schreitet mit zunehmender Temperatur fort. Sie tritt ziem- lich plötzlich ein, sobald die Reaktionstemperatur erreicht ist." Also findet auch nach Wüst schon vor Erreichung der Zerfallstemperatur Temperkohleausscheidung statt und jedenfalls deshalb, weil die Reaktionstemperatur nicht überall gleichzeitig erreicht wird. Es hängt also sehr viel davon ab, in welcher Weise die Erhitzung des Glühgutes vor sich geht. Die Geschwindigkeit der Temperatursteigerung, die Höhe der Glühtemperatur, die Glühdauer und natürlich auch die Zusammen- setzung des Eisens bedingen die Geschwindigkeit des Karbidzerfalles, und auch die Entkohlung hängt von diesem Moment ab, wie noch ge- zeigt werden soll.

Da nun einerseits aus den auf S. 24 angeführten Gründen die Lede- bursche Theorie, d. h. unmittelbare Oxydation des Kohlenstoffs durch Sauerstoff und Wanderung des Kohlenstoffs, aufrechterhalten werden und anderseits die Wüstsche Vorstellungsreihe unbedingte Geltung beanspruchen muß, so kann die Annahme nicht ausbleiben, daß man einen nebeneinander sich abspielenden Ablauf der Vorgänge für möglich hält. Es dürfte daher am Platze sein, zu untersuchen, wieweit das über- haupt möglich ist und wieweit nicht. Wir haben es also nach Wüst mit folgenden drei Vorgängen zu tun:

1. Abscheidung der Temperkohle durch Karbidzerfall.
2. Einleitung der Entkohlung durch Randoxydation, und zwar un- mittelbar durch Sauerstoff.
3. Hauptentkohlung durch den durch Zerfall eindringender Kohlen- säure freiwerdenden Sauerstoff.

Nach Ledebur aber handelt es sich um folgende Erscheinungen:

1a. Abscheidung der Temperkohle durch Karbidzerfall bzw. Nieder- schlag des wandernden Kohlenstoffs.

2a. Entkohlung durch unmittelbare Verbrennung des wandernden oder des als Temperkohle abgeschiedenen Kohlenstoffs unmittelbar durch eindringenden Sauerstoff.

3a. Innere Entkohlung durch Abwandern des Kohlenstoffs.

Zu Punkt 1 und 1a wäre zu sagen, daß die beiden Theorien in bezug auf die Temperkohleabscheidung durch Karbidzerfall übereinstimmen. Ledebur läßt dagegen noch offen, ob sich auch der wandernde Kohlen- stoff erst in Temperkohle umwandelt, bevor er verbrennt. Ein Wider- spruch besteht hinsichtlich des ersten Punktes nicht. Der andere Punkt, d. h. die Ausscheidung des wandernden Kohlenstoffs kommt für Wüst überhaupt nicht in Frage. Es bleibt also die Möglichkeit, daß beide Vorgänge sich nebeneinander oder auch nacheinander abspielen; ob sich die Temperkohleabscheidung plötzlich oder nach und nach vollzieht, erörtert Ledebur nicht. Bezüglich der Punkte 2 und 2a, d. h. der unmittelbaren Verbrennung des abgeschiedenen Kohlenstoffs durch Sauerstoff, ergibt sich folgendes: Nach Wüst spielt sich dieser Vorgang nur am Rande ab und leitet die weitere Entkohlung durch Bildung von Kohlensäure ein. Nach Ledebur beruht die Entfernung des Kohlenstoffs zum wesentlichen Teil auf dieser unmittelbarer Oxydation, sie geht nicht nur am Rande vor sich, sondern dringt auch tiefer ins Innere vor, wo offenbar sowohl der war·dernde als auch der abgelagerte Kohlenstoff verbrannt wird; offen bleibt nur, ob sich auch der wandernde Kohlenstoff vorher in Temperkohle umwandelt. Zwischen beiden Theorien besteht hinsichtlich der Verbrennung der abgelagerten Temperkohle also nur ein Unterschied des Grades; die Verbrennung des wandernden Kohlenstoffs kommt für Wüst nicht in Betiacht. An Stelle des Punktes 2a tritt für Wüst in der Hauptsache Punkt 3, Entkohlung durch abgespaltenen Sauerstoff.

Bezüglich der Punkte 3 und 3a besteht völlige Unvereinbarkeit. Die Hauptentkohlung, auch die der innersten Zone, beruht nach Wüst nur auf einer Oxydation der abgelagerten Temperkohle durch den aus der eingedrungenen Kohlensäure sich loslösenden Sauerstoff. Nach Ledebur wandert der Kohlenstoff dieser Teile nach außen und führt auf diese Weise die innere Entkohlung herbei, dabei mag sich auch — wovon Ledebur aber nirgendwo spricht — hier ein Teil des Kohlenstoffs als Temperkohle abscheiden und entweder liegen bleiben oder auch durch eindringenden Sauerstoff verbrannt werden. In der Hauptsache gehen die Ansichten jedenfalls auseinander. Es fragt sich: Besteht die Möglichkeit eines Nebeneinanderherlaufens der beiden Prozesse? Die Entscheidung über diesen Punkt hängt davon ab, wie die Absonderung der Temperkohle verläuft. Sondert sie sich alle auf einmal ab, so ist die Wanderung gänzlich ausgeschlossen, und die Verbrennung kann im Sinne der Wüstschen Theorie durch Zerfall der Kohlensäure oder auch durch unmittelbare Verbrennung mit eingedrungenem Sauerstoff im Sinne der Ledeburschen Auffassung verlaufen.

. Ob und inwieweit nun die fraglichen Vorgänge tatsächlich nebeneinander oder hintereinander verlaufen, bleibt wissenschaftlicher Untersuchung vorbehalten, die sich bisher noch nicht näher mit diesen Fragen beschäftigt hat. Indessen liegen doch einige Äußerungen über den fraglichen Gegenstand vor. So hält Heyn z. B. das Nebeneinander des Verbrennungsverlaufs im Sinne der Wüstschen Auffassung und die Kohlenstoffwanderung für denkbar (181). So führt ferner Stotz für die Möglichkeit des Frischvorganges im Sinne Ledeburs einige Beobachtungen ins Feld. In der Praxis kommen nach dem Tempern zuweilen noch zu hart gebliebene Gußstücke vor, die im Innern noch die strahlige Struktur des Weißeisens besitzen, während der Rand normal getempert und mehr oder weniger entkohltes Eisen erkennen läßt. Da nach der Wüstschen Theorie der Kohlenstoff vor der Oxydation gleichmäßig über den ganzen Querschnitt verteilt ist und als Temperkohle hätte ausfallen müssen, von dieser aber nur Spuren zu finden waren, so hätte auch die Entkohlung in der Randzone nicht nach der von Wüst aufgestellten Theorie verlaufen können. Ganz schlüssig scheint mir diese Folgerung nicht zu sein, wie es überhaupt schwierig sein wird, aus dem Nichtvorhandensein oder dem spurenhaften Auftreten von Temperkohle bei stattgefundener Vergasung diese ohne weiteres auf unmittelbare Oxydation gebundenen Kohlenstoffs zurückzuführen. Dieser Nachweis muß unbedingt auf breiterer experimenteller Grundlage aufgebaut werden und darf sich meines Erachtens nicht auf Beobachtungen gründen, die noch andere Erklärungen zulassen. Dann bekämpft Hatfield (49) die Wüstsche Theorie mit dem Einwand, daß am Rande keine Temperkohle auftreten und somit auch nicht verbrannt werden könne, wenn der Kern noch gebundenen Kohlenstoff enthalte, denn nach Wüst erfolge die Ausscheidung der Temperkohle über den ganzen Querschnitt. Die Praxis bestätige aber den ersteren Vorgang. Man sieht, der Einwurf Hatfields fußt schon auf der Annahme, daß sich die Temperkohleabscheidung nach Wüst mit einem Schlag auf dem ganzen Querschnitt vollzieht. Es wurde aber schon S. 35 darauf hingewiesen, daß sie nach Wüst „ziemlich plötzlich" eintritt, aber doch schon vorher mit zunehmender Temperatur von einer bestimmten Temperatur an fortschreitet. Daher ist die Einwendung Hatfields meines Erachtens nicht stichhaltig. Im Gegenteil finde ich, daß der praktische Vorgang beim amerikanischen Temperprozeß, der ja Hatfield besonders gut bekannt sein wird, durchaus für die Wüstsche Theorie spricht, worauf sonderbarerweise noch nicht hingewiesen wurde. Hier haben wir es mit einer weitgehenden Temperkohleabscheidung und einer absichtlich zurückgehaltenen Entkohlung zu tun. Beides wird dadurch erreicht, daß man den Temperguß bei einer 80 bis 100° tiefer liegenden Temperatur, als sie bei uns üblich ist, und etwa 48 Stunden weniger lang in Vollhitze glüht. Moldenke bemerkt dazu in seinem Buch über Temperguß (V, S. 106) ausdrücklich, daß, wenn man den amerikanischen Temperguß nachträglich bei höherer Temperatur und länger glüht, der europäische, weißkernige Temperguß entsteht. Im 2. Teil S. 266 u. 268 ist nochmals davon die Rede. Das bedeutet aber, daß die eigentliche, weitgehende Entkohlung bei höherer Temperatur und längerer Glühdauer, wie sie bei uns üblich sind, eintritt. Wir haben damit also den Beweis, daß sich der Temperprozeß, ganz wie Wüst es annimmt, im wesentlichen in zwei Hauptphasen abspielt. Man darf sich nur nicht auf den doktrinären Standpunkt stellen, als ob diese Vorgänge durch ganz bestimmt festliegende Temperaturen und Glühzeiten scharf gegeneinander abgegrenzt wären. Die amerikanische Temperweise zeigt, daß der Karbidzerfall bzw. die Temperkohleabscheidung wesentlich den ersten Teil des Prozesses ausmacht und sich bei niedrigerer Temperatur vollzieht, daß die

Entkohlung aber im wesentlichen die zweite Phase des Glühfrischens kennzeichnet und sich in höheren Temperaturen abspielt; sie beweist weiterhin, daß man nicht nur beim Laboratoriumsversuch diese Trennung der Vorgänge vorzunehmen in der Lage ist, sondern daß in demselben Sinne der europäische Temperprozeß sich abspielen wird. Wir beobachten in der Praxis diesen Hergang nur deshalb nicht, weil er sich in einem ununterbrochenen Glühvorgang vollzieht, bei dem die Temperatur so schnell wie möglich gleich auf Vollhitze, d. h. die Entkohlungstemperatur gebracht und nur die Endwirkung beobachtet wird, während der Zeitpunkt der Haupttemperkohleabscheidung nicht besonders in Erscheinung tritt und vielleicht teilweise schon vorher während des Aufheizens vor sich ging oder gerade wegen des schnellen Aufheizens erst in der Vollhitze zur Entfaltung kommt. Es dürfte nicht schwer sein, sich durch Versuche im großen hierüber völlige Klarheit zu verschaffen.

Man darf nach allem Vorangegangenen also sagen, daß der derzeitige Stand der Forschung die Annahme zuläßt, daß bei dem normalen Verlauf des Glühfrischprozesses der von Wüst nachgewiesene Entkohlungsvorgang jedenfalls vor sich geht und die von Ledebur vertretene Kohlenstoffwanderung höchstwahrscheinlich daneben auftritt. Die Frage, ob auch eine unmittelbare Vergasung des Kohlenstoffs vor jeder Kohlenstoffabscheidung im Spiele ist, bedarf noch eingehender Forschung. Verhält es sich aber tatsächlich so, so ist, wenn man sich die Vorgänge in ihren Einzelheiten vergegenwärtigt, der Temperprozeß wohl der verwickeltste aller eisenhüttenmännischen Prozesse, den man in seinen verschiedenen Phasen nur unter großen Schwierigkeiten verfolgen kann, da sich das Eisen während des ganzen Glühvorganges offenbar in einem schwankenden Auflockerungs- und Auflösungszustand befindet und deshalb der Beobachtung und der Erklärung durch die Gleichgewichtslehre außerordentliche Hindernisse entgegenstellt.

### 3. Die näheren Bedingungen der Temperkohleabscheidung.

Unter normaler Abkühlung erhält man beim Erstarren weißen Eisens in der Hauptsache Zementit, daneben Perlit, gegebenenfalls auch Martensit. Die Vorgänge spielen sich je nach Zusammensetzung des Materials ungefähr in dem im Schaubild nach Abb. 7 von den Ordinaten 2 v. H. und 3 v. H. eingeschlossenen Flächenbereich ab. Bei ununterbrochen fortgesetzter Abkühlung scheidet sich keine oder doch nur eine sehr unwesentliche Menge elementaren Kohlenstoffs in Form von Temperkohle ab, und wenn man die Abkühlung so gestaltet, daß man das Eisen längere Zeit auf gleicher Temperatur hält, bilden sich größere Mengen Temperkohle. Nach Ruer und Iljin (121, S. 13) treten zwischen 1100° und 800° keine wesentlichen Mengen Temperkohle aus, unterhalb 800° bildet sich um so mehr Temperkohle, je länger die Versuchsstücke innerhalb des betreffenden Temperaturbereiches bleiben; dieselben Forscher haben noch bei 400° Temperkohleabscheidung feststellen können. Das Maß dieser Absonderung während des Abkühlens hängt wesentlich davon ab, mit welcher Geschwindigkeit das Material die verschiedenen Temperaturbereiche durchläuft. Hatfield (49) stellte die Abhängigkeit der Temperkohleausscheidung von dem mehr oder weniger groben Auftreten der Gefügebestandteile des weißen Roheisens fest; das feinere Gefüge bildet eine größere Zahl von Kristallisationskeimen, infolgedessen ist die Zahl der Temperkohleabscheidungen größer, aber räumlich gemessen um so kleiner.

Die Abscheidung der Temperkohle im schmiedbaren Guß, um die es sich hier handelt, erfolgt jedoch dadurch, daß der „metastabile" Zustand des Eisenkarbides von normaler Temperatur ausgehend durch längeres Erhitzen bei einer bestimmten Temperatur aufgehoben wird und ein Zerfall dieses in Eisen und elementaren Kohlenstoff eintritt, dabei mag hier unberücksichtigt bleiben, ob der elementare Kohlenstoff unmittelbar vollständig austritt oder zunächst das Eisen gemäß seinem Erhitzungszustand den Kohlenstoff teilweise gleichmäßig löst und diesen auf Grund seiner mit sinkender Temperatur abnehmenden Lösungsfähigkeit freigibt. Daß aber tatsächlich ein Zerfall des Karbides der Abscheidung vorangeht, haben die von den verschiedensten Forschern ausgeführten Versuche unzweifelhaft dargetan: Forquignon (28); Royston (124); Ledebur (77, S. 385; 84, S. 813); Watanabe (80, S. 633); Goerens (40); Lißner (88).

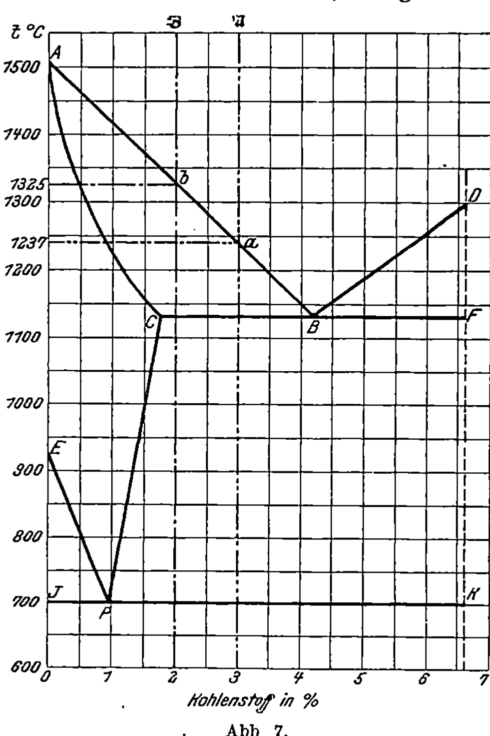



Abb 7.

Von größtem Einfluß auf die Abscheidung der Temperkohle ist natürlich die Höhe der Temperatur, bei der geglüht wird und die Glühdauer, sofern man Versuchsstücke derselben Zusammensetzung im Auge hat. So wurden z. B. bei einem dunkler Rotglut ausgesetzten Eisen mit 0,496 v. H. Silizium, 0,076 v. H. Phosphor, 0,293 v. H. Schwefel und 0,182 v. H. Mangan innerhalb achttägigen Glühens folgende Temperkohlenmengen (Zahlentafel 4) ausgeschieden (80).

## Zahlentafel 4.

### Abnahme des Gesamtkohlenstoffgehaltes ohne Temperkohleabscheidung.

|  | Härtungs-kohle | Karbid-kohle | Temper-kohle | Gesamt-kohle |
|---|---|---|---|---|
| Vor dem Glühen . . . . . . . . . | 0,741 | 2,597 | — | 3,338 |
| Am 4. Tag nach dem Anfeuern . . . | 0,815 | 2,246 | — | 3,061 |
| „ 5. „ „ „ „ . . . | 0,859 | 2,073 | — | 2,932 |
| „ 6. „ „ „ „ . . . | 0,835 | 1,874 | 0,179 | 2,888 |
| „ 7. „ „ „ „ . . . | 0,631 | 0,430 | 1,037 | 2,098 |
| „ 8. „ „ „ „ . . . | 0,245 | 0,492 | 0,833 | 1,570 |

Vom 6. auf den 7. Tag steigt die Temperkohleabscheidung von 0,179 v. H. auf 1,037 v. H., um dann mit dem Gesamtkohlenstoff abzunehmen. Einige Versuche von Forquignon hatten folgendes Ergebnis (Zahlentafel 5):

## Zahlentafel 5.

### Gewöhnlicher Verlauf der Veränderung des Kohlenstoffgehaltes und der Kohlenstofform.

| Glühdauer | Eisen von St. Louis mit 0,45 v. H. Si | | Holzkohleneisen von Lancashire mit 0,3 v. H. Si | | Kokseisen von Lancashire mit 0,9 v. H. Si | | Holzkohleneisen von Korsika mit 0,56 v. H. Si | |
|---|---|---|---|---|---|---|---|---|
|  | Gebund. Kohlenst. | Temper-kohle | Gebund. Kohlenst. | Temper-kohle | Gebund. Kohlenst. | Temper-kohle | Gebund. Kohlenst. | Temper-kohle |
| Vor dem Glühen | 2,94 | Spur | 3,27 | 0,00 | 3,12 | Spur | 3,51 | 0,02 |
| Nach 36 stnd. Glühen | 2,13 | 0,47 | 1,55 | 1,45 | 0,94 | 1,61 | 1,17 | 2,28 |
| „ 72 „ „ | 0,96 | 0,84 | 1,25 | 1,09 | 1,02 | 1,19 | 0,85 | 1,56 |
| „ 144 „ „ | 0,84 | 0,26 | 0,90 | 0,51 | 0,81 | 0,50 | 0,71 | 0,81 |

Der gewöhnliche Verlauf ist so, daß zunächst die Temperkohleabscheidung absolut zunimmt, dann aber, da der Gesamtkohlenstoff stärker abnimmt, nur noch relativ, da von der abgeschiedenen Temperkohle ein Teil oxydiert wird. Indessen ist nicht unbedingt sicher zu entscheiden, ob nach Überschreiten eines absoluten Höchstgehaltes an abgeschiedener Temperkohle noch weitere Abscheidung stattfindet. Das hängt von dem, wie im vorhergenden Abschnitt dargelegt wurde, theoretisch noch nicht völlig feststehenden Verlauf des Prozesses ab. Oberhoffer (110) nimmt an, daß der Karbidzerfall unter Volumenvergrößerung vor sich geht, was von Stotz (138) und Leuenberger (86) bestätigt wird. (Näheres s. S. 94.)

Welchen Einfluß die Höhe der Glühtemperatur auf die Temperkohleabscheidung hat, wurde von Royston (80, 124), Charpy und Grenet (12, 84) sowie von Wüst (166) näher untersucht. Royston stellte fest, daß ein weißes Eisen mit 3,85 v. H. Kohlenstoff, 0,29 v. H. Silizium, 0,02 v. H. Phosphor, 0,03 v. H. Schwefel, 0,15 v. H. Mangan und einem

bei 1030° liegenden Erstarrungspunkt bei Temperaturen unter 670°
keine Temperkohle enthielt, auch nicht bei vorübergehender Erhitzung auf 750° und 1000°. Bei anhaltendem Erhitzen bei 850° und
darüber schied sich bei langsamer Abkühlung 2,75 v. H. Temperkohle
ab; daneben war noch 1,1 v. H. gebundener Kohlenstoff vorhanden. Bei
Erhitzen auf 1030°, also nahe der Erstarrungstemperatur, bildeten sich
bei Abkühlen an der Luft 2,3 v. H. Temperkohle neben 1,5 v. H. gebundener Kohle. Bearbeitete man bei gleicher Behandlung das Eisen während
des Abkühlens mit dem Hammer, so schied sich 3,15 v. H. Temperkohle
ab. Die günstigste Temperatur für den Glühfrischprozeß liegt im allgemeinen bei 900°. Je höher die Temperatur liegt, um so weniger lange
bedarf es der Erhitzung, und nahe beim Erstarrungspunkt genügt schon
eine vorübergehende Erhitzung, um Temperkohlebildung herbeizuführen.
Eine teilweise Bestätigung erfahren diese Ergebnisse durch Grenets
und Charpys Versuche (12, 84), bei denen der Einfluß des Siliziumgehaltes auf das Glühfrischen studiert werden sollte. Zunächst zeigt
sich hier deutlicher, daß sich mit der Glühdauer die Temperkohlebildung
vermehrt. Ein Eisen mit 0,8 v. H. Silizium, 3,25 v. H. Kohlenstoff,
Spuren Mangan, 0,02 v. H. Schwefel und 0,03 v. H. Phosphor hatte
während des Glühens bei 900° nach der 1. Stunde 0,3 v. H., nach
der 2. Stunde 0,6 v. H., nach der 4. Stunde 1,58 v. H. ausgeschieden.
Ähnliche Ergebnisse stellten sich, wie die Zahlentafel 15 zeigt, bei anderen
Glühtemperaturen und anders zusammengesetztem Material ein. Die
Versuche zeigten weiter, daß es für ein Material von einer bestimmten
Zusammensetzung eine bestimmte Temperatur gibt, bei der sich eine
Höchstmenge von Temperkohle abscheidet und daß weiteres Erhitzen
bei derselben Temperatur zwecklos ist. · Die Zeitdauer, nach der dieser
Beharrungszustand eintritt, ist verschieden je nach der Zusammensetzung
und Temperatur. Bei einem Weißeisen mit 2,1 v. H. Silizium tritt dieser
Zustand in einer Temperatur von 900° schon nach einer Stunde ein, bei
einem Eisen mit 0,8 v. H. Silizium und derselben Glühtemperatur noch
nicht nach 4 Stunden. Erhöht man nach Erreichung eines solchen Gleich-
gewichtszustandes wieder die Temperatur, so scheidet sich nach entsprechender Glühdauer weitere Temperkohle bis zur Erreichung eines anderen Beharrungszustandes aus. Es liegt also, meines Erachtens wenigstens, in
der Richtung dieser Versuche, daß es für jedes Weißeisen von bestimmter
Zusammensetzung eine Höchsttemperatur gibt, bei der sich nach bestimmter Glühdauer die Höchstmenge von Temperkohle abscheiden
muß. Die Abnahme des Gesamtkohlenstoffes erschwert allerdings eine
völlig einwandfreie Schlußfolgerung. Diese zuletzt formulierte Auffassung erfährt, soviel ich sehe, auch durch die Versuche Wüsts (166)
eine Bestätigung, der die Theorie vertritt, daß, „sobald die zur Umsetzung
nötige Temperatur erreicht ist, die Temperkohle plötzlich ausscheidet
und sich gleichmäßig über das ganze Stück verteilt". „Die Größe der

Ausscheidung ist eine Funktion der Temperatur und des Kohlenstoffgehaltes." So hat sich beispielsweise bei einem Material mit 3,56 v. H. Kohlenstoff und 0,078 v. H. Silizium bei den verschiedenen Temperaturen bei 3 Stunden Glühdauer schließlich 2,46 v. H. Temperkohle abgeschieden (s. Zahlentafel 13, in der man die Gruppen I und III beachte).

Auch Leasman kommt neuerdings zu folgenden Ergebnissen (66). Er benutzte ein Material mit 2,6 bis 2,7 v. H. Kohlenstoff, 0,65 bis 0,70 v. H. Silizium, 0,27 v. H. Mangan, 0,14 v. H. Phosphor und 0,55 bis 0,60 v. H. Schwefel und glühte die Versuchskörper 50 bis 120 Stunden bei 530 bis 810°. Nach 120 Stunden Glühdauer bei 530° war keine Veränderung eingetreten, auch bei 50stündigem Glühen bei 700° blieb ein Erfolg aus. Erst Temperaturen über 750° hatten einen Zerfall des Karbides in Ferrit und Temperkohle zur Folge. Ein schmiedbares Material ließ sich schon nach 18 Stunden Glühdauer gewinnen, wenn die Temperatur auf 980° gehalten wurde. Die besten Wirkungen wurden erzielt bei einer Glühdauer von 36 bis 42 Stunden und Temperaturen von 810 bis 900°. Leasman hat bei seinen Versuchen verschiedene Packstoffe (Hammerschlag, feuerfesten Ton, Eisenerz, Chromerz u. a.) benutzt, ohne daß er einen besonderen Einfluß des einen oder anderen wahrgenommen hätte. Von diesen Feststellungen entfernt sich in einzelnen Punkten die Auffassung von Hatfield (49). Zunächst behauptet er (s. a. S. 33), daß der Kohlenstoff auch ohne Zerfall des Zementites durch die oxydierenden Gase verbrannt werden könne, und zwar schon bei einer Temperatur von 750°; erst wenn diese auf etwa 800.° steige, scheide die Temperkohle aus und verbrenne. Unter 700° setze sich das zu glühende Eisen aus Perlit und Zementit zusammen. Bei den den Punkten $Ac_{1,\,2,\,3}$ entsprechenden Vorgängen gehe der Perlit in feste Lösung über, die bei weiterer Temperatursteigerung Zementit auflöse. Bei Erreichung einer Temperatur von 800° zerfalle der noch übrige Zementit in Ferrit und Temperkohle. Man müsse also bei Herstellung des schwarzkernigen Gusses die Temperatur hinreichend lang so hoch halten, damit sich aller vorhandener Zementit zersetzen könne. Kühle das Eisen ab, so trete der gelöste Zementit wieder aus der festen Lösung aus und zerfalle dann auch in Ferrit und Temperkohle. Demgegenüber mag aber darauf hingewiesen werden, daß die Praxis beim Glühen des amerikanischen Tempergusses dem insofern widerspricht, als die üblichen Glühtemperaturen unter 800° und zwar zwischen 680 und 800° liegen und der Zweck, nämlich eine weitgehende Abscheidung der Temperkohle, auch bei diesen Temperaturen erreicht wird. Nur Kupolofenguß wird bei 800° geglüht wegen seines hohen Schwefelgehaltes.

Es wurde bereits gesagt, daß sich die Temperkohle in ihrer ganzen Menge nur bei langsamer Abkühlung abscheidet bzw. abgeschieden bleibt. Schreckt man langanhaltend geglühtes Weißeisen ab, so verringert sich die Menge der Temperkohle, sei es, daß ein Teil der abgeschiedenen Temperkohle wieder in Lösung geht, oder die sich während der sonst stattfindenden Abkühlung noch abscheidende Temperkohle gebunden bleibt. So zeigte sich bei Versuchen Roystons (80, 124), daß ein Weißeisen mit 3,5 v. H. Kohlenstoff, der durch ein erstmaliges Glühen bei 850° und langsames Abkühlen vollständig in Temperkohle verwandelt war, nach einem zweiten Glühen bei 620°, 720° und 1030° und darauf folgendem raschen Abkühlen an der Luft noch folgende Temperkohlemengen enthielt:

| Nach dem Glühen bei | 620° | 720° | 1030° |
|---|---|---|---|
| Temperkohle . . . . . . | 3,50 | 2,65 | 2,00 |
| Gebundene Kohle . . . . | — | 0,85 | 1,50 |

Das Glühen bei 620° und schnelles Abkühlen hatte keinen Erfolg, während sich die Temperkohle infolge des Abkühlens nach Glühen bei 720° auf 2,65, nach dem Glühen bei 1030° auf 2,00 verringerte. Die Temperkohle wurde demnach während des Abkühlens vom Eisen wieder aufgenommen.

Bei den eben erwähnten Versuchen Leasmans wurde auch der Einfluß der Abkühlung studiert. Die besten Ergebnisse, d. h. das hinsichtlich seiner Schmiedbarkeit brauchbarste Material, bekam er, wenn er die Temperatur 30 Stunden hindurch auf 750°, 10 bis 12 auf 750 bis 675° und 6 bis 8 Stunden auf 675 bis 260° während des Abkühlens erhielt. Er legte die Temperaturgrenze von 675° deshalb fest, weil diese etwa 15° unter dem Umwandlungspunkt $A_1$ liegt, d. h. derjenigen, bei der die feste Lösung des Eisenkarbides in Ferrit und Zementit (Perlit) zerfällt. Eine zu schnelle Abkühlung unter 650 bis 675° hatte ein stahlartiges perlitisches Gefüge zur Folge. Leasman gibt an, daß diese Temperatur erst nach etwa 42 Stunden unterschritten werden soll, von da ab kann dann schneller abgekühlt werden.

Versuche von Storey (137) bestätigen die Leasmanschen Beobachtungen im großen und ganzen. Seine Ergebnisse laufen kurz darauf hinaus, daß der kritische Abkühlungsbereich zwischen 700 und 775° liegt; unter 700° hört der Karbidzerfall auf; der Temperguß muß langsam bis auf diese Temperatur abgekühlt werden. Erhöhung des Siliziumgehaltes setzt diese Grenztemperatur herauf, Zunahme des Mangangehaltes erniedrigt sie. Ein gutes Gefüge erhielt Storey nach 50 stündigem Glühen bei 850°, schnellem Abkühlen auf 750°, einem 10 stündigen Weiterglühen bei dieser Temperatur und schnellem vollständigem Abkühlen. Bei 70 stündigem Glühen bei 750° war das Gefüge zwar gut, enthielt aber noch Spuren Zementit, ein Beweis, daß man nicht lange genug geglüht hatte. Wenn man aber 50 Stunden hindurch bei 850° glühte, rasch auf 650° abkühlte, dann 20 Stunden lang diese Temperatur beibehielt, so war das Gefüge stahlartig und brüchig.

Geiger (32) führte auch Abschreckversuche mit temperkohlehaltigem Roheisen aus, konnte aber keine Abnahme an Temperkohle feststellen.

Er glühte die Proben bei 1000°, schreckte sie ab, glühte sie wieder und schreckte sie wieder ab und wiederholte dies Verfahren 7 mal hintereinander, indem er dieselben abgeschreckten Proben immer wieder erhitzte und abschreckte. Dabei ergab sich, daß zwar der Gesamtkohlenstoff allmählich abnahm, aber das Verhältnis der gebundenen Kohle zur Temperkohle annähernd immer das gleiche blieb, wie Zahlentafel 6 erkennen läßt.

Zahlentafel 6.

Abschreckversuche mit temperkohlehaltigem Roheisen.

| Versuch Nr. | | Ges. C | | Graphit und Temperkohle | | Geb. C | | Geb. C / Ges. C |
|---|---|---|---|---|---|---|---|---|
| | | % | Abnahme | % | Abnahme | % | Abnahme | |
| I. | Ursprüngliches Material | 3,40 | — | 1,94 | — | 1,46 | — | 0,43 |
| | Nach 1 maligem Abschrecken | 2,84 | 0,56 | 1,70 | 0,24 | 1,14 | 0,32 | 0,40 |
| | „ 2 „ „ | 2,73 | 0,67 | 1,66 | 0,28 | 1,07 | 0,39 | 0,39 |
| | „ 3 „ „ | 2,53 | 0,87 | 1,66 | 0,28 | 0,87 | 0,59 | 0,35 |
| | „ 4 „ „ | 2,46 | 0,94 | 1,62 | 0,32 | 0,84 | 0,62 | 0,34 |
| | „ 5 „ „ | 2,21 | 1,19 | 1,40 | 0,54 | 0,81 | 0,65 | 0,37 |
| | „ 6 „ „ | 2,12 | 1,29 | 1,35 | 0,59 | 0,77 | 0,69 | 0,36 |
| | „ 7 „ „ | 2,11 | 1,29 | 1,37 | 0,57 | 0,74 | 0,72 | 0,35 |
| II. | Ursprüngliches Material | 3,39 | — | 1,88 | — | 1,51 | — | 0,44 |
| | Nach 1 maligem Abschrecken | 2,89 | 0,50 | 1,77 | 0,11 | 1,12 | 0,39 | 0,39 |
| | Material im Ofen erkaltet | 3,29 | 0,10 | 2,08 | 0,20 | 1,21 | 0,30 | 0,40 |

Stead hat sich ebenfalls mit der Einwirkung des Abschreckens auf geglühtes Eisen beschäftigt. Ein Versuchsstück mit 2,05 v. H. Temperkohle und 2,12 v. H. Gesamtkohlenstoff wurde auf 920° erhitzt, dann gehämmert und abgelöscht; sein Gehalt an Temperkohle betrug infolgedessen nur noch 1,47 v. H., auch als das Stück bei 920° erhitzt, dann gehämmert und an der Luft abgekühlt wurde, enthielt es nur noch 1,42 v. H. Temperkohle. Die schnell abgekühlten Stücke waren härter und schlechter bearbeitbar als die langsam abgekühlten mit höherem Temperkohlengehalt.

Zahlentafel 7.

Abnahme des Kohlenstoffgehaltes mit abnehmender Ablöschtemperatur.

| Ursprünglicher C-Gehalt | Abgelöscht bei | C-Gehalt nach dem Glühen und Ablöschen |
|---|---|---|
| % | °C | % |
| 3,60 | 1170 | 3,11 |
| 3,60 | 1100 | 2,89 |
| 3,60 | 1000 | 2,77 |
| 3,60 | 800 | 2,46 |
| 3,60 | 700 | 2,27 |

Läßt man ein Eisen, nachdem man es bei einer Höchsttemperatur längere Zeit geglüht hat, sehr langsam auf verschiedene Temperaturen abkühlen und löscht es dann ab, so ist der Kohlenstoffgehalt um so geringer, je niedriger die Ablöschtemperatur liegt, weil dann die gesamte Glühdauer mit abnehmender Ablöschtemperatur zunimmt. Vorstehendes Beispiel (Zahlentafel 7) bestätigt das Gesagte (12).

Je höher das Eisen vor dem Ablöschen erhitzt war, desto weniger Temperkohle findet man in dem abgelöschten Material. So enthielt ein auf 1170° erhitztes Roheisen (Nr. 1 in Zahlentafel 16) nach dem Ablöschen von 700° noch 1,87 v. H., nach dem Ablöschen von 1000° noch 1,03 v. H. und von 1170° abgelöscht nur 0,5 v. H. Temperkohle. Ein anderes Eisen (Nr. 3 in Zahlentafel 16) enthielt nach dem Ablöschen bei 700° noch 2,56 v. H. Temperkohle, bei 700° abgeschreckt noch 1,91 v. H. und von der Glühtemperatur 1170° abgelöscht nur 1,42 v. H. Temperkohle.

Bei all diesen Ablöschversuchen steht die Frage im Hintergrund, ob eine Rückbildung der Temperkohle innerhalb der Temperaturbereiche ihrer Abscheidung möglich ist, d. h. ob sie vom festen Eisen wieder gelöst werden kann. Außer den Geigerschen Versuchsergebnissen machen die soeben angeführten Beispiele den Vorgang sehr wahrscheinlich und stehen damit zu der Auffassung von Benedicks in schroffem Widerspruch. Benedicks (6) sagt hierüber folgendes: „Es ist möglich, von der primären Erstarrungsstruktur des weißen Roheisens ausgehend, die Zersetzung des Zementites schrittweise zu verfolgen, bis schließlich nur Graphit, als ‚Temperkohle‘, und Ferrit übrig sind. Die umgekehrte Reaktion erscheint ebenso unmöglich wie das Rückgängigmachen einer Explosion oder sonst endothermischen Reaktion. Die mikrographischen Fakta sind also, wie schon angegeben, gegen die Zementitbildung aus Mischkristallen + Graphit sehr beweisend.“

Mir scheinen jedoch die Versuche von Charpy und Grenet nicht den unbedingten Beweis für eine Rückbildung zu erbringen. Wenn mit Annäherung der Abschrecktemperatur an die Glühtemperatur, bei der die Abscheidung der Temperkohle vor sich ging, die Menge der letzteren geringer wird, so beweist das nichts für die bei der höchsten Temperatur abgesonderten Mengen. Diese brauchen, wenn man die eben angeführten Versuche ins Auge faßt, vor dem Abschrecken bei 1170°, d. h. solange diese Temperatur nicht unterschritten wurde, nicht größer gewesen zu sein als nach dem Abschrecken von dieser Temperatur. Wenn sie bei dem Abschrecken von 1000° größer und beim Ablöschen von 700° am größten war, so ist das kein Beweis dafür, daß schon bei 1170° so viel Temperkohle oder gar noch mehr abgeschieden war. Die größere Menge Temperkohle bei den bei niedriger Temperatur abgeschreckten Stücken erklärt sich zwanglos daraus, daß die Abscheidung der Temperkohle, nachdem sie einmal bei höherer Temperatur eingeleitet, auch bei niedrigeren Temperaturen, also auch während des langsamen Abkühlens anhalten kann. Auch Ledebur (84) deutet schon darauf hin. Aus dem Gesagten dürfte aber hervorgehen, daß auf diesem Wege eine Rückkohlung schwer oder gar nicht nachweisbar ist, um so mehr, als man nicht einmal weiß, ob nicht vielleicht bei der höchsten Abschrecktemperatur weniger Temperkohle abgeschieden ist, als bei einer niedrigeren, während des Aufheizens erreichten Temperatur schon ausgeschieden war. Denn S. 41 wurde schon darauf hingewiesen, daß sich die größte Menge von Temperkohle bei einem bestimmten Kohlenstoffgehalt und einer bestimmten Reaktionstemperatur abscheidet, und daß ferner eine weitere Erhitzung nichts an dem Zustand ändert. Der geringere Temperkohlegehalt bei der über der Reaktionstemperatur liegenden Temperatur müßte dann allerdings an sich wieder auf eine Art Rückkohlung zurückgeführt werden, und in der Tat findet man diese Ansicht auch vertreten. So schreibt Erbreich (23, S. 774) in einer größeren Veröffentlichung in Stahl und Eisen, daß „das Glühgut, dessen Gefüge Zementitkristalle im Perlit aufweisen, sich beim Erreichen höherer Temperaturen derart ändert, daß der Perlit in Martensit übergeht. Dieser, eine homogene feste Lösung von Eisen und Kohlenstoff, löst allmählich die noch vorhandenen Zementitkristalle in sich auf. Für eine spätere schnelle Entkohlung des Glühgutes ist es nun notwendig, daß der Zementit möglichst frühzeitig in Eisen und Temperkohle zerfällt. Je später dies eintritt, desto mehr $Fe_3C$ wird von dem Martensit gelöst, desto geringer ist die Entkohlung. Denn nach allen bisherigen wissenschaftlichen Untersuchungen ist die Temperkohle am leichtesten oxydierbar. Ist der Anreiz für die erste Temperkohleabscheidung gegeben, so verläuft der weitere Zerfall von $Fe_3C$ sehr rasch. Martensit ist nicht in dem Maße wie die Temperkohle oxydierbar." Nach dieser Darstellung also kann, sofern die Reaktionstemperatur sehr schnell durch- und überschritten wird, durch Abschrecken sogar der Temperkohlegehalt geringer ausfallen als beim langsamen Abkühlen. Eher gelingt wohl der Nachweis einer Rückkohlung, wenn man langsam abgekühltes, temperkohlehaltiges Eisen wieder auf die vorherige Glühhitze bringt und dann abschreckt, so wie es Royston gemacht und auf S. 43 beschrieben ist, oder vielleicht auch dadurch, daß man die Schroffheit des Abschreckens von ein und derselben Temperatur, nachdem man vorher die Temperkohle weitgehend abgeschieden hat, abstuft und auf diese Weise evtl. eine der Abstufung entsprechende geringere Rückbildung feststellt. Geiger hat bei seinem in Zahlentafel 6 angeführten Abschreckversuch Nr. II auch eine Abnahme sowohl des Gesamtkohlenstoffs als auch der Temperkohle festgestellt; er bemerkt aber hierzu, „daß beim Glühen auf Kosten des Gehaltes an Härtungskohle sich weitere Mengen Temperkohle gebildet haben und der Verlust an Kohlenstoff beim Abschrecken auf Rechnung der bereits vorhandenen oder neugebildeten Temperkohle zu setzen ist".

Wie die Dinge bezüglich einer Rückbildung also genau liegen, ist bisher noch nicht mit voller Deutlichkeit entschieden. Vielleicht dürfte ein Heranziehen des Zementierungsprozesses bei dem doch auch eine Lösung eindringenden Kohlenstoffs im erhitzten Eisen zu Karbid stattfindet, einige Anhaltspunkte dafür geben, ob der Vorgang möglich ist.

Durch Hämmern in Glühhitze wird, wie schon gesagt, die Abscheidung von Temperkohle vermehrt, wie Ledebur (Stahl und Eisen 1895, S. 948) durch Erwähnung einiger ihm mitgeteilter Versuchsergebnisse zeigt. Die Versuche beziehen sich auf Stahl; in Zahlentafel 8 sind die Analysen der so behandelten Proben mitgeteilt. Auch Royston (124) hat dieselbe Beobachtung gemacht.

Daß die Menge der abgeschiedenen bzw. vergasten Temperkohle auch mit zunehmender Wandstärke der Stücke geringer wird, ergibt sich aus Zahlentafel 9.

Zahlentafel 8.

**Vermehrung der Temperkohleabscheidung durch Hämmern.**

| | Härtungskohle % | Karbidkohle % | Temperkohle % | Ges. C % | Si % | Mn % |
|---|---|---|---|---|---|---|
| Probe 1: nicht gehärtet . . . . . . | 0,92 | | 0,72 | 1,64 | 0,29 | 0,47 |
| Probe 2: a) nicht gehärtet . . . . . | 0,50 | 0,38 | 0,66 | 1,54 | 0,11 | 0,31 |
|       b) geglüht und abgelöscht . | 0,52 | 0,34 | 0,63 | 1,49 | n. best. | n. best. |

Zahlentafel 9.

**Temperkohleabscheidung bei verschiedener Wandstärke.**

| | Bei einer Wandstärke von | | | |
|---|---|---|---|---|
| | 4,5 mm % | 9,7 mm % | 20 mm % | 40 mm % |
| Kohlenstoff vor dem Glühen . . . . | 3,23 | 3,23 | 3,23 | 3,23 |
|   „    nach 8tägigem Glühen . | 1,31 | 1,79 | 2,92 | 2,89 |
|   „    „ 10 „    „ | 1,19 | 1,54 | 2,77 | 2,85 |
|   „    am Ende des Verfahrens | 0,31 | 0,87 | 2,54 | 2,86 |

Aus allem ergibt sich, daß der Temperaturbereich, in dem sich die Temperkohle abscheidet, ziemlich groß ist und etwa zwischen 670 und 1150°, nach Wüst zwischen 700 und 1130° liegt. Als praktische Glühtemperaturen wählt man bei den amerikanischen black-heart-castings 680 bis 700°, evtl. 800° und bei dem in Deutschland hergestellten Temperguß 860 bis 900°, evtl. 1000°. Welche Temperaturen und welche Glühdauer am besten einzuhalten sind, wird weiter unten S. 77 besprochen.

## 4. Unterschiede zwischen Graphit und Temperkohle.

In Amerika und England macht man keinen Unterschied zwischen Graphit und Temperkohle. Man spricht von Graphit oder graphitischem Kohlenstoff und meint damit je nachdem nur den Graphit oder nur die

Temperkohle oder beides. Auf die genauere Bezeichnung „temper carbon" oder „temper graphit" trifft man nur vereinzelt. Das kommt in der Hauptsache daher, daß man kein analytisches Trennungsverfahren für beide Kohlenstoffarten kennt. Beim Auflösen in Säuren scheiden sich beide Formen vollkommen als schwarzer Rückstand ab. Eine weitere Trennung der Rückstände auf chemischem Wege gibt es nicht. Auch der Umstand trägt jedenfalls dazu bei, daß sich beim Abkühlen von grauem Roheisen oder Gußeisen neben dem Graphit auch Temperkohle abscheiden kann und daß in diesem Falle beide Formen durch die üblichen Mittel der Vergrößerung gewöhnlich nicht auseinandergehalten werden können, weil der Graphit die Temperkohleabscheidung überdeckt. In Deutschland und den meisten übrigen europäischen Staaten unterscheidet man jedoch schärfer zwischen Graphit und Temperkohle, da es genügend Unterscheidungsmerkmale gibt, um eine begriffliche Trennung der beiden Kohlenstofformen zu rechtfertigen. Einwandfreier schmiedbarer Guß enthält nur Temperkohle und niemals Graphit. Also der Glühprozeß selbst führt schon zu einem wesentlichen Unterschied. Bei entsprechend langsamer Abkühlung eines hinreichend karbidhaltigen Roheisens scheidet sich hauptsächlich beim Übergang aus dem flüssigen in den festen Zustand und in den höheren Temperaturbereichen unterhalb der Erstarrungslinie Graphit ab, während sich beim Wiedererhitzen und folgendem andauernden Glühen in derselben Roheisenart wesentlich Temperkohle absondert. Beim langsamen Abkühlen und längerem Verharren auf einer entsprechend hohen Temperaturstufe können sich Graphit und Temperkohle nebeneinander ablagern. Nach Royston (124) entsteht beim Glühen von weißem Eisen in der Weise, wie es bei der Herstellung des Tempergusses erfolgt, die Temperkohle in einer Temperatur, die tiefer liegt als diejenige, bei der sich Graphit abscheidet. Indessen ist das nur eine Beobachtung, die sich auf die Abscheidung der wesentlichen Mengen bezieht und offenbar nur auf weißes Eisen. Im grauen Eisen ist die Graphitabscheidung bis in tiefere als die von Royston festgestellten (720 bis 820°) Temperaturbereiche einwandfrei beobachtet worden. Mineralogisch unterscheiden sich Temperkohle und Graphit dadurch, daß jene sich in amorpher, glanzloser Form abscheidet, während dieser sich kristallisiert, in hexagonalen, mattglänzenden Blättchen absondert. Beide Formen verdanken ihr Entstehen einem Zerfall der in höherer Temperatur gebildeten und bei entsprechenden Abkühlungsverhältnissen auch bis in normale Temperaturen beständigen Karbides $Fe_3C$.

Die Art der Abscheidung ist insofern verschieden, als die Graphitblättchen in längeren, zusammenhängenden Adern das Eisen durchziehen und wie eine Art Netz die metallischen Bestandteile umziehen, während die Temperkohle sich wie ein feiner Ruß punktförmig abscheidet oder kleine Knötchen und Nester bildet, die oft mehrere Millimeter Ausdehnung gewinnen können und dem Bruch ein gesprenkeltes Aussehen geben.

Auf diesen Unterschied ist auch die verschiedene Beeinflussung der Festigkeit des Eisens zurückzuführen. Die Art der Graphitabscheidung schwächt die Zugfestigkeit und Dehnung in viel höherem Maße als die Temperkohleabsonderung (Näheres s. S. 52). Ob sich Temperkohle, wie im vorigen Abschnitt ausführlich dargelegt wurde, im festen, entsprechend hoch erhitzten und abgeschreckten Eisen löst, ist noch nicht mit Sicherheit entschieden; jedenfalls aber wird Graphit erst vom flüssigen Eisen, also in erheblich höherer Temperatur zur Lösung gebracht. Die Löslichkeit der Temperkohle im glühenden Eisen soll sich daraus ergeben, daß der Gehalt des Eisens an Temperkohle erniedrigt wird, wenn man das Eisen nach erfolgter Temperkohleabscheidung (nach Royston auf über 720°) wieder erhitzt und rasch abkühlt. Bestätigt sich diese Beobachtung, so bildet sie jedenfalls ein wesentliches Unterscheidungsmerkmal gegenüber Graphit. Vielleicht besteht auch darin ein Unterschied, daß in einem niedriger gekohlten Eisen mit etwa 1,5 v. H. Gesamtkohlenstoff Temperkohle abgeschieden wird, wenn man das Eisen auf kurze Zeit auf Rotglut hält, unter Hammerschlägen unter Rotglut abkühlen läßt und durch rasch aufeinanderfolgende Schläge wieder auf Rotglut bringt, um es dann langsam erkalten zu lassen.

Eine weitere wesentliche Verschiedenheit der beiden Kohlenstoffarten besteht in ihrem Verhalten gegenüber oxydierenden Einflüssen, wie der nächste Abschnitt näher darlegen wird.

**Das Tempern graphithaltigen Roheisens.** Es liegt nahe, zu versuchen, auch graphithaltiges Roheisen oder Graueisen durch Tempern ebenso wie weißes Roheisen weich zu glühen, indem man von der Annahme ausgeht, daß der bereits vorhandene Graphit ebenso wie die Temperkohle vergast wird und sich nebenbei noch Temperkohle abscheidet, die dann auf dieselbe Weise wie bei dem normalen Temperprozeß teilweise entfernt werden kann. Auf diese Weise, so schließt man, müßte es möglich sein, ein temperußähnliches Erzeugnis mit höherer Festigkeit und einer gewissen Dehnung zu gewinnen. In früheren Zeiten, als man die Zusammenhänge des Glühfrischens noch nicht kannte, hat man eben aus dieser Unkenntnis heraus häufiger solche Glühversuche mit Gußeisen angestellt. Aber solche Versuche konnten keinen Erfolg haben, weil der aderförmig verteilte, kristallisierte Graphit seiner Verbrennung einen erheblich größeren Widerstand entgegensetzt als die in feinen Flocken abgeschiedene, amorphe Temperkohle. L e d e b u r (III, S. 275) nimmt noch an, daß sich Graphit nur wenig oder gar nicht oxydieren läßt, indessen haben neuere Untersuchungen ergeben, daß er sich bis zu einem ziemlich beträchtlichen Prozentsatz durch Glühfrischen aus dem Eisen entfernen läßt. W ü s t (160) hat schon im Jahre 1903 an Tempertöpfen, die also im Innern mit Eisenerz angefüllt waren und von außen von Verbrennungsgasen bestrichen worden waren, nach einem siebenmaligen bzw. elfmaligen

Glühen eine nicht unbeträchtliche Graphitabnahme festgestellt, wie sich aus untenstehender Zahlentafel 10 ergibt; er läßt es aber dahingestellt, ob das Eisenoxyd oder die Gase die Verbrennung herbeigeführt haben, neigt jedoch zu einer Einwirkung der letzteren. Wahrscheinlich aber ist, daß beide Elemente an der Oxydation des Graphits beteiligt waren, da die noch zu erwähnenden Versuche von Geiger und Stotz beweisen, daß Graphit beim Glühen in Eisenoxyd vergast wird. Geiger (32) hat

**Zahlentafel 10.**

**Vergasen von Graphit durch anhaltendes Glühen.**

| | I. Tempertopf | | II. Tempertopf | |
|---|---|---|---|---|
| | vor dem Glühen | nach 7 stündigem Glühen | vor dem Glühen | nach 11 stündigem Glühen |
| Ges. C . . % | 3,66 | 0,10 | 3,74 | 0,28 |
| Graphit . „ | 2,02 | 0,02 | 3,33 | 0,13 |
| Si . . . . „ | 1,58 | 1,70 | 1,59 | 1,45 |
| Mn . . . „ | 0,78 | 0,68 | 0,63 | 0,56 |
| P . . . . „ | 0,267 | 0,368 | 0,089 | 0,062 |
| S . . . . „ | 0,157 | 0,781 | 0,090 | 0,314 |

ein Graueisen mit 1,62 v. H. Silizium, 0,16 v. H. Mangan, 0,021 v. H. Phosphor, 0,108 v. H. Schwefel, 3,33 v. H. Gesamtkohlenstoff und 1,75 v. H. Graphit in Stickstoff, trockener Kohlensäure, dann in trockenem Wasserstoff, Wasserdampf, ferner in Kieselsäure und schließlich in Eisenoxyd verpackt und mehrere Stunden geglüht; dabei hat er namentlich bei Verwendung von Kohlensäure, Kieselsäure und Eisenoxyd eine nicht unerhebliche Abnahme des Graphits festgestellt, worüber die Zahlentafel 11 Aufschluß gibt.

**Zahlen-**

**Abnahme der verschiedenen Kohlenstofformen von**

| | Glühen im Stickstoffstrom | | | | Glühen im Wasserstoffgas | | | |
|---|---|---|---|---|---|---|---|---|
| Glühtemperatur . . . . . . . . ° C | 905 bis 920 | 1000 bis 1020 | 1100 bis 1120 | 980 bis 1020 | 900 bis 920 | 1000 bis 1020 | 1105 bis 1120 | 990 bis 1025 |
| Glühdauer . . . . . . . . . Std. | 5 | 5 | 3 | 12 | 5 | 5 | 5 | 12 |
| Ges. C vor dem Glühen . . . . . % | 3,33 | 3,33 | 3,33 | 3,33 | 3,33 | 3,33 | 3,33 | 3,33 |
| Ges. C nach dem Glühen . . . . „ | 3,33 | 3,32 | 3,27 | 3,32 | 3,35 | 3,23 | 3,26 | 3,25 |
| Graphit vor dem Glühen . . . . „ | 1,85 | 1,85 | 1,85 | 1,85 | 1,85 | 1,85 | 1,85 | 1,85 |
| Graphit u. Temperkohle nach d. Gl. „ | 2,02 | 2,00 | 1,75 | 1,77 | 1,88 | 2,03 | 1,75 | 2,00 |
| Geb. C vor dem Glühen . . . . . „ | 1,48 | 1,48 | 1,48 | 1,48 | 1,48 | 1,48 | 1,48 | 1,48 |
| Geb. C nach dem Glühen . . . . „ | 1,31 | 1,32 | 1,52 | 1,55 | 1,47 | 1,20 | 1,51 | 1,25 |

Ein deutlicheres Bild von der Oxydationsfähigkeit des Graphits bieten die Untersuchungen von Stotz (139), der ein im Kupolofen geschmolzenes Hämatiteisen mit 3,21 v. H. Gesamtkohlenstoff, 2,41 v. H. Graphit, 0,80 v. H. gebundenem Kohlenstoff, 2,45 v. H. Silizium, 0,4 v. H. Mangan, 0,24 v. H. Phosphor und 0,09 v. H. Schwefel einem regelrechten Temperprozeß unterwarf und das Material zunächst einmal glühte und dann metallographisch untersuchte, dann ein zweites Mal temperte und wieder untersuchte. Dabei ergab sich folgendes: Das ungeglühte Material hatte das normale Aussehen von Grauguß mit Graphitabscheidung, Temperkohle fehlte ganz. Die einmal getemperte Gußprobe ließ im unbehandelten Bruchquerschnitt bei fünffacher Vergrößerung Ringbildung erkennen, wie Abb. 8 zeigt, im Kern war eine normale Graphitausscheidung wahrnehmbar, wie das Bild des ungeätzten Schliffes bei 200facher Vergrößerung verdeutlicht (s. Abb. 9). An die in Abb. 8 abgebildete Zone schloß sich (nach außen) eine Zone an, in der die Graphitblätter zwar noch ihre ursprüngliche Form hatten, doch hatten sich schwarze Punkte an sie angesetzt (s. Abb. 10). Weiterhin zum Rande wurden die Graphitblättchen immer dünner und zerfressener, die Zahl der Punkte immer größer (s. Abb. 11). Durch das zweite Glühfrischen dringen die schwarzen Punkte bis in den Kern vor, so daß sich ein Bild wie das in Abb. 12 ergibt, am Rand des Probekörpers ist die ursprüngliche Lage der Graphitblättchen nur noch durch Punkte oder Punktreihen zu erkennen. Der Graphit läßt sich also durch hinreichendes Tempern, wenn auch sehr schwer, teilweise oxydieren, doch nicht völlig entfernen. In der Hauptsache wird der am Rand liegende Graphit davon betroffen, während der Kern ziemlich unverändert bleibt. Die durch die Verbrennung des Graphits entstehenden Hohlräume schließen sich nach Stotz wieder. Aus diesen Tatsachen ergibt sich denn auch ohne weiteres, daß getemperter Grauguß seine Sprödigkeit behält und für die Praxis unbrauchbar ist,

tafel 11.

Graueisen beim Glühen in verschiedenen Glühmitteln.

| Glühen im Kohlensäurestrom | | | | Glühen im Wasserdampf | | | | Glühen in Kieselsäure | | | | Glühen in Eisenoxyd | | |
|---|---|---|---|---|---|---|---|---|---|---|---|---|---|---|
| 890 bis 920 | 990 bis 1020 | 1090 bis 1120 | 995 bis 1020 | 900 bis 910 | 1000 bis 1030 | 1070 bis 1110 | 990 bis 1030 | 900 bis 930 | 990 bis 1030 | 1080 bis 1100 | 990 bis 1020 | 900 bis 920 | 900 bis 1010 | 1000 bis 1020 |
| 5 | 5 | 5 | 12 | 5 | 5 | 5 | 12 | 5 | 5 | 5 | 12 | 5 | 5 | 12 |
| 3,33 | 3,33 | 3,33 | 3,33 | 3,29 | 3,29 | 3,29 | 3,29 | 3,29 | 3,29 | 3,29 | 3,29 | 3,29 | 3,29 | 3,29 |
| 2,83 | 2,69 | 2,55 | 1,37 | 3,09 | 0,39 | 0,28 | 2,39 | 3,19 | 1,13 | 1,43 | 1,99 | 2,89 | 2,13 | 0,75 |
| 1,85 | 1,85 | 1,85 | 1,85 | 1,66 | 1,66 | 1,66 | 1,66 | 1,75 | 1,75 | 1,75 | 1,75 | 1,75 | 1,75 | 1,75 |
| 2,20 | 1,91 | 1,71 | 0,89 | 1,96 | 0,24 | 0,11 | 1,69 | 1,67 | 0,88 | 0,74 | 1,37 | 1,66 | 1,20 | 0,55 |
| 1,48 | 1,48 | 1,48 | 1,48 | 1,63 | 1,63 | 1,63 | 1,63 | 1,54 | 1,54 | 1,54 | 1,54 | 1,54 | 1,54 | 1,54 |
| 0,63 | 0,78 | 0,84 | 0,48 | 1,13 | 0,15 | 0,17 | 0,70 | 1,52 | 0,25 | 0,69 | 0,62 | 1,23 | 0,93 | 0,20 |

da er gar keine Vorteile bietet; im Gegenteil, die Zugfestigkeit läßt durch das Glühen beträchtlich nach, wie die nachstehende Zahlentafel 12 darlegt.

**Zahlentafel 12.**

**Festigkeitseigenschaften getemperten Graugusses.**

| Grauguß | Ges. C % | Graphit % | Geb. C % | Zugfestigkeit kg/qmm | Spez. Gewicht |
|---|---|---|---|---|---|
| Ungeglüht . . | 3,21 | 2,41 | 0,80 | 23,8 | 7,20 |
| 1mal getempert | 1,90 | 1,44 | 0,46 | 16,2 | 6,80 |
| 2mal getempert | 1,28 | 1,06 | 0,22 | 12,9 | 6,71 |

Die in dem Schliffbild auftretenden schwarzen Punkte werden von Stotz als Oxyde des Eisens (Ferrites), des Mangans und vielleicht des Siliziums erkannt, die zur Herabsetzung der Festigkeit erheblich beitragen. Ätzt man die Schliffe, so werden diese Oxydationserscheinungen deutlicher. Im Kern des einmal getemperten Materials tritt nur Ferrit und Graphit auf, der gebundene Kohlenstoff ist entfernt, der Ferrit ist mit schwarzen Punkten durchsetzt (Abb. 13); in der den Kern umgebenden Ringzone tritt Perlit auf (s. Abb. 14), dessen Ferritlamellen ebenfalls schwarze Punkte enthalten und die als ein in der Glühhitze mit Sauerstoff gesättigtes Eisen angesprochen werden, eine Art „Oxydperlit", wie er von Benedicks (Metallurgie 1911, S. 65) festgestellt und bezeichnet wurde. Daneben treten weiße strukturlose Flecken, wahrscheinlich Phosphide und Ferrit auf. Zum Rande hin vermehrt sich die mit Punkten durchsetzte Grundmasse, die Lamellen verschwinden allmählich, während die weißen Flecken auch ganz am Rande wahrnehmbar werden (Abb. 15). Ähnlich sieht auch das zweimal getemperte Material aus, nur fehlt der an den einmal getemperten Proben auftretende Kern; die Lamellenzone reicht bis ins Innerste (Abb. 16), der Rand sieht ebenso aus wie bei den einmal getemperten Proben (Abb. 15). Infolge des anhaltenden Glühens ist eine Zementierung der ferritischen Grundmasse durch den Kohlenstoff vor sich gegangen. Die Stäbe hatten zwar immer noch eine verhältnismäßig hohe Zugfestigkeit, doch waren sie sehr weichbrüchig, durch leichte Hammerschläge zerbrachen sie, und beim Abdrehen fielen mehr kleine Stückchen als eigentliche Drehspäne ab. Ein solches Material ist natürlich praktisch völlig unbrauchbar.

## 5. Metallographische Kennzeichnung guten und schlechten Tempergusses.

Der ungeglühte, harte Guß hat das Aussehen des weißen Eisens, dessen innerer Aufbau durch das Auftreten von Zementit und Perlit gekennzeichnet ist. Ein geätzter Schliff in mäßiger Vergrößerung läßt, wie z. B. die Abb. 17, die typische strahlige Struktur und den senkrecht zu den Abkühlungsflächen gerichteten Aufbau der Zementitkristalle erkennen. Weitere Vergrößerung bringt den in den Perlit eingebetteten weißen Zementit zum Vorschein, wie Abb. 18 in 420 facher Vergrößerung zeigt, dabei ist es ganz gleichgültig, aus welchem Schmelzprozeß der Guß hervorgegangen ist. Abb. 19 zeigt z. B. einen ungeglühten im Tiegelofen erschmolzenen Guß mit 3,20 v. H. Kohlenstoff in 90 facher Vergrößerung und Abb. 19a das Bild eines im Martinofen erzeugten Materials mit 2,85 v. H. Kohlenstoff in derselben Vergrößerung. Beide Bilder zeigen fast genau dieselbe Struktur, d. h. Ledeburit mit reihenartig angeordnetem Perlit. Das Bruchaussehen des geglühten deutschen Tempergusses ist weiß. Das Gefügebild erhält sein Gepräge durch den Ferrit und die Temperkohle. Wurde die Temperkohle plötzlich über den ganzen Querschnitt ausgeschieden, so erhält man Gefügebilder, wie das bei 5 facher Vergrößerung aufgenommene nach Abb. 20. Die Temperkohle ist hier in Flocken abgeschieden (Abb. 21), und das Gefüge ähnelt dem des amerikanischen „black heart“. Guter fertiggeglühter Temperguß besteht in der Hauptsache aus feinkristallinem Ferrit und verteilten Rückständen nicht vergaster Temperkohle, die in einzelnen Nestern oder auch flockenartig abgeschieden ist (Abb. 22). Je kleiner die Querschnittsabmessungen der Teile i. a. sind, und je weiter die Entkohlung getrieben wurde, desto stärker wird das Bild von dem Ferrit beherrscht. Gewöhnlich halten sich nach der Mitte zu mehr oder weniger gleichmäßige in Ferrit eingebettete Temperkohlenester, wie z. B. der Kernteil nach Abb. 23 in 85 facher Vergrößerung bei *t* zeigt. Auch die von der Vergasung zurückgebliebenen Hohlräume kann man unter dem Mikroskop unterscheiden. Ist die Entkohlung nicht so weit fortgeschritten, so sitzen die Temperkohlekomplexe dichter, wie z. B. die 90 fache Vergrößerung nach Abb. 22 (Martinofenguß) erkennen läßt.

Die Beeinflussung der Entkohlung durch die Glühdauer wird durch die Abb. 24, 25 und 26 bei einer $5\frac{1}{2}$ fachen Vergrößerung der Probequerschnitte klar vor Augen geführt. Abb. 24 entspricht einer 130 stündigen, Abb. 25 einer 175 stündigen und Abb. 26 einer 260 stündigen Glühdauer des derselben Schmelze entnommenen Materials. Der allgemeine Auflösungszustand, der Zerfall des Karbides in Perlit und Ferrit, die Temperkohleabscheidung läßt sich in Abb. 24 wahrnehmen, Abb. 25 zeigt eine Abnahme des Perlits im ganzen Querschnitt an, die Temperkohlemenge ist geringer und die Ferritmenge ist größer geworden, die Abb. 26 läßt überwiegend Ferrit, sehr wenig Temperkohle und fast gar keinen Perlit mehr erkennen. Die von Ferrit umgebene Temperkohleabscheidung als Folge des Karbidzerfalls kennzeichnet den Temperguß; die Abb. 27 beleuchtet diesen Vorgang sehr deutlich. Mit der Glühdauer geht auch eine Vergrößerung der Ferritkörner einher, wie die Gefügeaufnahmen nach Abb. 28 und 29 erkennen lassen. Abb. 28 entspricht einer Glühdauer von 95 Stunden, Abb. 29 einer solchen von 260 Stunden.

Übrigens nimmt auch mit dem Siliziumgehalt die Größe der Ferritkörner zu, wie Abb. 30, 28, 31 und 32, 29 und 33 zeigen. Die Abb. 30 bezieht sich auf ein Material mit 0,17 v. H. Silizium, Abb. 28 auf ein solches mit 0,58 v. H. Silizium und Abb. 31 auf ein solches mit 1,05 v. H. Silizium; alle Versuchsstücke sind 95 Stunden geglüht; Abb. 32, 29, 33 entsprechen wieder Versuchsstücken mit bzw. 0,17, 0,58 und 1,05 v. H. Silizium und sind 260 Stunden lang geglüht. Man erkennt auf den mit 160facher Vergrößerung aufgenommenen Bildern ohne weiteres die Zunahme der Korngröße mit Erhöhung des Siliziumgehaltes. Ein geübtes Auge kann diese Erscheinung auch schon am Bruch erkennen, ein hochsilizierter Temperguß zeigt nach dem Zugversuch einen hellen, silberglänzenden, grobkörnigen Bruch, ein niedrigsilizierter Guß einen weichgetönten, matten und feinkörnigen Bruch. Mit dem Bruchaussehen des amerikanischen Tempergusses beschäftigte sich Moldenke eingehend; da seine Ausführungen aber nur an Hand der zugehörigen Abbildungen verständlich sind, und weder Wiedergabe dieser Bilder aus technischen Gründen möglich war, noch z. Z. Originalunterlagen zu beschaffen waren, so muß auf die betreffenden Quellen verwiesen werden (V, 99).

Weniger weit entkohlte und weniger lang geglühte Teile lassen bei angemessener Vergrößerung auch noch andere Bestandteile erkennen. Abb. 34 zeigt z. B. den geätzten Schliff eines Ringes aus schmiedbarem Guß in 16facher Vergrößerung, bei dem eine äußere weiße Ferritzone $b$ und eine innere Zone $a$, in der erhebliche Mengen Perlit neben Ferrit auftreten, zu unterscheiden ist; nach dem Rande zu wird die Untermischung mit Perlit schwächer. Die Abb. 35 läßt bei 20facher Vergrößerung rechts die mit oxydischen Beimengungen durchsetzte Randzone, in der Mitte eine starke Ferritzone und rechts eine schmälere Perlitzone wahrnehmen. Vergrößert man einen bei mäßiger Vergrößerung im wesentlichen durch Ferrit gekennzeichneten Schliff, so können auch hier noch vereinzelte Perlitfelder dem Auge sichtbar werden; so stellt z. B. Abb. 36 eine 420fache Vergrößerung des in Abb. 34 wiedergegebenen Schliffes dar; man erkennt hier neben den hauptsächlich hervortretenden weißen Ferritfeldern und den schwarzen Temperkohleabscheidungen die mit $P$ bezeichneten Perlitinseln. Dieser Perlit tritt je nach der Querschnittsabmessung der Gußstücke, die ja den Fortgang des Frischprozesses wesentlich mitbestimmt, in größeren oder kleineren Mengen nach der Mitte zunehmend auf, d. h. dicke Stücke enthalten i. a. mehr Perlit als dünnere. Abb. 37 zeigt z. B. eine ausgesprochen perlitische Zone im getemperten Tiegelofenguß neben Temperkohleabscheidung. Bei solchen im Kern härteren Stücken können dann gelegentlich auch vereinzelt Zementitkristalle auftreten, die dann gewöhnlich von Perlit und Ferrit umgeben sind. Abb. 38 zeigt in der Mitte solche als weiße Inseln deutlich erkennbare Zementitkristalle, die im Perlit eingebettet und weiterhin vom Ferrit eingeschlossen sind. Diese Zementitkristalle beeinflussen natürlich die mechanische Festigkeit im ungünstigen Sinne und legen den Gedanken nahe, daß ein unvollkommener Glühprozeß vorliegt, bei dem die innersten Zementitbestandteile des ursprünglich harten Gusses von der Zersetzung verschont blieben. Vielleicht daß er, wie Erbreich (23), dessen Arbeit die Bilder entstammen, annimmt und S. 46 schon angedeutet wurde, im Martensit vorübergehend aufgelöst und bei der Abkühlung wieder als solcher auskristallisierte. Andernfalls müßte man eine Rückkohlung annehmen, auf deren Möglichkeit S. 45 hingewiesen wurde. Denkbar bleibt auch, daß der Zementit überhaupt keine Umwandlung während des Glühens durchgemacht hat und einfach als Restbestandteil eines großen Zementitkomplexes übrigblieb.

In der Praxis kommen natürlich auch sehr stark oder zu stark entkohlte Stücke vor, namentlich, wenn man genötigt war, den Guß einem nochmaligen Tempern zu unterwerfen. So zeigt Abb. 39 ein schon bei dem ersten Glühen stark entkohltes Stück, Abb. 40 dasselbe Material, nachdem es ein zweites Mal getempert ist. Man sieht, die Temperkohle ist weitgehend vergast und das Feld völlig vom Ferrit beherrscht. Die Temperkohlenester der Abb. 20 sind so gut wie verschwunden. Besonders deutlich tritt das in der Randzone zutage, die in Abb. 41 bei 100facher Vergrößerung geboten ist; ein Vergleich mit einer normal entkohlten Randzone, wie sie in Abb. 42 bei 90facher Vergrößerung wiedergegeben ist, läßt den Unterschied klar erkennen. Stotz, dessen Arbeit die Abb. 42 entnommen ist, weist darauf hin, daß die Abbildung keine Hohlstellen mehr aufweist, wie sie z. B. beim mikroskopischen Betrachten der Schliffe nach Abb. 23 zu erkennen sind; ein Beweis, daß diese bei fortgesetztem Glühen durch Aneinanderschweißen der wachsenden Ferritkörner aufgehoben werden.

Bei stark entkohlten Teilen tritt häufiger die Erscheinung auf, daß in der Randzone Zementit auftritt, der sich nach Ätzen mit Natrium-pikrat schwarz färbt und damit als solcher erweist. Dieser Zementit bildet sich durch Zementieren der äußeren Schichten des Gußstückes. Wüst (164) führt einen solchen Fall an und erklärt den Vorgang damit, daß bei Mangel an Erzsauerstoff die Rückbildung der Kohlensäure (s. S. 34) nicht eintritt und der Gehalt an Kohlenoxyd in der Gas-atmosphäre so stark zunimmt, daß durch Zersetzung des Kohlenoxydes eine Kohlung des Gußstückes eintritt entsprechend der Formel:

$$2\,CO = CO_2 + C$$

In Abb. 43 ist die Erscheinung wahrzunehmen. Der schwarze und weiße Randstreifen sind Folgen von Lichtreflexen und haben mit dem Vorgang nichts zu tun, dann aber erkennt man von außen nach innen eine Ferrit-zone, eine Perlitzone und im Innern eine große Ferritfläche mit Temper-kohleabscheidung. Die Perlitzone verdankt ihre Entstehung dem oben geschilderten Zerfall des im Gas angereicherten Kohlenoxydes. Andere nicht richtig getemperte Stücke zeigen bisweilen nur zwei verschiedene Zonen, eine innere, die sich aus Ferrit, Perlit und Temperkohle, und eine äußere, die sich aus Ferrit und Perlit aufbaut, eine ausgesprochene Ferritzone fehlt.

Ein guter Temperguß soll, wie gesagt, feines Gefüge besitzen. Grobes Gefüge läßt darauf schließen, daß der harte Guß bereits eine grobe Struktur hatte, oder daß bei zu hoher Temperatur beziehungsweise zu lange geglüht wurde. Bisweilen tritt auch grobkristalline Bildung in weitgehend entkohlten ferritischen Randzonen auf. Sind derartige Abweichungen von der normalen Gefügebildung immer von nachteiligem Einfluß auf eine homogene mechanische Festigkeit, so wirkt eine andere Erscheinung, die Zonen- oder Schalenbildung, noch ungünstiger, weil durch diese der in radialer Richtung liegende Zusammenhang unterbrochen oder geschwächt wird. Erbreich, dessen Arbeit (23) ein Teil der zuletzt erwähnten metallographischen Bilder entnommen ist, bietet einige solcher Beispiele. In Abb. 44 ist z. B. ein mit Kupferammoniumchlorid geätzter Schliff in 11 facher Vergrößerung geboten, bei dem sich eine kohlenstoffarme, ferritische Zone $a$, eine daran anliegende kohlenstoffreiche Zone $b$, weiterhin anschließend wieder eine entkohlte Schicht $c$ und ein kohlenstoffreicher Kern unterscheiden lassen. Die Zone $b$ hat perlitisches Gefüge. Der Kern enthält dann wohl auch noch Zementitkristalle, wie durch Abb. 38 bereits veranschaulicht wurde. Diese Zonenbildung kann auch noch andere Formen annehmen; bei Tempergußstücken, wie sie z. B. in Abb. 45 mit Nr. 1, 2 und 3 bezeichnet sind, kann man zuweilen mehrere ringförmig angeordnete Zonen unterscheiden, die schon bei mäßiger Vergrößerung deutlich wahrnehmbar sind, wie Abb. 46 (bei 15 facher Vergrößerung) zeigt. Weitere Vergrößerungen der Bildteile geben dann näheren Aufschluß; die Zone 1 der Abb. 46 läßt z. B. bei 160 facher Vergrößerung (s. Abb. 47) Eisenoxyduleinschlüsse im Ferrit erkennen. Der Kranz zwischen Zone 1 und 2 stellt sich als Schlacke (FeO) heraus; in Zone 2 treten, wie Abb. 48 bei 640 facher Vergrößerung festzustellen ermöglicht, freie, durch Natriumpikrat nachgewiesene Zementitkristalle $x$ auf. Zone 3 stellt sich als Ferrit dar, während sich in dem kohlenstoffreicheren Kern $K$ Perlit, Temperkohle und Hohlräume unterscheiden lassen. Auch Abb. 49 läßt bei 85 facher Vergrößerung die schalenbildende Wirkung des Eisenoxydes an einem Schlüssel erkennen. Der Ferrit ist nach dem Rande zu von einem eisenoxydulhaltigen Band umschlossen, dessen Eisenoxydulgehalt nach innen zu schwächer wird. Die in der äußeren Zone erkennbaren hornförmigen Teile sind Zementitkristalle. Schalenbildungen treten gewöhnlich an solchen Teilen auf, die in einer ungeeigneten Erzmischung geglüht wurden. Bei hochsauerstoffhaltigen Mischungen oder solchen, die zu viel frisches Erz enthalten, bildet sich eine fest eingebrannte Schlackenkruste, die durch Zusammensintern der oxydierten Außenteile des Guß-

stückes und der kieselsäurehaltigen Gangart des Erzes entsteht. In
Abb. 50 ist eine mit einer solchen Kruste überzogene Flügelmutter
wiedergegeben, an dem zwischen den Flügeln eingeschobenen Bruchstück
tritt schon die Schalenbildung ohne jede Vergrößerung hervor. Indessen
treten so ausgesprochene Krustenbildungen, wie die in Abb. 50 wiedergegebene und künstlich hervorgerufene, selten auf, gewöhnlich handelt
es sich um eine oxydische Haut, die sich infolge zu hoher Glühtemperatur
oder zu sauerstoffreicher Packung am Gußstück bildet. In der Regel
tritt eine völlig oxydierte Außenschicht aus Eisenoxyd auf, die sich bei
größerer Hautdicke von der nichtoxydierten scharf abhebt, ein allmählicher
Übergang über weniger oxydreiche Lagen zum reinen Ferrit findet nicht
statt. Bei schwacher Oxydhaut kann man den Umsetzungsvorgang
genauer beobachten. Zunächst folgt die Oxydation den Begrenzungslinien der Ferritkörner, wie Abb. 51 deutlich hervortreten läßt, bei fort-
schreitendem Prozeß werden auch die Ferritkörner selbst angegriffen.
Man kann die verschiedenen Stadien am Schliff durch Ätzen zum Vorschein bringen; die sauerstoffreicheren Teile färben sich dunkler (s.
Abb. 52). Innerhalb dieser oxydierten Schicht treten bei entsprechender
Vergrößerung nicht selten weiße Kristalle oder lamellar aufgebaute
Gefügeteile auf, die sich nach Ätzen mit Natriumpikrat durch Schwarz-
färben als Zementit bzw. Perlit zu erkennen geben. Abb. 52 und 53 geben
solche Gefügebilder wieder, der Rand ist oxydiert, weiterhin lassen sich
die oxydierten Begrenzungslinien der Ferritkörner und deutlich die
Perlitlamellen unterscheiden. Die Entstehung dieser in den Randzonen
der Gußstücke auftretenden karbidischen Gefügebestandteile beruht auf
einer Rückkohlung der Außenschicht durch den beim Zerfall von Kohlenoxyd ($2\,CO_2 = C + CO_2$) frei werdenden Kohlenstoff. Es ist also eine
Zementierung, die hier stattfindet und von der schon S. 55 die Rede war.
Diese Rückkohlung kann natürlich nur unter gewissen Gleichgewichtsbedingungen stattfinden; nach Stotz bildet sich ein Überschuß an
Kohlenoxyd, der bei Sinken der Temperatur durch Mangel an Sauerstoff
auftritt. Auch die bekannten, sehr unerwünschten „schwarzen Stellen"
sind ein Ergebnis von Oxydationsvorgängen und lassen sich auf metallographischem Wege aufzeigen. Sie sind weiter nichts als Schwindungs-
hohlräume, vielleicht auch Vergasungshohlräume, die dem Eindringen des
Sauerstoffs Vorschub leisten, zur Oxydation ihrer Wandungen Anlaß
geben und sich dem Auge schon am ungeätzten Schliff bei entsprechender
Vergrößerung als schwarze Punkte oder Pünktchen darbieten und beim
schwachen Ätzen deutlicher hervortreten. Das metallographische Bild
solcher schwarzen Stellen wird durch die Abb. 54 und 55 veranschaulicht.
Daß alle derartigen oxydischen Ablagerungen den Umgrenzungslinien
der Ferritkristalle folgen (s. Abb. 51, 52, 53) und als mehr oder weniger
zusammenhängende Vielecke auftreten, wurde schon erwähnt und ist
leicht erklärlich, da ja mit der Abscheidung der Temperkohle immer

eine gewisse Lockerung der zurückbleibenden Ferritkörner verbunden sein wird, die sich aber dann, wie Stotz (139) durch Bestimmung des spezifischen Gewichtes festgestellt hat, nach der Vergasung wieder zusammenschließen, sofern eben nicht eine Oxydation der Trennungsfläche eintritt. Auch metallographisch hat Stotz, wie bereits früher hervorgehoben wurde, die Aufhebung der Vergasungshohlstellen nachgewiesen. Derartige Oxydationen beeinträchtigen natürlich die Festigkeit und Dehnung nicht unerheblich, und die damit behafteten Stücke sind unbrauchbar.

## 6. Einfluß der Fremdkörper auf die mechanischen und sonstigen Eigenschaften des schmiedbaren Gusses und ihre Bedeutung für den Verlauf des Glühfrischens.

Aus den vorigen Abschnitten ergibt sich bereits, daß die Zusammensetzung des Rohgusses von größtem Einfluß auf den ganzen Verlauf des Glühfrischprozesses ist. Jeder einzelne Fremdkörper macht sich dabei in bestimmter Weise geltend, so daß schließlich, wie das eben bei allen Gußarten der Fall ist, die zusammenfassende Wirkung der Fremdkörper den Gesamtcharakter des Gußstückes bestimmt.

Auch beim Temperguß spielt die Wechselwirkung zwischen Kohlenstoff und Silizium eine besondere Rolle; im Gegensatz zum Grauguß muß hier das Verhältnis jedoch so gehalten werden, das jede Graphitbildung vermieden wird. Wenn daher zunächst vom Einfluß des Kohlenstoffs die Rede ist, so hat man sich immer hinzuzudenken, daß der Siliziumgehalt gleichzeitig so geregelt ist, daß die Graphitbildung bei der primären Abkühlung zwar unterbleibt, in der Glühperiode aber eine möglichst weitgehende Förderung der Temperkohlebildung eintritt. Dann mag hier noch auf einen weiteren sehr wesentlichen Unterschied zwischen dem Grauguß und Temperguß hingewiesen werden. Beim Grauguß sind in vielen Fällen, namentlich, wenn es sich um den sog. allgemeinen Maschinenguß handelt, bei dem ganz bestimmte Festigkeiten nicht so genau einzuhalten sind, größere Schwankungen, wenn auch nicht gerade zulässig, so doch in der Praxis gebräuchlich. Auch können von den verschiedenen Fremdkörpern Silizium, Mangan, Phosphor und Schwefel erheblich größere Mengen vorhanden sein als im schmiedbaren Guß. Der Temperguß verhält sich sowohl gegen die absolute Menge als auch gegen die Anzahl der darin vorkommenden Fremdkörper viel empfindlicher als graues Gußeisen, und zwar steigert sich diese Empfindlichkeit um so mehr, je weiter die Entkohlung getrieben wurde. Je weniger Temperkohle nämlich im schmiedbaren Guß vorhanden ist, desto stärker kommt der Charakter des eigentlichen Metalles zum Ausdruck, das sich je nach dem Gehalt an gebundenem Kohlenstoff mehr dem Stahl- oder Schmiedeeisen nähert, und diese Eisenarten werden in ihrer Eigenart von den Fremdkörpern viel stärker beeinflußt als graphithaltiges Eisen. Daher kommt es auch, daß man für die Herstellung von Temperguß genauere Vorschriften machen muß als beim Graueisen. Bestimmte Höchstgrenzen dürfen überhaupt nicht überschritten werden, wenn der Guß gelingen und das Enderzeugnis brauchbar sein soll.

**Kohlenstoff.** Die Menge des Kohlenstoffes bestimmt nicht nur den Grad der Temperkohleabscheidung und der Entkohlung, sondern auch die Höhe der Glühtemperatur und die Dauer des Glühfrischens. Über dieses Abhängigkeitsverhältnis gibt das von Putnam (34) aufgezeichnete Schaubild nach Abb. 56 Aufschluß. Je mehr Kohlenstoff zugegen ist, „desto größer ist nach Wüst (166) die Neigung, bei derselben Temperatur Temperkohle abzuscheiden",

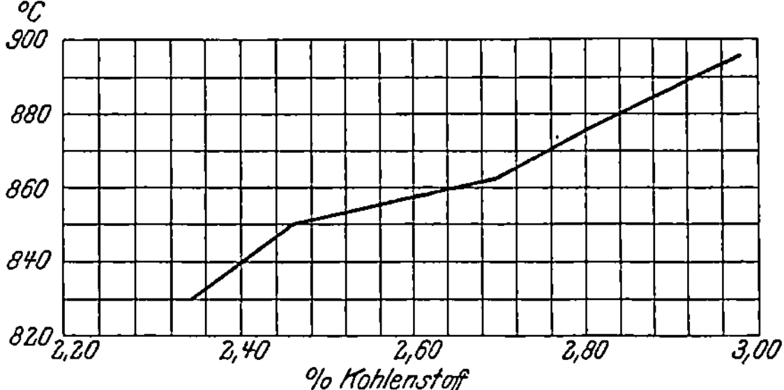



Abb. 56.　Glühtemperatur und Kohlenstoffgehalt.

mit zunehmender Temperatur schreitet die Kohlenstoffabscheidung fort, wie Gruppe I der Zahlentafel 13 ergibt. Je weniger Kohlenstoff vorhanden ist, desto schneller geht das Frischen vor sich, desto geringer ist natürlich auch die gesamte Temperkohleabscheidung und desto dichter und fester das Enderzeugnis, weil eben die Unterbrechung der Gefügebestandteile beschränkter ist. Aus dem Schaubild nach Abb. 7 geht des weiteren hervor, daß mit zunehmendem Kohlenstoffgehalt der Beginn der Erstarrung in tiefere Temperaturen sinkt, gleichzeitig reichern sich die Mischkristalle mit Kohlenstoff an, und die Menge der Mischkristalle verringert sich; das bedeutet für den Praktiker, daß die Schmelze mit zunehmendem Kohlenstoffgehalt leichtflüssiger, mit abnehmendem strengflüssiger wird. Das Material muß aber zur Ausfüllung der dünnwandigen Stücke leicht- und dünnflüssig sein. Die Überhitzung muß also bei geringerem Kohlenstoffgehalt weiter getrieben werden als bei höherem. Die Gefahr des Auftretens der Warmrisse wird damit aber erhöht. So wirtschaftlich auf der einen Seite daher ein niedriger Kohlenstoffgehalt durch Abkürzung des Glühprozesses erscheint,wird dieser Vorteil durch die gleichzeitig damit bedingte Überhitzung und die größere Wahrscheinlichkeit eines Mißlingens des Gußstückes wieder ausgeglichen. Denn je niedriger der Kohlenstoffgehalt, desto größer ist das Schwindmaß und die Neigung zur Lunkerbildung. Indessen legt diese theoretische Erwägung doch keine unbedingt feststehende Grenze des Kohlenstoffgehaltes fest, da ja die verschiedenen Schmelzprozesse eine schwerere oder leichtere Verflüssigung und Überhitzung ermöglichen und auch die Beseitigung oder das genaue Einhalten des Gehaltes an jenen Fremdkörpern, die den Flüssigkeitsgrad und die Tempereigenschaften bedingen, mehr oder weniger weitzutreiben gestatten. Am unsichersten arbeitet in dieser Hinsicht der Kupolofen, der

## Zahlentafel 13.

### Einfluß der Fremdkörper auf die Abscheidung der Temperkohle.

| Gruppe Nr. | Bezeichnung des einwirkenden Fremdkörpers | Analyse der ungeglühten Versuchskörper | | | | | | Glühdauer Std. | Glüh-temperatur °C | Temperkohle in der geglühten Probe % | Während des Glühens vergaste Temperkohle % | Gesamte durch das Glühen gebildete Temperkohle % | Gesamt-kohlenstoff nach dem Glühen % |
|---|---|---|---|---|---|---|---|---|---|---|---|---|---|
| | | Ges. C % | Temperkohle % | Si % | Mn % | S % | P % | | | | | | |
| I. | Einwirkung des Kohlenstoffs | 4,42 | 0,036 | 0,13 | — | — | — | 3 | 900 | 0,081 | 0,10 | 0,18 | 4,32 |
| | | 4,42 | 0,036 | 0,13 | — | — | — | | 1000 | 0,260 | 0,23 | 0,49 | 4,19 |
| | | 4,42 | 0,036 | 0,13 | — | — | — | | 1050 | 0,750 | 1,57 | 2,32 | 2,85 |
| | | 4,42 | 0,036 | 0,13 | — | — | — | | 1100 | 1,590 | 0,97 | 2,56 | 3,45 |
| | | 3,56 | 0,030 | 0,078 | — | — | — | 3 | 900 | 0,032 | 0,028 | 0,06 | 3,53 |
| | | 3,56 | 0,030 | 0,078 | — | — | — | | 1000 | 0,037 | 0,050 | 0,087 | 3,51 |
| | | 3,56 | 0,030 | 0,078 | — | — | — | | 1100 | 0,053 | 0,807 | 0,86 | 2,75 |
| | | 3,56 | 0,030 | 0,078 | — | — | — | | 1150 | 0,880 | 1,540 | 2,46 | 1,98 |
| | | 2,13 | 0,02 | 0,05 | — | — | — | 3 | 1000 | 0,048 | 0,092 | 0,14 | 2,03 |
| | | 2,13 | 0,02 | 0,05 | — | — | — | | 1100 | 0,069 | 0,581 | 0,65 | 1,54 |
| | | 2,13 | 0,02 | 0,05 | — | — | — | | 1200 | 0,089 | 0,620 | 0,70 | 1,51 |
| II. | Einwirkung des Siliziums | 3,31 | 0,02 | 0,26 | — | — | — | 3 | 900 | 0,030 | 0,010 | 0,04 | 3,30 |
| | | 3,31 | 0,02 | 0,26 | — | — | — | | 1000 | 0,050 | 0,24 | 0,29 | 3,07 |
| | | 3,31 | 0,02 | 0,26 | — | — | — | | 1080 | 0,160 | 0,38 | 0,54 | 2,93 |
| | | 3,34 | 0,28 | 0,055 | — | — | — | 3 | 900 | 0,480 | 0,13 | 0,61 | 3,21 |
| | | 3,34 | 0,28 | 0,055 | — | — | — | | 1000 | 0,930 | 0,43 | 1,36 | 2,91 |
| | | 3,34 | 0,28 | 0,055 | — | — | — | | 1080 | 2,090 | 0,56 | 2,65 | 2,78 |
| | | 2,94 | 0,24 | 0,81 | — | — | — | 3 | 800 | 0,300 | 0,17 | 0,47 | 2,77 |
| | | 2,94 | 0,24 | 0,81 | — | — | — | | 900 | 1,960 | 0,25 | 2,21 | 2,69 |
| | | 2,94 | 0,24 | 0,81 | — | — | — | | 1000 | 1,970 | 0,27 | 2,24 | 2,67 |
| | | 2,94 | 0,24 | 0,81 | — | — | — | | 1100 | 2,080 | 0,37 | 2,45 | 2,57 |
| | | 2,70 | 0,26 | 1,20 | — | — | — | 3 | 800 | 0,440 | 0,03 | 0,47 | 2,60 |
| | | 2,70 | 0,26 | 1,20 | — | — | — | | 900 | 2,040 | 0,04 | 2,08 | 2,66 |
| | | 2,70 | 0,26 | 1,20 | — | — | — | | 1000 | 2,060 | 0,07 | 2,13 | 2,63 |
| | | 2,70 | 0,26 | 1,20 | — | — | — | | 1100 | 1,87 | 0,28 | 2,15 | 2,42 |
| | | 2,40 | 0,19 | 2,12 | — | — | — | 3 | 600 | 0,700 | 0,03 | 0,73 | 2,37 |
| | | 2,40 | 0,19 | 2,12 | — | — | — | | 700 | 2,030 | 0,03 | 2,06 | 2,37 |
| | | 2,40 | 0,19 | 2,12 | — | — | — | | 800 | 2,040 | 0,04 | 2,08 | 2,36 |
| | | 2,40 | 0,19 | 2,12 | — | — | — | | 900 | 1,970 | 0,12 | 2,09 | 2,26 |
| | | 2,40 | 0,19 | 2,12 | — | — | — | | 1000 | 1,810 | 0,24 | 2,05 | 2,16 |
| | | 2,40 | 0,19 | 2,12 | — | — | — | | 1100 | 1,680 | 0,35 | 2,03 | 2,05 |
| | | 2,96 | 0,25 | 3,15 | — | — | — | 3 | 500 | 0,250 | — | 0,25 | 2,96 |
| | | 2,96 | 0,25 | 3,15 | — | — | — | | 600 | 2,960 | — | 2,96 | 2,96 |
| | | 2,96 | 0,25 | 3,15 | — | — | — | | 700 | 2,750 | 0,04 | 2,79 | 2,92 |
| | | 2,96 | 0,25 | 3,15 | — | — | — | | 800 | 2,740 | 0,08 | 2,82 | 2,86 |
| | | 2,96 | 0,25 | 3,15 | — | — | — | | 900 | 2,580 | 0,26 | 2,84 | 2,68 |
| | | 2,96 | 0,25 | 3,15 | — | — | — | | 1000 | 2,540 | 0,28 | 2,82 | 2,66 |
| | | 2,96 | 0,25 | 3,15 | — | — | — | | 1100 | 2,490 | 0,33 | 2,82 | 2,63 |

Tiegelofen macht schärfere Vorschriften hinsichtlich des Einsatzes nötig, der Martinofen und die Kleinbirne liefern ohne Schwierigkeit den nötigen Grad der leichten Verflüssigung und Überhitzung, während der Elektro-

## Zahlentafel 13 (Fortsetzung).

| Gruppe Nr. | Bezeichnung des einwirkenden Fremdkörpers | Analyse der ungeglühten Versuchskörper | | | | | | Glühdauer Std. | Glühtemperatur °C | Temperkohle in der geglühten Probe % | Während des Glühens vergaste Temperkohle % | Gesamte durch das Glühen gebildete Temperkohle % | Gesamtkohlenstoff nach dem Glühen % |
|---|---|---|---|---|---|---|---|---|---|---|---|---|---|
| | | Ges. C % | Temperkohle % | Si % | Mn % | S % | P % | | | | | | |
| III. | Einwirkung des Mangans | 3,17 | 0,02 | — | 3,31 | — | — | 3 | 900 | 0,070 | 0,17 | 0,24 | 3,00 |
| | | 3,17 | 0,02 | — | 3,31 | — | — | | 1000 | 0,070 | 0,17 | 0,24 | 3,00 |
| | | 3,17 | 0,02 | — | 3,31 | — | — | | 1100 | 0,130 | 0,15 | 0,28 | 3,02 |
| | | 2,59 | 0,015 | — | 1,57 | — | — | 3 | 900 | 0,020 | — | 0,02 | 2,59 |
| | | 2,59 | 0,015 | — | 1,57 | — | — | | 1000 | 0,020 | — | 0,02 | 2,59 |
| | | 2,59 | 0,015 | — | 1,57 | — | — | | 1100 | 0,230 | — | 0,23 | 2,59 |
| | | 3,78 | 0,010 | .— | 1,10 | — | — | 3 | 900 | 0,020 | 0,01 | 0,23 | 3,57 |
| | | 3,78 | 0,010 | — | 1,10 | — | — | | 1000 | 0,020 | 0,45 | 0,47 | 3,33 |
| | | 3,78 | 0,010 | — | 1,10 | — | — | | 1100 | 0,120 | 0,46 | 0,58 | 3,32 |
| | | 4,14 | 0,05 | — | 0,71 | — | — | 3 | 900 | 0,020 | 0,36 | 0,38 | 3,77 |
| | | 4,14 | 0,05 | — | 0,71 | — | — | | 1000 | 0,020 | 0,50 | 0,52 | 3,64 |
| | | 4,14 | 0,05 | — | 0,71 | — | — | | 1100 | 0,080 | 0,56 | 0,64 | 3,58 |
| | | 4,05 | 0,01 | — | 0,51 | — | — | 3 | 900 | 0,030 | 0,26 | 0,29 | 3,79 |
| | | 4,05 | 0,01 | — | 0,51 | — | — | | 1000 | 0,030 | 0,87 | 0,99 | 3,18 |
| | | 4,05 | 0,01 | — | 0,51 | — | — | | 1100 | 0,210 | 0,86 | 1,07 | 3,17 |
| | | 4,44 | 0,14 | — | 0,27 | — | — | 3 | 900 | 0,410 | 0,53 | 0,94 | 3,91 |
| | | 4,44 | 0,14 | — | 0,27 | — | — | | 1000 | 0,450 | 0,87 | 1,32 | 3,57 |
| | | 4,44 | 0,14 | — | 0,27 | — | — | | 1100 | 1,680 | 1,08 | 2,76 | 3,36 |
| IV. | Einwirkung des Schwefels | 2,23 | 0,01 | — | — | 0,42 | — | 3 | 900 | 0,020 | 0,27 | 0,29 | 1,94 |
| | | 2,23 | 0,01 | — | — | 0,42 | — | | 1000 | 0,030 | 0,30 | 0,33 | 1,90 |
| | | 2,23 | 0,01 | — | — | 0,42 | — | | 1100 | 0,020 | 0,53 | 0,55 | 1,78 |
| | | 3,13 | 0,01 | — | — | 0,44 | — | 3 | 1000 | 0,010 | 0,40 | 0,41 | 2,74 |
| | | 3,13 | 0,01 | — | — | 0,44 | — | | 1100 | 0,010 | 0,50 | 0,51 | 2,63 |
| | | 3,30 | 0,01 | — | — | 0,301 | — | 3 | 1000 | 0,010 | 0,36 | 0,37 | 2,95 |
| | | 3,30 | 0,01 | — | — | 0,301 | — | | 1100 | 0,010 | 0,46 | 0,47 | 2,84 |
| | | 3,43 | 0,01 | — | — | 0,15 | — | 3 | 1000 | 0,010 | 0,36 | 0,37 | 3,07 |
| | | 3,43 | 0,01 | — | — | 0,15 | — | | 1100 | 0,030 | 0,44 | 0,47 | 2,99 |
| | | 3,50 | 0,01 | — | — | 0,086 | — | 3 | 1000 | 0,010 | 0,39 | 0,40 | 3,11 |
| | | 3,50 | 0,01 | — | — | 0,086 | — | | 1100 | 0,280 | 0,50 | 0,78 | 3,00 |
| V. | Einwirkung des Phosphors | 3,72 | 0,00 | — | — | — | 0,50 | 3 | 1000 | 0,030 | 0,29 | 0,32 | 3,40 |
| | | 3,72 | 0,00 | — | — | — | 0,50 | | 1100 | 1,600 | 0,70 | 2,30 | 3,02 |
| | | 3,99 | 0,01 | — | — | — | 0,42 | 3 | 1000 | 0,020 | 0,38 | 0,40 | 3,60 |
| | | 3,99 | 0,01 | — | — | — | 0,42 | | 1100 | 0,930 | 0,63 | 1,56 | 3,36 |
| | | 3,91 | 0,00 | — | — | — | 0,33 | 3 | 1000 | 0,020 | 0,29 | 0,31 | 3,60 |
| | | 3,91 | 0,00 | — | — | — | 0,33 | | 1100 | 1,600 | 0,88 | 2,48 | 3,13 |
| | | 3,28 | 0,00 | — | — | — | 0,23 | 3 | 1000 | 0,020 | 0,51 | 0,53 | 2,75 |
| | | 3,28 | 0,00 | — | — | — | 0,23 | | 1100 | 0,420 | 0,65 | 1,07 | 2,63 |

ofen sowohl hinsichtlich der Dünnflüssigkeit und Überhitzung als auch der Regelbarkeit der Fremdkörper am lenkbarsten ist. Deshalb kann man auch um so tiefer mit dem Kohlenstoff gehen, je leichter und sicherer man nach beiden Seiten hin arbeiten kann. Je nachdem man

**Zahlentafel 14.**

## Erniedrigung der Temperatur des Karbidzerfalls mit zunehmendem Siliziumgehalt.

| Nr. der Probe | Si - Gehalt | Beginn des Zerfalls von $Fe_3C$ °C |
|---|---|---|
| B 1 | 0,40 | 867 |
| B 2 | 0,46 | 856 |
| B 3 | 0,59 | 841 |
| B 4 | 0,63 | 832 |
| B 5 | 0,69 | 820 |
| B 6 | 0,78 | 812 |
| B 7 | 0,91 | 801 |
| B 8 | 0,98 | 783 |
| B 9 | 1,25 | 759 |

**Zahlentafel 15.**

## Einfluß des Siliziums auf die Bildungstemperatur der Temperkohle (nach Charpy und Grenet).

| Roheisen Nr. | Glühdauer Stunden | Glühtemperatur | Temperkohle | Geb. Kohle | Si |
|---|---|---|---|---|---|
| 3 | 1 | 800 | 0,10 | 3,19 | 0,80 |
|   | 4 | 800 | 0,22 | 3,07 | 0,80 |
| 3 | 1 | 900 | 0,30 | 2,97 | 0,80 |
|   | 2 | 900 | 0,60 | 2,40 | 0,80 |
|   | 4 | 900 | 1,58 | 1,14 | 0,80 |
| 3 | 1 | 1000 | 0,37 | 2,94 | 0,80 |
|   | 2 | 1000 | 1,50 | 1,41 | 0,80 |
|   | 4 | 1000 | 1,47 | 1,29 | 0,80 |
| 4 | 1 | 700 | 0,06 | 3,42 | 1,25 |
|   | 2 | 700 | 0,11 | 3,30 | 1,25 |
|   | 4 | 700 | 0,20 | 3,13 | 1,25 |
| 4 | 1 | 800 | 0,12 | 3,08 | 1,25 |
|   | 2 | 800 | 0,51 | 2,47 | 1,25 |
|   | 4 | 800 | 1,64 | 1,56 | 1,25 |
| 4 | 1 | 900 | 2,28 | 0,90 | 1,25 |
|   | 2 | 900 | 2,32 | 0,90 | 1,25 |
|   | 4 | 900 | 2,35 | 0,99 | 1,25 |
| 5 | 1 | 700 | 1,39 | 1,90 | 2,10 |
|   | 2 | 700 | 2,09 | 1,19 | 2,10 |
|   | 4 | 700 | 2,67 | 0,28 | 2,10 |
| 5 | 1 | 800 | 2,36 | 0,78 | 2,10 |
|   | 2 | 800 | 2,31 | 0,89 | 2,10 |
|   | 4 | 800 | 2,43 | 0,54 | 2,10 |
| 5 | 1 | 900 | 2,33 | 0,88 | 2,10 |
|   | 2 | 900 | 2,32 | 0,90 | 2,10 |
|   | 4 | 900 | 2,33 | 0,90 | 2,10 |

**Zahlentafel 16.**

| Roh-eisen Nr. | C % | Si % | Mn % | S % | P % | Eintreten der Bildung von Temperkohle °C |
|---|---|---|---|---|---|---|
| 1 | 3,60 | 0,07 | 0,03 | 0,01 | Spur | 1150 |
| 2 | 3,40 | 0,27 | Spur | 0,02 | 0,02 | 1100 |
| 3 | 3,25 | 0,80 | Spur | 0,02 | 0,03 | 800 |
| 4 | 3,20 | 1,25 | 0,12 | 0,01 | 0,01 | 650 |
| 5 | 3,30 | 2,10 | 0,12 | 0,02 | 0,01 | 650 |

**Zahlentafel 17.**

Vermehrte Temperkohleabscheidung mit Zunahme des Siliziumgehaltes bei einer bestimmten Glühtemperatur.

| Roh-eisen Nr. | Nach dem Glühen bei | | | | | | | | Si % |
|---|---|---|---|---|---|---|---|---|---|
| | 1100° | | 1000° | | 900° | | 700° | | |
| | Temper-kohle % | Geb. Kohle % | Temper-kohle % | Geb. Kohle % | Temper-kohle % | Geb. Kohle % | Temper-kohle % | Geb. Kohle % | |
| 1 | 1,15 | 1,74 | 1,03 | 1,74 | — | — | 1,87 | 0,43 | 0,07 |
| 2 | 1,26 | 1,93 | 1,00 | 1,62 | — | — | — | — | 0,27 |
| 3 | 1,61 | 1,26 | 1,60 | 1,52 | 1,67 | 1,17 | 2,56 | 0,38 | 0,80 |
| 4 | 2,10 | 1,02 | 2,20 | 0,98 | 2,32 | 0,90 | — | — | 1,25 |
| 5 | 2,18 | 1,00 | 2,10 | 0,93 | 2,33 | 0,90 | 2,67 | 0,28 | 2,10 |

mit dem einen oder anderen Schmelzapparat arbeitet, kann man den geringsten zulässigen Kohlenstoffgehalt des flüssigen Materials etwa wie folgt regeln: bei Anwendung des Kupolofens 3,0 bis 3,2 v. H., des Tiegelofens 2,7 v. H., des Martinofens 2,5 v. H., der Kleinbirne 2,5 v. H., des Elektroofens 2,3 v. H. Beim amerikanischen Temperguß hält man sich gewöhnlich auf einer mittleren Höhe von 2,70 bis 3,0 v. H. Kohlenstoff, wobei meist der Flammofen oder Martinofen in Anwendung ist. Nach Chadsey (10) soll man die besten Festigkeiten bei 2,25 bis 2,35 v. H. Kohlenstoff im Rohguß erhalten. Bei weniger als 2,15 v. H. Kohlenstoff nimmt die Geschmeidigkeit ab. Man stuft auch nach der Wandstärke der Stücke ab und gibt starkwandigen Rohgußstücken einen Kohlenstoffgehalt von etwa 2,3 bis 2,5, mittelstarken 2,5 bis 2,8 und dünnwandigen 2,8 bis 3,0 v. H. Der maßgebende Gesichtspunkt hierbei ist die Glühdauer.

**Silizium.** Der nächstwichtige Fremdkörper ist das Silizium, das wie gesagt immer so knapp gehalten werden muß, daß die Graphitbildung im Rohguß unterbleibt. An sich fördert das Silizium die Abscheidung der Temperkohle bzw. den Zerfall des Karbids, wie von einer Reihe von Forschern (28, 12, 33) festgestellt wurde; Lißner (88) zeigte, daß auch die Geschwindigkeit des Karbidzerfalles durch Silizium erhöht wird; eine Zunahme des Siliziumgehaltes um 0,8 v. H. steigert die Zerfallsgeschwindigkeit auf das Doppelte; weiterhin ergeben die Versuche Lißners, daß mit wachsendem Siliziumgehalt die Zahl der Karbidzerfallszentren wächst. Die Erniedrigung der Temperatur des Karbidzerfalls mit zunehmendem Siliziumgehalt beweist Zahlentafel 14. Charpy und Grenet (12) haben gezeigt, daß die Bildungstemperatur der Temperkohle um so niedriger liegt, je mehr Silizium das Eisen enthält, wie vorstehende Übersicht (Zahlentafel 16) darlegt.

Je mehr die Glühtemperatur die erste Bildungstemperatur der Temperkohle übersteigt, desto schneller bzw. stärker geht die Abscheidung vor sich, wie ebenfalls Zahlentafel 15 beweist, deren Roheisennummern sich mit denen der Zahlentafel 16 decken.

Je mehr Silizium im Rohguß enthalten ist, desto größer ist die bei einem Beharrungszustand ausgeschiedene Temperkohlenmenge, wie die Zusammenstellung (Zahlentafel 17) ausweist, die sich ebenfalls auf die in Zahlentafel 16 angegebenen Roheisennummern bezieht.

Wüst (166) vertritt, wie schon erwähnt, die Auffassung, daß sich die Temperkohle bei einer bestimmten Reaktionstemperatur ziemlich plötzlich über den ganzen Querschnitt des Stückes ausscheidet. Gruppe II der Zahlentafel 13 zeigt, daß diese Reaktionstemperatur um so niedriger liegt, je höher der Siliziumgehalt ist. Die Gegenwart von 0,25 v. H. Silizium hat noch keinen merkbaren Einfluß, während von 0,55 v. H. Silizium an die Wirkung immer deutlicher wird.

Jedenfalls muß der Temperguß einen bestimmten Gehalt an Silizium haben, der nicht unterschritten werden darf, soll der Guß nicht mißlingen. Die Folgen mangelnden Siliziumgehaltes können verschieden sein, einmal wird die Gießfähigkeit des Eisens beeinträchtigt, denn Silizium macht dünnflüssiger und fördert das Auslaufen der kleinen Gußformen, die vom Siliziumgehalt abhängige gasbindende Kraft des Eisens wird geringer und der Guß undicht; ferner wird bei zuwenig Silizium die Entkohlung und Temperkohleabscheidung verringert und das Enderzeugnis zu hart; siliziumärmerer Rohguß schwindet stärker und hat mehr Neigung zur Bildung von Saugstellen. Ein richtig gewählter Siliziumgehalt soll auch viel zur Vermeidung der gefürchteten „schwarzen Stellen" beitragen. Ein Temperguß mit weniger als 0,45 bis 0,5 v. H. Silizium ist je nach der sonstigen Zusammensetzung nach dem normal geführten Glühprozeß noch zu hart und unbrauchbar und muß fast immer ein zweites Mal geglüht werden. Welchen Gehalt das Eisen an Silizium genau haben muß, um einerseits Graphitbildung zu verhindern, andererseits die nötige Förderung des Glühfrischprozesses zu bewirken, läßt sich nicht sagen. Auf der einen Seite ruft ein bestimmter Siliziumgehalt von einem bestimmten Kohlenstoffgehalt ab Graphitausscheidung hervor, auf der anderen Seite setzt das Silizium das Sättigungsvermögen des Eisens für Kohlenstoff herab. Deshalb ergibt sich ein, natürlich auch vom gleichzeitig anwesenden Mangan- und Schwefelgehalt abhängiges, günstigstes Gehaltsverhältnis zwischen Kohlenstoff und Silizium; und daher ist es auch möglich, daß, je geringer der Kohlenstoffgehalt ist, um so mehr Silizium zugegen sein kann, ohne Graphitbildung befürchten zu müssen. Einen gewissen Anhalt gibt das von Hatfield aufgezeichnete Schaubild nach Abb. 57 für die maximale Graphitausscheidung bei Gegenwart von 2,9 bis 3,3 v. H. Kohlenstoff und wachsendem Siliziumgehalt; man erkennt, daß die Abscheidung erst bei etwa 1 v. H. an beginnt und bei 1,7 v. H. den höchsten Grad erreicht. Sind daneben noch Schwefel und Mangan zugegen, so ist die Wahrscheinlichkeit einer Abscheidung von Graphit unter 1 v. H. Silizium nur gering und wird mit abnehmendem Kohlenstoffgehalt noch geringer. So kommt es, daß man den Siliziumgehalt im Kupolofenguß, der ja immer eine größere Menge Schwefel enthält, auf 0,9 v. H., bei geringen Wandstärken sogar auf 1 und 1,2 v. H. steigern kann bzw. muß, um brauchbare Erzeugnisse zu erhalten. Bei Stücken bis zu 25 mm Wandstärken aus dem Kupolofen gegossen findet z. B. Lißner (88), daß man bis zu 0,9 v. H. Silizium gehen soll, wenn der Schwefel bis zu 0,25 v. H. ansteigt. Schoemann (129) gibt eine Abstufung des Siliziumgehaltes nach Wandstärke gemäß folgender Übersicht (Zahlentafel 18); dabei betrug der Kohlenstoffgehalt des im Martinofen gewonnenen Metalls i. M. 2,70 v. H., der Mangangehalt 0,20 v. H., der Phosphorgehalt 0,10 v. H., der Schwefelgehalt bis 0,10 v. H. Hierzu ist jedoch zu bemerken, daß das Enderzeugnis gerade keine allzu günstigen Festigkeiten hatte; die Zerreißfestigkeit betrug zwischen 31,7 und 34,2 kg/qmm bei 3,5 bis 4,5 v. H. Dehnung.

Die Analysen des Enderzeugnisses gehen aus Zahlentafel 19 hervor. Leider gibt Schoemann nicht an, wie die Analysenangaben der beiden

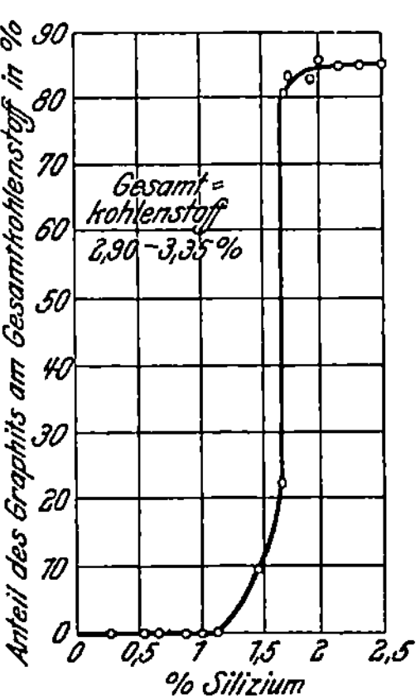



Abb. 57. Graphitabscheidung bei zunehmendem Siliziumgehalt.

**Zahlentafel 18.**

**Abstufung des Siliziumgehaltes bei verschiedenen Wandstärken.**

| Wandstärke des Gußstückes | | Ges. C | Si | Mn | P | S |
|---|---|---|---|---|---|---|
| Nr. | mm | % | % | % | % | % |
| 1 | 7 | 2,77 | 0,92 | 0,18 | 0,11 | 0,05 |
| 2 | 8 | 2,75 | 0,88 | 0,21 | 0,08 | 0,08 |
| 3 | 10 | 2,67 | 0,85 | 0,21 | 0,08 | 0,06 |
| 4 | 10 | 2,65 | 0,78 | 0,20 | 0,12 | 0,06 |
| 5 | 12 | 2,80 | 0,80 | 0,23 | 0,10 | 0,07 |
| 6 | 14 | 2,68 | 0,73 | 0,17 | 0,09 | 0,08 |
| 7 | 15 | 2,71 | 0,70 | 0,21 | 0,09 | 0,10 |
| 8 | 20 | 2,60 | 0,65 | 0,20 | 0,10 | 0,10 |

**Zahlentafel 19.**

**Analyse des aus dem Martinofen gegossenen Fertigerzeugnisses.**

| Ges. C % | Si % | Mn % | P· % | S % |
|---|---|---|---|---|
| 0,87 | 0,86 | 0,28 | 0,11 | 0,08 |
| 0,91 | 0,87 | 0,20 | 0,09 | 0,08 |
| 1,01 | 0,73 | 0,25 | 0,09 | 0,09 |
| 0,93 | 1,06 | 0,17 | 0,13 | 0,11 |
| 1,53 | 0,26 | 0,21 | 0,07 | 0,13 |
| 1,12 | 0,91 | 0,13 | 0,12 | 0,06 |
| 0,89 | 0,89 | 0,21 | 0,12 | 0,09 |

Zahlentafeln einander entsprechen, so daß man nicht weiß, welches die Zusammensetzung der geglühten Gußstücke einer bestimmten Wandstärke war. Wenn man ohne Zweifel im Martinofen Material mit besseren Festigkeitseigenschaften erzeugen kann, so bietet die Abstufung des Siliziumgehaltes nach Wandstärke immerhin einen gewissen Anhalt.

Trasher (153) regelt das Verhältnis des Siliziumgehaltes zum Kohlenstoffgehalt an Hand des Schaubildes nach Abb. 58 (mittlere Linie), das ein Ergebnis praktischer Versuche unter Zusatz von Ferrosilizium ist. Der Mangangehalt bewegt sich zwischen 0,25 und 0,35 v. H., der Phosphorgehalt zwischen 0,13 bis 0,18 v. H.; der Schwefelgehalt war i. M. 0,66 v. H. Bei Abnahme von 4 Teilen C ist nach Trasher praktisch eine Erhöhung um 3 Teile Si zulässig; unter 0,7 v. H. Si ist das Verhältnis 2 : 1. Um ein Reißen der Gußstücke zu vermeiden, kann man ein dem Grauguß sich näherndes Eisen wählen; sehr festen schmiedbaren Guß

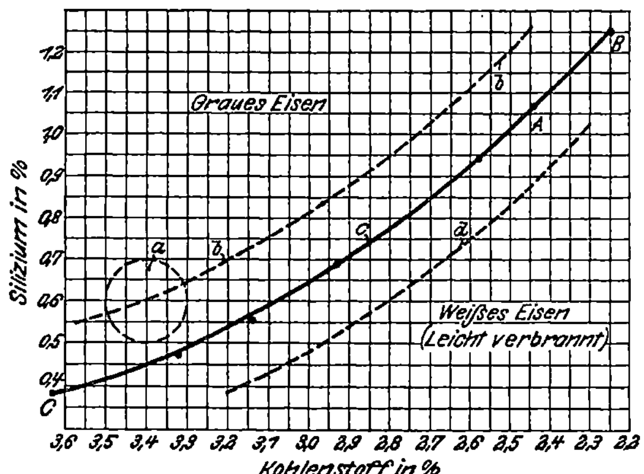


Abb. 58. Kohlenstoff- und Siliziumgehalt im Temperguß (153).

erzielt man durch Verringerung des Siliziumgehaltes oder Kohlenstoffgehaltes bzw. beider. Hochsiliziumhaltiges und niedrig gekohltes Eisen bietet mehr Sicherheit, wenn es auch nicht so dünnflüssig ist, niedrig siliziertes und hochgekohltes Eisen hat aber, wie schon erwähnt, mehr Neigung zum Seigern und Schwinden und ist deshalb weniger zuverlässig. Der Kreis im Schaubild nach Abb. 58 umschreibt den Bereich des Kupolofengusses, bei dem der Kohlenstoff weniger regelbar ist, weshalb allein Silizium als regelndes Element in Frage kommt; bei den anderen Schmelzprozessen können beide Elemente ins Verhältnis gestellt werden. Der Kupolofenguß liegt immer dem Grauguß näher.

Ähnliche Ergebnisse hatte Pollard (117) mit verschieden siliziertem Eisen. Nähere Angaben hierüber findet man auf S. 109. Bei hohem Siliziumgehalt und niedrigem Kohlenstoffgehalt ging die Zahl der Bruchstücke zurück, und der Ausschuß verringerte sich von 12 auf 8 v. H., was auf die größere Dünnflüssigkeit zurückzuführen ist. Bei hochsiliziertem und niedrig gekohltem Eisen kann man mehr Schrott setzen, wenn man hochsiliziertes Roheisen verwendet. Man hat mehr Schmelzverluste, aber kürzere Hitzen. Bei niedrig gekohlten Chargen brennt weniger Silizium ab, man kann mehr Schrott von schmiedbarem Guß setzen. Zur Erzeugung geschmeidigen Materials eignet sich am besten niedrigsiliziertes und niedriggekohltes Eisen; für gewöhnlichen Temperguß eignet sich hochsiliziertes und niedriggekohltes Eisen.

Ebenso wie beim graphithaltigen Eisen ist es vorteilhaft, innerhalb der gegebenen Grenzen den Siliziumgehalt zu erhöhen, wenn der Schwefelgehalt steigt; zur Aufhebung der verzögernden Wirkung des Schwefels auf den Karbidzerfall müssen nach Lißner auf 0,05 v. H. Schwefel 0,28 v. H. Silizium aufgewendet werden. Der günstigste Siliziumgehalt für Tempergußstücke wird von maßgebenden Fachleuten mit ziemlicher Übereinstimmung angegeben. Für amerikanischen Temperguß gibt Moldenke (92) an: für schwere starkwandige Stücke 0,45 v. H., für mittelstarke Teile nicht mehr als 0,65 v. H., für landwirtschaftliche Maschinenteile bis 0,8 v. H. und für sehr dünnwandige, sehr leichte Stücke selbst 1,25 v. H. Ledebur schreibt 0,4 bis 0,8 v. H. Silizium vor. Auch Davis und Wheeler (17) geben ähnliche Zahlen an: für schwere Gußstücke, die in Amerika viel häufiger vorkommen als bei uns, 0,4 bis 0,5 v. H. Zu hoch darf der Siliziumgehalt nicht steigen, weil sonst die Dehnung nachläßt, wie folgende Übersicht nach Zahlentafel 20 zeigt (17).

Zahlentafel 20.

## Einfluß des Siliziums auf die Festigkeit des Tempergusses.

| Nr. | Si % | Zugfestigkeit kg/qmm | Dehnung % | Nr. | Si % | Zugfestigkeit kg/qmm | Dehnung % |
|---|---|---|---|---|---|---|---|
| 1 | 0,52 | 32,9 | 7,32 | 7 | 0,96 | 32,1 | 2,25 |
| 2 | 0,40 | 32,1 | 8,22 | 8 | 0,66 | 29,9 | 2,13 |
| 3 | 0,45 | 31,6 | 4,72 | 9 | 0,68 | 24,5 | 2,33 |
| 4 | 0,52 | 30,6 | 5,33 | 10 | 0,73 | 26,4 | 1,83 |
| 5 | 0,48 | 32,8 | 5,83 | 11 | 0,68 | 24,6 | 1,83 |
| 6 | 0,40 | 32,1 | 4,50 | 12 | 0,59 | 26,3 | 3,12 |
| Mittel | 0,46 | 32,0 | 5,99 | Mittel | 0,72 | 27,3 | 2,25 |

Nach den Angaben der von Davis und Wheeler aufgestellten Zahlentafel 20 nimmt auch die Zugfestigkeit mit zunehmendem Siliziumgehalt ab. Diese Beobachtung steht mit der von Wüst (163) und Leuenberger (87) nicht im Einklang. Letzterer hat in einem harten Ausgangsmaterial mit i. M. 3,19 v. H. Kohlenstoff, 0,13 v. H. Mangan, 0,061 v. H. Phosphor und 0,057 v. H. Schwefel den Siliziumgehalt durch Zusatz von Ferro-

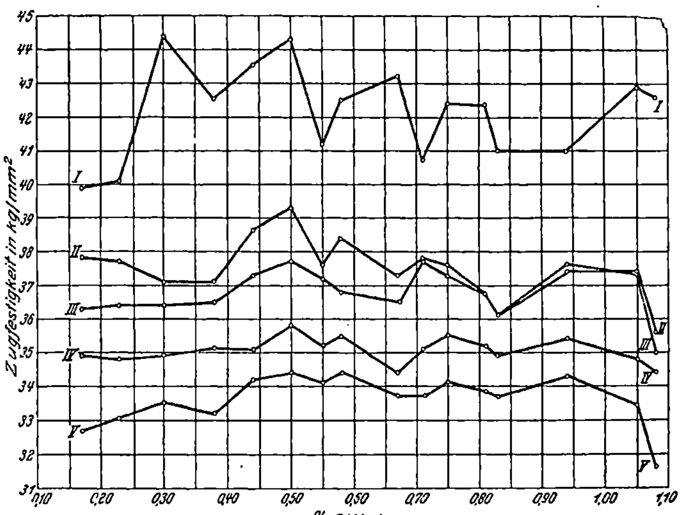


Abb. 59.  Zugfestigkeit in Abhängigkeit vom Siliziumgehalt (87).

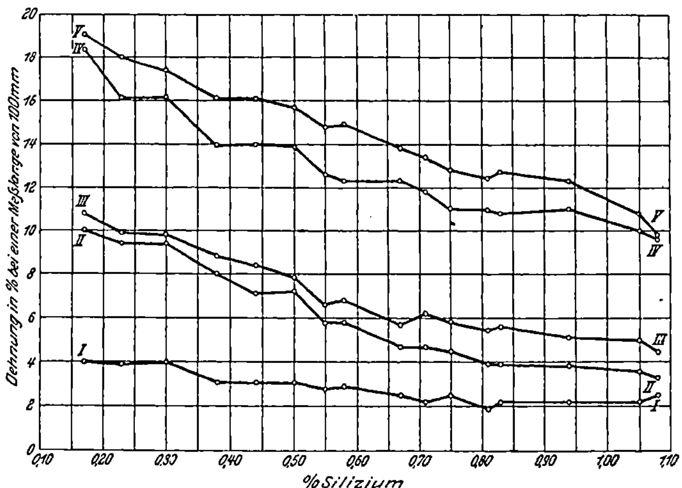


Abb. 60.  Dehnung in Abhängigkeit vom Siliziumgehalt (87).

silizium in 17 Stufen von 0,17 auf 1,08 v. H. erhöht. Aus jeder der hierzu nötigen 17 Schmelzen wurden 40 Rundstäbe (12 mm Durchmesser und 250 mm lang) für den Zugversuch und 40 quadratische Stäbe (10×10 mm und 160 mm lang) für die Schlag- und Härteversuche gegossen. Von jeder dieser 17 verschieden silizierten Stabgruppen wurden jedesmal 6 Stück verschieden lang bei 980° geglüht, und zwar dauerte die erste Glühung 95 Stunden, die zweite 130 Stunden, die dritte 175 Stunden, die vierte 225 Stunden und die fünfte 260 Stunden. Das Aufheizen auf 980° betrug 12 Stunden, das Abheizen 32 Stunden. Das Ergebnis der Zugversuche ist aus dem Schaubild nach Abb. 59 zu entnehmen. Es läßt erkennen, daß die Steigerung des Silizium-

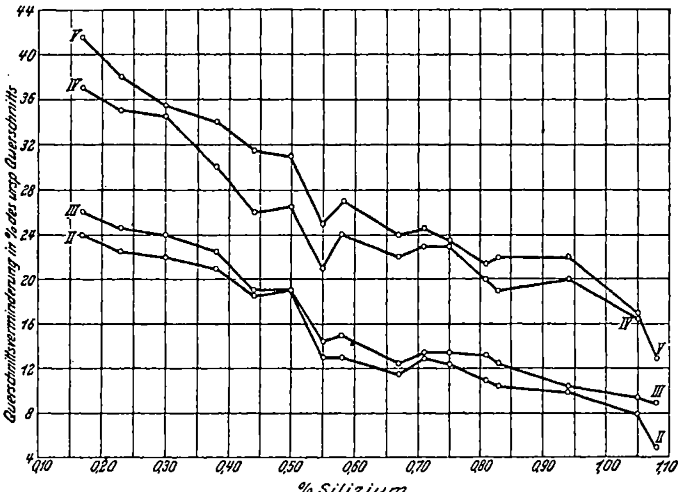

Abb. 61.　Querschnittsverminderung in Abhängigkeit vom Siliziumgehalt (87).

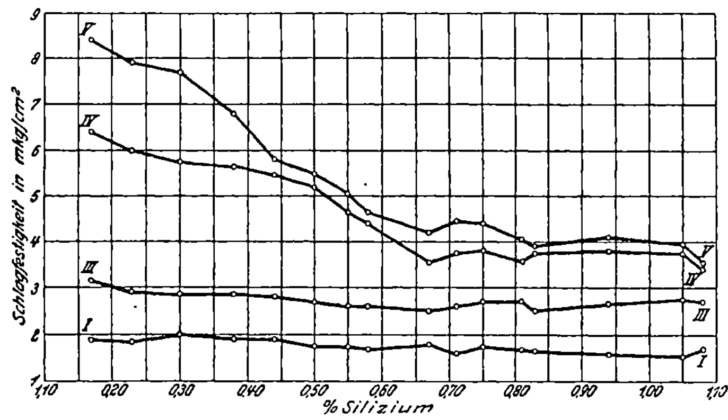

Abb. 62.　Kerbschlagfestigkeit in Abhängigkeit vom Siliziumgehalt (87).

gehaltes keinen ausgesprochenen Einfluß auf die Zugfestigkeit ausübt. Größere Schwankungen treten zwar bei der ersten Glühung auf, aber ohne eine ausgeprägte Richtung anzunehmen; mit der Länge der Glühdauer gleichen sich diese Abweichungen immer mehr aus. Das in Abb. 60 wiedergegebene Dehnungsschaubild und ebenso das Schaubild der Querschnittsverminderung nach Abb. 61 läßt für alle Glühungen mit zunehmendem Siliziumgehalt eine deutliche Abnahme der Dehnung bzw.

Kontraktion erkennen. Bei der ersten Glühung fällt die Dehnung von 4 auf 2 v. H., bei der fünften von 19 auf 10 v. H., während der Siliziumgehalt von 0,17 auf 1,08 v. H. steigt. Diese Versuche Leuenbergers finden eine Bestätigung durch frühere Feststellungen Wüsts (163). Bei der Ermittelung der Kerbzähigkeit ergaben sich, wie das Schaubild nach Abb. 62 versinnlicht, ähnliche Ergebnisse. Die Schlagfestigkeit nimmt mit dem Anwachsen des Siliziumgehaltes bei der ersten Glühung zwar nur von 2,0 auf 1,6 v. mkg/qcm ab und bei der dritten von 3,2 auf 2,5 mkg/qcm, bei der vierten und fünften Glühung aber sinkt sie bis 0,67 v. H. Silizium stark, um dann ziemlich konstant zu bleiben. Bei der fünften Glühung und 0,67 v. H. Silizium geht die Schlagfestigkeit von 8,4 auf 4,2 mkg/qcm, also um die Hälfte zurück. Die Härte nimmt mit wachsendem Siliziumgehalt etwas zu, wie Abb. 63 unschwer erkennen läßt.

**Aluminium** wirkt ähnlich wie das Silizium graphitbildend, jedoch macht es das Eisen dickflüssig. Die Mengen, in denen es zu Des-

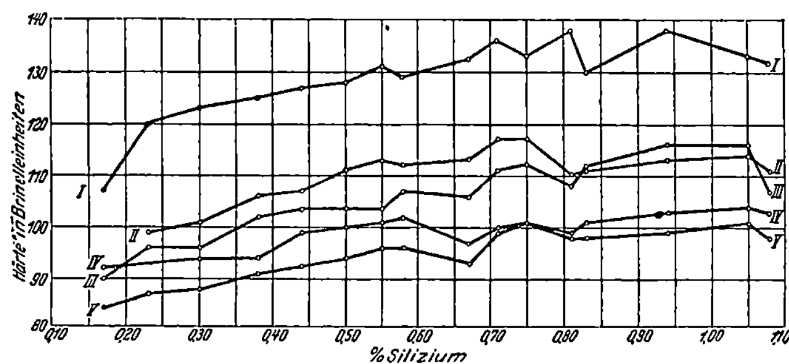


Abb. 63. Härte in Abhängigkeit vom Siliziumgehalt (87).

oxydationszwecken beim schmiedbaren Guß Anwendung findet, lassen kaum schädliche Einflüsse befürchten. Über 0,1 v. H. soll man auch hier keinesfalls gehen.

Nickel soll sich nach Hatfield (50) in demselben Sinne wie Silizium geltend machen und den Karbidzerfall befördern.

**Mangan.** Nach übereinstimmender Meinung verschiedenster Forscher (Ledebur, Wüst, Moldenke, Hatfield und anderer) erhöht Mangan die Beständigkeit des Karbides, d. h. es verringert die Temperkohleabscheidung und verlängert die Glühdauer; vereinzelt wird auch die entgegengesetzte Meinung, wie z. B. von James (62) und von Rodigin (192) vertreten, ohne jedoch Anhänger gefunden zu haben; auch Wheeler und Davis (17) berichten, daß man in den westlichen Gießereien Amerikas bis auf 1,5 v. H. Mangan geht. Im allgemeinen aber hält man den Mangangehalt tunlichst niedrig, meist zwischen 0,20 und 0,35 v. H. Systematische Versuche Wüsts und Schlössers (166) lassen die verzögernde Wirkung deutlich erkennen. Aus Gruppe III der Zahlentafel 13 ergibt sich, daß ein Gehalt von 0,27 v. H. Mangan noch keine sichtbare Wirkung ausübt, während eine solche bei 0,51 v. H. schon recht deutlich ist. Auch läßt die betreffende Versuchsgruppe eine allmählichere Umwandlung der Temperkohleabscheidung erkennen als die Siliziumgruppe. Übereinstimmende Ergebnisse zeitigten auch Versuche Forquignons (77, S. 385). Nach Ledebur soll man mit dem Mangangehalt keinesfalls über 0,4 v. H. gehen, da es in größeren Mengen nicht allein den Karbidzerfall hemmt, stärkeres Glühen erfordert, sondern auch die Neigung zur Lunkerbildung erhöht und die Gefahr des Reißens vermehrt.

Schwefel. Auch Schwefel verhindert die Abscheidung der Temperkohle, und zwar in noch stärkerem Maße als Mangan, wie Gruppe IV in Zahlentafel 13 erkennen läßt. Nach Lißners (88) Untersuchungen nimmt die Zahl der Karbidzerfallszentren („Temperkohlenester") mit steigendem Schwefelgehalt ab, und die Zerfallstemperatur des Karbides steigt mit zunehmendem Schwefelgehalt, wie folgende Zahlentafel 21 nach Lißner zeigt. Höherer Schwefelgehalt bedingt höhere Glühtemperatur und längere Glühdauer, wie Moldenke und Lißner nachgewiesen haben. Die Geschwindigkeit des Karbidzerfalles wird durch Schwefel erheblich herabgesetzt; seine Zunahme um das Doppelte verringert nach Lißner die Zerfallsgeschwindigkeit um mehr als den fünften Teil. Bei Kupolofenguß mit 0,25 v. H. Schwefel setzt der Karbidzerfall im besten Falle erst bei 750° ein.

**Zahlentafel 21.**

**Der Einfluß des Schwefels auf die Zersetzung des Karbides.**

| Nr. der Probe | S-Gehalt % | Beginn des Zerfalls von $Fe_3C$ °C |
|:---:|:---:|:---:|
| A 1 | 0,151 | 765 |
| A 2 | 0,198 | 807 |
| A 3a | 0,242 | 865 |
| A 3 | 0,256 | 867 |
| A 4 | 0,318 | 920 |
| A 5 | 1,240 | 1023 |

Kupolofenguß, der in der Regel schwefelreicher als Flammofenmaterial ist, muß i. a. bei etwa 850° geglüht werden, während man den im Flammofen erzeugten unter Umständen schon bei 700° glühen kann. Die auf Grund der Lißnerschen Versuche aufgestellte Zahlentafel 21 läßt außer der mit der Schwefelzunahme nach oben verschobenen Zersetzungstemperatur des Karbides auch die Verringerung der Temperkohlebildung deutlich erkennen. Höherer Schwefelgehalt macht sich aus diesen Gründen praktisch auch insofern geltend, als ein gleichmäßiges Durchglühen der Stücke bis ins Innere um so schwieriger wird, je größer ihre Wandstärken sind. Das Auftreten des Schwefels als strukturbildendes Element ist noch nicht völlig geklärt und seine Einwirkung nach Auffassung der einen mehr eine mechanische (Coe, Levy, Liesching), nach anderen mehr eine chemische (Hatfield). Fast allgemein wird auf die Gefährlichkeit des Schwefels auch im Temperguß hingewiesen, dessen Schwefelgehalt nicht 0,1 v. H., nach Moldenke (92) sogar nicht 0,05 v. H. übersteigen soll, weil die Festigkeit und Zähigkeit des Materials sonst nachläßt. Da außerdem höherer Schwefelgehalt das Eisen dickflüssig macht und die Neigung, Saugstellen und Hohlräume zu bilden, steigert, so sei um so größere Vorsicht geboten. Zweifellos ist das aus dem Martinofen und Elektroofen, auch das aus dem Flammofen kommende Material i. a. dem Kupolofenerzeugnis hinsichtlich seiner Festigkeitseigenschaften überlegen, aber sehr oft ist diese Überlegenheit durchaus nicht so erheblich, wie z. B. die in Zahlentafel 40 aufgeführten Zahlen beweisen; gar nicht so selten stößt man auf Kupolofenerzeugnisse, die trotz höheren Schwefelgehaltes sehr gute Zahlen aufweisen; so habe ich selbst einige Versuchsstäbe untersucht, die folgende Ergebnisse lieferten:

|   | Durchmesser | Zugfestigkeit | Dehnung | S |
|---|---|---|---|---|
| 1 | 10,4 mm | 34,3 kg/qmm | 5% | |
| 2 | 10,5 „ | 34,5 „ | 4 „ | im Mittel 0,299 % |
| 3 | 10,2 „ | 41,5 „ | 4,3 „ | |

Eine bekannte Tempergießerei Sachsens stellt, wie mir auf Anfrage mitgeteilt wird, im Kupolofen einen Temperguß her, der durchschnittlich stets 35—37 kg Festigkeit bei 4 bis 5 v. H. Dehnung besitzt und bei Verwendung von guten schwedischen Roheisenmarken selbst auf 6 v. H. Dehnung kommt. Leider bietet die Literatur nicht hinreichendes Material, um entscheidende Schlüsse ziehen zu können. Jedenfalls halte ich es für zweifelhaft, ob die schlechteren Ergebnisse beim Kupolofen ausschließlich dem Schwefel zuzuschreiben sind. Hier und da findet diese Auffassung eine Unterstützung in der Literatur. So schreibt Trasher (153) ausdrücklich, daß die mäßigeren Festigkeitseigenschaften des Kupolofengusses nicht auf den Schwefel zurückzuführen seien, sondern auf den Umstand, daß sich der Gesamtcharakter des Gusses überhaupt mehr dem des Gußeisens nähere; auch Hatfield (50) spricht sich dahin aus, daß schmiedbarer Guß mit mehr als 0,15 v. H. Schwefel keine schlechteren Ergebnisse als Erzeugnisse anderer Öfen haben müsse und daß ihm Temperguß mit 0,3 v. H., ja selbst 0,5 v. H. Schwefel mit großer Zähigkeit und Schmiedbarkeit begegnet sei. Dieselbe Beobachtung hat Stotz (139) an Kupolofenguß mit 0,18 bis 0,28 v. H. Schwefel gemacht, so daß er nicht für ausgeschlossen hält, daß ein höherer Schwefelgehalt die mechanischen Eigenschaften unmittelbar günstig beeinflußt. Die Möglichkeit ist durchaus nicht von der Hand zu weisen; auch beim Gußeisen ist die Frage des Schwefeleinflusses noch nicht völlig geklärt, wie ich in Stahl und Eisen 1915 S. 877 dargelegt habe, so daß es denkbar bleibt, daß auch hier sich dieselben Einflüsse geltend machen. Solange das aber nicht feststeht, wird man jedenfalls den Schwefelgehalt hintanzuhalten suchen. Nach Smith (133) soll erst ein Gehalt von 0,15 v. H. Schwefel die Festigkeit beeinträchtigen. Meines Erachtens hängt die Beobachtung einer verschiedenen Beeinflussung der Festigkeitseigenschaften des Tempergusses und auch des Graugusses mit der Frage zusammen, ob man eine mehr chemische oder mehr mechanische Einwirkung anzunehmen hat. Denkbar bleibt die Vorstellung, daß sich die Einschlüsse an Eisensulfür in allen den Fällen weniger geltend machen, in denen schon eine Auflockerung des Materials insbesondere durch Kohlenstoffabscheidung vorhanden ist, die die physikalischen Eigenschaften des Materials beeinträchtigt, und daß der Schwefelgehalt um so weniger ins Gewicht fällt, je stärker diese Auflockerung bereits ist. Die Schwefeleinschlüsse nehmen zwar teil an der Schwächung der Festigkeiten, werden aber in ihrem Einfluß von den Kohlenstoffabscheidungen überdeckt. Daher kommt es auch, daß Grauguß weniger empfindlich gegen Schwefel ist als Temperguß, dessen Empfindlichkeit um so größer wird, je weitgehender die Entkohlung getrieben wurde und der reine Weicheisencharakter zum Ausdruck kommt; so erklärt es sich auch zwanglos, weshalb Stahl und die verschiedenen Flußeisenarten so besonders empfindlich gegen Schwefel sind. Hier wird eben das reine, homogene Eisengefüge unmittelbar von der auflockernden Wirkung des Schwefeleisens betroffen und der Zusammenhang im Aufbau vielleicht ebenso stark gestört, als wenn etwa im Grauguß oder Temperguß durch Gießfehler oder sonstwie hervorgerufene lockere Stellen auftreten und die Festigkeit bedeutend herabsetzen.

Die sonst schädlichen Wirkungen des Schwefels: Herbeiführung von Dickflüssigkeit, Hohlräumen und Saugstellen fallen bei den Erzeugnissen des Martinofens, Elektroofens und der Kleinbirne nicht so ins Gewicht, weil man hier mit Leichtigkeit die nötige Überhitzung herbeiführen kann. Im übrigen begegnet man, wie schon vorher S. 67 erwähnt, dem Schwefeleinfluß durch Steigerung des Siliziumgehaltes. Lißner (88) gibt an, daß der den Karbidzerfall hintertreibende Einfluß von 0,05 v. H. Schwefel etwa durch 0,28 v. H. Silizium ausgeglichen wird.

In Amerika gibt man der unter dem Namen „McHaffie" auf den Markt gebrachten Tempergußart absichtlich einen höheren Schwefelgehalt, um ein besonders hartes Erzeugnis zu erzielen. Näheres hierüber s. S. 116.

Phosphor scheint sich der Temperkohleabscheidung gegenüber untätig zu verhalten, wie aus Versuchen von Wüst (s. Zahlentafel 13, Gruppe V) hervorgeht. Die höhere Temperkohleabscheidung bei 1000° ist auch bei den anderen Gruppen der Zahlentafel zu erkennen, ist also kaum als eine spezifische Wirkung des Phosphors zu deuten. Indessen soll Phosphor nur in geringen Mengen, nach Ledebur jedenfalls nicht mehr als 0,2 v. H. zugegen sein, damit die Zähigkeit und Schmiedbarkeit des Gußstückes nicht beeinträchtigt wird, denn die Einwirkung auf den schmiedbaren Guß ist ähnlich zu bewerten wie diejenige auf schmiedbares Eisen.

Die Gefahr, daß der Phosphorgehalt in deutschem Erzeugnis zu hoch steigen könnte, ist nicht groß, da wir über hinreichende Eisensorten verfügen, deren Mengenanteil an diesem Fremdkörper unterhalb der Grenze von 0,2 v. H., selbst 0,1 v. H. liegt. Im amerikanischen Temperguß läßt man den etwas höheren Gehalt von 0,225 bis 0,25 zu, was insofern begreiflich ist, als man hier i. a. über ein schwefelärmeres und manganärmeres Ausgangsmaterial verfügt. Neuerdings hat Touceda sich eingehender mit der statthaften Phosphorgrenze im schmiedbaren Guß beschäftigt (149); seine Beobachtungen mögen richtig sein, ihre Erklärung aber scheint mir nicht ohne weiteres einleuchtend, weil meines Erachtens die neben der Temperkohle den Hauptbestandteil des Gußstückes bildenden Strukturelemente viel empfindlicher gegen die Einwirkung des Phosphors sind, als es nach Touceda den Anschein hat. Auch hier wird, falls die Mitteilungen des Beobachters ihre Bestätigung finden, die Entscheidung mit der Frage zusammenhängen, ob die Wirkungen mehr mechanischer oder mehr chemischer Natur sind. Touceda sagt: Bei Gegenwart geringer Mengen gebundener Kohle im fertigen Guß ist an sich schon eine größere Menge Phosphor nötig, um deutliche schädliche Wirkungen hervorzurufen. Versuchskörper mit 0,325 v. H. Phosphor waren fester als solche mit 0,252 und 0,181 v. H., wenn sonst die Zusammensetzung die gleiche war, nämlich 0,04 bis 0,07 v. H. gebundener Kohlenstoff, 1,9 bis 2,2 v. H. Temperkohle, 0,8 v. H. Silizium, 0,25 bis 0,29 v. H. Mangan und 0,1 v. H. Schwefel; auch 0,388 v. H. Phosphor ließen noch keine bedenkliche Sprödigkeit oder Herabsetzung der Festigkeit erkennen. In dünnwandigen Teilen hat ein höherer Phosphorgehalt weniger zu sagen als in stärkeren Stücken. Von einer deutlichen Veränderung der Korngröße mit den angegebenen Phosphorgehalten bis zu 0,388 v. H. war nichts zu beobachten. Dünnflüssigeres Material, gleiche Gießtemperatur vorausgesetzt, liefert spannungsfreiere Abgüsse als schwerflüssigeres, was also durch Steigerung des Phosphorgehaltes zu erzielen ist. Wenn daher auch phosphorreicheres Material vielleicht im Durchschnitt höhere Festigkeitseigenschaften besitzt, so sind die einzelnen Querschnitte doch spannungsreicher, wodurch ihre Festigkeit unter den Mittelwert gedrückt wird. Es empfiehlt sich somit, durch höheren Phosphorgehalt das Stück spannungsfreier zu halten; wenn dann auch die durchschnittliche Festigkeit etwas sinkt, so ist das Stück im ganzen doch zuverlässiger. Hiergegen wäre zu sagen, daß die letzten Ausführungen eigentlich im Widerspruch zu den vorhergehenden stehen, denn Touceda sagt doch gerade vorher, daß mit höherem Phosphorgehalt auch die Festigkeit absolut zunimmt.

**Titan.** In den letzten Jahren wurden von verschiedener Seite Versuche mit Titanzusätzen zum Temperguß gemacht. Die Ergebnisse sind ebenso wie beim Stahlguß und Grauguß nicht übereinstimmend. Die Wirkung liegt hier aller Wahrscheinlichkeit nach in einer guten Desoxydation, die eine mittelbare Verbesserung der Festigkeiten nach sich zieht. Einige von der Titangesellschaft, Dresden, seinerzeit veranstaltete Versuche sollen folgende (Zahlentafel 22) nicht unbeträchtliche Verbesserungen bei 0,025 v. H. Titan gezeitigt haben (177).

**Zahlentafel 22.**

**Einfluß des Titans auf die Festigkeitseigenschaften des schmiedbaren Gusses.**

| Mit 0,25 v. H. Ti | | Ohne Ti | |
|---|---|---|---|
| Zugfestigkeit kg/qcm | Dehnung % | Zugfestigkeit kg/qcm | Dehnung % |
| 4705 4840 | 4,2 4,5 | 4085 | 2,2 |
| 5010 4870 | 4,3 3,7 | 3310 | 1,2 |
| 4153 4140 4110 | 4,9 5,6 5,8 | 3713 | 4,6 |
| 3790 3684 3968 | 5,3 3,1 4,5 | 3307 | 2,7 |

Demgegenüber berichtet Gale (190) über Ergebnisse mit Zusätzen von 0,125 v. H. und 0,25 v. H. Titan, die eine Verschlechterung der Zugfestigkeit und Dehnung zur Folge hatten; die Werte sanken von 34 kg Zugfestigkeit und 6 v. H. Dehnung des titanfreien Materials auf 31,6 kg und 2,6 v. H. bei 0,125 v. H. Titan und auf 31 kg und 3 v. H. Dehnung bei 0,25 v. H. Titan. Die Biegefestigkeit stieg so beträchtlich, daß mehrere Probestäbe mit 0,125 v. H. und 0,25 v. H. Titan nicht gebrochen werden konnten, während titanfreie Stäbe bei 535 kg Belastung brachen. Auch die Durchbiegung nahm erheblich zu, bei einzelnen Stäben von 31,7 auf 45,7 mm sowohl bei 0,125 als auch bei 0,25 v. H. Titan. Neuere Versuche Gales (31) führten zu folgenden Ergebnissen. Bei einem Zusatz von 0,25, 0,3 und 0,35 Titan ging die Zugfestigkeit von 34,9 kg zurück auf 33,7, 33,9 und 32,3 kg, die Dehnung hielt sich in allen Fällen auf 6 v. H. Bei Zusatz von 0,04 v. H. Titan und 0,015 v. H. Aluminium stieg die Zerreißfestigkeit auf 39 kg/qmm und 8,8 v. H. Dehnung. Die Biegefestigkeit stieg bei 0,03 v. H. Titan von 75,3 kg auf 84,3 kg/qmm, die Durchbiegung von 33,8 auf 34,8 mm. Im Enderzeugnis wurde kein Titan gefunden, das Titan wird also vollständig oxydiert bzw. nitriert. Gale nimmt an, daß das Titan die Temperkohleabscheidung fördert und deshalb der Siliziumgehalt verringert werden könne, ohne Härte befürchten zu müssen. Titan soll das Glühen beschleunigen (192).

**Vanadium** erschwert nach Hatfield (192) den Karbidzerfall und soll die Eigenschaften des Fertigerzeugnisses in keiner Weise verbessern.

**Kupfer** macht nach Rodigin (192) ein längeres Glühen nötig und beeinträchtigt die Leichtflüssigkeit der Schmelze.

**Antimon und Zinn** verringern die Dünnflüssigkeit und erzeugen Sprödigkeit (Rodigin 192).

**Wismut und Blei** setzen ebenfalls die Dünnflüssigkeit herab, ohne sonst schädlich zu sein (Rodigin 192).

**Sauerstoff** macht auch den Temperguß brüchig. Nach Moldenke (33) soll schon ein Gehalt von 0,03 v. H. den Guß unbrauchbar machen. Die Schmelze wird außerdem dickflüssiger und gießt sich matt; deshalb soll man das Stehenlassen des Bades im Herd des Martinofens und das Abschlacken im Ofen vermeiden (s. auch 2. Teil S. 263).

Faßt man alles über die Einwirkung der Fremdkörper zusammen, so kommt für den im Kupolofen erschmolzenen Rohguß ein Kohlenstoffgehalt von etwa 2,8 bis 3,1 v. H. Kohlenstoff in Frage; der Siliziumgehalt muß entsprechend der Wandstärke abgestuft werden: starkwandige Stücke 0,45 bis 0,6, mittelstarke Stücke 0,6 bis 0,7, für weniger starke Teile (wie sie großenteils für landwirtschaftliche Maschinen gebraucht werden) 0,7 bis 0,8, für sehr dünnwandige leichte, vielgliedrige Stücke 0,8 bis 1,2 v. H. Silizium (s. auch S. 66); der Mangangehalt betrage höchstens 0,4 v. H., der Phosphorgehalt höchstens 0,2 v. H., der Schwefelgehalt nicht über 0,15 v. H. In allen Fällen, in denen der Schmelzapparat eine leichtere Regelung des Kohlenstoffes und der übrigen Fremdkörper gestattet, kann man sich bezüglich des Verhältnisses von Kohlenstoff zu Silizium an das Schaubild nach Abb. 58, bezüglich der übrigen Elemente an das früher Gesagte halten. Da es nach Wüst bezüglich der Festigkeitseigenschaften gleichgültig ist, ob die Temperkohle vergast wird oder im Fertigerzeugnis zurückbleibt, so behalten die amerikanischen Bedingungen im großen und ganzen auch Geltung für deutsche Verhältnisse. Moldenke macht folgende Vorschriften:

über 2,75 v. H. Kohlenstoff,

0,45 bis 1,0 v. H. Silizium,

höchstens 0,3 v. H. Mangan,

höchstens 0,225 v. H. Phosphor,

höchstens 0,070 v. H. Schwefel.

Eine aus deutschen Verhältnissen entnommene Vorschrift (130, S. 1744) für den im sauren Martinofen erzeugten Rohguß ist folgende:

2,60 bis 2,80 v. H. Kohlenstoff,

0,65 bis 0,72 v. H. Silizium,

0,10 bis 0,20 v. H. Mangan,

nicht über 0,045 v. H. Phosphor,

nicht über 0,06 v. H. Schwefel,
nicht über 0,15 v. H. Kupfer.

Endlich bietet Geiger (II, Bd. 2) noch folgende Abstufung:

| | Kohlenstoff % | Silizium % | Mangan % | Phosphor % | Schwefel % |
|---|---|---|---|---|---|
| Starke Stücke . . . . . . . | 2,3—2,5 | 0,45—0,55 | unter 0,4 | unter 0,3 | unter 0,2 |
| Mittlere Stücke . . . . . . | 2,5—2,7 | 0,60—0,70 | „ 0,4 | „ 0,3 | „ 0,2 |
| Schwache Stücke . . . . . | 2,8—3,3 | 0,75—1,20 | „ 0,4 | „ 0,3 | „ 0,3 |
| Guter Temperguß im Mittel . | 2,8—3,3 | 0,60—0,80 | „ 0,4 | „ 0,15 | „ 0,2 |

## 7. Glühtemperatur und Glühdauer.

Glühtemperatur und Glühdauer müssen sich nach der Zusammensetzung des Rohgusses und nach der Wandstärke der Gußstücke richten. Da diese aber verschieden sind, lassen sich auch keine allgemein gültigen Zahlen angeben. Wie die verschiedenen Fremdkörper im einzelnen die Glühdauer und Temperaturhöhe beeinflussen, wurde auf den vorigen Seiten genauer erläutert; Silizium fördert die Temperkohleabscheidung und gestattet mäßigere Glühtemperatur, Mangan und Schwefel verzögern die Absonderung und setzen die Glühtemperatur herauf, Kohlenstoff erleichtert die Ausscheidung.

Welche Glühdauer und Glühhitze daher bei einer bestimmten Zusammensetzung am Platze ist, entscheidet am besten der praktische Versuch. Da man sich nicht auf diese Tatsache besann, findet man in der Literatur auch die verschiedensten Angaben, die etwa zwischen 680° und 1050° schwanken. Mit den niedrigsten Temperaturen kommen die Amerikaner bei Anfertigung der „black heart castings" aus, was sich im wesentlichen aus der günstigeren Zusammensetzung des Hartmaterials erklärt, das aus schwefelfreierem Roheisen und schwefelfreierem Koks erschmolzen wird. Für den in Deutschland gefertigten Temperguß empfiehlt Ledebur eine an Weißglut grenzende Gelbglut, die Royston (124) mit 860 bis 900° angibt. Man muß aber vielfach auf 950 und 1000° gehen. Das im Kupolofen erschmolzene Material erfordert die höchsten Temperaturen wegen seiner mehr nach dem Gußeisen hin liegenden Zusammensetzung; vereinzelt kommen, namentlich bei höherem Schwefelgehalt, auch Temperaturen von 1000 bis 1050° in Frage. Erbreich gibt für dünnwandige Teile mit niedrigem Schwefelgehalt 960°, für dickwandige Teile 1000° an, da letztere zum gleichmäßigen Durchglühen innerhalb bestimmter Frist natürlich auch eine höhere Glühtemperatur erfordern. Vielfach packt man in der Praxis der Einfachheit halber dick- und dünnwandige Stücke bzw. kleine und große Teile in dieselbe Glühkiste, in der Meinung, einige Ersparnisse zu machen, wenn man die größeren Zwischenräume zwischen den großen Stücken mit den kleinen Gußteilen ausfüllt. Man bedenkt dabei nicht, daß die dünnwandigen Teile schneller entkohlt sind als die starkwandigen und erstere nutzlos bis zur Vollendung des Glühprozesses mit den oxydierenden Gasen in Berührung bleiben und verbrennen. Der Guß schalt und zeigt bis tief in den Kern oxydierte Stellen, wie S. 56 bereits erörtert wurde. Steigt die Temperatur zu hoch, so verziehen sich die Gegenstände oder beginnen wohl gar zu schmelzen; es tritt eine vermehrte Sauerstoffabgabe des Packungsmaterials ein und damit zu starke Frischwirkung; so kann es kommen, daß die Außenzonen schon entkohlt sind, während noch immer Sauerstoff bzw. Kohlensäure ins Innere dringen und Oxydation hervorrufen, die dann die auf S. 57 geschilderten Übelstände im weiteren Gefolge hat. Auch ein vorübergehendes Überschreiten der zulässigen Glühtemperatur muß vermieden werden, um einem Verbrennen des Gusses an der Außenfläche vorzubeugen. Bleibt die Temperatur zu niedrig, so fällt die Entkohlung unvollständig aus, der Guß wird zu hart und schwer bearbeitbar. Am besten bedient man sich eines Pyrometers, das sicherer als der Augenschein die Erkennung der durch die Erfahrung als bewährt gefundenen Temperaturen ermöglicht und weil das Auge schon durch die wechselnden Belichtungsverhältnisse im Glühraum Täuschungen unterworfen ist.

Die Amerikaner glühen ihren Flamm- und Martinofenguß bei 677 bis 760°; die Glühtemperatur für Kupolofenguß liegt um 93° höher (s. a. S. 267).

Auch die Glühdauer richtet sich nach der Zusammensetzung und Wandstärke; wie mehrfach erwähnt, fördert hoher Kohlenstoffgehalt die Glühung, während Schwefel, Mangan und andere Elemente die Abscheidung der Temperkohle verhindern und damit auch die Vergasung verzögern; dickwandige Stücke brauchen, wie ohne weiteres einzusehen ist, mehr Zeit, um auf die eigentliche Frischtemperatur zu kommen und von der erforderlichen Hitze gleichmäßig durchdrungen zu werden; auch die Abscheidung und Vergasung der Kohle in einem dicken Querschnitt erfordert mehr Zeit. Zu stark getempertes Eisen verändert seinen Kohlenstoffgehalt und damit seinen Gefügeaufbau in einem Maße, daß es für den praktischen Gebrauch unbrauchbar ist. Dabei kann sich „das zu starke Glühen" auf eine zu hohe Temperatur oder zu langes Glühen oder beides zugleich beziehen. Nachstehend (Zahlentafel 23) einige Analysen zu stark getemperten Materials (119).

**Zahlentafel 23.**

**Zu stark getemperter Guß.**

| | | |
|---|---|---|
| Temperkohle . .% | 0,48 | 0,03 |
| Geb. Kohle . . . „ | Spur | Spur |
| Silizium. . . . . „ | 0,60 | 0,53 |
| Mangan. . . . . „ | 0,24 | 0,23 |
| Phosphor . . . . „ | 0,195 | 0,19 |
| Schwefel . . . . „ | 0,059 | 0,69 |

Dasselbe gilt auch vom mehrmals getemperten Eisen. Die starke Veränderung des Kohlenstoffgehaltes geht aus dem nachstehenden Beispiel (Zahlentafel 24) eines dreimal getemperten Eisens hervor.

**Zahlentafel 24.**

Dreimal getemperter 19 mm starker Vierkantstab.

|  | 1 mal getempert | 2 mal getempert | 3 mal getempert |
|---|---|---|---|
| Temperkohle . . % | 1,97 | 0,73 | 0,25 |
| Geb. Kohle . . . „ | Spur | Spur | Spur |
| Silizium. . . . . „ | 0,68 | 0,70 | 0,78 |
| Mangan. . . . . „ | 0,28 | 0,31 | 0,27 |
| Phosphor . . . . „ | 0,186 | 0,188 | 0,187 |
| Schwefel . . . . „ | 0,025 | 0,052 | 0,052 |

Auch bez. der Glühdauer schwanken die Angaben ziemlich stark. Ledebur gibt die Zeitdauer, während der die Gegenstände im Ofen verweilen, bei Benützung von Öfen, die vorher kalt gelegen haben und zum Zwecke des Ausbringens wieder abgekühlt werden müssen und je nach der Größe der zu tempernden Stücke und der beabsichtigten Verringerung des Kohlenstoffgehaltes auf 7 bis 9 Tage an, wobei 2 Tage auf das Anfeuern, 3 bis 5 Tage auf das Vollfeuer und 2 Tage auf die allmählich zu bewirkende Abkühlung zu rechnen sind. Wendet man einen Ofen mit beweglichem Boden an, wie später beschrieben, so daß die Gegenstände in den heißen Ofen eingesetzt werden können, so läßt sich das gesamte Verweilen im Ofen um mehrere Tage abkürzen. Ein $4^1/_2$ tägiges Glühen ist in diesem Falle häufig ausreichend. Andere Angaben lauten dahin: 10 Tage Heizen, bei 6 Tagen Vollhitze und 36 Stunden Abkühlen oder 1 Tag Packen, 3 Tage Anheizen, Vollhitze bis 10 Tage nach Anheizen, 3 bis 4 Tage Abheizen, nach insgesamt 18—20 Tagen Ofen wieder betriebsfertig. Letztere Zahlen beziehen sich auf einen Ofen mit gemauerter Glühkiste. Erbreich gibt für starkwandige Teile $3 \times 24$ stündiges, für dünnwandige nur 24 stündiges Glühen bei Höchsttemperatur an. Im Geigerschen Handbuch (I, Bd. 2) werden für Anheizen des in Deutschland üblichen Verfahrens 48—60 Stunden, für den amerikanischen Temperguß 24—40 Stunden je nach Größe und Zusammensetzung der Teile angegeben, das Tempern selbst erfordert $4$—$5 \times 24$ Stunden bei uns, gegen $2^1/_2$—$3 \times 24$ Stunden in Amerika.

In einer schwedischen Tempergießerei, die amerikanischen Temperguß neben europäischem Temperguß (für Fittings) herstellt, glüht man den ersteren 72 Stunden bei 740°, letzteren 120 Stunden bei 810 bis 830° (7). (Die zugehörige Gattierung s. S. 156 Abs. 2.)

Das in Abb. 64 wiedergegebene Schaubild zeigt den Temperaturverlauf einer Glühperiode. Nach etwa $2^3/_4$ Tag ist die Höchsttemperatur erreicht, während des Anheizens bleibt die Ofentemperatur hinter der

Glühtemperatur zurück. Während der Vollhitze, die etwa 2 × 24 Stunden dauert, decken sie sich, ebenso beim Abheizen. Das Abkühlen erfolgt bei dichtgeschlossenen Türen im Glühofen selbst, es muß langsam vor sich gehen, um, wie Erbreich meint (23), dem aus dem in der Vollhitze entstandenen Martensit sich etwa ausscheidenden Zementit Gelegenheit zur Abscheidung von Temperkohle zu geben, die dann noch nachträglich vergast wird. Ob dieser Fall tatsächlich aber eintritt, ist noch fraglich; es bleibt daher die Möglichkeit offen, bis etwa 800° zur Erzielung eines feinen Kornes rasch, von da jedoch weiter langsam abkühlen zu lassen, damit das Stück seine Weichheit behält und um Spannungen zu vermeiden, die gerade bei dünnen Stücken sehr leicht auftreten. Erst wenn das Glühgut annähernd die Tagestemperatur angenommen hat, soll man die Töpfe entleeren.

Eine etwas abweichende Behandlung hinsichtlich Glühtemperatur und Dauer nimmt der in der Hauptsache für Hohlschlüssel bestimmte Bohrguß ein, bei dem der Rand fest, der Kern aber, weil er ausgebohrt werden soll, weich sein muß. Man erzielt dies dadurch, daß man dem ungeglühten Guß eine hinsichtlich des Kohlenstoff- und des Siliziumgehaltes hart auf der Grenze zum Graueisen liegende Zusammensetzung gibt. Man erkennt die Richtigkeit der Gattierung an einer schwachen Graphitausscheidung des Eingusses; erfahrungsgemäß zeigt dann das dünnere Gußstück einen noch weißen Bruch. Der Schwefelgehalt muß möglichst niedrig gehalten werden, um eine schnellere und vollständige Temperkohleabscheidung herbeizuführen. Nach einer 24stündigen Glühdauer bei etwa 780° zeigt der Bruch einen grauen Kern und

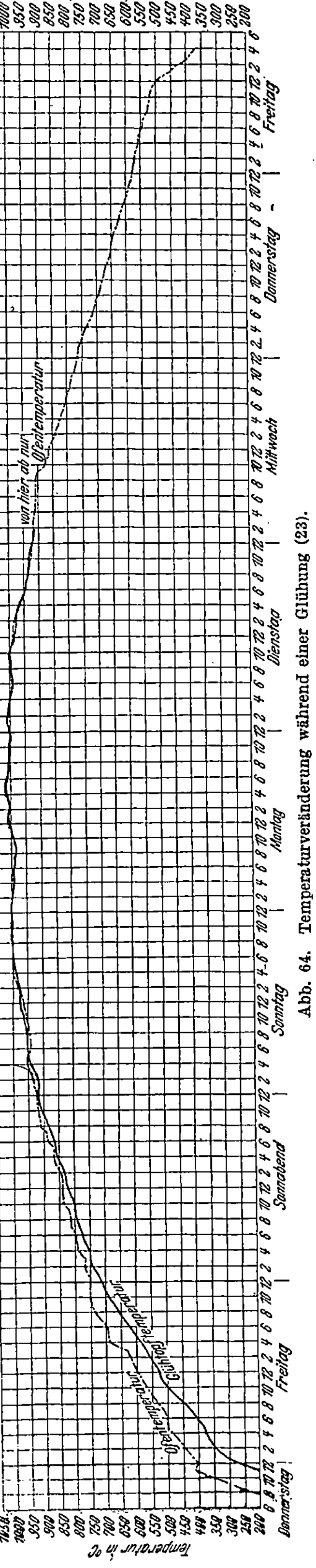

Abb. 64. Temperaturveränderung während einer Glühung (23).

weißen Rand, wie Abb. 65, die zehnfache Vergrößerung eines Schlüssel-
querschnittes, zeigt.  Abb. 66 gibt den Kernteil des Stückes wieder, der
nur Ferrit und Temperkohle, keinen Perlit, enthält und auch nicht
enthalten darf.

Es hat natürlich nicht an Versuchen gefehlt, die Glühdauer soweit
wie möglich abzukürzen, weil damit eine nicht unbeträchtliche Brenn-
stoffersparnis und Erhöhung der Erzeugung verbunden wäre.  Aber alle
diese Verfahren haben sich nicht eingebürgert, da die Gefahr des Mißlingens dabei zu groß ist.  Auch das von Rott in Stahl und Eisen (123)
beschriebene gehört hierher.

## 8. Die chemische Veränderung des Rohgusses durch das Glühfrischen.

Derjenige Körper, der beim Glühfrischen die größte Veränderung
nach Form und Menge erfährt, ist der Kohlenstoff.  In den früheren
Abschnitten wurde ausführlich auf die Gründe hingewiesen, die diese
herbeiführen.  Man will absichtlich den im Rohguß nur in gebundener
Form vorhandenen Kohlenstoff zum großen Teil in die amorphe Temperkohle überführen und je nach dem, ob man weißkernigen Guß oder
schwarzkernigen Guß herstellen will, größere oder geringere Mengen der
Temperkohle aus dem Eisen entfernen.  Das gelingt durch entsprechende
Einstellung der Glühtemperatur und Einhalten einer bestimmten Glühdauer, wovon schon vorher ausführlicher die Rede war.  Lange Zeit wußte
man nicht, welche Veränderungen im Gußstück sich abspielten und den
schmiedbaren Zustand herbeiführten.  Erst die Versuche Davenports
brachten im Jahre 1871 diesen Aufschluß (15), weshalb sie auch so be-
deutungsvoll sind und ihre wichtigsten Ergebnisse in Zahlentafel 25
angeführt sein mögen.

**Zahlentafel 25.**

Versuche Davenports über die Veränderung des Rohgusses
durch andauerndes Glühen.

| Versuch Nr. | | Ges. C % | Si % | Mn % | P % | S % |
|---|---|---|---|---|---|---|
| 1 | Vor dem Glühen . . . . . . . . | 3,44 | 0,44 | 0,53 | 0,31 | 0,059 |
|   | Nach dem ersten Glühen . . . . | 1,51 | 0,44 | 0,58 | 0,32 | 0,067 |
|   | Nach dem zweiten Glühen   . . . | unter 0,10 | 0,55 | 0,52 | 0,31 | 0,083 |
| 2 | Vor dem Glühen . . . . . . . | 3,48 | 0,58 | 0,58 | 0,28 | 0,100 |
|   | Nach dem ersten Glühen . . . . | 0,43 | 0,61 | 0,61 | 0,29 | 0,140 |
|   | Nach dem zweiten Glühen   . . . | unter 0,10 | 0,61 | 0,57 | 0,29 | 0,160 |

Der Kohlenstoffgehalt im Rohguß kann je nach dem er im Kupolofen, Tiegelofen, Martinofen oder Birne erschmolzen wird, zwischen 2,
3 und 4 v. H. liegen. Menge und Art des nach dem Glühen zurückbleibenden
Kohlenstoffs ist dann je nach Glühweise verschieden.  Beim amerikanischen Temperguß ist im wesentlichen keine Entfernung, sondern nur

eine Umwandlung des Kohlenstoffs beabsichtigt, aber eine Abnahme des durchschnittlichen Kohlenstoffgehaltes auf 3,0 bis 2,0 v. H. und weniger ist gewöhnlich doch wahrzunehmen, wie die näheren Angaben in Zahlentafel 26 erhärten. Es hat eben auch hier eine nach dem Rande zu stärker werdende Entkohlung stattgefunden, die in der Außenschicht nur noch eine sehr geringe Menge oder gar keine Temperkohle und je nach der Stärke des Glühens einige Hundertstelprozent oder nur Spuren von gebundener Kohle hinterläßt. Wenn man daher einen amerikanischen Temperguß auf seinen Kohlenstoff analysiert, so nimmt der Gehalt an gebundener Kohle und an Temperkohle, allerdings in verschiedenem Maße fortschreitend, nach innen zu, bis man im Kern auf nahezu den ursprünglichen Kohlenstoffgehalt des Rohgusses stößt. Moldenke (181, S. 719) führt einen Fall an, bei dem er in der Außenschicht von 1,6 mm Stärke fast gar keinen Kohlenstoff fand, 1,6 mm tiefer stellte er 0,5 v. H. Kohlenstoff fest, in der nächsten wieder 1,6 mm starken Schicht 1,5 v. H., in der folgenden 2,5 v. H. und im Kern nahezu 4 v. H. Von diesem Kohlenstoff ist der weitaus größte Teil als Temperkohle ausgeschieden und nur einige Zehntelprozent in gebundener Form. Nach Diller (18) soll ein gut getemperter Guß nicht mehr als 0,06 bis 0,12 v. H. gebundenen Kohlenstoff enthalten. Das ist aber keineswegs immer der Fall. Man trifft auf Analysenangaben, nach denen der Gehalt an gebundenem Kohlenstoff noch 0,5 selbst 1,0 v. H. und noch mehr betrug.

Bewegt sich der Gesamtkohlenstoffgehalt des nach europäischer Art zu glühenden Rohgusses in den oben angegebenen Grenzen, so liegt der durchschnittliche Gehalt an Gesamtkohlenstoff im geglühten Material erheblich unter dem des schwarzkernigen Gusses. Die untere Grenze kann mit etwa 0,80 v. H., die obere mit 1,8 v. H. angesetzt werden, wenn auch Abweichungen nach unten bis etwa 0,5 v. H. selbst 0,3 v. H. und nach oben bis 2 v. H. und darüber hinaus nichts Ungewöhnliches sind. Auch hier liegen die Fälle so, daß die Kohlenstoffmenge von außen nach innen zunimmt, daß aber das Verhältnis des gebundenen zum amorphen Kohlenstoff von demjenigen im amerikanischen Gusse durchaus verschieden ist: Mag der durchschnittliche Anteil des gebundenen Kohlenstoffs am Gesamtkohlenstoff häufig etwa zwischen 20 und 50 v. H. liegen, so sind doch auch die Fälle nicht selten, in denen er auf 60 oder 80 v. H. steigt. Das hängt, abgesehen von der Glühweise, auch von der ursprünglich im Rohguß vorhanden gewesenen Kohlenstoffmenge ab; war diese niedrig, so ist gewöhnlich auch der Durchschnittsgehalt des geglühten Gusses gering; das im Martinofen und in der Kleinbirne geschmolzene Material, das einem mäßigen Frischen unterworfen ist, enthält deshalb ziemlich regelmäßig weniger Kohlenstoff als das dem Kupolofen oder Tiegelofen entstammende Erzeugnis. Auch bei dem weißkernigen Temperguß nimmt der Kohlenstoff von dem ganz oder fast entkohlten Außenrand nach der Mitte hin zu. Das Verhältnis des gebundenen Kohlenstoffs zur Temperkohle ändert sich dabei entsprechend dem nach innen zu sich ebenfalls ändernden Verhältnis zwischen den Gefügebestandteilen Ferrit, Perlit und Temperkohle.

Die Anteilmengen der verschiedenen Kohlenstofformen an dem Gesamtgehalt an Kohle ändern sich natürlich auch mit der Glühdauer und der chemischen Zusammensetzung des Materials; namentlich der Siliziumgehalt übt sowohl auf die Kohlenstoffabnahme als auch auf das Mengenverhältnis der Kohlenstofformen einen merklichen Einfluß aus. Sehr deutlich geht das auch aus Versuchen von Leuenberger (87) hervor. Einem Material mit 3,25 v. H. Gesamtkohlenstoff, 0,11 v. H. Mangan, 0,065 v. H. Phosphor, 0,052 v. H. Schwefel setzte er, wie S. 68 schon im einzelnen auseinandergesetzt wurde, von 0,17 v. H. bis 1,08 v. H. steigende Mengen Silizium zu und glühte jede der erhaltenen Silizierungsstufen 95, 130, 175 und 260 Stunden lang bei 980°. Dabei erhielt er die aus Zahlentafel 27 und in Abb. 67 schaubildlich zusammengestellten Ergebnisse. Man ersieht daraus, daß sich nach der Glühung I von 96 Stunden die gesamte Kohlenstoffmenge um 67 bis 84 v. H. des im Rohguß vorhandenen Kohlenstoffs verringert hat. Bei längerem Glühen nimmt diese Abnahme weiter zu; im Schaubild erkennt man dies an der verschiedenen Tiefenlage der Linien I (96 Stunden), II (130 Stunden), III (175 Stunden), V (260 Stunden). Nach 260 Stunden beträgt die gesamte Verringerung im Mittel 96 v. H. Ferner ist der Zahlenübersicht bzw. dem Schaubild zu entnehmen, daß mit steigendem Siliziumgehalt zunächst die gesamte Kohlenstoffmenge zurückgeht und bei etwa 0,65 v. H. Silizium eine Mindestabnahme eintritt, mit weiterer Zunahme des Siliziumgehaltes wird die Abnahme des Gesamtkohlenstoffgehaltes aber wieder stärker. Bei Glühung I z. B. sinkt die Abnahme von 84 v. H. des Rohgußgehaltes (0,17 v. H. Si) auf 67 v. H. (0,71 v. H. Si) und steigt schließlich wieder auf 74,5 v. H. (1,08 v. H. Si). Am wenigsten deutlich ist der Wechsel bei der stärksten Glühung V; indessen ist hier die absolute Abnahme am größten; sie liegt durchweg über 94 v. H. Nach der Glühung I wurde auch eine Temperkohlebestimmung vorgenommen. Es zeigt sich dabei, wie aus dem Verlauf der punktierten Linie anschaulich wird, daß die Temperkohlenlinie im großen und ganzen der Linie I des Gesamtkohlenstoffs folgt. Auch hier ist zunächst ein Anwachsen und dann ein mäßiger Rückgang des Temperkohlegehaltes mit zunehmendem Siliziumgehalt zu beobachten. Dementsprechend gestaltet sich auch die Bewegung des gebundenen Kohlenstoffgehaltes.

Das Maß der Kohlenstoffabnahme hängt aber nicht allein von der Art der Wärmebehandlung und der Zusammensetzung des Rohgusses ab, sondern auch von den Abmessungen der dem Glühprozeß unterworfenen Gußstücke. Bei einem Gußstück z. B. das gabelförmig ausgebildet war und vier gleich breite und gleich lange aber verschieden dicke Zinken hatte, von denen die erste 4,5, die zweite 9,7, die dritte 20,

### Zahlentafel 27.

## Veränderung des Kohlenstoffgehaltes durch verschieden langes Glühen bei steigendem Siliziumgehalt.

| Charge Nr. | Si | Ges. Kohlenstoff | | | | | Gesamt-Kohlenstoff-abnahme in % des Gesamtkohlenstoffs im Rohguß nach Glühung | | | | Glühung I | | |
|---|---|---|---|---|---|---|---|---|---|---|---|---|---|
| | | im Rohguß | im geglühten Material nach Glühung | | | | | | | | Ges. C | Temperkohle | Geb. C |
| | % | % | I | II | III | V | I | II | III | V | % | % | % |
| 1 | 0,17 | 3,25 | 0,52 | 0,33 | 0,25 | 0,11 | 84,0 | 90,0 | 92,5 | 96,5 | 0,52 | 0,09 | 0,43 |
| 2 | 0,23 | 3,32 | 0,51 | 0,37 | 0,27 | 0,09 | 85,0 | 89,0 | 92,0 | 97,5 | 0,51 | 0,07 | 0,44 |
| 3 | 0,30 | 3,09 | 0,54 | 0,50 | 0,38 | 0,12 | 82,5 | 84,0 | 87,5 | 96,0 | 0,54 | 0,14 | 0,40 |
| 4 | 0,38 | 3,06 | 0,62 | 0,44 | 0,33 | 0,11 | 82,0 | 85,5 | 89,0 | 96,5 | 0,62 | 0,16 | 0,46 |
| 5 | 0,44 | 3,16 | 0,67 | 0,55 | 0,40 | 0,13 | 79,0 | 82,5 | 87,5 | 96,0 | 0,67 | 0,19 | 0,48 |
| 6 | 0,50 | 2,97 | 0,81 | 0,63 | 0,49 | 0,18 | 73,0 | 79,0 | 83,5 | 94,0 | 0,81 | 0,24 | 0,57 |
| 7 | 0,55 | 3,12 | 0,94 | 0,70 | 0,45 | 0,17 | 70,0 | 77,5 | 85,5 | 94,5 | 0,94 | 0,39 | 0,55 |
| 8 | 0,58 | 3,11 | 0,88 | 0,80 | 0,54 | 0,16 | 72,0 | 74,5 | 82,5 | 95,0 | 0,88 | 0,36 | 0,52 |
| 9 | 0,67 | 3,27 | 1,03 | 0,71 | 0,47 | 0,17 | 69,0 | 78,0 | 85,5 | 95,0 | 1,03 | 0,35 | 0,68 |
| 10 | 0,71 | 3,16 | 1,05 | 0,63 | 0,52 | 0,16 | 67,0 | 80,0 | 83,5 | 95,0 | 1,05 | 0,32 | 0,73 |
| 11 | 0,75 | 3,25 | 0,89 | 0,67 | 0,51 | 0,13 | 72,5 | 79,5 | 84,5 | 96,0 | 0,89 | 0,42 | 0,47 |
| 12 | 0,81 | 3,17 | 0,91 | 0,73 | 0,63 | 0,16 | 71,0 | 77,0 | 80,0 | 95,0 | 0,91 | 0,34 | 0,57 |
| 13 | 0,81 | 3,24 | 0,93 | 0,66 | 0,50 | 0,15 | 71,5 | 79,5 | 84,5 | 95,5 | 0,93 | 0,42 | 0,51 |
| 14 | 0,83 | 3,32 | 1,00 | 0,80 | 0,52 | 0,16 | 70,0 | 76,0 | 84,5 | 95,0 | 1,00 | 0,48 | 0,52 |
| 15 | 0,94 | 3,34 | 0,92 | 0,56 | 0,53 | 0,12 | 72,5 | 83,0 | 84,0 | 96,5 | 0,92 | 0,45 | 0,47 |
| 16 | 1,05 | 3,24 | 0,90 | 0,55 | 0,50 | 0,15 | 72,0 | 83,0 | 84,5 | 95,5 | 0,90 | 0,37 | 0,53 |
| 17 | 1,08 | 3,19 | 0,81 | 0,46 | 0,47 | 0,09 | 74,5 | 85,5 | 85,0 | 97,0 | 0,81 | 0,32 | 0,49 |

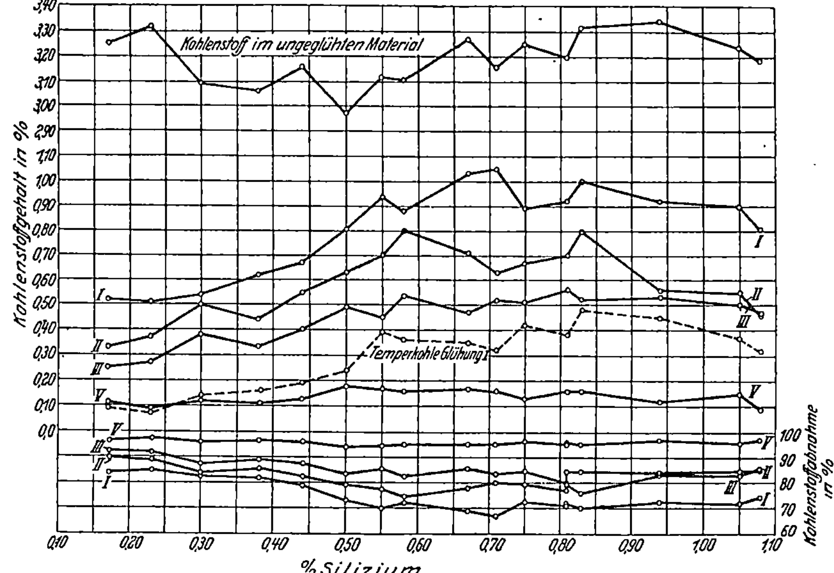


Abb. 67. Kohlenstoffgehalt im unbehandelten und glühgefrischtem Material und die durch das Glühfrischen bedingte Abnahme (87).

die vierte 40 mm stark war, ergaben sich nach einem Glühen von acht Tagen, einem Glühen von 10 Tagen und einem weiteren dritten Glühen die aus Zahlentafel 9 ersichtlichen Ergebnisse: Der ursprüngliche Kohlenstoffgehalt von 3,23 v. H. nimmt bei dem dünnsten Gußstück von 4,5 mm Dicke auf 0,31, bei dem 9,7 mm starken auf 0,87, bei dem 20 mm starken auf 2,54 und bei dem stärksten auf 2,68 v. H. ab. Im übrigen blieb der Silizium- und Mangangehalt unverändert, der Phosphorgehalt nahm nur sehr wenig zu, während der Schwefelgehalt stärker anstieg (111).

Im übrigen scheint die Kohlenstoffabnahme doch begrenzt zu sein, so daß auch ein noch so anhaltendes und bei noch so hoher Temperatur durchgeführtes Glühen einen erreichten geringsten Kohlenstoffgehalt nicht mehr weiter verringern kann und ein vollkommenes Entkohlen eines Tempergußstückes von vornherein ausgeschlossen ist. Chadsey (9) hat nach ununterbrochenem, achtwöchigen Glühen von Quadratstäben mit 25 mm Kantenlänge, die ursprünglich 2,35 v. H. Kohlenstoff enthielten, in der Außenzone von 1,6 mm Tiefe noch 0,06 v. H. und 6,3 mm unter der Oberfläche noch 1,37 v. H. Kohlenstoff gefunden (s. auch Zahlentafel 28).

In verschiedener Hinsicht sind die in Zahlentafel 28 nach einer Arbeit Chadseys (10) zusammengestellten Versuchsergebnisse bemerkenswert. Chadsey stellte aus einer gewöhnlichen Temperrohgußschmelze 8 Sätze von Probekörpern her, jeder Satz bestand aus einem Vierkantstab von 645 qmm (1 □″) Querschnitt und 20 cm Länge, sowie 2 Rundstäben von 1,25 cm Durchmesser in der Mitte und 20 cm Länge. An den Enden der Rundstäbe waren Köpfe angegossen zum Einspannen in die Zerreißmaschine. Von diesen Stäben wurde je ein Satz 1, 2, 3, 4, 5, 6, 7 und 8 Wochen lang geglüht. Nach Herausnahme jedes Satzes wurden die Rundstäbe zerrissen, und nach dem Bruch von jedem Stab eine Hälfte der Biegeprobe unterworfen. Die Ergebnisse dieser Versuche sind in den 3 rechten Spalten der Zahlentafel 28 aufgezeichnet. Die Quadratstäbe wurden nach dem Glühen zunächst von der Glühspanschicht befreit und zur chemischen Untersuchung verwendet. Die Probenahme erfolgte derart, daß zunächst eine Schicht von 1,5 mm Stärke von der Oberfläche her weggehobelt wurde. Aus dem so gewonnenen Spänematerial wurde eine Durchschnittsprobe hergestellt und analysiert. Die analytischen Ergebnisse aus dieser Schicht sind in der Zahlentafel bei den verschiedenen Sätzen mit Nr. 1 bezeichnet. Dann wurden weitere 1,5 mm weggenommen und wieder eine Durchschnittsanalyse ausgeführt, deren Ergebnis in der Zahlentafel 28 mit Nr. 2 bezeichnet ist. Auf gleiche Weise wurde eine dritte und vierte Schicht von 1,5 mm Stärke weggehobelt, und von dem Material eine Durchschnittsanalyse angefertigt, deren bezügliche Ergebnisse unter Nr. 3 und 4 in der Zahlentafel zu finden sind. Auf diese Weise drang man bis auf 6,25 mm, also bis in die Mitte des Versuchsstückes ein und stellte die in den verschiedenen Lagen durch das Glühen hervorgerufene chemische Veränderung fest. Dabei zeigt sich nun, daß der Silizium-, Phosphor- und Mangangehalt keine wesentliche Veränderung erfahren hat. Indessen hatte der Schwefelgehalt in der innersten Schicht sich nach achtwöchigem Glühen von 0,045 auf 0,056 v. H. angereichert und in der Außenschicht von 0,045 sogar auf 0,080 v. H. Aus der Zahlentafel ergibt sich, wie die Zunahme von Woche zu Woche größer wird. Beim Kohlenstoff ergab sich in der ersten Woche seltsamerweise eine Bildung von gebundener Kohle in den Außenschichten, die aber jedenfalls durch zu schnelles Abkühlen beim Herausnehmen der Probe eintrat. Im übrigen aber zeigt sich, daß der Kohlenstoff in der innersten Schicht schon vollständig als Temperkohle ausgeschieden war, außerdem war hier bereits eine geringe Abnahme

**Zahlentafel 28.**

Chemische Veränderung des Rohgusses nach achtwöchigem Glühen.

| Anzahl der Wochen, die geglüht wurde | Nr. der Probe | Ges. C % | Temper-kohle % | Geb. C % | Si % | Mn % | P % | S % | Zug-festig-keit kg/qmm | Dehnung auf 10 cm gemessen % | Biege-winkel Grad |
|---|---|---|---|---|---|---|---|---|---|---|---|
| Rohguß | — | 2,35 | — | — | 0,75 | 0,144 | 0,175 | 0,045 | | — | |
| 1 | 1 | 1,25 | 0,52 | 0,73 | 0,74 | 0,140 | — | 0,051 | 26,38 | 3,50 | 180 |
| | 2 | 1,82 | 1,59 | 0,23 | 0,76 | 0,144 | 0,179 | 0,051 | 26,06 | 3,50 | 90 |
| | 3 | — | — | — | — | — | — | — | | | |
| | 4 | 2,21 | 2,20 | — | 0,73 | 0,149 | 0,179 | 0,046 | | | |
| 2 | 1 | 0,178 | 0,172 | — | 0,72 | 0,151 | 0,177 | 0,070 | 25,10 | 3,50 | 180 |
| | 2 | 1,53 | 1,54 | — | 0,71 | 0,147 | 0,186 | 0,051 | 29,19 | 6,00 | 180 |
| | 3 | 2,17 | 2,16 | — | 0,74 | 0,153 | 0,182 | 0,049 | | | |
| | 4 | 2,24 | 2,22 | — | 0,71 | 0,151 | 0,169 | 0,049 | | | |
| 3 | 1 | 0,18 | 0,20 | — | 0,76 | 0,143 | 0,180 | 0,061 | 33,40 | 9,50 | 180 |
| | 2 | 1,34 | 1,32 | — | 0,76 | 0,146 | 0,180 | 0,060 | 32,51 | 8,25 | 90 |
| | 3 | 2,17 | 2,16 | — | 0,73 | 0,149 | 0,185 | 0,054 | | | |
| | 4 | 2,31 | 2,34 | — | 0,73 | 0,148 | 0,183 | 0,054 | | | |
| 4 | 1 | 0,10 | 0,11 | — | 0,73 | 0,137 | 0,168 | 0,068 | 34,30 | 7,50 | 110 |
| | 2 | 1,08 | 1,05 | — | 0,76 | 0,138 | 0,165 | 0,054 | 29,30 | 5,20 | 90 |
| | 3 | 2,13 | 2,12 | — | 0,75 | 0,141 | 0,184 | 0,055 | | | |
| | 4 | 2,30 | 2,30 | — | 0,74 | 0,134 | 0,181 | 0,055 | | | |
| 5 | 1 | 0,12 | 0,09 | — | 0,72 | 0,136 | 0,172 | 0,072 | 25,99 | — | 180 |
| | 2 | 1,01 | 1,02 | — | 0,77 | 0,136 | 0,181 | 0,060 | 23,67 | 8,00 | 180 |
| | 3 | 1,96 | 1,91 | — | 0,78 | 0,138 | 0,178 | 0,060 | | | |
| | 4 | 2,19 | 2,12 | — | 0,76 | 0,142 | 0,182 | 0,060 | | | |
| 6 | 1 | 0,17 | 0,19 | — | 0,77 | 0,142 | 0,177 | 0,070 | 30,16 | — | 180 |
| | 2 | 0,87 | 0,90 | — | 0,74 | 0,142 | 0,185 | 0,060 | 27,16 | 4,25 | 180 |
| | 3 | 1,79 | 1,62 | — | 0,76 | 0,136 | 0,173 | 0,060 | | | |
| | 4 | 1,64 | 1,64 | — | 0,76 | 0,142 | 0,168 | 0,056 | | | |
| 7 | 1 | 0,05 | 0,05 | — | 0,76 | 0,142 | 0,187 | 0,072 | 29,12 | 6,75 | 110 |
| | 2 | 0,60 | 0,54 | — | 0,77 | 0,155 | 0,178 | 0,060 | 22,92 | 3,50 | 75 |
| | 3 | 1,29 | 1,41 | — | 0,78 | 0,140 | 0,183 | 0,060 | | | |
| | 4 | 1,55 | 1,59 | — | 0,75 | 0,151 | 0,171 | 0,060 | | | |
| 8 | 1 | 0,06 | 0,06 | — | 0,74 | 0,151 | 0,168 | 0,080 | 26,91 | 4,50 | 180 |
| | 2 | 0,63 | 0,48 | — | 0,75 | 0,152 | 0,177 | 0,060 | 21,88 | 3,00 | 180 |
| | 3 | 1,40 | 1,37 | — | 0,75 | 0,151 | 0,182 | 0,060 | | | |
| | 4 | 1,37 | 1,39 | — | 0,75 | 0,151 | 0,178 | 0,056 | | | |

bemerkbar. Nach einer Glühdauer von zwei Wochen hatte sich in allen Schichten aller Kohlenstoff als Temperkohle abgesondert. In den Außenschichten hatte bereits eine stärkere Entkohlung stattgefunden, in der innersten nur eine sehr geringe. Von Woche zu Woche steigert sich aber sowohl in den Außenschichten als auch in den Innenschichten die Temperkohleabnahme, so daß nach acht Wochen in der Außenzone nur noch 0,06 v. H. und in der Kernzone nur noch 1,39 v. H. Temperkohle vorhanden war. Abgesehen von der Veränderung an sich, beweisen diese Versuche, wenn man die Ergebnisse der ersten Glühwoche in Rücksicht zieht, daß auch beim amerikanischen Temperguß, sofern das Glühen nur lang genug dauert, nicht nur eine Temperkohleabscheidung, sondern auch eine durchaus nicht so unerhebliche Entkohlung wenigstens der Randschichten stattfindet, denn der gesamte Kohlenstoffgehalt sank von 2,35 auf 1,25 v. H. in der äußersten und auf 1,82 v. H. in der zweiten Lage. Ferner liefern die Versuche einen Beleg dafür, daß es nur schwer möglich ist, selbst Teile von nur 1,25 cm Wandstärke völlig zu entkohlen, wenn man bei Temperaturen, die in der Praxis üblich sind, glüht, wie es im vorliegenden Fall geschehen war. Im Kern hielt sich nach 8 wöchiger Glühdauer noch immer ein Temperkohlegehalt von 1,37 v. H., also mehr als die Hälfte des ursprünglichen Gehalts. Die Festigkeitszahlen, die eben auch hier erwähnt werden mögen, lassen erkennen, daß selbst nach 3- bis 5 wöchiger Glühdauer noch eine Verbesserung der Festigkeit und Dehnung möglich ist.

Die durch das Glühen sonst noch hervorgerufene Änderung in der chemischen Zusammensetzung erstreckt sich in der Hauptsache auf den S c h w e f e l, der sich zuweilen nicht unerheblich anreichert. Eine Anzahl von Analysenangaben, die sich auf das vor und nach dem Glühen untersuchte Material beziehen, geben hierüber Aufschluß (s. Zahlentafel 26 und 30 bis 32). Man erkennt mehrfach eine geringe Abnahme des Siliziumgehaltes und Mangangehaltes, eine geringe Zunahme des Phosphorgehaltes, aber sehr häufig eine verhältnismäßig starke Zunahme des Schwefelgehaltes; besonders deutlich tritt sie in Zahlentafel 31 und 32 hervor. Auch C h a d s e y erwähnt einen Fall, in dem der Schwefel nach achtwöchigem Tempern von 0,045 auf 0,08 gestiegen war (9). Der Siliziumgehalt nimmt aber auch in einzelnen Fällen zu, s. z. B. Zahlentafel 26 Nr. 1 und Zahlentafel 31. Indessen sind die Unterschiede nach oben und unten nicht so groß, daß man nicht noch Analysenfehler annehmen könnte.

Jedenfalls ist es so gut wie sicher, daß der S i l i z i u m gehalt durch das Tempern verringert werden kann. Ob das Glühmittel dabei eine ausschlaggebende Rolle spielt, ist bisher nicht ermittelt. Z. B. bei der Herstellung des Tunnerschen Glühstahles, die darin bestand, daß man Roheisen in dünne Platten goß, diese durch Glühfrischen entkohlte und das so erhaltene Material (eben den Glühstahl) im Tiegel zur Tiegelstahl-

Zahlen-

## Zusammensetzung des Gusses

| lf. Nr. | Temper-Gußart (Glühart) | Schmelzofen | Glühmittel | Glühtemperatur °C | Glühdauer Std. | Analyse des Rohgusses | | | | | | |
|---|---|---|---|---|---|---|---|---|---|---|---|---|
| | | | | | | Ges. C % | Geb. C % | Graphit % | Si % | Mn % | P % | S % |
| 1 | Europäisch | — | Roteisenerz | — | 144 | 3,12 | 3,12 | Spur | 0,9 | — | — | — |
| | | | | — | 144 | 3,53 | 3,51 | 0,02 | 0,56 | — | — | — |
| 2 | Europäisch | Kupolofen | Eisenerz | — | — | 3,34 | 3,34 | — | 0,496 | 0,182 | 0,076 | 0,293 |
| | | | | — | 96 | 3,34 | 3,34 | — | 0,496 | 0,182 | 0,076 | 0,293 |
| | | | | — | 120 | 3,34 | 3,34 | — | 0,496 | 0,182 | 0,076 | 0,293 |
| | | | | — | 144 | 3,34 | 3,34 | — | 0,496 | 0,182 | 0,076 | 0,293 |
| | | | | — | 168 | 3,34 | 3,34 | — | 0,496 | 0,182 | 0,076 | 0,293 |
| | | | | — | 240 | 3,34 | 3,34 | — | 0,496 | 0,182 | 0,076 | 0,293 |
| 3 | Europäisch | — | Holzkohle | 1000 | 108 | 2,49 | — | — | 0,19 | 0,62 | 2,69 | — |
| | | | „ | 1000 | 108 | 2,50 | — | — | — | 0,99 | 3,03 | — |
| | | | „ | 1000 | 108 | 2,63 | — | — | 0,12 | 2,75 | 3,71 | — |
| 4 | Europ. | — | — | — | — | 3,4 | — | 0,52 | 0,58 | 0,23 | 0,098 | 0,281 |
| 5 | Europ. | Kupolofen | Eisenerz | — | 120 | 3,43 | — | — | 0,66 | 0,22 | 0,087 | 0,309 |
| 6 | Europäisch | Kupolofen | Eisenerz | — | — | 3,81 | 3,502 | 0,308 | 0,695 | 0,248 | 0,115 | 0,252 |
| | | | | — | — | 3,252 | 2,940 | 0,312 | 0,668 | 0,215 | 0,091 | 0,211 |
| | | | | — | — | 2,986 | 2,712 | 0,274 | 0,686 | 0,288 | 0,094 | 0,223 |
| | | | | — | — | 3,169 | 2,885 | 0,284 | 0,700 | 0,224 | 0,090 | 0,220 |
| 7 | Europäisch | Martinofen | — | — | — | 2,62 | — | — | 0,66 | 0,20 | — | — |
| | | | | — | — | 2,60 | — | — | 0,66 | 0,36 | — | — |
| 8 | Europäisch | Martinofen | Eisenerz | — | — | 2,75 bis 2,85 | — | — | 0,60 bis 0,66 | 0,10 bis 0,15 | 0,040 bis 0,045 | 0,065 bis 0,068 |
| 9 | Europäisch | Ölflammofen | Eisenerz | — | — | 3,20 | — | — | bis 0,75 | bis 0,15 | bis 0,045 | bis 0,068 |
| 10 | Europäisch | Tiegelofen | Eisenerz | — | — | 3,20 bis 3,30 | — | — | 0,60 bis 0,65 | 0,10 bis 0,15 | 0,040 bis 0,045 | 0,065 bis 0,068 |
| 11 | Amerikanisch | Flammofen | — | — | — | 2,30 | 2,14 | 0,16 | 0,84 | 0,44 | 0,202 | 0,051 |
| | | | | — | — | — | — | — | — | — | — | — |
| | | | | — | — | — | — | — | — | — | — | — |
| 12 | Amerikanisch | Flammofen | — | — | — | 2,8 | — | — | 1,05 | — | — | — |
| | | | | — | — | 3,12 | — | — | 0,92 | — | — | — |
| | | | | — | — | 2,97 | — | — | 0,92 | — | — | — |
| | | | | — | — | 2,82 | — | — | 0,75 | — | — | — |
| | | | | — | — | 2,60 | — | — | 0,82 | — | — | — |
| | | | | — | — | 2,49 | — | — | 0,82 | — | — | — |
| | | | | — | — | 2,55 | — | — | 0,73 | — | — | — |
| | | | | — | — | 2,72 | — | — | 0,73 | — | — | — |
| 13 | Amerikanisch | Flammofen | — | 875 | — | 2,60 | 2,60 | 0,00 | 0,68 | 0,24 | 0,186 | 0,17 |
| | | | | 860 | — | — | — | — | — | — | — | — |
| | | | | 875 | — | — | — | — | — | — | — | — |

tafel 26.

## vor und nach dem Glühen.

| Analyse des getemperten Gusses | | | | | | | Literaturnachweis | Bemerkung |
|---|---|---|---|---|---|---|---|---|
| Ges. C % | Geb. C % | Tem-per-kohle % | Si % | Mn % | P % | S % | | |
| 1,31 | 0,81 | 0,5 | 0,91 | — | — | — | Forquignon | |
| 1,52 | 0,71 | 0,81 | 0,62 | — | — | — | „ | |
| 3,061 | 3,016 | 0,00 | n. b. | n. b. | n. b. | 0,292 | Watanabe (80) | |
| 2,932 | 2,932 | 0,00 | „ | „ | „ | 0,301 | | |
| 2,888 | 1,970 | 0,179 | „ | „ | „ | 0,328 | | |
| 2,098 | 1,061 | 1,037 | „ | „ | „ | 0,329 | | |
| 1,570 | 0,737 | 0,833 | „ | „ | „ | 0,356 | | |
| 1,097 | 0,656 | 0,443 | „ | „ | „ | — | | |
| 2,16 | — | — | 0,16 | 0,54 | 2,23 | — | Ledebur (78) | |
| 2,19 | — | — | — | 0,72 | 2,22 | — | | |
| 3,72 | — | — | 0,05 | 2,16 | 3,67 | — | | |
| 1,92 | — | 1,18 | 0,56 | 0,23 | 0,101 | 0,31 | Müller (107) | |
| 1,20 | — | — | 0,50 | 0,21 | 0,088 | 0,299 | Mitt. a. d. Praxis | |
| 1,856 | 0,394 | 1,462 | 0,688 | 0,240 | 0,120 | 0,289 | Mitt. a. d. Praxis | |
| 1,779 | 0,325 | 1,454 | 0,598 | 0,210 | 0,095 | 0,258 | „ | |
| 1,653 | 0,375 | 1,278 | 0,672 | 0,256 | 0,098 | 0,268 | „ | |
| 1,711 | 0,336 | 1,375 | 0,683 | 0,218 | 0,095 | 0,336 | „ | |
| 1,20 | 0,30 | 0,90 | 0,66 | 0,20 | — | — | Schott (130) | |
| 1,59 | 0,50 | 1,09 | 0,66 | 0,36 | — | — | | |
| 1,80 bis 2,10 | 0,40 bis 0,48 | — — | 0,60 bis 0,66 | 0,10 bis 0,15 | 0,040 bis 0,045 | 0,065 bis 0,070 | Mitt. a. d. Praxis | |
| bis 2,10 | bis 0,48 | — | bis 0,75 | bis 0,15 | bis 0,045 | bis 0.070 | Mitt. a. d. Praxis | für dünnwandige Stücke |
| 1,80 bis 2,10 | 0,40 bis 0,48 | — — | 0,60 bis 0 65 | 0,10 bis 0,15 | 0,040 bis 0,045 | 0,065 bis 0,070 | Mitt. a. d. Praxis | |
| 1,39 | 0,75 | 0,64 | 0,84 | 0,45 | 0,18 | 0,09 | Howard (57) | äuß. Schicht 1 mal get. |
| — | — | — | 0,84 | 0,44 | 0,18 | 0,053 | | innere Schicht 1 mal get. |
| 0,29 | 0,15 | 0,139 | 0,75 | 0,55 | 0,22 | 0,096 | | „      „     2 mal „ |
| 2,10 | — | — | 0,72 | — | — | — | Davis u. Wheeler St. u. E. (17) | Der Unterschied im Siliziumgehalt zwischen Rohguß und Temperguß ist so groß, daß wahrscheinlich eine Verwechselung vorliegt und mit dem hohen Siliziumgehalt der Einsatz gemeint ist. |
| 1,92 | — | — | 0,63 | — | — | — | | |
| 1,80 | — | — | 0,56 | — | — | — | | |
| 2,00 | — | — | 0,48 | — | — | — | | |
| 1,82 | — | — | 0,42 | — | — | — | | |
| 1,63 | — | — | 0,44 | — | — | — | | |
| 1,62 | — | — | 0,48 | — | — | — | | |
| 1,52 | — | — | 0,50 | — | — | — | | |
| 2,18 | 0,92 | 1,26 | 0,67 | 0,21 | 0,19 | 0,177 | Putnam (119) | 1 mal getempert |
| 1,88 | 1,00 | 0,88 | 0,59 | 0,24 | 0,186 | 0,167 | | 2 mal „ |
| — | 0,40 | 0,65 | 0,57 | 0,27 | 0,189 | 0,183 | | 3 mal „ |

erzeugung zusetzte, fand Richter (120) bei einem Glühversuch im Sand vor dem Glühen 3,57 v. H. Kohlenstoff und 0,13 v. H. Silizium, nach dem Glühen 1,176 v. H. Kohlenstoff und 0,002 v. H. Silizium; der Mangangehalt ging von 0,61 v. H. auf 0,188 v. H. zurück; bei einem anderen Versuch enthielt die Probe vor dem Glühen 3,42 v. H. Kohlenstoff und 0,11 v. H. Silizium und nachher 1,20 v. H. Kohlenstoff und 0,008 v. H. Silizium; der Mangangehalt sank von 0,58 v. H. auf 0,21 v. H. Ebenso stellte Gottlieb (43, S. 105) bei Bereitung von Tunnerschem Glühstahl eine Siliziumabnahme von 1,01 v. H. auf 0,256 v. H. fest. Der Kohlenstoffgehalt fiel von 3,34 v. H. auf 0,85 v. H. Ob hier ähnliche Vorgänge vorliegen wie sie beim „Verbrennen" von Eisen und Stahl auftreten, ist fraglich, aber doch nicht ausgeschlossen. Die Arbeiten von Ledebur (76) und Platz (116) geben jedenfalls keinen Aufschluß. Der Kern der Frage bleibt: „Ist beim Glühfrischen, so wie es bei Herstellung des Tempergusses gehandhabt wird, unmittelbare Oxydation des Mangans und Siliziums möglich?" Richter sagt, mit Bezug auf den starken Manganabgang, daß eine Erklärung dahingestellt bleiben müsse. Auch heute wissen wir darüber noch keinen Bescheid; allerdings ist die Manganoxydation beim gewöhnlichen Temperprozeß erheblich geringer oder gleich Null.

Bei den Laboratoriumsversuchen von Geiger (32), bei denen Proben mit 3,29 v. H. Kohlenstoff und 1,62 v. H. Silizium in pulverisierter amorpher Kieselsäure und unter Luftabschluß in einer Stickstoffatmosphäre geglüht wurden, wurde bei einer Glühzeit von 5 bzw. 12 Stunden und bei verschiedenen Glühtemperaturen eine regelmäßige und deutliche Siliziumabnahme beobachtet, wie folgende Zahlentafel 29 erkennen läßt.

**Zahlentafel 29.**

Siliziumabnahme beim Glühen in Kieselsäure.

| Glühtemperatur | Glüh-dauer | Gesamt-C % | | Graphit und Temperkohle % | | Silizium % | |
|---|---|---|---|---|---|---|---|
| °C | Stunden | vorher | nachher | vorher | nachher | vorher | nachher |
| 900—930 | 5 | 3,29 | 3,19 | 1,75 | 1,67 | 1,62 | 1,43 |
| 990—1030 | 5 | 3,29 | 1,13 | 1,75 | 0,88 | 1,62 | 1,49 |
| 1080—1100 | 5 | 3,29 | 1,43 | 1,75 | 0,74 | 1,62 | 1,50 |
| 990—1020 | 12 | 3,29 | 1,99 | 1,75 | 1,37 | 1,62 | 1,49 |
| 900—930 | 5 | 3,32 | 3,15 | 2,11 | 1,94 | 1,62 | 1,46 |
| 990—1020 | 5 | 3,39 | 2,97 | 1,88 | 1,89 | 1,62 | 1,50 |
| 990—1030 | 5 | 3,32 | 2,61 | 2,11 | 1,64 | 1,62 | 1,48 |
| 1080—1100 | 5 | 3,32 | 2,10 | 2,11 | 1,12 | 1,62 | 1,47 |
| 990—1020 | 12 | 3,32 | 2,20 | 2,11 | 1,50 | 1,62 | 1,43 |

Auch Geiger gibt keine Erklärung für diesen Vorgang.

Ledebur (71) ist geneigt, eine Zunahme des Siliziums mit einer Reduktion aus den Sandkörnern oder kieselsäurehaltigen Bestandteilen der Packung zu erklären, während die Abnahme evtl. auf eine stattgefundene, möglicherweise durch hohen Mangangehalt beförderte Seigerung zurückgeführt werden könnte.

Auffallend sind die Versuche von Namias (108), der ein sehr siliziumreiches Material in verschiedene Glühmittel packte und nicht allein eine erhebliche Abnahme des Siliziums, sondern auch des Schwefels feststellte, wie nachstehende Zahlenübersicht beweist:

**Silizium- und Schwefelabnahme durch Glühen.**

| | C % | Si % | Mn % | P % | S % |
|---|---|---|---|---|---|
| Ausgangsmaterial. . . . . . . . . . . . . . . | 3,12 | 1,80 | 0,34 | 0,059 | 0,053 |
| Nach dem Glühen in Eisenoxyd unter Beimischung von Quarz . . . . . . . . . | 0,86 | 0,39 | 0,35 | 0,052 | 0,038 |
| Nach dem Glühen in Eisenoxyd unter Beimischung von Kalk . . . . . . . . . | 0,49 | 0,30 | 0,30 | 0,050 | 0,028 |
| Nach sehr langem Glühen in Eisenoxyd unter Beimischung von Kalk . . . . . . . . . | 0,07 | 0,03 | 0,20 | 0,040 | 0,033 |

**Zahlentafel 30.**

**Manganabnahme beim Glühen in Holzkohle.**

| Probe Nr. | | Mn % | Si % | P % | Ges. C % |
|---|---|---|---|---|---|
| 6 | Vor dem Glühen | 0,62 | 0,19 | 2,69 | 2,49 |
| | Nach „ „ | 0,54 | 0,16 | 2,23 | 2,16 |
| 7 | Vor „ „ | 0,99 | — | 3,03 | 2,58 |
| | Nach „ „ | 0,72 | — | 2,22 | 2,19 |
| | Vor „ „ | 2,75 | 0,12 | 3,71 | 2,63 |
| | Nach „ „ | 2,16 | 0,05 | 3,67 | 3,27 |

Bezüglich der Manganab- oder -zunahme findet man in der Literatur nirgendwo eine klare Stellungnahme. Bei Glühversuchen mit manganreicherem und manganärmerem Weißeisen in Holzkohle stellte Ledebur (78) bei den ersteren eine stärkere Manganabnahme fest als bei den letzteren (Zahlentafel 30), ohne in der Lage zu sein, „auch nur eine Vermutung darüber auszusprechen". Die fast überall eingetretene Phosphorzunahme könnte man evtl. mit der von verschiedener Seite ·festgestellten (87, 139) Abnahme des spez. Gewichtes erklären; man findet aber auch die Meinung ausgesprochen, daß der Phosphor aus phosphorreichen Tempererzen ins Eisen übergeht.

Für die Praxis sind diese ungeklärten Beobachtungen kaum von Belang, da die Ab- und Zunahme der einzelnen Fremdkörper unterhalb jener Mengen liegt, die eine deutliche Beeinflussung der mechanischen und sonstigen Eigenschaften hervorrufen. Die Zunahme des Schwefels ist leicht erklärlich, da bekanntlich Eisen in Glühhitze begierig Schwefel

Zahlen-

Veränderung der chemischen Zusammen-

Stablänge 300, Maßlänge 150,

| Art des Gusses | Lfd. Nr. | Silizium | | | Mangan | | | Phosphor | | | Schwefel | | |
|---|---|---|---|---|---|---|---|---|---|---|---|---|---|
| | | Roh-guß % | 1 mal ge-tem-pert % | 2 mal ge-tem-pert % | Roh-guß % | 1 mal ge-tem-pert % | 2 mal ge-tem-pert % | Roh-guß % | 1 mal ge-tempert % | 2 mal ge-tempert % | Roh-guß % | 1 mal ge-tempert % | 2 mal ge-tempert % |
| Kupolofenguß | 1 | 0,49 | 0,46 | 0,48 | 0,17 | 0,17 | 0,15 | 0,098 | 0,102 | 0,106 | 0,255 | 0,287 | 0,288 |
| | 2 | 0,55 | 0,52 | 0,52 | 0,21 | 0,19 | 0,19 | 0,090 | 0,094 | 0,101 | 0,241 | 0,265 | 0,264 |
| | 3 | 0,57 | 0,56 | — | 0,25 | 0,25 | — | 0,078 | 0,072 | — | 0,210 | 0,212 | — |
| | 4 | 0,65 | 0,63 | 0,58 | 0,20 | 0,21 | 0,19 | 0,088 | 0,091 | 0,092 | 0,261 | 0,268 | 0,263 |
| | 5 | 0,75 | 0,64 | 0,73 | 0,22 | 0,21 | 0,19 | 0,097 | 0,098 | 0,101 | 0,255 | 0,259 | 0,256 |
| | 6 | 0,81 | 0,80 | 0,86 | 0,25 | 0,21 | 0,21 | 0,099 | 0,106 | 0,109 | 0,230 | 0,238 | 0,244 |
| | 7 | 1,26 | 0,18 | 1,27 | 0,17 | 0,16 | 0,14 | 0,098 | 0,109 | 0,107 | 0,226 | 0,242 | 0,252 |
| Tiegelguß | 8 | 0,32 | 0,31 | 0,29 | 0,20 | 0,20 | 0,23 | 0,074 | 0,075 | 0,078 | 0,060 | 0,072 | 0,071 |
| | 9 | 0,40 | 0,39 | 0,42 | 0,26 | 0,25 | 0,24 | 0,072 | 0,079 | 0,074 | 0,082 | 0,092 | 0,092 |
| | 10 | 0,45 | 0,45 | 0,44 | 0,28 | 0,27 | 0,27 | 0,072 | 0,078 | 0,079 | 0,092 | 0,104 | 0,107 |
| | 11 | 0,56 | 0,56 | 0,56 | 0,24 | 0,24 | 0,24 | 0,089 | 0,072 | 0,073 | 0,090 | 0,092 | 0,094 |
| | 12 | 0,70 | 0,70 | 0,69 | 0,25 | 0,24 | 0,24 | 0,071 | 0,072 | 0,073 | 0,088 | 0,096 | 0,098 |
| | 13 | 0,67 | 0,66 | 0,66 | 0,23 | 0,23 | 0,22 | 0,069 | 0,070 | 0,116 | 0,116 | 0,124 | 0,128 |

aufnimmt unter Bildung von Eisensulfür; das Mehr an Schwefel wird dem Erz entnommen, in dem das Eisen geglüht wird. Da außerdem von Arnold und William (2) seinerzeit nachgewiesen wurde, daß sowohl Eisenoxysulfür als auch Eisensulfür im Eisen zu wandern vermag, so ist auch eine zwanglose Erklärung für das Eindringen des Schwefels in die tieferen Schichten des Eisens gegeben.

Im Gegensatz zu diesen allgemein bekannten Beobachtungen einer Schwefelanreicherung im geglühten Guß fahndet Smith (133) danach, eine Abnahme des Schwefelgehaltes festzustellen. Er unterwarf ein sonst gleich zusammengesetztes Weißeisen mit 0,46 v. H. Silizium und ein solches mit 0,65 v. H. Silizium einem 50 stündigen Glühen, ohne daß eine Änderung des ursprünglichen Schwefelgehaltes von 0,39 v. H. eingetreten wäre. Dagegen hatte sich der Schwefelgehalt des als Pack-masse benutzten Eisenoxydes von 0,432 v. H. auf 0,22 v. H. ermäßigt. Dann packte er Proben des niedrig silizierten Weißeisens in Glühkisten, von denen die eine Eisenoxyd, die andere pulverisierte Kohle, die dritte getrocknete Knochenasche enthielt. Die Kisten wurden, um Luft-zutritt zu vermeiden und je nach dem Packmaterial eine oxydierende, reduzierende und neutrale Atmosphäre zu erhalten, zugedeckt und ver-kittet. Nach 50 stündigem Glühen und langsamem Abkühlen wurden die Proben herausgenommen und analysiert. Eine Schwefelab- oder -zu-nahme war nicht festzustellen, die Proben enthielten 0,39, 0,392 und 0,386 v. H. Schwefel. Nun wurde derselbe Versuch unter Luftzutritt mit dem niedriger und höher silizierten Eisen wiederholt. Es zeigte sich,

**tafel 31.**

setzung durch zweimaliges Glühen.

Durchmesser 15 mm (nach Wüst).

| Gesamt-Kohlenstoff | | | Graphit u. Temperkohle | | | Karbidkohle | | | Härtungskohle | | |
|---|---|---|---|---|---|---|---|---|---|---|---|
| Roh-guß | 1 mal ge-tempert | 2 mal ge-tempert | Roh-guß | 1 mal ge-tempert | 2 mal ge-tempert | Roh-guß | 1 mal ge-tempert | 2 mal ge-tempert | Roh-guß | 1 mal ge-tempert | 2 mal ge-tempert |
| % | % | % | % | % | % | % | % | % | % | % | % |
| 3,26 | 1,70 | 1,09 | Spur | 1,38 | 0,55 | 3,04 | 0,25 | 0,27 | 0,22 | 0,07 | 0,17 |
| 3,37 | 1,73 | 1,23 | Spur | 1,40 | 0,59 | 3,07 | 0,15 | 0,53 | 0,20 | 0,18 | 0,11 |
| 3,28 | 1,73 | — | 0,13 | 1,05 | — | 2,95 | 0,58 | — | 0,20 | 0,10 | — |
| 3,39 | 1,97 | 1,50 | 0,12 | 1,17 | 0,86 | 3,04 | 0,49 | 0,39 | 0,23 | 0,21 | 0,25 |
| 3,07 | 1,81 | 1,37 | 0,81 | 1,20 | 0,78 | 1,97 | 0,55 | 0,47 | 0,29 | 0,06 | 0,12 |
| 3,30 | 2,36 | 1,80 | 0,85 | 1,32 | 0,93 | 2,12 | 0,88 | 0,64 | 0,34 | 0,16 | 0,23 |
| 3,36 | 2,10 | 1,40 | 0,58 | 1,23 | 0,75 | 2,36 | 0,40 | 0,40 | 0,41 | 0,47 | 0,26 |
| 3,42 | 1,82 | 0,95 | Spur | 0,95 | 0,50 | 3,12 | 0,83 | 0,46 | 0,30 | 0,04 | Spur |
| 3,25 | 1,84 | 1,16 | Spur | 1,15 | 0,55 | 3,07 | 0,57 | 0,50 | 0,18 | 0,12 | 0,11 |
| 3,17 | 1,76 | 0,91 | 0,79 | 1,12 | 0,21 | 1,81 | 0,63 | 0,64 | 0,57 | 0,01 | 0,07 |
| 3,18 | 1,71 | 1,37 | 0,83 | 0,85 | 0,65 | 1,57 | 0,87 | 0,55 | 0,58 | Spur | 0,17 |
| 2,81 | 1,68 | 0,91 | 1,09 | 1,32 | 0,43 | 1,53 | 0,11 | 0,38 | 0,19 | 0,25 | 0,10 |
| 3,35 | 1,57 | 1,05 | 1,54 | 0,73 | 0,37 | 1,49 | 0,64 | 0,68 | 0,32 | 0,20 | Spur |

**Zahlentafel 32.**

Schwefelzunahme bzw. -Abnahme nach einer Glühdauer von 130 (Glühung II) bzw. 260 (Glühung V) Stunden.

| Charge Nr. | Si | S im Rohguß | S nach Glühung | | Schwefelzunahme in % des ursprünglichen Schwefelgehaltes nach Glühung | |
|---|---|---|---|---|---|---|
| | % | % | II | V | II | V |
| 1 | 0,17 | 0,052 | 0,052 | 0,057 | 0,0 | +9,5 |
| 2 | 0,23 | 0,054 | 0,055 | 0,055 | +2,0 | +2,0 |
| 3 | 0,30 | 0,050 | 0,048 | 0,055 | —4,0 | +10,0 |
| 4 | 0,38 | 0,049 | 0,053 | 0,052 | +8,0 | +6,0 |
| 5 | 0,44 | 0,058 | 0,056 | 0,062 | —4,0 | +7,0 |
| 6 | 0,50 | 0,067 | 0,066 | 0,070 | —1,5 | +4,5 |
| 7 | 0,55 | 0,068 | 0,065 | 0,066 | —4,5 | —3,0 |
| 8 | 0,58 | 0,059 | 0,057 | 0,057 | —3,5 | —3,5 |
| 9 | 0,67 | 0,056 | 0,059 | 0,062 | +5,5 | +10,5 |
| 10 | 0,71 | 0,064 | 0,061 | 0,068 | —4,5 | +6,0 |
| 11 | 0,75 | 0,057 | 0,064 | 0,057 | +12,0 | 0,0 |
| 12 | 0,81 | 0,054 | 0,055 | 0,055 | +2,0 | +2,0 |
| 13 | 0,81 | 0,060 | 0,066 | 0,058 | +10,0 | —3,5 |
| 14 | 0,83 | 0,067 | 0,068 | 0,066 | +1,5 | —1,5 |
| 15 | 0,94 | 0,056 | 0,060 | 0,059 | +7,0 | +5,5 |
| 16 | 1,05 | 0,057 | 0,062 | 0,063 | +9,0 | +10,5 |
| 17 | 1,08 | 0,052 | 0,059 | 0,057 | +13,0 | +9,5 |
| Mittel | — | 0,0574 | 0,059 | 0,060 | +2,80 | +4,2 |

daß das Eisen in der Außenzone bis auf 2,5 mm Tiefe oxydiert war und, was hier ins Gewicht fällt, daß der Schwefel aus den oxydierten Schichten in die inneren gesunden Schichten gewandert war, denn der oxydierte Teil des niedrig silizierten Eisens enthielt 0,29 v. H. und der gesunde Kern 0,44 v. H. Schwefel; bei dem höher silizierten Eisen wurden in der Oxydhaut 0,24 v. H. und im metallischen Teil 0,48 v. H. Schwefel gefunden. Auch die metallographische Untersuchung bestätigte diese Feststellung. Eine Veränderung der absoluten Schwefelmenge soll nicht eingetreten sein, sondern nur eine solche in der Verteilung. Jedenfalls bedürfen diese unter Umständen wichtigen Wahrnehmungen einer Nachprüfung.

Im übrigen bieten die Zahlentafeln 25 bis 32 weitere hinreichende Belege für die chemischen Veränderungen durchs Tempern.

## 9. Die Volumenänderung infolge des Glühens und das Schwindmaß.

Man findet in der Literatur verschiedene Angaben über das Schwindmaß des schmiedbaren Gusses. Die Amerikaner unterscheiden schärfer zwischen einem Schwinden im flüssigen Zustand (contraction) und einem solchen im festen Zustand (shrinkage), eine Unterscheidung, die wir durch die Begriffe Schwinden und Schrumpfen zum Ausdruck bringen können. Praktisch hat sie nur geringe Bedeutung, da hier alles auf das Gesamtschwindmaß, d. h. die Summe aus Schwindmaß und Schrumpfmaß ankommt. Ein aus Schwindmaß und Schrumpfmaß sich zusammensetzendes Gesamtschwindmaß tritt natürlich nur an dem aus dem flüssigen in den festen Zustand übergegangenen Material auf; für den Modelltischler bzw. Plattenmacher aber kommt das Endschwindmaß in Frage, d. h. dasjenige, das auch noch die Volumenänderung durch das Glühen in Rücksicht zieht. Maßgebend ist also der tatsächliche Volumenunterschied zwischen dem flüssigen Eisen und dem daraus hergestellten geglühten Gußstück. Bekanntlich schwindet das weiße Eisen stärker als alle sonst in der Eisen- und Stahlgießerei vergossenen Eisenlegierungen. Sein Schwindungskoeffizient liegt etwa zwischen 1,6 und 2,1. Das Schwindmaß wird jedenfalls um so größer, je geringer der Kohlenstoff- und Siliziumgehalt der Legierung ist. Infolge des Glühens tritt wieder eine Ausdehnung des Gußstückes ein, die von verschiedenen Umständen abhängig ist. Die Folge davon ist ein erheblich kleineres, aber nicht von vornherein abzusehendes Endschwindmaß, das in der Praxis häufig mit 1 v.H. angenommen wird, also dem des Gußeisens gleichgesetzt wird. Besser ist es jedoch, von Fall zu Fall durch Probeabgüsse das genaue Schwindmaß festzustellen, weil die Unterschiede doch beträchtlich sein können. Namentlich übt der Siliziumgehalt und die Glühdauer einen nicht unbeträchtlichen Einfluß auf die nachträgliche Volumenänderung aus, die unter Umständen sogar in negativem Sinne verlaufen kann. Eingehendere Versuche hat Leuenberger (87) hierüber angestellt. Er hat die Längen-

änderung von Versuchsstäben gemessen, die aus den auf S. 68 ihrer
Zusammensetzung nach angegebenen, verschieden silizierten Schmelzen
gegossen und den dort angegebenen Glühzeiten unterworfen worden
waren. Die Ergebnisse der Untersuchungen sind in dem Schaubild
nach Abb. 68 zusammengestellt. Man kann daraus die Längenänderung
entnehmen, die die verschieden silizierten Stäbe nach einer 96stündigen
(Linie I), 175stündigen (Linie III) und 250stündigen (Linie V) Glühdauer aufwiesen. Durch Multiplikation der betreffenden Werte mit 3
kann man leicht die tatsächliche Volumenzunahme berechnen. Man erkennt zunächst ganz allgemein, daß niedrigsiliziertes Material eine
Längen- bzw. Volumenabnahme, hochsiliziertes Material eine Längen- bzw.
Volumenzunahme erfährt. Die Siliziumzunahme von 0,17 auf 1,80 v. H.
ist von einer Längenänderung der Glühung I von —0,8 bis +0,42 v. H.,
bei Glühung V von —1,2 bis +0,35 v. H. begleitet. Der Übergang aus

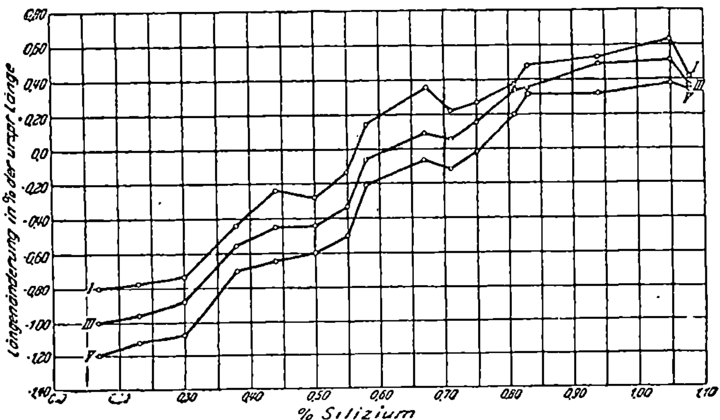


Abb. 68. Längenänderung durch Glühen bei zunehmendem Siliziumgehalt (87).

dem Bereich der Abnahme in den der Zunahme liegt bei allen Glühungen
noch über demjenigen Silizierungsgrad, der in der Praxis als die unterste
zulässige Grenze, nämlich 0,5 v. H. Silizium, anzusehen ist. Das bedeutet,
daß auch bei gut ausgeglühtem Material der Praxis noch eine Volumen-
verringerung durch das Glühen eintreten kann. Die meisten praktischen
Fälle werden jedoch im Bereich der Volumenzunahme liegen. Aus der
Stellung der Schaulinien zueinander ergibt sich, daß mit der Dauer des
Glühens die Volumenabnahme zunimmt. Die der 250stündigen Glühung
entsprechende Linie V liegt am tiefsten. Ein Temperguß also mit etwa
0,55 bis 0,70 v. H. Silizium erfährt keine oder fast keine Volumenänderung,
wie lange auch geglüht wird, während ein solcher mit weniger als 0,55 v. H.
Silizium auf jeden Fall eine Volumenabnahme, ein solcher mit mehr als
0,70 v. H. Silizium eine Volumenzunahme erfährt. Selbstverständliche Voraussetzung ist dabei keine wesentliche Änderung der sonstigen Zusammensetzung gegenüber der S. 68 angegebenen.

## 10. Die Veränderung des spezifischen Gewichtes infolge des Glühens.

Das spezifische Gewicht des Temperrohgusses hängt, abgesehen von dem Einfluß von Gießfehlern (Lunkerstellen, Gashöhlen u. a. Hohlstellen), von der Zusammensetzung, namentlich dem Siliziumgehalt ab. Leuenberger (87) steigerte in einem Kupolofenerzeugnis den Siliziumgehalt stufenweise von 0,23 auf 1,1 v. H. und fand, daß im Rohguß das spezifische Gewicht nach 12stündigem Glühen von 7,74 auf 7,66 sank, das spezifische Volumen stieg demgemäß von 0,1291 auf 0,1305. Durch 1 v. H. Silizium wird sonach eine Vermehrung des spez. Volumens um 0,00017 hervorgerufen. Da bei einer Dichte des metallischen Siliziums von 2,39 bzw. einem spez. Volumen von 0,418, unter der Voraussetzung, daß Eisen und Silizium keine Zusammenziehung des Volumens durchmachen, 1 v. H. Silizium eine Vergrößerung des spez. Volumens des Eisens von 0,0029 hervorrufen müßte, so folgert Leuenberger, daß bei seinen Versuchen eine Zusammenziehung eingetreten ist.

Daß durch das Glühen eine Erniedrigung des spez. Gewichtes herbeigeführt wird, wurde von verschiedener Seite festgestellt. Diese Abnahme ist natürlich eine Folge der Gewichtsabnahme der Gußstücke und das Maß dieser ist abhängig von der absoluten Gewichtsabnahme des Stückes und der Größe der Schwindung. Ledebur gibt in seinem Handbuch der Eisenhüttenkunde (5. Aufl., III. Bd., S. 394) an, daß die Gewichtsverminderung des Stückes durchs Glühen 2 v. H. beträgt, während die Abmessung sich um 1 v. H. vergrößert, somit eine Verringerung des spez. Gewichtes stattfindet. Osann (111) nimmt sogar an, daß die Gewichtsverminderung des Stückes 5 v. H. ausmache. Nähere Angaben macht Stotz (139). Er hat ein im Tiegel erschmolzenes, graphitfreies Material mit 3,18 v. H. Gesamtkohlenstoff, 0,53 v. H. Silizium, 0,24 v. H. Mangan, 0,072 v. H. Phosphor und 0,039 v. H. Schwefel zunächst im reinen Stickstoffstrom bei 900° der Reihe nach 12, 24, 48, 72 Stunden geglüht, um auf diese Weise nur eine Temperkohleabscheidung herbeizuführen. Wie die Zahlentafel 33 aussagt, hat sich die Temperkohlemenge nur von 0,12 v. H. auf 0,30 v. H. erhöht. (Gleichzeitig stieg die Zugfestigkeit, wie hier nebenbei bemerkt sei, von 22 kg des harten Materials auf 47,7 des 72 Stunden geglühten Materials.) Nun wurde die Glühtemperatur während 12 Stunden auf 1000° gehalten. Die Temperkohleabscheidung nahm erheblich zu und wuchs auf 1,28, das spez. Gewicht sank weiter auf 7,36 (und die Zugfestigkeit auf 33,5 kg). Nach abermaligem 24stündigem Glühen bei 1030° waren 1,62 v. H. Temperkohle abgeschieden, das spez. Gewicht war auf 7,31 zurückgegangen (und die Zugfestigkeit auf 31,3 kg). Der Gesamtkohlenstoffgehalt betrug nur noch 2,35. Nun wurde das Versuchsmaterial in Erz verpackt und zunächst weitere 72 Stunden bei 1030° geglüht, wodurch sich der Gesamtkohlenstoff auf 0,95 v. H., die Temperkohlemenge auf 0,62 v. H. verringerte. Ein weiteres zweimal 72stündiges

Glühen führte eine Gesamtkohlenstoffabnahme auf 0,22 v. H. und eine Temperkohleabnahme auf 0,16 herbei, während das spez. Gewicht auf 7,34 gestiegen war. Somit ergab sich bis zum Glühen in Erz eine deutliche Verringerung des spez. Gewichtes mit der Glühdauer. Vergleicht man nun die zugehörigen Gefügebilder nach Abb. 20, 21, 39, 40 und 41, so lassen diese folgendes erkennen: Abb. 20 gibt das fünffach vergrößerte Bild des ungeätzten Querschnittes nach der Temperkohleabscheidung wieder, Abb. 21 eine 60fache Vergrößerung des geätzten Materials; sie entspricht dem Zustand nach dem 24stündigen Glühen bei 1030°, man sieht bei 60facher Vergrößerung die nestförmige Temperkohleabscheidung des geätzten Materials, auf Abb. 20 die Temperkohleverteilung bei 5facher Vergrößerung des ungeätzten Stabquerschnittes. Abb. 39 zeigt 5fach vergrößert die Temperkohleverteilung im Stabquerschnitt

**Zahlentafel 33.**

## Einfluß des Glühens auf das spez. Gewicht.

| Behandlung des Materials | Glüh-temperatur °C | Glüh-dauer Std. | Ges. C % | Temperkohle % | Geb. Kohle % | Zugfestigkeit kg/qmm | Spez. Gewicht |
|---|---|---|---|---|---|---|---|
| Rohguß ungeglüht . . . . . | — | — | 3,80 | — | 3,80 | 22 | 7,74 |
| In reinem Stickstoff geglüht | 900 | 12 | 3,16 | 0,14 | 3,02 | 44,5 | 7,66 |
| „ | 900 | 24 | 3,08 | 0,24 | 2,84 | 47,8 | 7,61 |
| „ | 900 | 48 | 3,10 | 0,25 | 2,95 | 47,9 | 7,59 |
| „ | 900 | 72 | 3,04 | 0,30 | 2,74 | 47,7 | 7,58 |
| „ | 1000 | 12 | 3,11 | 1,28 | 1,83 | 33,5 | 7,36 |
| „ | 1030 | 24 | 2,35 | 1,62 | 0,73 | 31,3 | 7,31 |
| In Erz getempert . . . . | 1030 | 72 | 0,95 | 0,62 | 0,33 | — | — |
| „ „ „ . . . . | 1030 | 2×72 | 0,22 | 0,16 | 0,06 | — | 7,34 |
| Kalt gehämmert . . . . . | — | | 0,22 | 0,16 | 0,06 | — | 7,56—7,76 |
| Kupolofenguß: 1 mal getemp. | — | — | 0,92 | 0,07 | 0,85 | — | 7,69 |
| „      2 mal      „ | — | — | 0,28 | 0,11 | 0,17 | — | 7,60 |

nach 72stündigem Glühen in Erz bei 1030°, Abb. 40 dasselbe nach weiterem zweimal 72stündigem Glühen und Abb. 41 einen dem letzten Zustand entsprechenden Randzonenteil bei 100facher Vergrößerung. Aus einem Vergleich der Abbildungen 39, 40 und 41 ergibt sich nun, daß die Temperkohleabscheidungen immer kleiner werden, daß aber die Vergasung keine Hohlräume hinterläßt. Die Ferritkörner müssen sich also nach der Vergasung wieder dicht aneinander schließen bzw. verschweißen. Dieses Zusammenschweißen macht auch die schließliche Zunahme des spez. Gewichtes erklärlich. Nahm zuerst das spez. Gewicht infolge der Temperkohleabscheidung bzw. Volumenvermehrung ab, so kann nach weitgehender Entkohlung durch das Zusammenschweißen eine, wenn auch geringe Verdichtung eintreten. Blieben Hohlräume zurück, so wäre jedenfalls eine weitere Verringerung zu erwarten. Durch Behämmern in kaltem Zustand läßt sich eine weitere Verdichtung des Materials und somit eine Erhöhung des spez. Gewichtes herbeiführen. Auch bei dem Kupolofenguß, der zuletzt in der Zahlentafel angeführt ist, zeigt sich eine deutliche Verringerung des spez. Gewichtes trotz hohen Schwefelgehaltes. Das harte Material enthielt 3,3 v. H. Gesamtkohlenstoff, 0,48 v. H. Silizium, 0,074 v. H. Phosphor, 0,20 v. H. Mangan und 0,232 v. H. Schwefel.

Leuenberger (87) ist dem Einfluß eines zunehmenden Siliziumgehaltes und dem der Glühdauer auf das spez. Gewicht nachgegangen. Er legte seinen Untersuchungen die S. 68 näher dargelegten Bedingungen zugrunde. Er setzte einem Hartmaterial von 0,17 bis 1,08 v. H. steigende

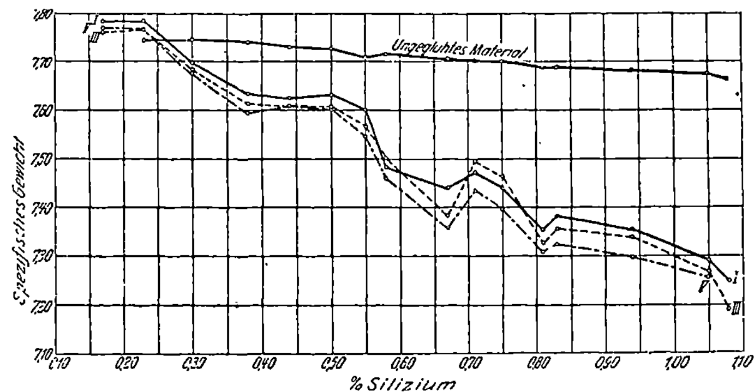


Abb. 69. Spezifisches Gewicht in Abhängigkeit vom Siliziumgehalt (87).

Mengen Silizium zu und setzte jede Sorte seiner Versuchskörper fünf verschiedenen Glühzeiten aus. Das Ergebnis der Versuche ist aus dem Schaubild nach Abb. 69 zu entnehmen. Mit wachsendem Siliziumgehalt sinkt das spez. Gewicht beträchtlich, und zwar bei allen drei Glühungen (Linie I = 76 Stunden, Linie III = 175 Stunden, Linie V = 250 Stunden Glühdauer) ziemlich in gleichem Maße. Bei Glühung I fällt das spez. Gewicht von 7,78 auf 7,24, bei Glühung III von 7,76 auf 7,19, bei Glühung V von 7,77 auf 7,25 entsprechend einer Siliziumzunahme von 0,17 v. H. auf 1,08 bzw. 1,05 v. H., so daß im Mittel 1 v. H. Silizium eine Verringerung des spez. Gewichtes von 0,587 herbeiführt bzw. eine Vergrößerung

Zahlen-

Gewichtszunahme durch Oxydation des Eisens

| | Glühen im reinen Stickstoffstrom | | | | Glühen im reinen Wasserstoffgas | | | |
|---|---|---|---|---|---|---|---|---|
| Glühtemperatur . . . . . . . . . . . . . . . . °C | 905 bis 920 | 1000 bis 1060 | 1100 bis 1115 | 980 bis 1020 | 900 bis 905 | 980 bis 1020 | 1090 bis 1120 | 990 bis 1025 |
| Glühdauer . . . . . . . . . . . . . . Stunden | 5 | 5 | 5 | 12 | 5 | 5 | 5 | 12 |
| Gewicht der Probe vor dem Glühen . . . . . . g | 9 7316 | 14.3295 | 9,0745 | 12,6192 | 18 0240 | 13,4548 | 15,8569 | 11,9358 |
| Gewicht der Probe nach dem Glühen . . . . . g | 9,7111 | 14 2937 | 9 0079 | 12 5840 | 17.9884 | 13.4354 | 15,8274 | 11.9228 |
| Absolute Zunahme bzw. Abnahme . . . . . . . g | −0,0205 | −0,0322 | −0,0396 | −0,0312 | −0,0356 | −0,0194 | −0,0295 | −0,0130 |
| Gesamt-C vor dem Glühen . . . . . . . . . . % | 3,92 | 3,15 | 3.15 | 3,15 | 3 29 | 3,29 | 3,29 | 3,29 |
| Gesamt-C nach dem Glühen . . . . . . . . . % | 3.34 | 3,16 | 3,09 | 3,30 | 3,27 | 3,30 | 3,22 | 3,32 |
| Graphit und Temperkohle vor dem Glühen . . % | 1,64 | 1,66 | 1.66 | 1,64 | 1,64 | 1,64 | 1,64 | 1,64 |
| Graphit und Temperkohle nach dem Glühen . % | 2,30 | 1,77 | 1,78 | 2,50 | 1,99 | 2,03 | 1,69 | 1,99 |

des spez. Volumens von 0,0104. Die Glühdauer übt keinen so ausgeprägten Einfluß auf das spez. Gewicht aus, doch ist aus der verschiedenen Höhenlage der Linien I, III und V eine geringe Abnahme nicht zu verkennen.

Nach einer Feststellung Wüsts haben schwefelreichere Tempergußstücke ein höheres spez. Gewicht als andere. Diese Tatsache ist erklärlich, da Schwefel die Temperkohleabscheidung hintertreibt, die ja Vorbedingung zur Verringerung des spez. Gewichtes ist (131).

Anschließend sei hier noch bemerkt, daß das absolute Gewicht der Gußstücke bei ganz besonderen Glühverhältnissen infolge starker Oxydation des Eisens beträchtlich zunehmen kann. Glühversuche von Geiger, die mit einem Material mit bereits ausgeschiedener Temperkohle angestellt wurden, ergaben, daß bei Verwendung von Stickstoff, Wasserstoff und Kieselsäure als Glühmittel eine Abnahme des absoluten Gewichtes der Versuchskörper stattfand, während beim Glühen in Wasserdampf und Eisenoxyd eine erhebliche Zunahme des Gewichtes festzustellen war. Das in Kohlensäure geglühte Eisen zeigt teils Abnahme. teils Zunahme. Letztere war bei Versuchen mit porigem, undichtem Eisen durchweg beträchtlicher. Mit der Temperatur und Glühdauer stieg überall die Zunahme, die auf eine starke Verbrennung des Eisens zurückzuführen ist. Die Proben waren alle mit einer starken Glühspanschicht umgeben, und beim Glühen in Eisenoxyd trat eine starke Volumenzunahme ein. Am stärksten war die Verbrennung im Kohlensäurestrom. Einige vergleichende Zahlen sind in Zahlentafel 34 geboten.

## 11. Die Festigkeitseigenschaften.

Die Verwendungsfähigkeit des schmiedbaren Gusses ist durch seine Festigkeitseigenschaften bedingt und beschränkt. Sie liegen zwischen denjenigen des Gußeisens und des Stahlformgusses. Dabei schwanken sie jedoch unter sich beträchtlich; u. a. werden Zugfestigkeit und Dehnung, evtl. auch die Biegefähigkeit, gelegentlich auch die Schlagfestigkeit und Ermüdungsfähigkeit zur Beurteilung der mechanischen Eigenschaften des Materials herangezogen. Man legt gewöhnlich besonderen Wert auf

**tafel 34.**

beim Glühen in verschiedenen Glühmitteln.

| Glühen im reinen Kohlensäurestrom | | | | Glühen im Wasserdampf | | | | Glühen in Kieselsäure | | | | Glühen in Eisenoxyd | |
|---|---|---|---|---|---|---|---|---|---|---|---|---|---|
| 890 bis 920 | 1010 bis 1040 | 1090 bis 1120 | 995 bis 1020 | 900 bis 910 | 1000 bis 1030 | 1070 bis 1110 | 990 bis 1130 | 900 bis 1020 | 990 b s 1030 | 1080 bis 1100 | 990 bis 1020 | 900 bis 920 | 990 bis 1010 |
| 5 | 5 | 5 | 12 | 5 | 5 | 5 | 12 | 5 | 5 | 5 | 12 | 5 | 5 |
| 19,0180 | 21,3075 | 16 4285 | 28 3695 | 14,4117 | 21.7010 | 16,3700 | 19,7850 | 20,8963 | 12,0080 | 14,2261 | 22,0362 | 19,4010 | 25 4915 |
| 19,1241 | 21.2280 | 16.3565 | 28,3660 | 14 8640 | 22,5700 | 18 2380 | 21,8145 | 20,8265 | 11,9305 | 14,0731 | 21 8640 | 20 4270 | 27 0700 |
| +0,1061 | −0,0795 | −0,0720 | −0,0035 | +0,4523 | +0 8690 | +1,8680 | +2,0295 | −0,0„98 | −0,0775 | −0,1530 | −0,1722 | +1,0260 | +1,5785 |
| 3,10 | 3,10 | 3,10 | 3,10 | 3 39 | 3,39 | 3,39 | 3.39 | 3,32 | 3,32 | 3.32 | 3,32 | 3 40 | 3 40 |
| 3,04 | 2,97 | 2,44 | 2,44 | 3,11 | 2,96 | 1,99 | 2,52 | 2,97 | 2 61 | 2,10 | 2,20 | 3,11 | 2,77 |
| 1,90 | 1,90 | 1,90 | 1,90 | 1,97 | 1,97 | 1,97 | 1,97 | 1.88 | 2 11 | 2,11 | 2,11 | 2 01 | 2,01 |
| 2,18 | 2,00 | 1,30 | 1,65 | 1.95 | 1,91 | 1,19 | 1,56 | 1,89 | 1.64 | 1,12 | 1 50 | 1 87 | 1,54 |

gute Dehnung; indessen kann auch ein Erzeugnis mit höherer Zugfestigkeit und mäßiger Dehnung für gewisse Zwecke geeigneter sein als ein solches mit sehr hoher Dehnung und geringer Zugfestigkeit. Man trifft in der Praxis auf Material, das nur 0,5 v. H. Dehnung besitzt, und andererseits auf solches, das auf 9 und 10 v. H. Dehnung kommt, während die Zugfestigkeit auf nur 20 kg sinken und auf 55 kg, selbst auf 60 kg/qmm und noch mehr, steigen kann. Ganz vereinzelt kommen auch Fälle mit sehr hoher Dehnung bei verhältnismäßig hoher Zugfestigkeit vor; oft handelt es sich dann aber um Stücke, die ihrer ganzen Zusammensetzung nach nicht normal sind, oder um Einflüsse eines anormalen Glühens, wie folgendes Beispiel eines zu stark geglühten Stabes zeigt (74):

| | | |
|---|---|---|
| Temperkohle . . . . . . . . .% | 0,83 |
| Geb. Kohle . . . . . . . . . .% | Spur |
| Silizium . . . . . . . . . .% | 0,74 |
| Mangan. . . . . . . . . . . .% | 0,40 |
| Phosphor . . . . . . . . . .% | 0,154 |
| Schwefel . . . . . . . . . .% | 0,056 |
| Elastizitätsgrenze . . . kg/qmm | 26,00 |
| Zugfestigkeit . . . . . kg/qmm | 37,40 |
| Querschnittsverringerung . . .% | 15,62 |
| Dehnung . . . . . . . . . .% | 21,38 |

Auch W. H. Hatfield erwähnt (51) ein Erzeugnis von 31 bis 39 kg Festigkeit mit 15 bis 20 v. H. Dehnung, Touceda Zerreißversuche mit Dehnungen bis zu 20 und 24 v. H. und noch mehr (151 b). Meist geht mit zunehmender Zugfestigkeit die Dehnung zurück. Touceda weist im Gegensatz hierzu in der eben erwähnten Arbeit darauf hin, daß bei einem großen Teil des amerikanischen Tempergusses die Dehnung mit der Zugfestigkeit wächst und führt dafür folgende Beispiele an:

| Gießerei A | | Gießerei B | |
|---|---|---|---|
| Bruchfestigkeit kg/qmm | Dehnung % | Bruchfestigkeit kg/qmm | Dehnung % |
| 32,22 | 8,59 | 35,23 | 12,50 |
| 35,44 | 8,59 | 36,21 | 16,41 |
| 32,69 | 8,59 | 36,61 | 18,75 |
| 35,14 | 8,59 | 36,11 | 15,63 |
| 32,83 | 7,03 | 35,65 | 13,28 |
| 33,81 | 7,03 | 35,49 | 10,94 |
| 33,11 | 6,25 | 36,35 | 14,84 |
| 37,81 | 9,38 | 34,93 | 14,84 |
| 32,57 | 8,59 | 36,03 | 14,84 |
| 34,13 | 7,03 | 36,94 | 11,72 |
| 35,70 | 9,38 | 35,28 | 9,38 |

Das beste Erzeugnis ist natürlich ein solches, das bei hoher Zugfestigkeit auch hohe Dehnung besitzt. Normales Material weist Zugfestigkeiten auf, die etwa zwischen 30 und 42 kg/qmm liegen, und Dehnungen von etwa 3 bis 6 v. H. Guter schmiedbarer Guß kann auf 36 bis 40 kg Zugfestigkeit und 5 bis 7 v. H. Dehnung kommen. Man sagt dem Temperguß eine besondere Widerstandsfähigkeit gegen Ermüdungsbeanspruchung und Stoßwirkung nach, die Moldenke (95) damit begründet, daß der schmiedbare Guß im Grunde genommen ein weicher Stahl sei, zwischen dessen Moleküle sich die Temperkohle äußerst fein ablagere und bei Stoßbeanspruchung sozusagen wie ein Schmiermittel wirke. Daher übertreffe guter Temperguß in dieser Hinsicht selbst Stahlguß und werde sogar für so anspruchsvolle Teile wie Eisenbahnwagenkupplungen verwendet.

Die Festigkeitseigenschaften werden durch verschiedene Umstände beeinflußt, einmal durch die chemische Zusammensetzung, dann durch den Gefügeaufbau und schließlich auch die Wärmebehandlung. Um mit der letzteren anzufangen, so hat der Temperguß den nicht zu unterschätzenden Vorzug, daß infolge des langen Glühprozesses und der vorsichtigen Abkühlung bis zu den in dieser Hinsicht unwirksamen Temperaturen alle Spannungen ausgelöst oder doch aufs äußerste gemildert sind, während der Rohguß stark zu Spannungen neigt. Das gibt dem Gußstück, wenn sich sonst keine schädlichen Einflüsse, wie ungünstige Zusammensetzung oder Verbrennungen, Einschlüsse, schwarze Stellen u. a., geltend machen, einen hohen Grad der Zuverlässigkeit innerhalb seines Verwendungsgebietes; es ist in dieser Hinsicht dem Grauguß, der in bezug auf Spannungen immer etwas verdächtig und schwer prüfbar ist, unbedingt überlegen. In Verbindung mit seiner Dehnbarkeit gestattet die Milderung bzw. Beseitigung der Spannungen ein ziemlich starkes Biegen und Verwinden der Gußstücke, so daß man den Temperguß selbst für hoch beanspruchte Teile, wenigstens in Amerika, ausgiebig verwendet und ihm in manchen Fällen deshalb vor dem Stahlguß den Vorzug gibt.

Nach Nulsen und Pero (109) ist der Temperguß dem Stahlguß gegenüber insofern im Vorteil, als letzterer nach Überschreiten der Elastizitätsgrenze sehr bald bricht, während beim Temperguß der Spielraum zwischen Elastizitätsgrenze und Bruchgrenze erheblich größer ist. Stahlguß neigt auch infolge seiner höheren Gießtemperatur mehr zur Bildung von Hohlräumen und lockeren Stellen als Temperguß. Man könne deshalb bei letzterem einen niedrigeren Sicherheitsfaktor wählen bei der Berechnung von Modellen.

Ein Temperguß mittlerer Güte soll sich mindestens um 90° biegen lassen, und gute Tempergußstücke von 2 bis 3 mm Dicke sollen sich kalt über einen nicht zu dicken Dorn um 180° biegen und die umgebogenen Enden dicht aufeinander schlagen lassen, ohne zu brechen.

Die Zähigkeit des Tempergusses liegt in der Hauptsache in der äußersten Schicht, die im wesentlichen aus Ferrit besteht. Denn nach innen zu nimmt sowohl die Dehnung als auch die Festigkeit ab, und zwar in

um so stärkerem Maße, je kräftiger der Querschnitt des Gußstückes ist.
Allerdings wird die Festigkeit der äußersten Schicht zum Teil von der
Größe der Ferritkörner abhängen, die, wie S. 54 gezeigt wurde, mit zunehmendem Siliziumgehalt und längerer Glühdauer immer größer werden.
Im allgemeinen zeigen auch die dickeren Gußstücke unter sich einen
geringeren Festigkeitsunterschied als diejenigen mit dünneren Querschnitten. Man beobachtet z. B., daß aus Temperguß hergestellte Werkzeuge viel häufiger in den starken Querschnitten brechen als in den
dünnen (V). Daß die Festigkeit nach innen zu abnimmt, erklärt
sich teilweise aus dem nach dem Kern zunehmenden Kohlenstoffgehalt,
besonders deutlich zeigt sich das bei den „black heart-castings". In der
äußersten Schicht bis 1,6 mm findet man, wie Moldenke (V) von
einem Fall berichtet, etwa 0,15 v. H.; geht man 1,5 mm tiefer, so findet man
0,6 v. H. Gesamtkohlenstoff, weiter eindringend jedesmal um 1,5 mm, erreicht man eine Schicht mit 1,7 v. H., bis man schließlich in einer mittleren Zone einen Höchstgehalt erreicht, der dem Gesamtkohlenstoffgehalt
des harten Materials gleichkommt (s. a. 181, S. 719). Hier übt die Temperkohle einen ähnlichen Einfluß wie der Graphit aus. Er lockert, wenn auch
nicht in dem Maße wie der Graphit, den Zusammenhang, und diejenigen
Schichten, in denen die meiste Temperkohle ausgeschieden ist — im vorliegenden Falle also die nahe dem Kern oder in diesem selbst liegenden —,
müssen geringere Festigkeit aufweisen. Hier mag gleichzeitig darauf hingewiesen werden, daß auch in dieser Hinsicht der Temperguß eine gewisse
Überlegenheit über den Grauguß zeigt. Während dieser mit einem Netz
von mehr oder weniger starken Graphitadern, die sich mehr oder weniger
gleichmäßig über den Querschnitt verteilen, durchzogen ist, scheidet
sich die Temperkohle, in den verschiedenen Schichten gleichmäßiger
verteilt, mehr punktförmig ab; die Abscheidungen treten selbständiger
auf, so daß die Auflockerung nicht so stark ins Gewicht fällt wie beim
Gußeisen. Weichelt (181, S. 718) berichtet von Versuchen mit amerikanischem Temperguß, der durchschnittlich eine Festigkeit von 40 kg und
eine Dehnung von 8 bis 10 v. H. hatte. Dieser Guß wurde von der Kundschaft beanstandet, weil die einer stärkeren Bearbeitung unterworfenen
Stücke brachen; bei Zahnrädern brachen z. B. die ausgefrästen Zähne ab.
Versuche, bei denen schichtenweise der Probekörper abgedreht wurde,
ergaben, daß die Festigkeit immer geringer wurde, je stärker die Bearbeitung war, so daß Stäbe, die etwa auf die Hälfte ihres Durchmessers
abgedreht worden waren, nur noch 10 kg Festigkeit und 0,25 v. H. Dehnung besaßen. Auch Moldenke (181, S. 718) hat diese Erfahrung gemacht; er erklärt die Erscheinung jedoch mit den beim Lunkern auftretenden Vorgängen. Beim Abkühlen setzt sich zunächst an der zuerst
erstarrten Außenschicht eine Kruste nach der anderen an, bis schließlich
in der Mitte nicht mehr genug Material bleibt, um einen vollkommen
dichten Kern zu erzeugen. Tatsächlich kann man auch beim deutschen

Temperguß im Innern undichte Stellen feststellen. Auch die von Weichelt beobachtete Festigkeitsabnahme beim amerikanischen Guß kann man am deutschen bzw. europäischen Temperguß wahrnehmen. Leuenberger (87) hat z. B. aus einem Kupolofeneisen mit 0,57 v. H. Silizium, 0,25 v. H. Mangan, 0,085 v. H. Phosphor und 0,208 v. H. Schwefel 40 Rundstäbe gegossen und diese 150 Stunden getempert, dann je 10 Stäbe auf 20, 17, 14 und 11 mm abdrehen lassen und dem Zugversuch unterworfen. Dabei erhielt er die aus Zahlentafel 35 ersichtlichen Ergebnisse. Die Dehnung sinkt durchweg und die Zugfestigkeit besonders stark nach dem letzten Abdrehen, und zwar i. M. von 32,5 auf 24,6 kg/qmm. Über Beeinflussung der Festigkeit durch Bearbeitung siehe auch S. 112.

**Zahlentafel 35.**

### Einfluß des Abdrehens auf die Zugfestigkeit und Dehnung.

| Durchmesser | 11 mm | 14 mm | 17 mm | 20 mm |
|---|---|---|---|---|
| | 22,5 | 30,9 | 33,8 - | 33,0 |
| | 27,3 | 33,3 | 33,8 | 32,9 |
| | 27,3 | 31,2 | 33,8 | 32,2 |
| | 22,5 | 31,5 | 32,2 | 30,5 |
| Zugfestigkeit | 19,3 | 33,7 | 32,0 | 33,5 |
| in kg/qmm | 24,6 | 33,5 | 34,5 | 32,5 |
| | 25,7 | 31,8 | 34,5 | 32,9 |
| | 22,5 | 32,4 | 34,5 | 33,5 |
| | 27,8 | 33,6 | 34,3 | 31,9 |
| | 26,6 | 33,3 | 34,5 | — |
| Mittelwert . . | 24,6 | 32,5 | 33,7 | 32,8 |
| Dehnung . . % | 0,5 | 0,5 | 0,5—1 | 1 |

Aus allem geht ohne weiteres hervor, daß zur richtigen Beurteilung des Materials ein dichter Probestab von größter Wichtigkeit ist. Es ist aber gar nicht so leicht, einen wirklich dichten Stab aus dem stark schwindenden Material zu gießen. Man muß daher einen sicheren Anschnitt, eine richtige Gießstellung (schräg oder senkrecht) und eine richtige Gießtemperatur wählen. Einen brauchbaren Anschnitt zeigt Abb. 71. Näheres siehe S. 118.

Man findet häufiger die Ansicht vertreten, daß es hinsichtlich der Festigkeit nichts ausmache, ob man den Temperguß nach europäischer oder amerikanischer Art glüht. Das mag der Fall sein, ist aber nicht ohne weiteres klar. Setzt man gleiche Zusammensetzung und Prüfungsbedingungen voraus, so daß der Einfluß der Fremdkörper auf die Festigkeiten unbeachtet bleiben kann, so ist anzunehmen, daß der größere durchschnittliche, nach innen zunehmende Kohlenstoffgehalt des amerikanischen Gusses die Festigkeit stärker beeinträchtigt, weil einfach die durchschnittliche Auflockerung, besonders aber die der inneren Teile, größer ist.

Oben wurde bereits erwähnt, daß sich nach Moldenke im amerikanischen Temperguß nach dem Kern zu der Kohlenstoff bis zum ursprünglichen, durchschnittlichen Kohlenstoffgehalt des Hartmaterials anreichert, also 3,5 bis 4 v. H. betragen kann. Dieser Kohlenstoff ist ganz oder zum überwiegenden Teil, d. h. bis zu etwa 90 v. H. oder noch mehr, als Temperkohle ausgeschieden. Im europäischen Temperguß nimmt auch der Kohlenstoffgehalt nach dem Innern zu, aber infolge der weitgehenden Entkohlung längst nicht in dem Maße wie bei dem amerikanischen Guß. Viel über 2,0 v. H. wird der Gesamtkohlenstoffgehalt meist nicht steigen; dabei ist der Anteil an gebundener Kohle ziemlich bedeutend, in vielen Fällen beträgt er noch über 50 v. H. der Gesamtmenge, wie zahlreiche Untersuchungen von Wüst, Leuenberger u. a. (s. Zahlentafel 26 u. 32) beweisen. Da wir keine europäischen normalen Versuchsstäbe und einheitliche Prüfungsvorschriften kennen, so ist mangels einer einwandfreien Vergleichsmöglichkeit der Festigkeitseigenschaften ein Urteil über die Überlegenheit des einen über das andere Erzeugnis ohne weiteres nicht möglich, aber die soeben besprochenen Umstände lassen doch Schlüsse zu, die zum mindesten nicht zuungunsten des europäischen Materials

Abb. 70.   Kernzone eines amerikanischen Tempergußstückes (V).

sprechen. Denn infolge der erheblich größeren Temperkohleabscheidung ist auch die Auflockerung des amerikanischen Materials besonders in der Mitte größer, wodurch die Festigkeit des Kernteiles beeinträchtigt werden muß. Wichtig ist natürlich auch die übrige Verteilung der anderen Strukturbestandteile im Querschnitt. Leider fand ich in der amerikanischen Literatur keine metallographischen Bilder, die hierüber hätten klaren Aufschluß geben können. Daß bei der längeren Glühdauer und der damit verbundenen weitgehenden Entkohlung des europäischen Gusses der Anteil des Ferrites auch bei den mehr nach dem Kern zu liegenden Teilen größer und nur allmählich nach innen abnimmt, während kürzere Glühzeit eher zur Bildung schärfer abgegrenzter ferritischer und perlitischer Zonen führt, ist anzunehmen; ob dieser Gesichtspunkt aber bei einem Vergleich zwischen amerikanischem und europäischem Guß ins Gewicht fällt, läßt sich ebenfalls mangels hinreichender analytischer und metallographischer Unterlagen nicht entscheiden. Man beachte aber die Ausdrucksweise: Moldenke spricht von einer „langen undichten Linie im Kern“ des Vierkantstabes, die Probe reißt im Kern und bildet Hohlräume, wie Abb. 70 zeigt (V, S. 22). Das amerikanische Material ist im Innern „morsch“ (181, S. 718), das europäische Material aber ist im Kern spröder, ersteres wegen der Temperkohleabscheidung, letzteres wegen des noch teilweise perlitischen Charakters. Das ist zweifellos ein großer Unterschied, bei dem festzustellen wäre, ob die größere Auflockerung oder die Sprödigkeit eine stärkere Beeinträchtigung der Festigkeit des Kernes herbeiführt. Wüst (163) stellt allerdings die These auf, daß es in bezug auf die Festigkeit gleichgültig sei, ob die abgeschiedene Temperkohle mehr oder weniger vergast ist. Dabei liegt aber seinen Untersuchungen nur weißkerniger Temperguß zugrunde. Ob das Urteil auch ebenso ausfiele, wenn unter sonst genau gleichen Voraussetzungen (Gattierung, Schmelzweise, Analyse des Rohgusses, Gießtemperatur u. a.) amerikanischer Temperguß neben europäischem geprüft würde, das ist fraglich. Die stärkere Anhäufung der Temperkohle in der Kernzone der „black heart-castings" kann m. E. nicht ohne nachteiligen Einfluß auf die durchschnittlichen Festigkeitswerte sein. Auch Wüst stellt bei seinen Untersuchungen eine Erhöhung der Kontraktion fest (s. Zahlentafel 43), die er auf den geringeren Gehalt an Temperkohle der zweimal getemperten Stücke zurückführt. Der gegenseitigen Verschiebung der Teile wird in diesem Falle weniger Widerstand entgegengesetzt. Berücksichtigt man noch, daß sich, wie Stotz festgestellt hat, die von der Entkohlung herrührenden Hohlräume wieder zusammenschließen und verschweißen, so führt die weitgehende Entkohlung mittelbar auch eine Verdichtung des Gußstückes herbei. Jedenfalls kann man der Meinung Moldenkes (V), daß der europäische Temperguß schwächer als der amerikanische sei, nicht zustimmen (s. a. S. 266). Mögen die amerikanischen Dehnungszahlen i. a. besser sein als die europäischen, so ist der Weißkernguß mindestens ebenso zuverlässig, wenn nicht noch zuverlässiger, weil er einen gesünderen Aufbau im Querschnitt bis in den Kern hinein hat. Ein solches Urteil ist natürlich wieder nicht unbedingt, denn auch noch andere Einflüsse als die des Glühens, wie z. B. die Zusammensetzung des flüssigen Eisens und seine Gießtemperatur, machen sich dabei noch in dem geglühten Stück geltend. Außerdem muß man in Rücksicht ziehen, daß der amerikanische Temperguß zum großen Teil viel stärkere Querschnittsabmessungen hat als der europäische, so daß ein Vergleich nur für dünnwandigere Stücke Geltung haben kann. Deshalb gestatten die europäischen Festigkeitszahlen m. E. einen sichereren Rückschluß auf den Gesamtcharakter des Stückes als die amerikanischen, da sich letztere häufig auf viel größere und dickere Stücke beziehen. Hier liegen die Verhältnisse ähnlich wie beim Grauguß. Der Aufbau des Gußstückes nach dem Innern zu ist eben ein ganz anderer wie bei dem Probestab. Stücke mit starken Querschnitten neigen nach West (156a) infolge unzureichenden Glühens mehr zur Bildung schwarzer Stellen und somit zu geringerer Festigkeit. Nach einem Bericht Stadelers in Stahl und Eisen (151) über einen Vortrag Toucedas behauptet dieser sogar vorbehaltslos, daß der schwarzkernige Guß schlechter sei als der weißkernige, weil die Randzone noch zuviel gebundene Kohle enthält, anstatt entkohlt zu sein, und deshalb stahlartiges Gefüge aufweist und spröder ist als die Kernzone. Ein guter schmiedbarer Guß zerreißt zuerst im Kern, weil der Rand zäher ist; beim „black heart-Guß" aber bricht zuerst die Schale. Diese Auffassung steht mit den Beobachtungen Moldenkes über amerikanischen Temperguß nicht in Einklang und entspricht auch nicht der gewöhnlichen Auffassung. Überhaupt mag hier bemerkt werden, daß Touceda mancher eingebürgerten amerikanischen Anschauung entgegentritt, so auch der, daß der amerikanische Temperguß keinen so hohen durchschnittlichen Gesamtkohlenstoffgehalt enthält, wie er z. B. von Moldenke angegeben wird. Nach seinen Berichten enthielten beispielsweise Proben von 2,5 cm Breite, 1,4 cm Dicke und 15 cm Länge nur 1,56 Gesamtkohlenstoff, während Moldenke für derartige Teile einen gewöhnlichen Gesamtgehalt von 3,00 angibt. Auch die von Moldenke öfters angeführte (V, S. 12; 181) stufenweise Zunahme des Kohlenstoffs nach dem Innern, wo er dem ursprünglichen Kohlenstoffgehalt des Rohgusses gleichkommt (s. S. 102), wird bestritten. Selbst bei 5 cm starken Stücken habe er eine gleichmäßige Verteilung des Kohlenstoffes auf metallographischem Wege festgestellt (146, 148). Sicherlich ist die Größe der Zähigkeit der Außenschichten und das Verhältnis der Stärke dieser Schicht zu den übrigen Teilen von ausschlaggebender Bedeutung für die Gesamtfestigkeit des Stückes, und dieses Verhältnis scheint mir beim weißkernigen Guß oft günstiger zu sein als beim schwarzkernigen, d. h. bei dünneren Stücken besser als bei dicken.

Jedenfalls ergibt sich aus alledem, daß ein absolut sicherer Vergleich verschiedener Tempergüsse nur unter ganz bestimmten Voraussetzungen möglich ist. Das gilt nicht nur für den Vergleich zwischen amerikanischem und europäischem Erzeugnis, sondern auch für einen Vergleich des europäischen Materials unter sich. Die Amerikaner besitzen ja drüben ziemlich

**Zahlentafel 36.**

**Abhängigkeit der Zugfestigkeit und Dehnung
vom Durchmesser des Stabes.**

| Durchmesser | 11 mm | 14 mm | 17 mm | 21 mm | 23 mm |
|---|---|---|---|---|---|
| | 31,3 | 32,9 | 30,9 | 32,2 | 31,4 |
| | 31,8 | 31,4 | 32,4 | 33,0 | 32,2 |
| | 31,8 | 30,3 | 29,8 | 31,3 | 32,0 |
| | 32,0 | 32,0 | 32,3 | 32,7 | 32,2 |
| Zugfestigkeit | 28,5 | 30,6 | 29,9 | 31,1 | 29,4 |
| in kg/qmm | 29,9 | 30,0 | 32,1 | 32,9 | 31,0 |
| | 30,5 | 32,8 | 31,7 | 33,7 | 31,9 |
| | 30,5 | 33,4 | 30,0 | 31,6 | 32,0 |
| | 31,9 | — | 31,9 | 31,6 | 32,8 |
| | — | — | — | — | 32,4 |
| Mittelwert . | 30,9 | 31,5 | 31,5 | 32,2 | 31,8 |
| Dehnung % | 6 | 4—5 | 2—2,5 | 1—1,5 | 1 |

allgemein anerkannte Prüfungsvorschriften (s. S. 118). Daß die Stababmessung tatsächlich bei einem Vergleich erheblich ins Gewicht fällt, geht aus Zahlentafel 36 deutlich hervor. Die dem Versuch unterworfenen Stäbe wurden aus dem bereits S. 103 seiner Zusammensetzung nach angeführten Kupolofeneisen gegossen und 150 Stunden geglüht. Die Zahlenwerte lehren, daß sich die Zugfestigkeit zwar nur wenig ändert mit abnehmendem Durchmesser, die Dehnung aber beträchtlich sinkt. Alle in der Literatur so oft ohne Bekanntgabe der Stababmessungen gemachten Angaben über Festigkeiten haben deshalb nur geringen Wert, und ein Vergleich solcher Zahlen untereinander hat wenig Sinn.

**Zahlentafel 37.**

**Druckversuche bei verschiedenen Querschnittsformen.**

| Probe | Anfangsquerschnitt | | Länge | Belastung | End-querschnitt |
|---|---|---|---|---|---|
| | | qmm | mm | kg/qmm | qmm |
| 1 | rund | 528,7 | 381 | 23,16 | 569,7 |
| 2 | „ | 546,4 | 381 | 22,29 | 587,1 |
| 3 | „ | 516,7 | 381 | 23,36 | 571,6 |
| 1 | rund | 137,4 | 190 | 23,41 | 143,2 |
| 2 | „ | 134,8 | 190 | 22,92 | 142,6 |
| 3 | „ | 131,6 | 190 | 24,33 | 138,7 |
| 1 | quadratisch | 181,9 | 190 | 22,91 | 187,7 |
| 2 | „ | 169,7 | 190 | 23,34 | 176,7 |
| 3 | „ | 163,8 | 190 | 22,41 | 179,3 |
| 1 | quadratisch | 648,4 | 381 | 20,85 | 690,3 |
| 2 | „ | 647,7 | 381 | 21,41 | 687,7 |
| 3 | „ | 648,2 | 381 | 20,88 | 690,3 |
| 1 | kreuzförmig | 292,2 | 381 | 22,43 | 300,0 |
| 2 | „ | 281,3 | 381 | 22,64 | 289,0 |
| 3 | „ | 294,8 | 381 | 21,37 | 301,3 |

Übrigens sei hier noch darauf aufmerksam gemacht, daß nicht allein die Querschnittsabmessung, sondern auch die Querschnittsform gänzlich verschiedene Festigkeitsergebnisse zeitigt. Die in Zahlentafel 37 angegebenen Querschnittsformen z. B. wurden Druckversuchen unterworfen, wobei sich die in derselben Zahlentafel zusammengestellten Zahlen ergaben, während mit den in Zahlentafel 38 näher bezeichneten Stäben verschiedener Abmessung und Form Zugprüfungen angestellt wurden, die zu den aus der gleichen Zahlentafel ersichtlichen Ergebnissen führten. Die Probestücke waren alle aus derselben Schmelze zu gleicher Zeit gegossen worden.

Die besten Zahlen ergeben die runden Querschnitte sowohl bei den Druck- als auch bei den Zugversuchen.

Auch darauf sei noch hingewiesen, daß es keinen Sinn hat, Probekörper aus den Gußstücken herauszuschneiden und diese gar mit Probestäben, die an dasselbe Stück angegossen waren, zu vergleichen. Es liegt auf

**Zahlentafel 38.**

Zugversuche bei verschiedenen Querschnittsformen.

| Probe | Anfangsquerschnitt | qmm | Zugbeanspruchung | Dehnung | Einschnürung |
|---|---|---|---|---|---|
| 1 | rund | 511,6 | 30,30 | 8,70 | 3,75 |
| 2 | „ | 527,1 | 30,23 | 5,87 | 4,76 |
| 3 | „ | 516,8 | 30,51 | 6,21 | 3,98 |
| 1 | rund | 141,3 | 28,92 | 7,70 | 3,40 |
| 2 | „ | 130,3 | 31,43 | 13,00 | 3,63 |
| 3 | „ | 135,5 | 30,27 | 5,80 | 3,52 |
| 1 | quadratisch | 178,7 | 25,80 | 4,70 | 2,20 |
| 2 | „ | 178,7 | 26,79 | 3,72 | 3,00 |
| 3 | „ | 182,6 | 26,38 | 4,21 | 2,71 |
| 1 | quadratisch | 670,9 | 27,04 | 4,10 | 3,30 |
| 2 | „ | 664,5 | 26,72 | 1,95 | 2,88 |
| 3 | „ | 677,4 | 26,62 | 2,38 | 2,94 |
| 1 | rechteckig | 154,2 | 21,94[1]) | 5,19 | 1,50 |
| 2 | „ | 157,4 | 26,44 | 3,87 | 3,80 |
| 3 | „ | 140,6 | 26,19 | 3,22 | 4,70 |
| 1 | kreuzförmig | 376,7 | 24,33 | 4,20 | 3,10 |
| 2 | „ | 337,4 | 25,66 | 7,20 | 2,50 |
| 3 | „ | 371,0 | 26,15 | 4,80 | 3,50 |

der Hand, daß die ausgeschnittenen Versuchskörper immer geringere Qualitätsziffern ergeben müssen, weil bei ihnen die allseitig umgebende Gußhaut und der nach dem Kern zu gleichmäßige Gefügeaufbau fehlt.

Im übrigen schwächen alle bereits besprochenen Erscheinungen, wie schwarze Stellen, oxydische Einschlüsse, dann auch natürlich Lunker, Schlackeneinschlüsse u. a. sowohl die Festigkeit als auch die Dehnung.

Die am Temperguß im allgemeinen zu beobachtende starke Verschiedenheit in den Festigkeitseigenschaften wird natürlich sehr wesentlich durch die Gattierung mitbestimmt, und gießt man aus ein und derselben Gattierung dünnere und dickere Stücke, so sind die letzteren an Festigkeit und Dehnung unterlegen. Das liegt einmal an der auf S. 64 eingehend geschilderten Beeinflussung der Temperkohleabscheidung durch den Siliziumgehalt, dann aber auch daran, daß sich die größeren Stücke an sich matter gießen. Durch Zusatz von Stahlschrott kann man die Festigkeit erheblich steigern. Hat der ohne Stahlzusatz erschmolzene Temperguß eine Festigkeit von etwa 25 kg/qmm, so kann man sie durch Stahlzusatz auf 40 oder 45 kg oder noch mehr steigern. Ob das empfehlenswert ist, ist eine Frage für sich und muß von Fall zu Fall entschieden werden; zu bedenken bleibt immer, daß mit der Steigerung der Zugfestigkeit eine Herabsetzung der so wichtigen Zähigkeit und Widerstandsfähigkeit gegen Stoß Hand in Hand geht.

---

[1]) Die Probe hatte eine Gasblase.

Im Grunde ist der Einfluß der Gattierung gleichbedeutend mit dem der chemischen Zusammensetzung des Gusses. Wie die einzelnen Fremdkörper auf die Festigkeitseigenschaften einwirken, wurde bereits auf S. 58 u. f. genauer dargelegt. Nur einige allgemeine Bemerkungen seien hier noch angefügt. Man kann, wie S. 66 des näheren dargelegt wurde, einen Temperguß erzeugen, der in der chemischen Zusammensetzung des eigentlichen Metallgefüges mehr nach dem Graueisen oder mehr nach dem Stahl hin liegt (153). Geregelt wird diese Eigenschaft im wesentlichen durch das Verhältnis des Siliziumgehaltes zum Kohlenstoffgehalt. Hauptbedingung bleibt, daß man auf jeden Fall die Graphitausscheidung unterdrückt, was sowohl durch eine Herabminderung des Siliziumgehaltes als auch des Kohlenstoffgehaltes bewirkt werden kann, oder durch Herabsetzung beider. Während das mehr dem Graueisen verwandte Material weniger Spannungen aufweist und weniger leicht Risse bekommt, neigt das niedrig silizierte hochgekohlte Eisen stark zum Schwinden und Seigern, wodurch die Bruchgefahr erhöht wird. In dieser Hinsicht ist das hochsilizierte, niedriggekohlte Eisen zuverlässiger und gesunder (153). Erwähnenswert sind auch die Versuche Pollards (117) mit amerikanischem Temperguß. Er änderte stufenweise einmal bei feststehendem Kohlenstoffgehalt den Siliziumgehalt und ein anderes Mal bei feststehendem Siliziumgehalt den Kohlenstoffgehalt. Die geglühten Stäbe unterwarf er dann der Schlagprobe. Dabei erhielt er folgende Ergebnisse:

Kohlenstoffgehalt 2,3 bis 2,4 v. H.

Siliziumgehalt 0,9 bis 1,00 v. H. = 18 Schläge  
„        0,8 „ 0,90   „   = 24     „  
„        0,7 „ 0,80   „   = 30     „  

Siliziumgehalt 0,9 bis 1,0 v. H.

Kohlenstoffgehalt 2,3 bis 2,4 v. H. = 18 Schläge  
„        2,4 „ 2,5   „   = 14     „  
„        2,5 „ 2,6   „   = 9     „  
„        2,6 „ 2,7   „   = 5     „  

Die niedriggekohlten Stäbe zeigten sich sehr geschmeidig, besonders bei niedrigem Siliziumgehalt, während die Stäbe mit wechselndem Kohlenstoffgehalt um so weniger geschmeidig waren, je mehr der Kohlenstoff abnahm. Die Versuche ergaben, daß besonders bei amerikanischem Temperguß dem Kohlenstoffgehalt doch eine wichtigere Rolle zufällt, als man gemeinhin annimmt. Sehr gute Dehnungsziffern bei amerikanischem Temperguß erhielt Trascher (153); bei einem mittleren Kohlenstoffgehalt von 2,5 v. H. und einem Siliziumgehalt von 0,9 bis 1,0 v. H. erzielte er 30 bis 35 kg Festigkeit und 9,5 bis 13 v. H. Dehnung.

Stotz hat festgestellt, daß die Schlagfestigkeit mit der Menge des gebundenen Kohlenstoffs sinkt, wie Zahlentafel 39 zeigt; in dieser sind Nr. 1 bis 5 Mittelwerte, 6 bis 10 Einzelwerte.

Zahlentafel 39.

Schlagfestigkeitsversuche.

| Nr. | mkg/cm² | Tempk.% | Geb. C % | S % | Nr. | mkg/cm² | Tempk.% | Geb. C % | S % |
|---|---|---|---|---|---|---|---|---|---|
| 1 | 16,0 | 0,49 | 0,22 | 0,242 | 6 | 9,7 | 0,41 | 0,75 | 0,214 |
| 2 | 13,3 | 0,44 | 0,34 | 0,230 | 7 | 8,2 | 0,24 | 0,90 | 0,235 |
| 3 | 12,0 | 0,51 | 0,45 | 0,241 | 8 | 7,2 | 0,50 | 0,92 | 0,241 |
| 4 | 11,3 | 0,30 | 0,68 | 0,252 | 9 | 5,6 | 0,33 | 1,30 | 0,232 |
| 5 | 10,6 | 0,51 | 0,60 | 0,240 | 10 | 4,1 | 0,38 | 1,66 | 0,240 |

Auch Mangan und Schwefel beeinflussen sich gegenseitig in ihrer Wirkung. Nach Pero und Nulsen (109) ist ein Temperguß mit 0,06 v. H. Schwefel und 0,24 v. H. Mangan einem solchen mit 0,02 v. H. Schwefel und 0,24 v. H. Mangan vorzuziehen, während ein Material mit 0,05 v. H. Schwefel und 0,34 v. H. Mangan nicht so gut ist wie ein solches mit 0,085 v. H. Schwefel und ebensoviel Mangan. Im allgemeinen soll ein drei- bis vierfacher Mangangehalt einer bestimmten Schwefelmenge gegenüberstehen, eine Regel, die offenbar nur für solches Material Geltung haben kann, das nicht im Kupolofen geschmolzen ist.

Wüst (163) faßt seine ausgedehnten „Untersuchungen über die Festigkeitseigenschaften und Zusammensetzung des Tempergusses" (s. Zahlentafel 40) zu den folgenden Thesen zusammen: 1. Die absolute Festigkeit des Tempergusses ist unabhängig von dem Silizium-, Phosphor- und Schwefelgehalt, solange die Gehalte 1,2 bzw. 0,1 und 0,2 v. H. nicht überschritten werden. 2. Ist durch Glühen das Eisenkarbid zerlegt worden, so ist es für die Festigkeit belanglos, ob die gebildete Temperkohle mehr oder weniger vollständig durch Oxydation entfernt wird. 3. Übersteigt der Schwefelgehalt den Betrag von 0,15 v. H., so werden Dehnbarkeit und Zähigkeit stark heruntergedrückt. 4. Zweimaliges Tempern ist ohne Einfluß auf die Festigkeit und Dehnung des erfolgenden Materials. Dagegen kann die Zähigkeit hierdurch gesteigert werden.

Die Punkte 2, 3, und 4 wurden bereits vorher besprochen. Betreffs Punkt 1 sei noch auf die Übereinstimmung der Feststellung Wüsts mit der von Leuenberger hingewiesen. Auch bei den Untersuchungen des letzteren ergab sich bei einem bis zu 1,1 v. H. anwachsenden Siliziumgehalt keine größere Veränderung der Zugfestigkeit. Näheres hierüber s. S. 68.

Auch der Kohlenstoffgehalt im rohen Guß ist von Bedeutung für den Ausfall der Festigkeitseigenschaften, schon deshalb, weil davon auch der Gehalt im geglühten Guß abhängt. Chadsey (10) hat dahingehende genauere Untersuchungen angestellt und gefunden, daß sich die besten Festigkeitszahlen bei Kohlenstoffgehalten zwischen 2,25 und 2,75 v. H. einstellen, und ausgezeichnete Zahlen wurden bei etwa 2,15 v. H. erzielt. Doch empfiehlt er, nicht so tief zu gehen, um keine Gießschwierigkeiten zu bekommen. Bei dünnen und mittelstarken Querschnitten soll man etwa auf einen Kohlenstoffgehalt von 2,35 v. H. oder, um ganz sicher zu

## Zahlentafel 40.

### Festigkeiten europäischen, in verschiedenen Öfen geschmolzenen Tempergusses.

| Lfde. Nr. | Ges. C % | Temperkohle % | Geb. C % | Si % | Mn % | P % | S % | Zugfestigkeit kg/qmm | Dehnung % | Kontraktion % | Herkunft |
|---|---|---|---|---|---|---|---|---|---|---|---|
| 1 | 1,58 | 0,80 | 0,78 | 0,55 | 0,13 | 0,079 | 0,217 | 31,23 | 2,37 | 2,13 | Kupolofen, n. Wüst |
| 2 | 1,46 | 1,07 | 0,39 | 0,40 | 0,13 | 0,088 | 0,210 | 36,37 | 2,86 | 2,74 | |
| 3 | 1,67 | 0,86 | 0,81 | 0,39 | 0,26 | 0,068 | 0,254 | 37,83 | 1,32 | 1,78 | |
| 4 | 2,14 | 1,14 | 1,00 | 0,49 | 0,28 | 0,063 | 0,188 | 36,77 | 1,21 | 1,95 | |
| 5 | 1,80 | 0,81 | 0,99 | 0,87 | 0,15 | 0,082 | 0,161 | 31,50 | 0,89 | 0,93 | |
| 6 | 1,76 | 0,81 | 0,95 | 0,55 | 0,13 | 0,079 | 0,177 | 32,91 | 1,14 | 3,46 | Tiegelguß, n. Wüst |
| 7 | 2,25 | 1,28 | 0,97 | 0,82 | 0,28 | 0,041 | 0,080 | 40,58 | 1,92 | 1,41 | |
| 8 | 2,32 | 1,36 | 0,96 | 0,54 | 0,20 | 0,066 | 0,091 | 38,48 | 1,44 | 1,05 | |
| 9 | 2,56 | 1,84 | 0,72 | 0,37 | 0,21 | 0,061 | 0,046 | 30,63 | 4,01 | 4,15 | |
| 10 | 2,39 | 1,93 | 0,46 | 0,31 | 0,18 | 0,054 | 0,035 | 31,10 | 3,93 | 3,74 | |
| 11 | 1,33 | 0,75 | 0,58 | 0,63 | 0,23 | 0,031 | 0,150 | 42,36 | 4,11 | 6,56 | |
| 12 | 2,36 | 1,58 | 0,78 | 0,56 | 0,36 | 0,084 | 0,085 | 39,26 | 3,03 | 2,47 | |
| 13 | 2,19 | 1,47 | 0,72 | 0,64 | 0,41 | 0,068 | 0,086 | 39,54 | 5,17 | 4,27 | |
| 14 | 2,25 | 1,10 | 1,15 | 0,77 | 0,31 | 0,055 | 0,296 | 39,32 | 1,06 | 2,57 | |
| 15 | 1,70 | 0,92 | 0,78 | 0,66 | 0,15 | 0,056 | 0,071 | 44,39 | 2,68 | 2,57 | |
| 16 | 1,76 | 0,62 | 1,14 | 0,61 | 0,155 | 0,041 | 0,095 | 46,05 | 1,33 | 3,19 | Martinofen, n. Wüst |
| 17 | 0,30 | — | — | 0,70 | 0,35 | 0,04 | 0,05 | 38,30 | 4,80 | — | Martinofen, n. Erbreich |
| 18 | 0,56 | — | — | 0,50 | 0,33 | 0,04 | 0,06 | 32,3 | 3,00 | — | ,,  ,, |
| 19 | 1,86 | 1,46 | 0,39 | 0,68 | 0,24 | 0,12 | 0,289 | 32,0 bis 38,0 | 6,0 bis 3,0 | — | Kupolofen, private Mitteil. |
| 20 | 1,78 | 1,45 | 0,32 | 0,59 | 0,21 | 0,03 | 0,258 | | | | ,,  ,,  ,, |
| 21 | 3,27 | — | 0,65 | 0,75 | 0,22 | — | 0,277 | 25,0 bis 30,0 | 1,0 bis 0,5 | — | ,,  ,,  ,, |
| 22 | 0,81 | 0,24 | 0,57 | 0,50 | 0,12 | 0,066 | 0,067 | 37,7 | 7,9 | 19,0 | Ölflammof., n. Leuenberger |
| 23 | 0,88 | 0,36 | 0,52 | 0,58 | 0,13 | 0,061 | 0,057 | 36,8 | 6,8 | 15,0 | |
| 24 | 1,05 | 0,32 | 0,73 | 0,71 | 0,03 | 0,057 | 0,064 | 37,7 | 6,2 | 13,5 | |
| 25 | 0,93 | 0,42 | 0,51 | 0,81 | 0,13 | 0,058 | 0,060 | 36,9 | 5,2 | 13,0 | |
| 26 | 0,92 | 0,45 | 0,47 | 0,94 | 0,14 | 0,056 | 0,060 | 37,6 | 5,1 | 10,5 | |
| 27 | 0,81 | 0,32 | 0,49 | 1,08 | 0,14 | 0,066 | 0,059 | 35,0 | 4,5 | 9,0 | |
| 28 | 1,8 bis 2,1 | | 0,40 / 0,48 | 0,55 / 0,60 | 0,10 / 0,15 | 0,04 bis 0,045 | 0,065 / 0,070 | 45,0 bis 51,0 | 2,3 bis 3,5 | — | Ölflammofen, priv. Mitteil. |
| 29 | 0,87 | 0,53 | 0,34 | 0,74 | 0,28 | 0,101 | 0,078 | — | — | — | Birne, n. Schoemann |
| 30 | 1,18 | 0,59 | 0,59 | 0,67 | 0,22 | 0,108 | 0,080 | 25,0 bis 41,0 | 6,0 bis 1,0 | — | Birne, n. Treuheit |
| 31 | 2,82 | — | — | 0,70 | 0,15 | 0,06 | 0,10 | 35,0 bis 50,0 | 6,0 bis 1,0 | — | Elektroofen, private Mitt. |

gehen, auf 2,5 v. H. hinarbeiten. Nachstehend (Zahlentafel 41) einige Versuchsergebnisse. Zu bemerken ist noch, daß je eine Probe zu Beginn, in der Mitte und am Ende der Schmelze entnommen und von jeder Probe ein Satz Probestäbe gegossen wurde. Die mit 1, 2 und 3 bezeichneten Stäbe entsprechen dieser Entnahmeweise.

**Zahlentafel 41.**

**Festigkeitszahlen bei niedrigem Kohlenstoffgehalt im Rohguß.**

| | Schmelze Nr. 6 | | | Schmelze Nr. 7 | | | Schmelze Nr. 8 | | |
|---|---|---|---|---|---|---|---|---|---|
| | Stab 1 | Stab 2 | Stab 3 | Stab 1 | Stab 2 | Stab 3 | Stab 1 | Stab 2 | Stab 3 |
| Ges. C. . . . .% | 2,5 | 2,4 | 2,14 | 2,52 | 2,46 | 2,C8 | 2,58 | 2,42 | 2,04 |
| Si . . . . . . „ | 0,91 | 0,91 | 0,92 | 0,68 | 0,66 | 0,57 | 0,83 | 0,82 | 0,82 |
| Mn . . . . . . „ | 0,21 | 0,19 | 0,19 | 0,27 | 0,26 | 0,21 | 0,23 | 0,21 | 0,19 |
| P . . . . . . . „ | 0,17 | 0,17 | 0,175 | 0,155 | 0,163 | 0,158 | 0,160 | 0,160 | 0,163 |
| S . . . . . . . „ | 0,069 | 0,069 | 0,073 | 0,059 | 0,059 | 0,062 | 0,059 | 0,056 | 0,063 |
| Zugfestigkeit kg/qmm | 33,5 | 34,03 | 34,94 | 34,23 | 33,84 | 36,15 | 31,07 | 31,95 | 28,49 |
| Dehnung auf 10 cm . . .% | 6,25 | 6,25 | 5,74 | 8,98 | 10,55 | 6,65 | 9,77 | 10,55 | 5,08 |
| Biegewinkel in ° | 190 | 90 | 270 | 190 | 260 | 140 | 180 | 180 | 10 |
| Bemerkung: | | | | Stab 3 hatte kristallinen Rand | | | Stab 3 hatte kristallinen Rand von 3 mm Stärke | | |

Daß die Bearbeitung die Festigkeit schwächt, hat Touceda (150) durch eine eigentümliche, in Amerika gebräuchliche Art von Schlagversuchen nachgewiesen. Er stellte keilförmige Versuchskörper von 150 mm Länge und 25 mm Breite her. Die Dicke am Kopfende betrug 12,5, an der Spitze 1,5 mm. Ein Teil der Keile wurde unbearbeitet, ein anderer bearbeitet der Schlagprobe unterworfen. Bei der Bearbeitung wurden 1,5 mm von der Oberfläche weggenommen, also ungefähr so viel, daß die reine Ferritzone entfernt wurde. Man ließ nun auf den Kopf der Keile wiederholt einen Hammer herabfallen und erkannte schon an dem stärkeren oder schwächeren, an der Spitze auftretenden Zusammenrollen des Materials den Unterschied in der Zähigkeit. Es wurden so lange Schläge ausgeübt, bis der Bruch einzutreten begann. Das Ergebnis war folgendes:

Unbearbeitete Stäbe:

1. Gruppe: Mittel aus 4 Proben = 18,5 Schläge.
2. Gruppe: Mittel aus 4 Proben = 29,7 Schläge.

Bearbeitete Stäbe:

1. Gruppe: Mittel aus 4 Proben = 13,2 Schläge.
2. Gruppe: Mittel aus 4 Proben = 26,3 Schläge.

Bei den bearbeiteten Stäben trat somit der Bruch überall früher ein.

Jedenfalls ergibt sich aus dem Gesagten, daß man beim Abdrehen des Tempergusses vorsichtig sein muß. Auch wenn anzunehmen ist, daß der hierzulande hergestellte weißkernige Guß sich in dieser Hinsicht besser bewährt, so muß man sich doch immer vergewissern, wie stark man bearbeiten darf, d. h. ob das Wegnehmen einer Schicht die Festigkeit schwächt oder stärkt. Daß man hier zu verschiedenen Ergebnissen kommen kann, zeigen folgende beiden Fälle (Zahlentafel 42), die sich auf Martinofenmaterial beziehen.

**Zahlentafel 42.**

## Einfluß der Bearbeitung auf die Festigkeiten.

| | | Zug-festigkeit kg/qmm | Deh-nung % | Ges. C % | Si % | Mn % | P % | S % |
|---|---|---|---|---|---|---|---|---|
| Fall I | Stabstärke 15 mm Durchm. | 38,3 | 4,8 | 0,3 | 0,7 | 0,35 | 0,04 | 0,06 |
| | Ders. abgedreht auf 10 mm | 26,5 | 3,0 | 0,3 | 0,7 | 0,35 | 0,04 | 0,06 |
| Fall II | Stabstärke 15 mm Durchm. | 32,3 | 3,0 | 0,56 | 0,5 | 0,33 | 0,04 | 0,06 |
| | Ders. abgedreht auf 10 mm | 34,4 | 4,0 | 0,56 | 0,5 | 0,33 | 0,04 | 0,06 |

Im ersten Falle nehmen Zugfestigkeit und Dehnung ab, im zweiten zu. Besondere Aufmerksamkeit ist geboten, wenn die Gußstücke Stoß-wirkungen unterworfen sind und bearbeitet werden müssen. Bei dem amerikanischen Temperguß ist diese Frage nicht so ängstlich, da der weitaus meiste schmiedbare Guß drüben nicht bearbeitet wird. Im übrigen sei auch auf Zahlentafel 35 verwiesen.

Die Wärmebehandlung des Tempergusses beeinflußt natürlich auch seine Festigkeitseigenschaften. Zu langes Glühen ruft Absonderung von Sauerstoffverbindungen hervor, die sich nahe der Oberfläche zwischen den Eisenkristallen ablagern, besonders bei einer sehr weitgetriebenen Entkohlung der Außenschicht, die eben mit einem langanhaltenden Glühen verbunden ist. Vor allem wird die Dehnung durch diesen Vor-gang beeinträchtigt.

Bei überglühten Stücken prägt sich auch die an anderem Guß, be-sonders Stahlguß, wahrnehmbare Erscheinung einer gröberen Kristall-kornbildung aus, die schon mit bloßem Auge erkennbar ist; die Folge ist natürlich größere Sprödigkeit.

Ein unzureichendes Frischen führt einen schroffen Übergang der äußeren Ferritzone zu der Perlitzone herbei, wie z. B. in Abb. 45 bei Nr. 2 zu erkennen ist. Diese Erscheinung ist nachteilig, denn in dem allmählichen Übergang der kohlenstoffarmen Außenzone zu der nach dem Kern hin kohlenstoffreicher werdenden perlitischen Innenzone liegt die Gewähr einer höheren Zuverlässigkeit des Gußstückes und höherer durchschnittlicher Festigkeit, auf die es ankommt. Bei entsprechender Vergrößerung des Bildes Nr. 2 in Abb. 45 erkennt man, wie der am Rand sichtbare Ring heller Kristalle unvermittelt in Perlit übergeht, während bei normalem Temperguß eine gewisse Mischung zwischen Ferrit und Perlit hier erscheinen sollte. Auch die Kohlenstoffbestimmung bestätigt diese Beobachtung; während man in der Randzone nur sehr wenig Kohlen-stoff findet, steigt er in der unmittelbar anstoßenden Schicht auf 1 v. H. oder noch mehr. Nach dem Kern zu steigert sich der Kohlenstoffgehalt noch, so daß der kohlenstoffreichere, sprödere Teil einen zu hohen Prozent-satz der Querschnittsfläche einnimmt und damit auch den mittleren Deh-nungsgrad des Stückes drückt.

Glüht man solche Stücke noch einmal, so ist damit meist nicht viel gewonnen, im Gegenteil, zwei- oder mehrmals geglühter Temperguß verliert an Festigkeit, wie von verschiedener Seite festgestellt wurde; die Dehnung kann unter Umständen zunehmen, bei übertriebenem Glühen aber wieder abnehmen.

So hat Diller (18) folgende Feststellungen gemacht:

|  | Zugfestigkeit kg/qmm | Dehnung % |
|---|---|---|
| Einmal geglüht . . . . . . . . | 35,56 | 6,25 |
| Zweimal geglüht . . . . . . . | 30,62 | 6,25 |

Auch Royston (124) berichtet von einem Material, das nach dem ersten 7tägigen Glühen 1,56 v. H. Gesamtkohlenstoff, 0,74 v. H. geb. Kohlenstoff, 0,57 v. H. Silizium, 0,057 v. H. Schwefel, 0,045 v. H. Phosphor und 0,43 v. H. Mangan enthielt und 31,5 bis 32,5 kg/qmm Zugfestigkeit bei 1,6 bis 2,0 v. H. Dehnung und 2,9 bis 4,2 Kontraktion hatte und noch dreimal weitere 7 Tage geglüht wurde. Dabei war der Kohlenstoff bis auf geringste Mengen verbrannt und die Festigkeit auf 26,1 kg zurückgegangen, während die Dehnung auf 10,8 v. H. und die Querschnittsverringerung auf 7,9 v. H. gestiegen war. Auch Wüst (163) hat ausgedehnte Versuche über den Einfluß eines zweimaligen Temperns angestellt. Er kommt zu dem allgemeinen Urteil, daß zweimaliges Tempern ohne Einfluß auf die Festigkeit des erfolgenden Materials ist, daß dagegen die Zähigkeit des Materials gesteigert werden kann. Diese Angabe steht aber m. E. nicht in genauem Einklang mit seinen eigenen Versuchen, wie nachstehende Zahlentafel 43 zeigt, in der die Mittelwerte aus allen Versuchsreihen zusammengestellt sind. Man kann aus der Zahlenübersicht vielmehr entnehmen, daß die Zugfestigkeit durchweg mit zwei-

**Zahlentafel 43.**

Einfluß eines zweimaligen Temperns auf die Festigkeitseigenschaften.

| Versuchs-gruppe Nr. | Zugfestigkeit kg/qmm | | Dehnung % | | Kontraktion % | |
|---|---|---|---|---|---|---|
| | einmal getempert | zweimal getempert | einmal getempert | zweimal getempert | einmal getempert | zweimal getempert |
| 1 | 41,4 | 34,8 | 1,89 | 1,37 | 1,98 | 2,13 |
| 2 | 36,0 | 36,8 | 1,12 | 1,42 | 2,20 | 3,57 |
| 3 | 37,1 | — | 1,48 | — | 1,47 | — |
| 4 | 43,3 | 32,4 | 1,09 | 1,23 | 2,13 | 2,42 |
| 5 | 38,2 | 37,6 | 1,56 | 1,40 | 1,52 | 3,12 |
| 6 | 39,5 | 35,2 | 1,49 | 1,30 | 0,78 | 1,71 |
| 7 | 38,2 | 40,4 | 1,29 | 1,67 | 0,77 | 2,42 |
| 9 | 37,4 | 33,3 | 1,78 | 1,51 | 2,38 | 3,33 |
| 10 | 42,9 | 39,9 | 2,21 | 2,06 | 3,24 | 3,87 |
| 11 | 42,3 | 39,7 | 3,06 | 1,76 | 3,06 | 3,44 |
| 12 | 41,3 | 41,9 | 2,15 | 2,70 | 2,67 | 4,81 |
| 13 | 42,7 | 39,1 | 1,90 | 1,98 | 3,10 | 4,34 |

maligem Glühen abnimmt, daß die Dehnung teils zugenommen, teils abgenommen und die Kontraktion überall zugenommen hat. Die Wüstschen Ergebnisse decken sich also hinsichtlich der Zugfestigkeit mit den Beobachtungen von Diller und Royston; hinsichtlich der Dehnung ergibt sich keine Möglichkeit sicherer Entscheidung, dagegen weist die zunehmende Kontraktion auf eine Erhöhung der Zähigkeit hin.

Übrigens haben die vorstehend erwähnten Versuchsergebnisse nur einen bedingten praktischen Wert. Wenn sie uns auch darüber unterrichten, daß i. a. ein zweimaliges Tempern die Zugfestigkeit herabsetzt, die Dehnung aber verbessert, wie auch die vorstehend erwähnten, von Leuenberger durchgeführten Untersuchungen bestätigen, so weiß man doch nie, wie ein erstmaliges richtiges Ausglühen die Festigkeitseigenschaften gestaltet hätte. Denn gewöhnlich glüht man ein zu siliziumarmes oder aber ein zu wenig geglühtes oder „unterglühtes" Material ein zweites Mal. Auch Moldenke (95) spricht die Ansicht aus, daß ein zweimal geglühter Temperguß niemals so gute Eigenschaften besitzt wie ein von vornherein richtig geglühtes Material.

Eingehende Versuche über den Einfluß der Glühdauer auf die Festigkeitseigenschaften des Tempergusses hat Leuenberger (87) angestellt. Näheres über die Versuchsbedingungen wurde auf S. 68 schon erwähnt. Seine Feststellungen sind in den Schaubildern nach Abb. 59 bis 63 niedergelegt. Die mit I bezeichnete Schaulinie bezieht sich auf eine Glühdauer von 95 Stunden, die mit II bezeichnete auf eine solche von 130 Stunden; die III. Schaulinie entspricht einer Glühdauer von 175 Stunden, die IV. 225 Stunden und die V. 260 Stunden. Abb. 59 läßt für alle Silizierungsstufen eine deutliche Abnahme der Zugfestigkeit mit zunehmender Glühdauer hervortreten. Bei den Stäben mit einem Siliziumgehalt von 0,17 v. H. beträgt die Zugfestigkeit 39,9 kg/qmm nach einer 95stündigen Glühdauer und nur mehr 32,7 kg/qmm nach 260stündiger Glühdauer. Bei den hochsilizierten Stäben mit 1,08 v. H. Silizium sinkt die Zugfestigkeit von 42,6 auf 31,6 kg/qmm nach einer Glühdauer von 96 bzw. 250 Stunden. Die Dehnung und Querschnittsverminderung wird gemäß Abb. 60 und 61 mit zunehmender Glühdauer nicht unbeträchtlich gesteigert, und zwar ist die Zunahme bei den niedrigsilizierten Stäben größer als bei den hochsilizierten. Dasselbe gilt von der Kerbschlagfestigkeit bzw. Zähigkeit, wie Abb. 62 vermittelt. Die Härte nimmt jedoch mit der Glühdauer ab, wie Abb. 63 ausweist.

Nicht selten kommt es vor, daß Temperguß zu hart und spröde ist, was auf verschiedene Versehen beim Glühen zurückzuführen ist. Einmal kann die Brüchigkeit an zu raschem Abkühlen nach dem Tempern liegen, dann kann die Glühtemperatur zu niedrig gewesen sein, oder die Stücke wurden nicht lange genug geglüht. Stücke, die gerichtet werden sollen, glüht man häufig noch einmal zu diesem Zwecke. Dabei überhitzt man die Stücke zu stark, wodurch das Gefüge zu grob ausfällt. Solche Stücke

·müssen noch einmal nachgetempert werden, um den Fehler zu vermeiden oder zu mildern.

Es gibt vereinzelte Fälle, in denen man ein besonders hartes Erzeugnis herstellen will, ohne höhere Ansprüche an die Zähigkeit zu stellen. Man erreicht dies, indem man der Schmelze absichtlich Schwefeleisen zusetzt, um die Graphitbildung zu verhüten, die bei den meist dicken Querschnitten solcher Gußstücke bei langsamer Abkühlung leicht eintreten könnte. In Europa kennt man diese Art Guß nicht, in Amerika ist er bekannt unter der Bezeichnung „McHaffie". Die Gußstücke werden 8 Tage geglüht und besitzen Wandstärken bis zu 60 cm. Den höheren Schwefelgehalt erzielt man, indem man etwa 1 kg Schwefeleisen auf 1 t Eisen dem Metallbad zusetzt (17).

Bleibt noch der Einfluß des Schmelzverfahrens auf die physikalischen Eigenschaften, der zuletzt auf eine Einwirkung der chemischen Zusammensetzung auf Festigkeit und Dehnung hinausläuft. Schon S. 59 wurde darauf hingewiesen, daß die Ofenwahl die Güte des Erzeugnisses insofern bedingt, als es möglich ist, in einem Teil der Öfen die Anreicherung unmittelbar schädlicher Fremdkörper, wie z. B. des Schwefels, zu vermeiden oder den Gehalt an Silizium, Mangan und Kohlenstoff zu regeln. Im Kupolofen reichert sich der Schwefel an, die Führung des Schmelzprozesses, insbesondere die Kohlenstoffreglung, ist unsicher. Deshalb liefert der Kupolofen u. a. das ungleichmäßigste und unzuverlässigste Material von geringster Dehnung und oft mäßiger Festigkeit. Diese landläufige Auffassung darf man indessen nicht ohne weiteres verallgemeinern, denn die Praxis bestätigt, daß es auch im Kupolofen möglich ist, bei sorgfältiger Rohstoffauswahl und Beobachtung eines gleichmäßigen Ofenganges ein gutes Material zu erschmelzen, wie die Angaben S. 72 beweisen. Von Unzuverlässigkeit darf man also nur sprechen, wenn man den Blick aufs Ganze nimmt. Beim Flammofen liegen die Dinge ähnlich, nur ist hier die Schwefelzunahme geringer, jedoch eine gewisse Kohlenstofferniedrigung möglich. Die Güte des Erzeugnisses ist theoretisch gegenüber dem Kupolofenguß als besser anzusprechen. Ein unmittelbarer Vergleich mit dem europäischen Temperguß ist deshalb nicht möglich, weil wir in Deutschland keinen Flammofentemperguß herstellen. Wenn der amerikanische Guß heute durchschnittlich bessere Dehnung als der europäische Kupolofenguß aufweist, so ist das wohl nicht allein auf das Schmelzen an sich und m. E. auch nicht auf das abweichende Glühverfahren bzw. den höheren Temperkohlegehalt zurückzuführen, sondern mehr in einer von vornherein größeren Reinheit des Einsatzeisens an Fremdkörpern und einem schwefelärmeren Koks zu suchen. Übrigens war der früher hergestellte amerikanische Guß durchaus nicht so gut wie heute, wie Moldenke (V, S. 23) selbst in seiner Schrift erwähnt. Anfangs der neunziger Jahre kam der schwarzkernige Guß auf nicht mehr als 2450 kg/qcm und 2 v. H. Dehnung, Ende der neunziger Jahre auf etwa 3080 kg/qcm bei 5 v. H. Dehnung, und erst in neuerer Zeit lernte man ein Erzeugnis von 3640 kg/qcm und 7 v. H. Dehnung herstellen. Neuerdings bringt Touceda (151 b) sodann eine Übersicht über die Durchschnittsergebnisse aus zahlreichen Versuchen, die während der Kriegsjahre 1914 bis 1917 angestellt wurden. Hatten die aus 1914 stammenden Proben noch durchschnittlich 27,3 kg Zugfestigkeit, bei 3,5 v. H. Dehnung, so überschritten im Jahre 1915 94 v. H., im Jahre 1916 97 v. H. und in der ersten Hälfte 1917 98 v. H. aller Versuche eine Festigkeit von 28 kg/qmm. 20 v. H. aller Proben erreichten 1917 eine Festigkeit von 36,4 kg/qmm und eine Dehnung von 15 v. H. Häufig wurde eine Dehnung von 20 v. H. überschritten und zuweilen 24 v. H. erzielt.

Die Kleinbirne behält den im Kupolofen aufgenommenen Schwefelgehalt, sie bietet den Vorteil der weitgehenderen Siliziumreglung und einer zwangläufigen Kohlenstofferniedrigung. Man kann infolgedessen das Erzeugnis höher als das des Kupol- und Flammofens bewerten, indessen trifft man auch hier auf mäßige Zahlen. Bei den übrigen Schmelzöfen, dem Martinofen, dem Elektroofen, dem Ölflammofen, dem Tiegelofen, hängt die Güte zunächst davon ab, was man in den Ofen einträgt. Der Einsatz eines unreinen Roheisens liefert auch hier mäßige Güteziffern, wie die Zahlentafel 40 belegt. Guter Einsatz liefert auch ein gutes Enderzeugnis, dabei hat man es beim Martinofen, beim Elektroofen und im Ölflammofen durch Reglung des Silizium- und Kohlenstoffgehaltes in der Hand, auch die mechanischen Eigenschaften zu beeinflussen. Im allgemeinen zeigt sich das Erzeugnis dem im Kupol- und gewöhnlichen Flammofen auch im Falle sorgfältiger Rohstoffauswahl erzeugten überlegen. Die S. 66 in Zahlentafel 19 aufgeführten Zahlen und im Text S. 65 beigefügten Festigkeitswerte beweisen aber, daß man auch im Martinofen zu mäßigeren Qualitäten gelangen kann. Das Tiegelofenerzeugnis wird gewöhnlich als das beste von allen angesprochen, weil es fast gar keinen chemischen Veränderungen unterworfen ist; diese Beurteilung ist aber auch nur bei sorgfältigster Auswahl der Einsatzstoffe berechtigt. Zahlentafel 40 bestätigt diese landläufige Bewertung durchaus nicht.

Bei der Prüfung des schmiedbaren Gusses beschränkt man sich im allgemeinen auf die Bestimmung der Zugfestigkeit und Dehnung, häufiger wird auch die Biegefestigkeit festgestellt und bestimmt daneben die Durchbiegung. Die Abmessung der Probestäbe für den Zerreißversuch ist verschieden. Man macht angegossene Probestäbe meist so stark wie die mittlere Wandstärke der Gußstücke. Nicht selten wählt man auch die Abmessungen der Normalstäbe für Grauguß. Abb. 71 zeigt z. B. geeignete Abmessungen und einen guten Anschnitt für die Gießform der Stäbe. Bei *St* liegen die verschiedenen Saugtümpel, von denen später noch die Rede ist. Der Stab ist 300 mm lang bei einem Durchmesser von 15 mm und einer Meßlänge von 150 mm, andere nehmen Stäbe von 100 mm

Meßlänge und 10 mm Durchmesser, je nachdem. Man gießt die Stäbe wohl auch in schräger Stellung ab; sie werden mit den Abgüssen derselben Schmelze zusammen geglüht, indem man sie in den mittleren Teil des Glühtopfes legt. Man benutzt wohl auch kürzere Stäbe, namentlich dann, wenn die Stücke nur geringe Abmessungen haben und angegossene Probestäbe vorgeschrieben sind. Ein solcher Fall ist durch Abb. 127 veranschaulicht. Diese Stäbe eignen sich schlecht zur Biegeprüfung, weil sie zu kurz sind und nicht in die Biegemaschine passen oder zu geringe Auflageentfernung bieten. Zur Bestimmung der Biegefestigkeit kann man dann auf die technologische Biegeprüfung zurückgreifen, bei der man den Stab so lange um einen Dorn biegt, bis der Bruch eintritt und nun den Biegewinkel mißt.

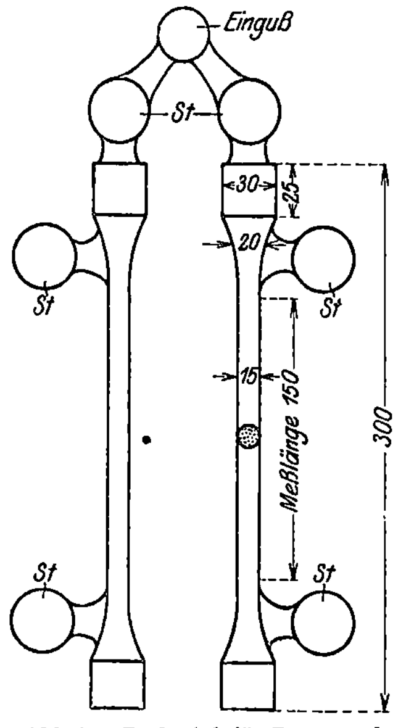



Abb. 71. Probestab für Zugversuch mit Anschnitt.

Auch in Amerika hat man keine Prüfungsvorschriften, auf die man allgemein verpflichtet ist, doch haben gewisse Prüfungsverfahren in weiten Kreisen Annahme gefunden. Moldenke macht in seinem mehrfach erwähnten Buche (V, S. 24) nähere Angaben. Da diese von ihm empfohlenen Vorschriften auch noch andere Bestimmungen umfassen, die zu wissen nützlich sind, seien sie nachfolgend angeführt. Soweit sich diese Angaben auf die Abmessungen der Stäbe und die Auflageentfernung beziehen, wurden sie von der American Society for Testing Materials als Norm angenommen, was aber nur so viel bedeutet, daß die Norm zur allgemeinen Annahme empfohlen, aber nicht zur Pflicht gemacht wird.

1. Das Eisen für schmiedbaren Guß wird im Siemens-Martinofen, im Flammofen und Kupolofen geschmolzen. Das Eisen für schwere und anspruchsvolle Gußstücke soll nicht im Kupolofen erschmolzen werden.

2. Das Gußstück, dessen mechanische Festigkeiten unten näher angegeben werden, soll nicht über 0,06 v. H. Schwefel und nicht über 0,225 v. H. Phosphor enthalten.

3. Der normale Prüfungsstab habe einen Querschnitt von 25,4 mm ☐ und eine Länge von 355 mm. Er soll nicht in einer Schreckform gegossen werden und soll bis zur völligen Abkühlung in der Form bleiben. Eine Form enthalte drei Prüfungsstäbe, die mit kräftigem Steiger möglichst dicht zu gießen sind. Wird der Ofeninhalt auf einmal abgestochen, so entnehme man für das Eisen der Prüfungsstäbe zwei Proben; eine zwei Minuten nach dem Abstich, eine vor Ablauf des letzten Eisens. Die Formen müssen zur Ermittlung der Probestäbe bezeichnet

werden. Die Probestäbe sollen mit den zugehörigen Gußstücken zusammen geglüht werden. Wird das Bad nur teilweise abgestochen, so sind die ersten Probestäbe dem ersten Abstich zu entnehmen, die Probestäbe des weiteren Abstiches erst nachdem man das Eisen für den Guß abgestochen hat.

4. Einer der drei Probestäbe soll auf Zugfestigkeit und Dehnung, ein anderer auf Biegefestigkeit und Durchbiegung geprüft werden, der dritte wird für eine evtl. Nachprüfung aufbewahrt. Die Bruchstücke der Biegeprobe können auch für die Zugprüfung verwendet werden.

5. Entsprechen die Stäbe nicht den an sie gestellten Forderungen, so sind die Abgüsse der betreffenden Schmelze unbrauchbar.

6. Die Zerreißfestigkeit darf nicht unter 2800 kg/qcm sinken. Die auf 50 mm Länge bezogene Dehnung muß mindestens 2,5 v. H. betragen.

7. Der Biegungsstab soll bei 305 mm Auflageentfernung genau in der Mitte belastet werden und die Biegefestigkeit nicht unter 1360 kg/qcm bei mindestens 12,7 mm Durchbiegung betragen.

8. Für besonders wichtige Gußstücke und solche für außergewöhnliche Beanspruchung ist es notwendig, besondere Probekörper nach Vorschrift der Abnahmebeamten zu gießen. Ein solcher Probekörper soll am Gußstück verbleiben.

9. Man soll die Stücke nicht zu stark und nicht zu wenig tempern. Die Gußstücke müssen mindestens 60 Stunden in Vollhitze stehen.

10. Die Glühtöpfe soll man nicht eher entleeren, als bis die Gußstücke die Glühfarbe verloren haben.

11. Abgüsse und Modelle sollen genau entsprechen, frei von Tempererz, Rissen und sonstigen Fehlern sein. Ein Unterschied in der Größe von 1,5 mm auf 300 mm = $^1/_{200}$ soll gestattet sein. Für Fehler, die an ungleichen Querschnitten und Metallverteilungen liegen, kann der Gießer nicht verantwortlich gemacht werden.

Außerdem empfiehlt Moldenke Prüfungen auf Widerstandsfähigkeit gegen Stoßbeanspruchung.

Bezüglich der Stababmessungen hält Moldenke es für empfehlenswert, bei Gußstücken mit einem Querschnitt von 322 qmm = $^1/_2$ $\square''$ den Probestäben einen doppelt so großen Querschnitt, also 644 qmm, zu geben und bei dünneren Gußstücken den Stabquerschnitt halb so groß, also 322 qmm, zu halten. Die Stablänge soll in beiden Fällen 355 mm betragen. Einer späteren Arbeit aus dem Jahre 1916 von Pero und Nulsen (109) ist zu entnehmen, daß man die Zugstäbe 150 mm lang macht (Abb. 72a) und daß sie eine Zugfestigkeit von 3515 kg/qcm bei 5 v. H. Dehnung haben sollen. Ob diese Angabe als Normalvorschrift zu gelten hat, ist dabei nicht bemerkt. Moldenke selbst entnimmt das Eisen für die Probestäbe der fünften Handpfanne nach dem Abstch und der fünftletzten Pfanne. Er zieht den rechteckigen Querschnitt dem runden vor, weil er mehr der Querschnittsform der Abgüsse entspricht

Die Prüfungsergebnisse bei rechteckigen Stäben sind natürlich andere als bei runden, da der Gefügeaufbau bei den ersteren nach innen zu anders ist als bei den letzteren. Abb. 72a gibt Form und Abmessung des amerikanischen Prüfungsstabes wieder.

Die Biegeprüfung wird gewöhnlich mit einem Stab, der die gleichen Abmessungen hat wie der Zugstab, auf einer Biegeprüfungsmaschine vorgenommen. Man vereinfacht sich wohl auch die Sache, indem man das eine Ende des Stabes in einen Schraubstock einspannt, über das andere freie Ende ein Stück Gasrohr steckt und mit diesem den Stab biegt. Ein guter Stab läßt sich bis zu 150° und mehr biegen (Abb. 72b).

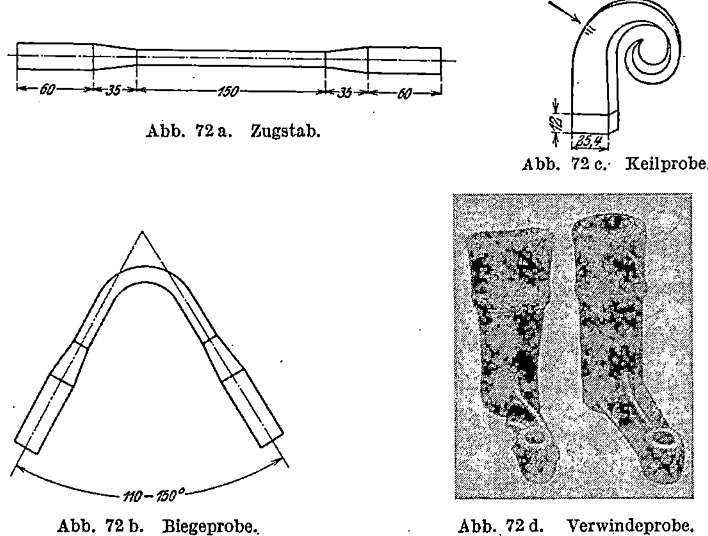

Abb. 72a.  Zugstab.

Abb. 72c.  Keilprobe.

Abb. 72b.  Biegeprobe.

Abb. 72d.  Verwindeprobe.

Abb. 72 a—d.  Amerikanische Prüfungskörper für Temperguß.

Dann stellt man in Amerika auch noch eine Prüfung mit keilförmigen Probekörpern an, die teilweise im harten Zustand, teilweise im geglühten Zustand geprüft werden, nachdem letztere mit den Gußstücken derselben Schmelze getempert sind. Die harten Keile werden auf ihr äußeres Aussehen geprüft und zerbrochen, um Saugstellen und Hohlräume feststellen zu können. Die Probekeile sind 15 cm lang und bis zur halben Länge quadratisch ausgebildet bei 25,4 mm Kantenlänge. Nach neueren Angaben (109) ist der quadratische Teil nur 12 mm lang; der Keil läuft auf eine Spitze von $1^1/_2$ mm Schneidenbreite aus. Man spannt diese Keile unter einem Fallhammer fest und läßt nun einen 35 kg schweren Hammer so oft auf die vorher mit dem Hammer vorgebogene Schneide fallen, bis der Keil bricht. Zunächst wird die Spitze gebogen, dann rollt sich der Keil zusammen (Abb. 72c). Aus der Länge des umgebogenen Endes und

der Stärke des Zusammenrollens kann man sich ein Urteil über die Biegefähigkeit bilden, während die Zahl der Schläge einen Anhalt für den
Widerstand gegen Ermüdungsbeanspruchung bietet. Früher hielten die
Keile nur etwa 7 Schläge aus, während man heute auf durchschnittlich
35 kommt. Der Keil bricht an der Stelle, an der die Krümmung des keilförmigen Teiles aufhört. Je dicker der Querschnitt an dieser Stelle ist,
desto besser ist das Erzeugnis. Einige nach dieser Prüfungsvorschrift
ausgeführte Versuche wurden auf S. 112 erwähnt. Neuerdings stellt man
in Amerika auch Verwindungsproben an, deren Durchführung aber
regellos und ohne bestimmte Grundlage ist. Abb. 72 d zeigt einen solchen
Probekörper vor und nach dem Versuch. Aus allen Prüfungsergebnissen
zusammen erhält man dann ein Gesamtbild von der Güte des Gusses, das
dann noch durch metallographische Prüfungen ergänzt werden kann.

In Amerika scheint die Frage, ob der Stahlguß den Temperguß oder
dieser jenen auf Grund seiner guten mechanischen Eigenschaften verdrängt, eine Tagesfrage zu bilden, über die man sich nicht ganz einig
ist. Pero und Nulsen wollen dem Temperguß den Vorrang geben (109),
während andere das Gegenteil behaupten.

Bei der Bearbeitung des Tempergusses treten häufiger
Schwierigkeiten auf; meist handelt es sich um zu hart ausgefallenes
Material, dem die Werkzeuge nicht gewachsen sind. Die zu bearbeiten-
den Stellen dürfen daher überhaupt kein Eisenkarbid und keinen Perlit
in größeren Anhäufungen enthalten. Treten solche Stellen auf, so liegt
der Fehler fast immer an einem unzureichenden Glühen der Gußteile,
dem man nur durch gute Ofenführung und selbstverständlich einen gut
arbeitenden Ofen mit richtig aufgestellten, bemessenen und sachgemäß
beschickten Töpfen begegnen kann. Näheres hierüber ist in Abschnitt 8
und 9 des zweiten Teiles ausgeführt. Der Guß darf weder zu früh aus
dem Ofen genommen, noch zu rasch abgekühlt werden. Deshalb ist es
erforderlich, daß man sich vor dem Entleeren der Öfen von der Bearbeit-
barkeit der Stücke überzeugt; man erkennt sie schon am Bruch, noch
sicherer ist es, wenn man das Probestück befeilt. Schlecht zu bearbeiten-
des Eisen kann auch durch zu starke Oxydation beim Schmelzprozeß
entstehen. Die Stücke sind äußerlich leicht zu erkennen und müssen
ausgeschieden werden, wenn die Verbrennung stark ist. Verbrannte Teile
sind äußerlich nicht nur hart, sondern auch innerlich oft morsch und
porös. Die Oxydation kann an schlechter Führung des Schmelzofens
liegen, aber auch an einem vorher nicht analytisch untersuchten, zu
siliziumarmen Einsatz, der von vornherein ein richtiges Glühen aus-
schließt. Natürlich darf man auch bei der Bearbeitung die Schuld nicht
ohne weiteres beim Material suchen. Auch die Werkzeuge können untauglich, d. h. zu schwach sein, der Vorschub muß entsprechend eingestellt sein usw. (s. a. 62 a).

## 12. Die magnetischen Eigenschaften.

Über das magnetische Verhalten des Tempergusses liegen, soweit meine literarischen Nachforschungen sich erstrecken, keine genaueren Untersuchungen vor. Indessen kann man aus dem ganzen Charakter des Erzeugnisses heraus schließen, daß es sich für Dauermagnete u. a. nicht eignen wird. Anders liegt die Sache, wenn es sich um Gegenstände handelt, die magnetisch weich sein müssen. Tatsächlich werden ja auch schon eine ganze Reihe von Teilen für elektrische Maschinen aus Temperguß hergestellt. Verschiedene Umstände lassen darauf schließen, daß er sich sogar besser dafür eignet als viele Gußeisensorten. Bei Gußeisen sowohl als auch bei Stahlguß hat man festgestellt, daß das ein- oder mehrmalige Ausglühen der Gußstücke die magnetischen Eigenschaften verbessert; das Material wird durchlässiger und leichter induzierbar. Die Hysteresisverluste werden geringer. Bekanntlich nimmt die magnetische Weichheit und Beeinflußbarkeit eines Materials zu, je reiner es ist. Infolgedessen wird ein Temperguß um so geeigneter sein, je weitgehender die Entkohlung getrieben wird und je geringer der Gehalt an gebundener Kohle ist. Da Silizium eine reichliche Temperkohleabscheidung fördert, so werden auch durch einen gewissen Gehalt an diesem Fremdkörper mittelbar die magnetischen Eigenschaften verbessert. Das in dem Temperguß nach der Entkohlung zurückbleibende Silizium wirkt passiv, d. h. es verringert den Magnetismus nur, insofern es induzierbaren Raum fortnimmt. Man kann also sagen, daß sich die magnetisch weichen Eigenschaften mit zunehmendem Siliziumgehalt verschlechtern. Die, verglichen mit dem Gußeisen, als gering anzusprechenden Siliziummengen des Tempergusses fallen aber nicht stark ins Gewicht. Da sich nach dem auf S. 97 Ausgeführten die von dem vergasten Kohlenstoff hinterlassenen Hohlräume verschweißen, so ist eine nachteilige Beeinflussung der Aktivität durch leere Räume i. a. nicht sehr zu befürchten. Sollten auch nicht alle Hohlräume auf diese Weise aufgehoben werden, so würde die Beeinträchtigung der magnetischen Eigenschaften durch ein teilweises Zusammenschließen der Ferritkörner doch wenigstens gemildert. Im übrigen wirken aber alle Vergasungshohlräume, Lunker, schwarze Stellen usw. ungünstig auf die Magnetisierbarkeit. Da ein guter Temperguß aus Ferrit und Perlit besteht, der Perlit die magnetischen Eigenschaften weit weniger ungünstig beeinflußt als Zementit oder Martensit, so steht auch dem gesamten Aufbau des Tempergusses seiner Verwendung als magnetisch weiches Material nichts entgegen. Die ausgeschiedene amorphe Temperkohle verhält sich ebenso wie der Graphit den magnetischen Eigenschaften gegenüber neutral; nur insofern übt auch sie einen Einfluß aus, als sie den Raum für magnetisierbares Eisen einschränkt. Im ganzen spricht also der Gesamtcharakter des schmiedbaren Gusses für eine Verwendung in allen solchen Fällen, wo es auf ein magnetisch weiches Material ankommt und weiche Stahlgüsse aus irgendwelchen Gründen nicht in Frage kommen. Daß man den Temperguß nicht stärker für diese Zwecke heranzieht, liegt wohl z. T. an der Gewichtsbeschränkung solcher Stücke und daran, daß er teurer als Gußeisen ist. Auch die oft erforderlichen stärkeren Querschnitte mögen den Verwendungsbereich einschränken.

Einen gewissen Anhalt dafür, daß der Temperguß dem Grauguß in magnetischer Hinsicht überlegen ist, bietet die Abb. 73. Die Linien $A$, $B$, $C$ entsprechen drei Gußeisensorten mit 2 bis 3 v. H. Graphit. Das Material A enthielt 0,7 bis 0,8 v. H. gebundenen Kohlenstoff, Material B 0,45 bis 0,65 v. H. und Material C 0,18 bis 0,21 v. H. Die Zunahme der Induktion mit Abnahme des gebundenen Kohlenstoffs ist offensichtlich. Daneben

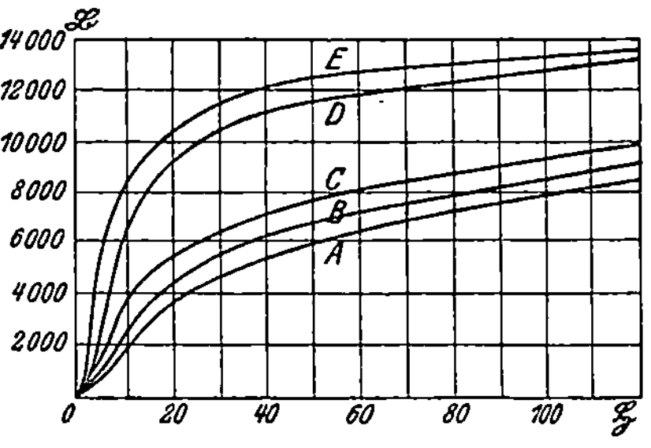

Abb. 73. Magnetische Kurven von Grau- und Temperguß.

übt der etwa schwankende Graphitgehalt auf die Permeabilität nach Parshall (XI, S. 117) keinen sehr bemerkbaren Einfluß aus. Die Linien $D$ und $E$ beziehen sich auf zwei schmiedbare Gußeisensorten, die folgende Zusammensetzung hatten (Zahlentafel 44). Die Temperkohle ist hier jedenfalls der Gepflogenheit der englischsprechenden Länder gemäß mit Graphit bezeichnet.

**Zahlentafel 44.**

Analysen magnetisierten schmiedbaren Gusses.

| Material | Geb. C % | Graphit % | Si % | Mn % | P % | S % |
|---|---|---|---|---|---|---|
| A | 0,50 | 2,119 | 0,578 | 0,164 | 0,303 | 0,080 |
| B | 0,83 | 2,201 | 0,930 | 0,116 | 0,039 | 0,050 |

Aus der Lage der Linien $D$ und $E$ zu derjenigen der Linien $A$, $B$, $C$ geht ohne weiteres die Überlegenheit des schmiedbaren Gusses über das Gußeisen hervor. Parshall schreibt die Zunahme der Permeabilität der Entkohlung des Eisens zu.

Anschließend mögen hier noch die Versuche Leuenbergers (87) über die elektrische Leitfähigkeit des Tempergusses Erwähnung finden. Die aus dem schon mehrfach erwähnten (s. S. 68), verschieden silizierten Material gegossenen und verschiedener Glühdauer ausgesetzten Stäbe wurden oberflächlich abgedreht und ihr elektrischer Widerstand mittels einer Thomsonschen Doppelbrücke bestimmt. Die sich bei den Messungen ergebenden Mittelwerte wurden zu dem Schaubild nach Abb. 74 vereinigt, aus dem sich ergibt, daß der elektrische Widerstand mit steigendem Siliziumgehalt wächst. 1 v. H. Silizium bewirkt im geglühten Material eine Erhöhung des spez. Widerstandes um $32\,\Omega \cdot \mathrm{cm}^{-3} \cdot 10^6$. Die verschieden tiefe Lage der Linien *I* bis *V* besagt ferner, daß mit der Dauer des Glühens der spez. Widerstand verringert wird. (Linie *I*, *II*, *III*, *IV* und *V* entsprechen einer diesbezüglichen Glühdauer von 95, 130, 175, 225 und 260 Stunden.)

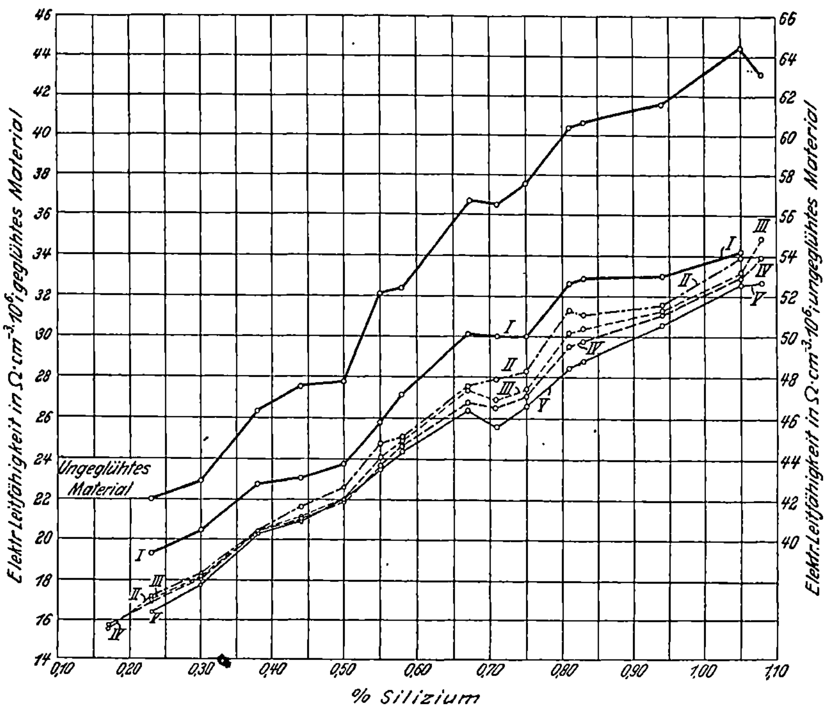


Abb. 74. Elektrischer Widerstand in Abhängigkeit vom Siliziumgehalt (87).

## 13. Widerstand gegen chemische Einflüsse.

Über die Widerstandsfähigkeit des schmiedbaren Gusses gegen chemische Einflüsse (Korrosionen) liegt nur spärliche Literatur vor. Es fehlt gänzlich an Untersuchungen, die sich mit einem Vergleich des Tempergusses mit Grauguß und Stahlguß befassen. Man sagt zwar dem Temperguß eine besondere Widerstandsfähigkeit gegen Rosten nach, wie z. B. Pero und Nulsen (109), aber diese Angabe stützt sich nicht auf irgendwelche Nachweise und sagt nicht, welche Art des Angriffs gemeint ist. Allgemeine Erwägungen führen bei der Unsicherheit der Korrosions- und Rosttheorien zu gar keinem Ziel. Die Einordnung des schmiedbaren Gusses in die Spannungsreihe, der besondere Einfluß des langandauernden Glühens, die Wirkung der Fremdkörper, insbesondere des Siliziums, und das Verhältnis der Kohlenstofformen zueinander, der Aufbau nach Gefügebestandteilen, besonders die Beschaffenheit der stark ferritischen Außenschichten, die Wirkung von Oxydationseinschlüssen usw., alles das sind Umstände, die das Verhalten des Tempergusses mehr oder weniger beeinflussen können und werden, über die bis jetzt aber noch so gut wie nichts bekannt ist.

Die ersten systematischen Untersuchungen scheint Leuenberger (87) angestellt zu haben, indem er das Verhalten verschieden silizierter Tempergußproben studierte. Er setzte einem Eisen mit 3,19 v. H. Kohlenstoff, 0,13 v. H. Mangan, 0,061 v. H. Phosphor, 0,057 v. H. Schwefel wachsende Mengen Silizium von 0,17 v. H. bis 1,08 v. H. zu und glühte die Versuchskörper 75 und 250 Stunden lang. Dann wurden die Proben 20 Tage einem gleichmäßig fließenden Wasserstrom von 12 bis 15° ausgesetzt und die Gewichtsabnahme der einzelnen Versuchskörper ermittelt. Das

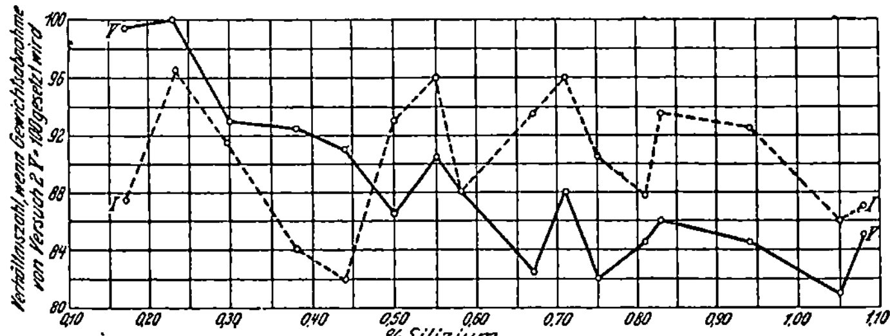



Abb. 75. Rosten in fließendem Wasser in Abhängigkeit vom Siliziumgehalt (87).

Ergebnis ist in dem Schaubild nach Abb. 75 niedergelegt. Bei der kurzen Glühung (Linie *I*) ist ein ausgeprägter Einfluß des zunehmenden Siliziumgehaltes nicht erkennbar, während er bei dem 250 Stunden hindurch geglühten Material (Linie *V*) deutlich hervortritt. Mit zunehmendem Siliziumgehalt verbessert sich die Widerstandsfähigkeit gegen das Rosten. Im Bereich der praktisch vorkommenden Siliziumgehalte, also über 0,5 v. H., scheint die Glühdauer die Widerstandsfähigkeit gegen Rosten zu erhöhen, wenigstens bewegt sich Linie *V* in ihrem letzten Teile unterhalb der der kürzeren Glühung entsprechenden Linie *I*.

Die Feuerbeständigkeit des Tempergusses ist gut, ebenso diejenige des Temperrohgusses; man stellt ja vielfach die Glühkisten aus derselben Gattierung her, aus der auch der Temperguß herrührt.

# II. Die Technologie des schmiedbaren Gusses.

## 1. Der Vergleich der verschiedenen Schmelzverfahren zur Herstellung des Rohgusses.

Alle in der Eisen- und Stahlgießerei in Gebrauch befindlichen Schmelzöfen können zur Erzeugung des Tempergusses herangezogen werden, der Kupolofen so gut wie der Tiegelofen, der gewöhnliche Flammofen, der Ölflammofen, der Martinofen oder Elektroofen. Man hat sich vielfach über die Zweckmäßigkeit des einen oder anderen Schmelzverfahrens gestritten, ohne daß man zu einem unbedingt sicheren Ergebnis gelangt wäre. Die Güte des Erzeugnisses, die Billigkeit des Verfahrens sind die beiden Momente, die man gegeneinander ausspielt.

Im Grunde sind es hinsichtlich der Güte die beiden Elemente Kohlenstoff und Schwefel, die als ausschlaggebend in Frage kommen. Faßt man die Qualität ins Auge, so zeigt sich, daß sich alle Schmelzofenarten in bezug auf den Phosphor die Wage halten, insofern der einmal im Ausgangsmaterial vorhandene Phosphorgehalt nicht aus dem Eisen entfernt wird, woraus sich ergibt, daß man in allen Fällen phosphorarme Einsätze auswählen soll. Hinsichtlich des Mangan- und Siliziumgehaltes läßt sich in allen Öfen so viel erreichen, daß man bei richtiger Berechnung und Zusammenstellung der Gattierung die erforderlichen Gehalte im Enderzeugnis leicht erhalten muß. Man ist beim Tiegelofen, Kupolofen und teilweise auch beim einfachen Flammofen an eine strengere Auswahl des Materials gebunden, weil im Tiegel (und ebenso in der Öltrommel) die anfängliche Zusammensetzung im ganzen dieselbe bleibt und weil man sich beim Kupolofen und Flammofen an die erfahrungsmäßig festliegenden Abbrandziffern halten kann. Beim Kleinkonverterbetrieb hat man es, allerdings nur auf Grund längerer Erfahrung, in der Hand, durch eine richtig bemessene Blasedauer jeden verlangten Siliziumgehalt zu treffen, während man beim Martinprozeß und Elektroofen einen etwa vorhandenen Überschuß an Silizium oder Mangan durch eine entsprechend verlängerte Frischdauer entfernen kann. Der Kohlenstoffgehalt jedoch läßt sich im Kupolofen nicht in genauen Grenzen halten, weil er sich in einem nicht immer absehenden Maße infolge des Schmiedeeisenzusatzes anreichert und unter ein bestimmtes Maß überhaupt nicht herabsetzen läßt. Im Tiegel dagegen wird der Kohlenstoffgehalt des Einsatzes nur wenig geändert; beim gewöhnlichen Flammofen ließe sich der Kohlenstoffgehalt wohl durch entsprechende Gattierung (vermehrten Zusatz von Stahl- oder Schmiedeeisenschrott) vermindern, doch der Herabminderung ist eine Grenze gesetzt, weil sonst die Feuerung nicht die nötige Hitze aufzubringen vermag, um dem Bad die richtige Temperatur und Dünnflüssigkeit zu erteilen; ein mäßiges und vorteilhaftes Frischen ist aber im Flammofen immer möglich, wenn man die Kohlenstofferniedrigung in der Hauptsache nicht durch Schmiedeeisenzusatz erreichen will. Beim Konverterbetrieb läßt sich der erforderliche Kohlenstoffgehalt ebenfalls durch Einhalten einer bestimmten, erfahrungsmäßig festgelegten und an den gewünschten Siliziumgrad gebundene Blasezeit erzielen, ebenso kann im Martinofen der Kohlenstoffgehalt durch eine angemessene Frischdauer innerhalb ziemlich weiter Grenzen geregelt werden. Hinsichtlich des Schwefels stehen der Kupolofenbetrieb und der Kleinbirnenbetrieb gleich ungünstig da, denn der im Kupolofen einmal aufgenommene Koksschwefel läßt sich weder im Kupolofen noch im Konverter entfernen. Nicht ganz mit Unrecht weist Moldenke in seiner mehrerwähnten Schrift (V) darauf hin, daß man beim Konverterbetrieb davon ausgehe, der Rohguß müsse verfeinert und deshalb gefrischt werden. Die im Konverter vorgenommene mäßige Verringerung des Silizium-, Mangan- und Kohlenstoffgehaltes könne aber in jedem anderen Schmelzofen durch entsprechenden Stahlschrottzusatz billiger und ebensogut erreicht werden. Auch sei im Konverter ein höherer Siliziumeinsatz erforderlich, um die nötige Gießtemperatur zu erzielen. Das sei ein nutzloses Erhöhen des Abbrandes, das den Prozeß nur verteuere. — Im Tiegel tritt im ganzen keine Veränderung des Schwefelgehaltes, unter Umständen eine ganz geringe Abnahme ein. Bei der Öltrommel besteht die noch nicht weiter untersuchte Möglichkeit einer unbedeutenden Schwefelzunahme. Im Flammofen erleidet das Bad eine, wenn auch nicht der im Kupolofen vergleichbaren, so doch merkliche Anreicherung durch aus den Heizgasen aufgenommenen Schwefel; man nimmt gewöhnlich an, daß diese Aufnahme etwa 25 bis 50 v. H. von derjenigen im Kupolofen ausmacht. Übrigens kommt es, abgesehen davon, daß die Qualität des Kupolofenerzeugnisses geringer ist, auch leichter vor, daß man im Kupolofen durch Verbrennen zähflüssiges Eisen und infolgedessen blasige Gußstücke erhält. Im Martinofen unterliegt der Schwefelgehalt keiner wesentlichen Änderung. Das beste Enderzeugnis liefert unzweifelhaft der Tiegel, sofern der Einsatz sorgfältig ausgewählt war. Natürlich macht sich bei allen Schmelzverfahren die Auswahl eines reinen und den Zwecken entsprechenden Einsatzmaterials im Enderzeugnis geltend. Indessen hat es keinen Sinn, wenn man bei Anwendung des Kupolofenprozesses, um ein möglichst schwefelfreies Enderzeugnis zu erhalten, die teueren und schwefelreineren schwedischen Holzkohleneisen verwendet, um diese nachher im Schmelzprozeß wieder einer reichlichen

Schwefelaufnahme auszusetzen, und ebenso unzweckmäßig dürfte es sein, die ebenfalls teueren, aber an sich schon schwefelreicheren, wenn auch sonst reinen englischen Weißeisensorten zu verwenden, um ihren Schwefelgehalt nachträglich noch weiter zu erhöhen. Wir besitzen in bestimmten deutschen Roheisensorten, namentlich in dem grauen und weißen Koksroheisen der Duisburger Kupferhütte, Marken, die vollwertigen Ersatz bieten. Etwas anderes ist es bei den für den Martinofen und Tiegel bestimmten Einsätzen, die von vornherein auf Qualität verarbeitet und dementsprechend rein sein müssen. Im übrigen prägt sich der Güteunterschied zwischen den in den verschiedenen Öfen erschmolzenen Erzeugnissen im allgemeinen durchaus nicht so scharf aus, wie es theoretisch der Fall sein müßte, weil man es an der sorgfältigen Beachtung aller das Enderzeugnis beeinflussenden Umstände offenbar doch häufig fehlen läßt. So trifft man namentlich bei den Kupolofenerzeugnissen auf recht ungleichwertige Qualitätsziffern. Manche kommen nicht über 1 und 2 v. H. Dehnung bei mäßiger Festigkeit hinaus, wobei häufiger der Schwefelgehalt noch nicht einmal übermäßig hoch ist, während andere bei ziemlich hohen Schwefelgehalten (s. S. 72), aber sonst günstiger Zusammensetzung und günstiger Wärmebehandlung auf 4 und 5, selbst 6 v. H. Dehnung bei 35 bis 38 kg Festigkeit kommen. Nicht gerade selten kann man feststellen, daß sogar Kupolofentemperguß dem im Konverter- oder dem Martinofen erzeugten gleichwertig oder gar überlegen ist. Die Zahlentafel 40 gibt hierüber nähere Aufschlüsse.

Was nun die Wirtschaftlichkeit und die sonstigen Vor- und Nachteile der verschiedenen Ofenarten anlangt, so steht der Kupolofen zweifellos am günstigsten da. Er kann schnell größere Mengen Eisen ohne großen Abbrand bei geringstem Brennstoffaufwand (20 bis 30 v. H.) liefern. Die Anschaffungskosten, die Unterhaltungskosten (Ofenausmauerung) und die Ausgaben für Bedienung sind mäßig. Allerdings sind die Ausgaben für die Erneuerung des Ofenfutters und für den Koksverbrauch, die um so höher steigen, je mehr Schmiedeeisen gesetzt wird, erheblich größer als beim Schmelzen von Grauguß. Die erwähnten Vorteile behält der Kupolofen dennoch allen anderen Ofenarten gegenüber. Man hat zwar den Martinofenbetrieb unter der Voraussetzung, daß er auch nachts zum Schmelzen von Masseln, kleinen Schmiedeblöcken oder sonstiger grober Gußwaren, die ohne viel Wartung abgegossen werden können, benutzt wird, für ebenso wirtschaftlich oder noch wirtschaftlicher hingestellt als den Kupolofen. Aber die Verhältnisse liegen doch meist so, daß man nur am Tage gießt und in der Nacht den Ofen warmhalten muß, und daß man in der Regel Öfen mit kleinem Fassungsvermögen von 2 oder 5 t im Gebrauch hat. In diesen Fällen, in denen der Brennstoffverbrauch auf 45, 50 v. H. und noch mehr steigt, kann von einer gleichen Wirtschaftlichkeit nicht die Rede sein. Nur große Öfen, die in Tag- und Nachtschicht regelmäßig in Betrieb sind, können den Vorsprung des Kupol-

ofens überholen. Verweist man darauf, daß der Martinofen auch für
Stahlguß verwendet werden kann, so besteht beim Kupolofen die Möglichkeit, Grauguß, und zwar solchen von verschiedener Qualität, in kurzen
Zeitabständen zu erzeugen. Aber auch diese Nebeneinanderstellung ist
nicht maßgebend, da ja die allgemeinen Fabrikationsbedingungen in
der Hauptsache entscheidend sind. Ein Betrieb, der z. B. bislang nur
Grauguß erzeugt hat und dessen Räumlichkeiten und sonstigen Betriebs-
verhältnisse auf Grauguß zugeschnitten sind, wird etwa zur besseren Ausnutzung seiner Kupolofenanlage mit Vorteil die Tempergußerzeugung im
Kupolofen aufnehmen, und umgekehrt eine Stahlformgießerei die Tempergußherstellung im Martinofen. Die Verhältnisse können hier sehr verschieden liegen. Ein Nachteil des Kupolofengusses ist die längere Glühdauer des Rohgusses. Gegenüber dem einfachen Flammofen machen
sich dieselben Vorteile des Kupolofens geltend, denn auch dieser ist
anspruchsvoller bezüglich der Anlagekosten, Bedienung (gelernte
Schmelzer) und Unterhaltung. Auch der Abbrand ist beim Flammofen
höher. Flammofen wie Martinofen liefern aber Material, das in bezug
auf seine Zusammensetzung und wohl auch hinsichtlich seiner Temperatur
gleichmäßiger ist, dabei ist der Einsatz großer Bruchstücke möglich.
Der Vorsprung des Kupolofens gegenüber dem Flammofen wird etwas
ausgeglichen durch den Preisunterschied zwischen Koks und Kohle.
Der Flammofen braucht mehr Zeit zum Schmelzen derselben Eisenmenge.

Übrigens hat ein Vergleich zwischen Kupolofen und Flammofen für
Deutschland keine praktische Bedeutung. Anders in Amerika. Aber hier
hat sich der Flammofen derart eingebürgert, daß von einem Wettbewerb
gar keine Rede sein kann. Der Flammofen zeigt hier infolge seiner größeren Leistungsfähigkeit bei Massenerzeugung, auf die ja der ganze amerikanische Betrieb zugeschnitten ist, eine so große Überlegenheit, daß der
Kupolofen in Gießereien mit einer Tageserzeugung von über 5 t für die
Herstellung von Rohguß kaum mehr anzutreffen ist. In solchen Betrieben wird er nur noch für die Fabrikation der Glühtöpfe verwendet.
Der Nachteil, daß der Flammofen mehr Zeit braucht, um flüssiges Material zu liefern, wird dadurch behoben, daß man einfach mehrere Flammöfen aufstellen und im Betrieb beliebig verteilen kann. Die höheren Anlagekosten machen sich immer bezahlt. Vor allem erblickt der Amerikaner in dem abgekürzten und bei niedrigerer Temperatur stattfindenden
Glühen des Flammofenrohgusses einen erheblichen wirtschaftlichen Vorsprung, da beträchtlich an Brennstoff gespart wird.

Gegenüber dem Kupolofenerzeugnis kann kein wirtschaftlicher Vorteil auf seiten der Birne gebucht werden, da ja die Kosten des Birnenbetriebes noch zu denjenigen des Kupolofenschmelzens hinzukommen.
Bei einem mir bekannten Betrieb beliefen sich z. B. früher die Kosten
für das im Kupolofen erschmolzene flüssige Material auf 9,9 M. für 100 kg
und das in der Birne erblasene auf 12 M. für 100 kg. Der in demselben

Betrieb hergestellte Tiegelguß stellte sich auf 17 M. für 100 kg. Jedenfalls aber bietet der Birnenbetrieb den nicht zu unterschätzenden Vorteil, daß er gestattet, ausschließlich mit inländischem Roheisen (Hämatit und Schrott) statt der teuren schwedischen Marken zu arbeiten.

Der einfache Flammofen, verglichen mit dem Martinofen, ist wirtschaftlich unterlegen, schon deshalb, weil die längere Schmelzdauer einer Charge eine mäßigere Ausnutzung des Ofens ermöglicht; dabei sind die Kosten für Unterhaltung und Bedienung nicht wesentlich geringer. Der Brennstoffverbrauch allerdings etwas geringer, wenn beim Martinofen nur in Tagschicht gearbeitet wird. Der Martinofen liefert hingegen heißeres und dünnflüssigeres Material. Der Hinweis, daß man im Martinofen auch Stahlguß erzeugen kann, ist nur dann stichhaltig, wenn beide Ofenarten im Tagesbetrieb für Temperguß nicht völlig ausgenützt werden können, was in Amerika kaum der Fall sein dürfte.

In Deutschland spielt der Wettbewerb zwischen Flammofen und Martinofen weiter keine Rolle, da wir den Flammofen nicht benutzen. Anders in Amerika. Moldenke faßt seine Meinung über diesen Punkt ungefähr in folgende Sätze zusammen (V). Der Flammofen ist billig in der Anlage, die Bedienung ist einfacher wie beim Martinofen. Auch kleine Flammöfen von 3 t haben noch einen guten Wirkungsgrad; seine Größe ist beschränkt, weil die Schmelze in sehr großen Öfen nicht rasch genug vergossen werden kann und ihre Zusammensetzung geändert wird. Derselbe Herd läßt sich ohne Erneuerung oftmals benutzen. Man kann den Flammofen überall in der Gießerei hinsetzen und braucht keine Ausschachtungen und Beschickbühne. Richtig gattiert ist das Flammofenerzeugnis sehr gut, der Brennstoffverbrauch bei guter Führung nicht zu hoch. Flammöfen können für Reparaturen rasch kalt gestellt werden; die Ausbesserungen selbst sind billiger, auch deshalb, weil keine Generatoren nötig sind. Allerdings dauert das Schmelzen einer Flammofencharge eine Stunde länger als im Martinofen, weil der Ofen bei Beginn des Betriebes kälter ist, das beeinflußt auch das Erzeugnis. Der Brennstoffverbrauch ist größer als beim Martinofen. Außer der Gefahr der stärkeren Oxydation in großen Öfen besteht auch die Gefahr der Schwefelaufnahme aus dem Brennstoff. Dennoch tritt Moldenke für den Flammofen als dem besseren Schmelzapparat für Temperguß ein. Nur in den größten Gießereien, die Tausende von Tonnen Guß auf einmal herstellen, ist der Martinofen im Vorteil, auch dann, wenn in kleineren Betrieben jahraus, jahrein derselbe Guß hergestellt wird. Moldenke empfiehlt daher (für amerikanische Verhältnisse), beide Ofenarten in einem Betrieb aufzustellen, den Flammofen für kleinen, leichten Guß bei unterbrochener Arbeitsweise und den Martinofen im Dauerbetrieb für gleichbleibende Fabrikation.

Gegenüber dem Tiegelofen ist der Flammofen durch Lieferung größerer Mengen und geringere Erzeugungskosten überlegen.

Der Martinofen tritt schon insofern mit der Birne in schärferen
Wettbewerb, als beide auch gleichzeitig Stahlguß zu liefern in der Lage
sind für den Fall, daß die Schmelzöfen am Tage für die Herstellung des
Tempergusses nicht voll ausgenutzt werden sollten. Ein allgemeiner Vergleich ist hier noch weniger als in allen anderen Fällen möglich, denn
einen wesentlichen Gesichtspunkt bildet hier das Fassungsvermögen der
beiden Ofenarten. Man kann nicht etwa eine Birne mit einer Aufnahme
von 800 bis 1000 kg mit einem 5 oder 8 t-Martinofen vergleichen. Setzt
man aber ein gleiches Fassungsvermögen voraus, so ist die Kleinbirne
in der Leistungsfähigkeit entschieden überlegen, besonders wenn man
nur in Tagschicht arbeitet. Ein Kleinkonverter von 2 t vermag in dieser
Zeit, wenn der Betrieb mit hinreichender und bequem angelegter Trans-
porteinrichtung ausgestattet ist und über gut geschulte Bedienung verfügt, 30 t und mehr flüssiges Eisen zu liefern, während ein 2 t-Martinofen
im besten Falle auf 6 bis 8 t bei weitgehender Herdausnutzung kommt.
Ein Kleinkonverter ist hinsichtlich der Tagesleistung, wie sich leicht
überschlagen läßt, selbst Martinöfen von erheblich größerem Fassungsvermögen überlegen, da letztere über 3 Chargen in der Tagschicht gewöhnlich nicht hinauskommen. Hinzu kommt dann noch der Umstand,
daß der Martinofen nachts warmgehalten werden muß und Brennstoff verbraucht, während der Konverterbetrieb einfach eingestellt wird und außer
dem Schmelzkoks, Füllkoks und Anheizmaterial des Kupolofens und für
Vorheizen der Birnen keinen Brennstoff erfordert. Hier stehen sich etwa
25 bis 30 v. H. Koks bei der Birne und 45 bis 50 v. H. Kohle beim Martinofen gegenüber, ein Unterschied, der auch nur durch den Preisunterschied
zwischen Koks und Kohle gemäßigt wird. Die Unterhaltungskosten und
Beschaffungskosten dürften nicht so weit auseinanderliegen, wie man auf
den ersten Blick anzunehmen geneigt ist, denn man hat beim Birnenbetrieb
immer die Kupolofenanlage mit Gebläse und die Birnengebläse sowie die
Motore mit in Rechnung zu setzen. Jedenfalls sind die Anlagekosten
für den Birnenbetrieb nicht gering, wie z. B. Schrage (131) meint. Der
Vergleich ändert sich natürlich sofort, wenn der eine oder andere Ofen
für Stahlguß und der Kupolofen etwa für Grauguß herangezogen wird.
Im übrigen sollte man die gewöhnlich angeführte Überlegenheit des
Birnenmaterials hinsichtlich höherer Temperatur und Dünnflüssigkeit
nicht auf schmiedbaren Guß übertragen, da der Martinofen in jedem Falle
die in dieser Hinsicht an den Temperguß gestellten Anforderungen leicht
erfüllt. Die Überlegenheit der Birne bei Herstellung feingliedriger, dünnwandiger Stücke gilt nur für Stahlguß. Zur Herstellung starkwandiger
Tempergußstücke ist der Martinofen sehr wohl geeignet. Überhaupt
liegt ein Vorteil des Martinofens darin, daß man die Zusammensetzung
des Hartmaterials im Martinofen der Wandstärke der Gußstücke entsprechend abstufen und schließlich auch noch einen etwa übrigbleibenden
Rest im Ofen durch entsprechende Zusätze oder auch durch Weiter-

frischen für andere Zwecke verwendbar machen kann. Aber diese kleinen Vorsprünge dürften nicht allzu schwer ins Gewicht fallen. Die Wirtschaftlichkeit beim Martinofen verbessert sich ganz erheblich beim Dauerbetrieb und mit gleichzeitiger Steigerung der Erzeugungsmenge. Hinsichtlich der Güte des Materials dürfte theoretisch wenigstens der Martinofen überlegen sein, da sein Erzeugnis, wie schon gesagt, bei richtiger Auswahl immer schwefelfreier ist. In bezug auf die Gestehungskosten des flüssigen Eisens halten sich Birne und Martinofen zwischen denjenigen des Kupolofenbetriebes und des Tiegelofenbetriebes; sie werden im allgemeinen nicht weit auseinandergehen und lagen in Zeiten vor dem Kriege etwa bei 12 M., dabei kann in einem Fall das Birnenmaterial etwas billiger und teurer gewesen sein, das andere Mal dasjenige des Martinofens.

In bezug auf Qualität läßt der Martinofen dem Tiegelofenerzeugnis kaum etwas nach, denn in beiden hängt die Güte des Erzeugnisses lediglich von der Güte des Einsatzes ab. Der Martinofen zeigt sich insofern überlegen, als er in Unterhaltung und Bedienung billiger ist als der etwas umständliche Tiegelofenbetrieb und insofern, als er größere Mengen liefert, was hier ausschlaggebend ist; auch ist das Material oft nicht so dünnflüssig, wie es erforderlich wäre, da man sich vielfach der alten einfachen Schachttiegelöfen bedient, die große Koksfresser sind und doch nicht immer die selbst für einen nicht allzu schwer schmelzbaren Einsatz nötige Hitze zur Verflüssigung und Überhitzung liefern. Der Grad der Schmelzbarkeit ist ja wesentlich von dem Schmiedeeisenzusatz abhängig, der aber beim Tiegelofen sehr beschränkt ist und den man am besten nicht über 10 v. H. steigert, weil der Guß sonst leicht porös wird und die Vorteile der ausgewählten Zusammensetzung hinfällig werden.

Aus dem Gesagten geht hervor, daß der Tiegelofen zwar das beste aber auch das teuerste Erzeugnis liefert. Seitdem man jedoch fast ebenso gute oder gleich gute Erzeugnisse im Martinofen erzielt hat, hat man den Tiegelofen mehr und mehr verlassen. Mir sind mehrere Firmen bekannt, die mit dem Schmelzen im Tiegelofen anfingen, dann den Kupolofen benutzten und schließlich zum Birnen- oder Martinofenbetrieb übergingen oder diesen neben dem Kupolofenbetrieb unterhalten. Man darf nämlich bei allem vorher Ausgeführten auch nicht vergessen, daß die Anforderungen an die Güte des schmiedbaren Gusses verschieden sind und für manche Zwecke auch ein Metall mit geringeren Qualitätsziffern genügt, die beim Kupolofenerzeugnis leicht zu erzielen sind.

Das im Ölflammofen hergestellte Erzeugnis ist dem im Tiegel erschmolzenen ungefähr gleichwertig. Jedoch wird es im Gegensatz zu letzterem etwas gefrischt (s. S. 153). Die Wirtschaftlichkeit richtet sich auch hier nach der Größe des Ofeninhaltes, der etwa zwischen 250 bis 1500 kg liegt; ferner ist die Art des Einsatzes mitbestimmend, da man bei höherem Stahlzusatz länger schmelzen muß. Der Ölaufwand bewegt sich meist in den Grenzen zwischen 18 und 25 v. H. Chargen mit 30 v. H. Stahlzusatz kann man ohne Umstände in $2^1/_2$ Stunden fertig blasen bei entsprechend höherem Ölverbrauch. Daß der Ölflammofen demnach hinsichtlich seiner Wirtschaftlichkeit mit den Öfen großer Leistungen (Kupolofen, Flammofen, Martinofen, Birne, Elektroofen) in Wettbewerb treten könnte, ist nicht anzunehmen. Dem Tiegelofen aber bleibt er in dieser Hinsicht überlegen. Im übrigen hat er den Vorzug bequemer Handhabung, der Sauberkeit und Betriebssicherheit. Der Abbrand bleibt gering, da man nötigenfalls reduzierend blasen kann; er ist, wenn man nicht frischt, etwa so groß wie im Tiegelofen.

Verwendet man den Elektroofen für die Herstellung schmiedbaren Gusses, so kann er in gleichem Sinne benutzt werden wie der Martinofen, nämlich als einfacher Einschmelzapparat, in dem auf einen bestimmten Silizium- und Kohlenstoffgehalt heruntergefrischt wird. Der Vorzug liegt dabei lediglich in der Möglichkeit, ein sehr heißes, dünnflüssiges Material zu gewinnen. Hinsichtlich der Güte ist dieses dann in keiner Weise dem Martinmetall überlegen, da in diesem Falle auch alles von der Auswahl des Einsatzes abhängig ist. Wollte man im Elektroofen, was ja wohl naheliegt, darauf hinarbeiten, den Phosphor und Schwefel aus dem Eisen zu entfernen, wie das in der Literatur (23, 131) gewöhnlich als besonderer Vorteil betont wird, so wäre das zwar möglich, aber auf Grund des metallurgischen Verlaufs des Frischens im Elektroofen nur durch eine weitgehende Entfernung aller Fremdkörper. Den Charakter des schmiedbaren Gusses könnte man also nur auf dem Wege über den Stahl bzw. weiches Flußeisen und durch nachträgliche Zusätze erreichen, was aber dem Sinn der ganzen Herstellung des Tempergusses, der doch ein Zwischenerzeugnis zwischen Gußeisen und Stahl ist, entgegenliefe. Dies scheint man bei der Hervorkehrung des fraglichen Vorsprunges nicht in Betracht gezogen zu haben.

Im übrigen hat das Schmelzen im Elektroofen eine Reihe in die Augen springender Vorteile. Das Erzeugnis ist gleichmäßiger als beim Kupolofen und Flammofen, jeder Überhitzungsgrad läßt sich leicht erzielen. Der Betrieb ist sauberer, die Arbeit bequemer, da das Herbeischaffen und Fortschaffen des Kokses, der Kohle und Asche fortfällt. Der Prozeß läßt sich leicht überwachen. Man kann unter Luftabschluß schmelzen, falls es wünschenswert erscheint. Handelt es sich nur um Einschmelzen und möglichste Beibehaltung der ursprünglichen Zusammensetzung des Einsatzes, so läßt sich beides im Elektroofen leicht und sicher erreichen; der Luftzutritt läßt sich verhindern und der Abbrand ist, wenn es sich nicht um absichtliches Frischen handelt, geringer als in den anderen Schmelzöfen. Bei Tagesbetrieb kann der Ofen über Nacht einfach abgestellt werden, obschon das Warmhalten besser ist, da die im Ofen aufgespeicherte Wärme der Schmelzleistung zugute kommt. Ausschlaggebend ist natürlich das Verhältnis des Stromaufwandes bzw. des Strompreises beim Elektroofen zu dem Brennstoffaufwand bei den übrigen Öfen. Ein feststehendes, allgemeingültiges Verhältnis gibt es hier nicht. Man darf eben hier nicht nur den Strompreis für die Kilowattstunde allein ins Auge fassen. Auch die Abkürzung der Chargendauer, beim Vergleich mit Tiegelöfen der Ausfall des Tiegelverbrauches u. a. muß natürlich zugunsten des Elektroofens in Rechnung gestellt werden, während andererseits der Verbrauch an Elektroden, Nippeln usw. in Rücksicht gezogen werden muß.

Über die Wirtschaftlichkeit des Schmelzens im Elektroofen liegen keine Angaben vor. Es ist aber anzunehmen, daß der Elektroofen gegenüber dem Martin- und Flammofen sowie Kupolofen teurer arbeitet. Die Wettbewerbsfähigkeit mit dem Martinofen kann sich der Elektroofen nur durch große Leistungen und Abkürzung der Chargendauer sichern. Allerdings fällt hier noch stark ins Gewicht, daß die Nachtkohle beim Elektroofen in Wegfall kommt. Nach Doubs (19) ist der Elektroofen dem Tiegelofen gegenüber jedoch wirtschaftlich im Vorteil. Er behauptet sogar, daß er da neben dem Kupolofenbetrieb bestehen kann, wo der Koks teuer ist. Das ist allerdings möglich, weil der Koks eben an manchen Orten außergewöhnlich teuer ist. Doubs hat in einem 350 kg fassenden Ofen Temperguß mit einem Stromverbrauch von 70 bis 80 KW-St. für 100 kg geschmolzen, bei einem Elektrodenverbrauch von 0,3 kg für 100 kg flüssiges Material. Im Tiegel verbraucht man 100 bis 150 kg Koks, die in Obersteiermark 4 bis 6 Kronen kosten, woraus sich allerdings ohne weiteres die Überlegenheit des Elektroofens ergibt, wenn die KW-St. 1 bis 1,5 Heller kostet. Außerdem erhöhen sich die Kosten noch durch den Tiegelverbrauch um 1 Krone für 100 kg; dabei hält eine Zustellung des Elektroofens 80 bis 90 Chargen aus.

## 2. Die Einsatzstoffe für die Schmelzöfen; das Temperroheisen; Allgemeines über das Gattieren.

Es gibt nur verhältnismäßig wenig Roheisensorten, die sich allein zur Herstellung des Temperrohgusses eignen. Indessen ist es auch nicht wünschenswert, sich mit einer Roheisensorte, auch wenn sie ihrer Zusammensetzung nach passend wäre, zu begnügen. Es empfiehlt sich rein erfahrungsmäßig immer, mehrere Rohstoffarten zusammen einzuschmelzen. Außerdem ergibt es sich bei der Notwendigkeit, die aus dem eigenen Betrieb herrührenden Rohgußabfälle, wie Eingüsse, Saugtümpel, Steiger, dann die rohen und getemperten Ausschußstücke aufzuarbeiten schon von selbst, eine brauchbare Gattierung aus diesen und den sog. Temperroheisen zusammenzustellen. Aber auch die Verarbeitung einer einzelnen, etwa weißen Temperrohgußmarke mit Abfällen reicht gewöhnlich nicht hin. Um unter Berücksichtigung des erfolgenden Abbrandes eine zweckdienliche Gattierung zu erhalten, nimmt man gewöhnlich noch eine oder mehrere graue oder melierte Roheisensorten hinzu. Da diese aber häufig zu kohlenstoffreich sind, liegt die Zugabe einer gewissen Menge von Schmiedeeisen- oder Stahlabfällen nahe. So kommt es, daß sich die Gattierung eines Temperrohgusses meist aus einer oder mehreren Temperroheisensorten, Abfällen des eigenen Betriebes und Schmiedeeisen- oder Stahlabfällen zusammensetzt, wie das auch die weiter unten im Abschnitt über Schmelzverfahren gebotenen Gattierungsbeispiele beweisen. Die Temperroheisen müssen natürlich den an den Temperrohguß bzw. die geglühte Gußware gestellten Anforderungen bezüglich ihrer chemischen Zusammensetzung entsprechen. Die Hauptforderungen sind niedriger Silizium-, Mangan-, Schwefel- und Phosphorgehalt, Forderungen, die sich vom Standpunkt des Hochofenmannes aus nicht so leicht erfüllen lassen. Überblickt man die in Deutschland überhaupt hergestellten Sorten Roheisen, so erkennt man, daß es eine ganze Reihe gibt, die hinsichtlich des Schwefel-, Silizium- und Mangangehaltes genügen würden, aber der Phosphorgehalt ist zu hoch. Bei anderen wieder würde der Siliziumgehalt und Phosphorgehalt entsprechen, aber der Mangangehalt entspricht nicht den Bedingungen, und wiederum gibt es solche, bei denen der Mangan- und Phosphorgehalt angemessen, der Siliziumgehalt aber zu hoch ist. So ergibt es sich, daß von den gangbaren Roheisensorten nur eine beschränkte Anzahl von Hämatitroheisen, vor allem sog. weißes Hämatiteisen brauchbar ist und nur sehr wenige gewöhnliche Roheisen. Unter Nr. 11, 12, 13 der Zahlentafel 45 sind einige solcher übrigens nur vereinzelt angewandter Sorten angeführt. Im übrigen handelt es sich um eigens für Tempergießereien erblasene Holz- und Koksroheisensorten. Unter den letzteren ist das bekannteste das auf der Duisburger Kupferhütte aus Kiesabbränden erblasene, das in allen Schattierungen von grauem bis rein weißem Bruch zu haben ist und bis 0,3 v. H. Kupfer enthält. Dann eignet sich auch das von der Konkordiahütte erzeugte kohlenstoffarme CH-Eisen zum Gattieren mit anderen Rohstoffen. Außerdem kann man auch in der Birne oder im Martinofen geeignete Roheisensorten herstellen, von denen einige Beispiele unter Nr. 16 bis 18 der Zahlentafel angeführt sind. Besonders begehrt und noch immer viel verwendet sind die Holzkohlenroheisen, namentlich die schwedischen und aus Österreich kommenden. Von deutschen Holzkohlenroheisen eignet sich nur eine sehr beschränkte Anzahl für den Zweck. Diese Eisensorten bieten, was von ihnen verlangt wird: niedrigen Silizium-, Mangan- und Phosphorgehalt und namentlich auch Schwefelarmut. Dann kamen früher noch die Cumberländer und Lancashirer Roheisensorten von Distington, Harrington, Whitehaven, Barrow und anderen Orten in Frage. Aber diese Eisen sind fast durchweg, z. T. sogar sehr schwefelreich und büßen deshalb an Wert ein, namentlich in allen Fällen, wo es auf einen besonders reinen Einsatz ankommt.

In Amerika verwendete man früher mit besonderer Vorliebe die in den Holzkohlenhochöfen des Oberen-Seen-Bezirkes erblasenen Roheisen.

**Zahlentafel 45.**

Deutsche und ausländische Temperroheisensorten.

| Lfd. Nr. | Land | Nähere Bezeichnung (Marke) | Erzeugungsort | Ges. C % | Si % | Mn % | P % | S % | Geschmolzen mit | Quellenangabe |
|---|---|---|---|---|---|---|---|---|---|---|
| 1 | | Temperroheisen, körnig | Kupferhütte Duisburg | 3,96 | 1,65 | 0,09 | 0,04 | 0,04 | Koks | Erbreich, St. u. E. (23) |
| 2 | | ,, grau | ,, ,, | 4,10 | 1,23 | 0,09 | 0,05 | 0,045 | ,, | ,, ,, |
| 3 | | ,, weiß.Rand | ,, ,, | 3,71 | 1,04 | 0,08 | 0,04 | 0,055 | ,, | ,, ,, |
| 4 | | ,, halbweiß | ,, ,, | 3,67 | 0,86 | 0,09 | 0,05 | 0,100 | ,, | ,, ,, |
| 5 | | ,, fast weiß | ,, ,, | 3,52 | 0,72 | 0,08 | 0,04 | 0,150 | ,, | ,, ,, |
| 6 | | ,, weiß | ,, ,, | 3,27 | 0,50 | 0,09 | 0,04 | 0,190 | ,, | ,, ,, |
| 7 | | ,, grau | Niederrheinische Hütte | 3,85 | 0,95 | 0,30 | 0,06 | 0,08 | ,, | Weber, Gattierungskde. |
| 8 | | ,, weiß | ,, ,, | — | 0,60 | 0,15 | 0,06 | 0,15 | ,, | ,, ,, |
| 9 | | ,, ,, | ? | 3,40 | 1,13 | 0,56 | 0,052 | 0,171 | ,, | Osann, St. u. E. (111) |
| 10 | Deutsche Temperroheisen | Holzkohlenroheisen | Oberschlesien ,, | 2,76 | 0,33 | 0,52 | 0,091 | 0,08 | Holzkohle | Ledebur, Das Roheisen |
| 11 | | Hämatit | Krupp, Rheinhausen | | 1,97 | 0,42 | 0,05 | 0,039 | Koks | Wüst, St. u. E. (161) |
| 12 | | Bessemerrcheisen | — | 3,76 | 2,87 | 0,83 | 0,08 | 0,016 | ,, | Müller, St. u. E. (107) |
| 13 | | Weißes Hämatit | Schalker Gruben- und Hüttenwerke | — | 0,59 | 0,44 | 0,082 | 0,065 | ,, | Wüst, St. u. E. (161) |
| 14 | | Graues Roheisen | Charlottenhütte | — | 1,5 bis 2,0 | 0,3 bis 0,5 | u. 0,25 | — | ,, | Weber, Gattierungskde. |
| 15 | | Weißes ,, | ,, | — | 0,5 bis 1,0 | 0,4 bis 0,6 | u. 0,10 | — | ,, | ,, ,, |
| 16 | | Temperroheisen, weiß | im Kleinkonverter erbl. | 2,35 | 0,35 | 0,32 | 0,068 | 0,051 | — | Persönliche Mitteilung |
| 17 | | ,, meliert | ,, ,, ,, | 2,59 | 0,78 | 0,46 | 0,063 | 0,06 | — | ,, ,, |
| 18 | | ,, grau | ,, ,, ,, | 3,05 | 1,13 | 0,53 | 0,048 | 0,064 | — | ,, ,, |
| 19 | | CH, kohlenstoffarm | Konkordiahütte | 2,6 bis 2,8 | 1,2 bis 1,8 | 0,4 bis 1,0 | 0,08 bis 0,10 | 0,02 bis 0,04 | — | Weber, Gattierungskde. |
| 20 | Österr.-Ung. Temperroheisen | Feinstrahl | Resnitza Ungarn | 3,66 | 0,74 | 0,56 | 0,19 | 0,21 | Holzkohle | Ledebur, Eisenhk. |
| 21 | | Weißstrahl. Holzkohleneis. | Eisenerz Österreich | 3,72 | 0,12 | 0,69 | 0,07 | 0,02 | | ,, Das Roheisen |
| 22 | | Weißes Holzkohlenroheisen | Vordernberg, ,, | 3,30 | 0,20 | 0,60 | 0,06 | 0,03 | | Weber, Gattierungskde. |

| Nr. | Gruppe | Bezeichnung | Herkunft | | | | | | Brennstoff | Quelle |
|---|---|---|---|---|---|---|---|---|---|---|
| 23 | Englische Temperroheisen | D. T. N., grau | ? England | 2,83 | 1,63 | Spur | 0,015 | 0,197 | | Erbreich, St. u. E. (23) |
| 24 | | ,, weiß | ? ,, | 3,10 | 0,50 | 0,08 | 0,039 | 0,28 | | ,, ,, |
| 25 | | H C M grau | Whithaven,Cumberland | 3,22 | 2,56 | 0,19 | 0,056 | 0,052 | | ,, ,, |
| 26 | | ,, weiß | ,, ,, | 3,01 | 0,51 | 0,05 | 0,064 | 0,38 | | ,, ,, |
| 27 | | ,, | ,, ,, | 3,21 | 0,86 | 0,11 | 0,040 | 0,43 | | Wüst, St. u. E. (161) |
| 28 | | ,, | ,, ,, | 3,81 | 1,63 | 0,15 | 0,056 | 0,090 | | ,, ,, |
| 29 | | B J C, Hämatit | Barrow, Lancashire | 3,69 | 1,46 | 0,50 | 0,061 | 0,108 | | ,, ,, |
| 30 | | ,, | ,, ,, | 2,93 | 0,64 | 0,35 | 0,060 | 0,188 | | ,, ,, |
| 31 | | ,: | ,, ,, | 2,80 | 0,28 | 0,26 | 0,087 | 0,439 | | ,, ,, |
| 32 | | ,, | ,, ,, | 4,47 | 0,85 | 0,15 | 0,050 | 0,009 | | ,, ,, |
| 33 | | Temperroheisen | Harrington,Cumberland | 3,61 | 1,40 | 0,15 | 0,048 | 0,067 | | ,, ,, |
| 34 | | • ,, | Distington, ,, | 3,69 | 1,71 | 0,19 | 0,05 | 0,058 | | ,, ,, |
| 35 | | ,, | ,, ,, | 2,89 | 0,47 | 0,27 | 0,057 | 0,403 | | ,, ,, |
| 36 | | C. C: M., grau | ? England | 3,10 | 1,29 | 0,42 | 0,059 | 0,148 | | Erbreich, St. u. E. (23) |
| 37 | | ,, weiß | ? ,, | 2,94 | 0,50 | 0,10 | 0,059 | 0,24 | | ,, ,, |
| 38 | Schwedische Temperroheisen | C. D., weiß | ? Schweden | 3,78 | 0,30 | 0,17 | 0,058 | 0,043 | Holzkohle | Wüst, St. u. E. (161) |
| 39 | | ,, grau | ,, ,, | 3,95 | 1,38 | 0,28 | 0,048 | 0,018 | ,, | ,, ,, |
| 40 | | ,, ,, | ,, ,, | 4,03 | 1,38 | 0,15 | 0,040 | 0,018 | ,, | Geiger, Handbuch |
| 41 | | B. O. 18, weiß | ,, ,, | 4,00 | 0,20 | 0,10 | 0,012 | 0,050 | ,, | Weber, Gattierungskde. |
| 42 | | ,, grau | ,, ,, | 4,00 | 1,0-1,2 | 0,10 | 0,012 | 0,050 | ,, | ,, ,, |
| 43 | | O mit Krone, grau | ,, ,, | 3,86 | 1,30 | 0,13 | 0,068 | 0,01 | ,, | Geilenkirchen (35) |
| 44 | | O ,, ,, weiß | ,, ,, | 3,70 | 0,31 | 0,43 | 0,067 | 0,03 | ,, | ,, |
| 45 | | P ,, ,, ,, | ,, ,, | 3,60 | 0,32 | 0,43 | 0,053 | 0,02 | ,, | ,, |
| 46 | | Å B | ,, ,, | 3,10 | 0,23 | 0,32 | 0,040 | 0,03 | ,, | ,, |
| 47 | | Å B, grau | ,, ,, | 4,14 | 0,95 | 0,25 | 0,040 | 0,05 | ,, | ,, |
| 48 | | Kronspiegel | ,, ,, | 3,14 | 0,83 | 0,22 | 0,063 | 0,117 | ,, | Wüst, St. u. E. (161) |
| 49 | | L. B. 18, grau | ,, ,, | 4,35 | 1,24 | 0,10 | 0,04 | 0,015 | ,, | Geilenkirchen (35) |
| 50 | | K. N. F. | ,, ,, | 4,50 | 0,82 | 0,30 | 0,068 | 0,009 | ,, | Wüst, St. u. E. (161) |
| 51 | | C. T. M. | ,, ,, | 3,89 | 1,41 | 0,24 | 0,059 | 0,040 | ,, | ,, ,, (161) |
| 52 | Französische Temperroheisen | Lorn | Longwy, Frankreich | — | 0,30 | Spur | 0,06 | 0,020 | Koks | Geilenkirchen |
| 53 | | Hämatit | ? ,, | 4,10 | 1,78 | 0,25 | 0,08 | 0,036 | ,, | Geiger, Handbuch |
| 54 | | Weißstrahl | Firminy, ,, | 3,20 | 0,40 | 1,02 | 0,07 | 0,07 | ,, | St. u. E. 1889, S. 858 |

In den beiden letzten Jahrzehnten ging man aber immer mehr zu Koksroheisen über, die meist etwas reicher an Schwefel und beträchtlich reicher
an Mangan sind, so daß man sie auch heute noch mit dem manganarmen
Holzkohleneisen gerne vermischt verarbeitet. Die Koksroheisen werden
als besondere Temperroheisen erblasen und enthalten je nachdem 0,75
bis 2,00 v. H. Silizium, nicht mehr als 0,6 v. H. Mangan, nicht mehr als
0,225 v. H. Phosphor und 0,05 v. H. Schwefel.

Wie und in welchem Maße nun die einzelnen Temperroheisen zu verarbeiten sind, hängt wesentlich von der Ofenart ab, in der sie verschmolzen werden sollen. In Fällen, wo man größere Schmiedeeisen- und Schrott-
zusätze geben kann, wie im Kupolofen und Martinofen, kommt man
schon mit geringeren Anteilen aus, während man im Tiegel die Zugabe
größer bemessen muß. Natürlich wird man auch Rücksicht auf die Zusammensetzung der Roheisen, namentlich auch auf den Kohlenstoff- und
Schwefelgehalt nehmen müssen. Ein hoher Kohlenstoffgehalt gebietet
je nach Sachlage einen höheren Zusatz an Schmiedeeisen, ein hoher Schwefelgehalt, wie bei den englischen Roheisen, läßt eine Verarbeitung im
Kupolofen nicht empfehlenswert erscheinen, weil hier noch der Koksschwefel hinzukommt, der die Gußware verschlechtert oder unbrauchbar
macht. Zudem wird auch die Glühdauer unnötig verlängert. Es wäre
also unmittelbar unwirtschaftlich, die teuren Cumberlandroheisen hier
zu verwenden. Andererseits sind aber auch die schwedischen schwefel-
armen Holzkohleneisen zu teuer und damit zu schade, um im Kupolofen
verschmolzen zu werden, weil wiederum die Schwefelaufnahme aus dem
Koks die Güte des Erzeugnisses so herabsetzt, daß sich der Einsatz so
guter Rohstoffe nicht lohnt. Die Zahlentafel 45 bietet eine größere Auswahl geeigneter Roheisen.

An sonstigen Rohstoffen zum Gattieren des Temperrohgusses kommen,
wie schon kurz erwähnt, noch folgende in Betracht: Abfälle und Ausschußstücke von Temperrohguß herrührend, getemperte Ausschußstücke und
getemperte Bruchstücke (Temperschrott), Stahlschrott, Abfälle, Bruch
oder Altmaterial aus weichem Flußeisen, Schweißeisenschrott, Drehspäne von Grauguß oder Stahlguß, Gußbruch, verschiedene Eisenlegierungen als Zusatzmittel.

**Abfälle und Ausschußstücke von Rohguß** müssen gesetzt werden,
weil in jedem Betrieb täglich erhebliche Mengen davon fallen. In
vielen Betrieben beträgt der Abfall an Trichtern, Steigern, Füllköpfen,
verlorenen Köpfen 60 bis 75 v. H. im Durchschnitt, manche kommen
noch höher, nur wenige unter 50 v. H. Nur wenn viele größere Stücke
gegossen werden, kann der durchschnittliche Prozentgehalt auf 25 oder
30 v. H. sinken, ein in Amerika häufiger, bei uns selten oder gar nicht
vorkommender Fall, weil es keine Tempergießereien gibt, die nur größere
Stücke herstellen. Diese Abfälle müssen so rasch es geht, also möglichst täglich aufgearbeitet werden, damit sie keine Stapelkosten und

sonstige Förderkosten verursachen. Es ist deshalb vorteilhaft, die Eingüsse gleich nach der Entleerung der Formen zu beseitigen und mit dem Gießereiausschuß abzusondern, damit das Material sofort dem Schmelzofen zugeführt werden kann. Um der durch den anhaftenden Sand hervorgerufenen vermehrten Schlackenbildung zu begegnen, lohnt es sich, die Rohgußabfälle und -ausfälle für sich zu reinigen und etwa eine besondere große Putztrommel dafür anzuschaffen. Der Rohgußabfall bildet also stets einen beträchtlichen Anteil der Gattierung. Die übrigen Gattierungsbestandteile müssen dann so ausgesucht werden, daß sie den chemischen Abbrand zu ersetzen imstande sind, da der Rohguß nicht weiter verändert werden darf in seiner Zusammensetzung.

Die getemperten Ausschußstücke sind mit Vorsicht und mit Maß anzuwenden, da sie nicht immer gleichmäßig zusammengesetzt und, was namentlich für den Kupolofen in Frage kommt, schwer schmelzbar sind infolge ihrer stark entkohlten Außenschichten. Man erleichtert das Schmelzen, wenn man die Stücke zerkleinert, aber die Zerkleinerung macht auch wieder Schwierigkeiten, weil das Material sehr zäh ist. Deshalb verkaufen manche Betriebe lieber den Temperschrott an Stahlwerke. Setzt man aber den Temperschrott zur Gattierung hinzu, so soll der Anteil klein sein und vielleicht 10 v. H. oder höchstens 20 v. H. ausmachen. Im übrigen bestimmt schon der Gattierungsanteil an Rohgußabfällen und der weitere notwendige Anteil an grauem oder weißem Temperroheisen die Höhe des Temperbruchzusatzes mit. Man setzt auch gern einen größeren Teil der getemperten Ausschußstücke zu den Glühtopfgattierungen, die gewöhnlich im Kupolofen niedergeschmolzen werden. Jedenfalls sollen die für den Kupolofenbetrieb bestimmten Temperschrottstücke nicht zu groß sein, es lohnt sich, die dünnwandigen und leichteren Stücke dafür auszusuchen. Moldenke verarbeitet sehr leichte, kleine, getemperte Schrotteile in der Weise, daß er sie mit grauem Gußschrott zu einer Gattierung zusammenstellt, die er im Kupolofen niederschmilzt und als Masseln vergießt. Diese Masseln setzt er dann als Gattierungsbestandteile im Martinofen oder Flammofen mit ein.

Der Stahlschrott und Schmiedeeisenschrott kann im Kupolofen, besser aber im Flammofen und Martinofen zur Erniedrigung des Kohlenstoffgehaltes verschmolzen werden. Guter Stahlschrott bildet auf Grund seiner Reinheit an schädlichen Fremdkörpern einen guten Gattierungsbestandteil, der die Güte des Enderzeugnisses nur verbessern kann. Die Stahlschrottstücke dürfen nicht zu groß sein, um das immer erwünschte schnelle Einschmelzen nicht zu verzögern. Man setzt sie am besten erst ein, wenn die leichter schmelzbaren Gattierungsbestandteile, die meist aus Rohgußeingüssen und Roheisen bestehen, eingeschmolzen sind, so daß schon eine Schlacke gebildet ist, die den Stahlschrott während seiner Verflüssigung vor Oxydation schützen kann. Auch mit dem Stahlzusatz soll man nicht zu hoch gehen, möglichst nicht über 10 oder 15 v. H. hinaus.

**Mit Schweißeisenzusätzen** soll man besonders vorsichtig sein. Da sie meist sehr kohlenstoffarm und sehr schwer schmelzbar sind, soll man die Zusatzmenge möglichst beschränken. Gewöhnlich handelt es sich um alte Hufeisen, Nieten u. dgl.; (Schmiedeeisenabfälle, wie sie sich beim Ausstanzen von Blechen und anderen technologischen Arbeiten ergeben, sind vorzuziehen) besonders im Kupolofen soll man nicht zu kleine massive Teile zusetzen, weil sie außer ihrer Schwerschmelzbarkeit nicht gleichmäßig mit der Beschickung niedergehen und Anlaß zu ungleichzusammengesetzten Schmelzen geben. Auch sind die hohen Zusätze von 85 bis 90 v. H., wie man sie namentlich früher bei der Herstellung des sog. Temperstahlgusses im Kupolofen liebte, nicht empfehlenswert, schon wegen des außerordentlich hohen Koksverbrauches.

**Gußbruch** soll man nur nach genauer chemischer Untersuchung in ganz geringen Mengen bis höchstens 5 v. H. zugeben. Zu vermeiden ist vor allem altes verbranntes Material.

**Gußspäne** bilden einen höchst unsicheren Gattierungsbestandteil, wenn sie nicht aus dem eigenen, nach analytischen Grundsätzen arbeitenden Betriebe herrühren. Sie brennen stark ab. Deshalb müssen sie unter der Schlackendecke zugesetzt werden. Besonderes Gewicht ist hier auf eine sorgfältige Probenahme für die analytische Untersuchung zu legen, um brauchbare Durchschnittszahlen zu erhalten. Gewöhnliche, als Altmaterial käufliche, rostige, von Grauguß herrührende Späne schließt man am besten von der Verwendung aus. Mit Vorteil lassen sich analysierte Späne im brikettierten Zustand verwenden. Briketts schmelzen schwerer als Späne und reichern sich nicht so stark mit Kohlenstoff an, sind aber der Schwefelaufnahme stärker ausgesetzt und der Siliziumabbrand ist ziemlich hoch.

**Stahlgußspäne,** im rostfreien Zustand brikettiert, können ein sehr brauchbares Gattierungsmaterial bilden, weil sie leichter und schneller schmelzen als Stahlbrocken. Sofern man ihrer Verarbeitung eine genaue chemische Untersuchung voraufgehen läßt, sind sie bei allen Schmelzverfahren mit Vorteil verwendbar.

**Ferrosilizium** kommt in verschiedenen Formen zur Verwendung. Hochprozentige Legierungen mit 50 bis 75 v. H. Silizium setzt man nur in der Pfanne zu, während hochprozentiges Siliziumroheisen in den Schmelzofen eingesetzt werden kann. Man macht hiervon z. B. Gebrauch, wenn man niedrig silizierte starkwandige Stücke und höher silizierte dünne Teile aus einer Charge gießen will, indem man für letztere einen genau berechneten Zusatz Siliziumroheisen nachsetzt. Auch verbrannte Chargen kann man durch Zusatz von Siliziumroheisen wieder aufbessern. Man gießt aus dem verbesserten Material am besten Masseln, die man den neuen Schmelzen allmählich zugeben kann. Auch zu Kupolofengattierungen setzt man bisweilen Ferrosilizium zu (s. z. B. S. 148).

**Aluminium** pflegt man bei Anwendung des Konverters und Martinofens in geringen Mengen dem fertigen Bad zur Entgasung zuzusetzen. Man muß jedenfalls vorsichtig mit diesen Zusätzen sein, weil Aluminium zwar die Temperkohleabscheidung befördert, aber gleichzeitig auch der Graphitbildung Vorschub leistet. Erwünscht dürfte der Zusatz am ehesten bei dicken Stücken mit entsprechend niedrigem Siliziumgehalt sein, damit sie sich besser durchtempern lassen. Das übliche Maß von 0,1 v. H. darf auch hier nicht überschritten werden.

**Die Berechnung einer Gattierung** gestaltet sich sehr einfach. Das Ziel ist, aus vorhandenen Rohstoffen von gegebener Analyse ein Material von der Zusammensetzung des Rohgusses, die ebenfalls ermittelt sein muß, zu erzeugen. Dabei muß natürlich der erfahrungsmäßig bekannte Abbrand an Fremdkörpern in Betracht gezogen werden. Meist begnügt man sich damit, nur den Siliziumabbrand, selten den Silizium- und Manganabbrand in Rechnung zu stellen. Den Ausgangspunkt der Berechnung bildet die Erwägung, daß man die im Betrieb fallenden Eingüsse, Trichter, Ausschußstücke usw. regelmäßig aufarbeiten und die Gattierung einen bestimmten Anteil an eigenem Abfallmaterial gewissermaßen als Grundstock enthalten muß. Die Rechnung selbst läßt sich unter Umständen mit einigen Gleichungen mit mehreren Unbekannten durchführen, wie folgendes Beispiel zeigen soll:

Angenommen, es ständen folgende vier Rohstoffarten zur Verfügung, aus denen eine Kupolofengattierung hergestellt werden soll.

| | Si % | Mn % | P % | S % |
|---|---|---|---|---|
| A. weißes Holzkohlenroheisen . . . . . | 0,80 | 0,20 | 0,052 | 0,013 |
| B. graues Holzkohlenroheisen . . . . . | 0,90 | 0,30 | 0,079 | 0,024 |
| C. Schmiedeeisen . . . . . . . . . . | 0,00 | 0,15 | 0,098 | 0,060 |
| D. Rohgußabfälle! . . . . . . . . . . | 0,70 | 0,22 | 0,088 | 0,288 |

Es soll der Abbrand von Silizium mit 8 v. H. und der des Mangans mit 10 v. H. in Rücksicht gezogen werden und der ständige Anteil der Gattierung an eigenen Rohgußabfällen 25 v. H. betragen. Die Frage ist dann, wie groß muß der Anteil der Gattierung an den Rohstoffsorten A, B und C sein. Es handelt sich also um die Ermittlung von drei Unbekannten, und zwar $x$ dem Anteil der Rohstoffsorte A, $y$ dem Anteil der Rohstoffsorte B und $z$ dem Anteil der Rohstoffsorte C. Zur Durchführung der Rechnung sind also drei lineare Gleichungen mit drei Unbekannten nötig. Nimmt man an, daß das Satzgewicht 100 kg betragen soll, so lautet die erste dieser Gleichungen $x + y + z + 25 = 100$. Nun wurde gesagt, der Siliziumabbrand der Gattierung soll 8 v. H. ausmachen, also muß sie, wenn der anzustrebende Siliziumgehalt des Rohgusses 0,70 ist, 0,76 v. H. enthalten. Die Summe der Siliziumgehalte der einzelnen Gattierungsanteile muß also bei der Annahme des Satzgemisches von 100 kg insgesamt 0,76 kg ausmachen. Somit lautet die zweite Gleichung:

$$\frac{x \cdot 0{,}8}{100} + \frac{y \cdot 0{,}90}{100} + \frac{z \cdot 0{,}00}{100} + \frac{25 \cdot 0{,}7}{100} = 0{,}76.$$

Die gleiche Erwägung hinsichtlich des Manganabbrandes führt zu der dritten Gleichung, in die bei 10 v. H. Manganabbrand der Mangangehalt der Gattierung mit 0,244 v. H. einzusetzen ist:

$$\frac{x \cdot 0{,}20}{100} + \frac{y \cdot 0{,}30}{100} + \frac{z \cdot 0{,}15}{100} + \frac{25 \cdot 0{,}22}{100} = 0{,}244.$$

Die drei etwas vereinfachten Gleichungen lauten demnach:

$$x \qquad\qquad + y \qquad\quad + z \qquad\qquad\qquad\qquad = 75$$
$$x \cdot 0{,}8 \quad + y \cdot 0{,}90 + z \cdot 0{,}00 + 25 \cdot 0{,}7 \quad = 76$$
$$x \cdot 0{,}20 + y \cdot 0{,}30 + z \cdot 0{,}15 + 25 \cdot 0{,}22 = 24{,}4.$$

Rechnet man diese Gleichung aus, so ergibt sich $x = 25$, $y = 42$, $z = 8{,}0$. Es sind also zu setzen:

| | | | | | | |
|---|---|---|---|---|---|---|
| 25,0 kg | weißes Holzkohleneisen mit | 0,20 kg Si und | 0,050 kg Mn | | | |
| 42,0 „ | graues „ | „ 0,39 „ „ „ | 0,126 „ „ | | | |
| 8,0 „ | Schmiedeeisen | „ 0,00 „ „ „ | 0,013 „ „ | | | |
| 25,0 „ | Rohgußabfälle | „ 0,17 „ „ „ | 0,055 „ „ | | | |
| 100,0 kg | Einsatzstoffe | mit 0,76 kg Si und | 0,244 kg Mn | | | |
| | Abbrand 8 v. H. Si | „ 0,06 „ „ | | | | |
| | Abbrand 10 v. H. Mn | „ | 0,024 „ „ | | | |
| rd. 100 kg | flüssiges Eisen | mit 0,70 kg Si und 0,220 kg Mn. | | | | |

Das Eisen für den Rohguß enthält demnach 0,7 v. H. Silizium und 0,22 v. H. Mangan. Zu bemerken ist hier, daß die von mir angewendete Rechnungsweise nicht immer zu brauchbaren Werten führt. Wenn ferner mehr als 4 Rohstoffsorten gattiert werden sollen, so müssen natürlich auch weitere Unbekannte und damit weitere Gleichungen aufgestellt werden, was durchaus möglich ist aber zu sehr weitläufigen Rechnungen führt, selbst wenn man sich der Determinanten bedient. Deshalb ist die Anwendung meiner Methode für den Praktiker beschränkt. Jedenfalls aber ist sie genauer als jede andere.

## 3. Bemerkungen zum metallurgischen Verlauf der Schmelzprozesse und der zugehörigen Arbeitsverfahren; Gattierungen.

Das Schmelzen im Tiegel bringt insofern gewisse Vorteile, als sich bekanntlich die durchschnittliche Zusammensetzung der Gattierung nur wenig verändert und deshalb ein sicheres Schmelzen möglich ist, sofern der Tiegelofen selbst gleichmäßig arbeitet. Das ist auch der Grund, daß man heute noch öfters im Tiegel schmilzt, obgleich das Verfahren kostspielig ist.

Gewöhnlich setzt man ein Weißeisen ein, dessen Analyse annähernd der des Rohgußstückes entspricht. Kalterblasenes, weißes Hämatitroheisen mit entsprechend geringem Phosphor- und Mangangehalt ist hierfür geeignet; zuweilen aber sind diese Roheisen verhältnismäßig schwefelreich, so daß mit ihrer Verwendung der eigentliche Sinn des Tiegelschmelzens, die Erzeugung einer an schädlichen Fremdkörpern reinen Gußware, aufgehoben wird. Auch die in der Zahlentafel 45 unter Nr. 25 bis 35 aufgeführten Cumberland- und Lancashireroheisen werden vielfach verwendet. Bei mangelndem Siliziumgehalt der zur Verfügung stehenden Roheisenmarken kann man durch einen angemessenen Zusatz von Ferrosilizium nachhelfen. An Stelle des weißen Roheisens kann auch eine entsprechende Gattierung von phosphor- und manganarmem, grauem Roheisen mit schmiedbarem Eisen treten. Durch diese Möglichkeit ist dem Praktiker ein weiter Spielraum für die Zusammensetzung des Einsatzes gegeben, der allerdings dadurch wieder eingeschränkt wird, daß man den Anteil an schmiedbarem Eisen nicht zu hoch bemessen darf, um die Erreichung der nötigen Temperatur der Schmelze nicht zu erschweren und um Porositäten im Guß zu vermeiden. Nach Wüst (161) soll man nicht über 20 v. H. schmiedbares Eisen zusetzen. Im allgemeinen geht man aber nicht über 10 v. H. hinaus. Die Zusammenstellung der Gattierung soll man natürlich nicht nach Rezepten vornehmen, sondern an Hand von Analysen der zur Verfügung stehenden Rohstoffe berechnen, was im vorliegenden Falle um so einfacher ist, als man keine Abbrandziffern in Anschlag zu bringen braucht. Immerhin seien hier ein paar Gattierungsbeispiele (107) geboten. Angenommen, es stehen folgende beiden Roheisenmarken zur Verfügung:

|  | Ges. C % | Graphit % | Si % | Mn % | P % | S % |
|---|---|---|---|---|---|---|
| Weißes Roheisen Marke CCM | 3,45 | — | 0,50 | 0,12 | 0,03 | 0,04 |
| Graues Roheisen Marke FM | 3,53 | 2,72 | 1,63 | 0,29 | 0,04 | 0,08 |

Ferner soll eigner Bruch und Schmiedeeisen verwendet werden. Alsdann kann man wie folgt setzen:

8 bis 10 kg graues Roheisen FM,
18 „ 20 „ weißes Roheisen CCM,
7 „ 5 „ Schmiedeeisen.

Eine weitere Gattierung ist folgende:

12 kg Brucheisen,
6 „ Schmiedeeisen,
7 „ graues Roheisen FM
10 „ weißes Roheisen CCM.

Bei der Zusammenstellung der Gattierung ist darauf Rücksicht zu nehmen, daß auch die Eingüsse, Saugtümpel, Steiger und Ausschußstücke mitverwendet werden. Es empfiehlt sich daher, den Rohguß von Zeit zu Zeit analysieren zu lassen. Besondere Vorsicht muß der Aufarbeitung der getemperten Ausschußware zugewendet werden, da ihr Kohlenstoffgehalt leicht Schwankungen unterliegt und der Schmelzprozeß dementsprechend beeinflußt werden kann.

Der Schmelzprozeß im Tiegel verläuft grundsätzlich so wie beim Einschmelzen von Stahl, wobei die Temperatur des Bades sehr wesentlich ist. In niedriger Temperatur kann ein geringer Teil des im Eisen vorhandenen Siliziums abbrennen, in höherer Temperatur und bei längerer

Schmelzdauer wird Silizium aus den Tiegelwänden reduziert und dem Bad zugeführt. Ein Siliziumabbrand ist immer schädlich, eine Zunahme des Siliziumgehaltes fast immer von Vorteil, weil der Einsatz selten die Höchstgrenze des zulässigen Gehaltes erreicht. Man schmilzt deshalb bei möglichst hoher Temperatur ein und läßt nach der Verflüssigung des Einsatzes den Tiegel noch einige Zeit in dem Ofen stehen, um die hohe Temperatur auf ihn einwirken zu lassen. Auch etwas Mangan und Kohlenstoff brennen heraus, der Phosphor- und Schwefelgehalt wird nicht geändert. Im ganzen sind die Abgänge durch Oxydation so geringfügig, daß die Festigkeitseigenschaften des Enderzeugnisses nicht dadurch beeinflußt werden. Man muß darauf achten, daß der Kohlenstoffgehalt des Einsatzes nicht zu gering ist, damit, wie schon angedeutet, Ausschuß vermieden wird, das Bad eine hinreichend hohe Temperatur bekommt und auch der Brennstoffaufwand nicht unnötig erhöht wird. Außerdem wird durch zu niedrigen Kohlenstoffgehalt auch die Schmelzdauer verlängert und damit der Tiegelverbrauch erhöht, auch das Ofenfutter verliert vorzeitig seine Haltbarkeit. Man wird natürlich den Kohlenstoffgehalt auch nicht zu hoch ansetzen, um die Glühdauer abzukürzen. 2,7 bis 3,1 v. H. sind etwa die Grenzen, in denen sich der Gesamtkohlenstoffgehalt des Einsatzes bewegen kann. Lamla (65) gibt in einer Arbeit über Temperguß 2,5 bis 2,8 als Grenzen an. Analysen des Tempergusses aus dem Tiegel bietet Zahlentafel 40; ein Beispiel für die Zusammensetzung vor und nach dem Glühen enthält Zahlentafel 26.

Arbeitsweise. Über die Tiegelöfen, die meist Tiegel mit 40 bis 60 kg Fassung aufnehmen ist Näheres S. 161 ausgeführt. Die neuen Tiegel müssen vorsichtig behandelt, zunächst auf Rotglut erhitzt und nie in den eben gezogenen, sondern immer in den neu angefeuerten Ofen eingesetzt werden, damit sie mit diesem sich langsam erhitzen. Nach Einsetzen des bereits vorgewärmten Tiegels wird am Boden des Ofens ein Holzfeuer entzündet und Koks bis $^2/_3$ Tiegelhöhe aufgefüllt und nach Abbrennen des Holzes Koks bis zum Tiegelrand nachgesetzt. Wenn die ganze Koksmasse im Glühen ist, schließt man die Tür zum Aschenfall und stellt, falls es ein Windofen ist, das Gebläse an. Nach etwa einer Stunde muß der bis zur Hälfte abgebrannte Koks ersetzt werden. Verfährt man nicht so vorsichtig, so reißt der Tiegel so stark, daß er sofort auseinanderspringt oder nur wenige Schmelzen aushält. Der Tiegel wird erst eingesetzt, nachdem er mit zerkleinertem Bruch, Eingüssen und Schmiedeeisenabfällen, die meist schon in kleinstückiger Form bezogen werden, beschickt wurde; das übrige Roheisen wird am besten erst „aufgesetzt", wenn der Tiegel schon im Ofen steht. Man stellt wohl auch eine Roheisenmassel senkrecht in der Tiegelmitte auf und legt die entsprechend zerkleinerten Schmiedeeisen- und Stahlstücke um diese herum; dann füllt man den noch vorhandenen Raum mit Rohgußabfällen aus.

Man setzt den Tiegel auf einen Schamottestein oder alten Tiegelboden, der mit etwas Kokslösche bestreut wird, um das Anfritten des Tiegels zu verhüten. Vorteilhaft ist die Benutzung von alten Tiegeln, an denen man den Boden entfernt hat und die man in den Hals der Tiegel einsetzt. Man kann dann durch diesen Tiegelring Eisen nachsetzen und vorher vorwärmen, ohne daß es einer Verbrennung ausgesetzt wird. Nach dem Einstellen der Tiegel, das sehr sorgfältig geschehen muß, um beim Niedergehen des Brennstoffes ein Kippen des Tiegels in eine schräge Lage und Ausfließen des Inhaltes zu vermeiden, wird der Koks möglichst gleichmäßig bis zum Rande des Abzuges eingetragen. Ein 40 bis 60 kg fassender Tiegel, der etwa 140 bis 150 mm im Lichten weit, etwa 400 bis 430 mm hoch ist und am Boden eine Wandstärke von 35, in der Mitte von 30 und oben von 25 mm besitzt, ist bei Gebläseöfen in $1^1/_2$ bis längstens 2 Stunden fertig zum Ziehen. Bei größeren Tiegeln oder an Tagen, an denen infolge schlechten Zuges der Koks nur langsam abbrennt, zieht sich das Schmelzen auch wohl auf drei und sogar vier Stunden hin, bis die nötige Dünnflüssigkeit erreicht ist. Ist der Tiegelinhalt verflüssigt, so taucht man eine Schmiedeeisenstange ins Bad. Bleibt beim Herausziehen keine Schlacke hängen und sprüht es beim Herausziehen, so ist die Charge fertig. Man zieht den Ofen, indem man die seitlichen und mittleren Roststäbe herauszieht und den Koks durchstößt. Dann hebt man den Tiegel mit der Zange von Hand oder mittels Haspel heraus. Der Rost muß vor dem Neueinsetzen von Schlacke gereinigt werden; vor dem Neuanheizen des Ofens soll man das Ofenfutter mit einem Gemisch aus etwa $^2/_3$ Schamotte und $^1/_3$ Ton oder einem anderen feuerfesten Mörtel ausbessern. Sogleich nach dem Ziehen werden in den noch heißen Ofen schon vorgewärmte Tiegel eingesetzt, um die Wärme möglichst auszunützen. Auf diese Weise können in einer Schicht in die Öfen je nachdem 4- bis 6 mal neue Tiegel eingesetzt werden. Ein guter Schmelztiegel kann je nach Herkunft und Ofenverhältnissen etwa 15 bis 20 mal benutzt werden.

Der Koksverbrauch richtet sich, wie überhaupt beim Tiegelschmelzen, nach der Ofenbauart, den Zugverhältnissen und auch nach der Form und Abmessung der Tiegel selbst. Auch die Größe der Koksstücke spielt eine gewisse Rolle; sie dürfen nicht zu klein und nicht zu groß sein. Am besten sind Stücke von 50 bis 60 mm Durchmesser. Müller gibt in einer Arbeit über Tempergießerei (107) für einen Ofen mit vier Tiegeln zu 35 kg = 140 kg Einsatz einen Koksverbrauch von 85 kg = 60 v. H. an, eine ziemlich günstige Zahl; jedenfalls steigt der Verbrauch gar nicht selten erheblich höher. Zugöfen brauchen mehr Koks als Gebläseofen; bei ersteren steigt der Aufwand auf 80 und 100 v. H. und darüber, Gebläseöfen kommen schon mit 30 bis 50 v. H. aus.

**Kupolofenbetrieb.** Wie aus den Ausführungen S. 128 bereits hervorging, benutzt man vielfach den Kupolofen zum Schmelzen der für die

Herstellung des Rohgusses erforderlichen Gattierungen. Im Gegensatz zum Tiegelofen ist der Kupolofeneinsatz besonders infolge des stärkeren Abbrandes einer erheblichen Veränderung seiner chemischen Zusammensetzung unterworfen, wie hinlänglich bekannt ist und hier nicht näher ausgeführt zu werden braucht. Dabei ist die Höhe des Abbrandes Schwankungen unterworfen und mehr oder weniger von unvorhergesehenen Umständen abhängig. Eine besondere Unsicherheit erhält der Betrieb durch die bei Einsatz von Schmiedeschrott immer eintretende Zunahme des Kohlenstoffgehaltes, die sich nicht absehen läßt. Infolgedessen ist auch der gute Ausfall der Gußstücke immer fraglich. Dennoch wird das Schmelzverfahren wegen seiner schon erwähnten Billigkeit noch heute vielfach ausgeübt, häufig neben dem Betrieb von Tiegelöfen oder einer anderen Ofenart.

Ein wesentlicher Anteil der Gattierung besteht regelmäßig aus schmiedbarem Eisen in Form von Putzen, Nieteisen, Abgängen bei Stanzarbeiten und anderen Abfällen. Zur Erzielung des nötigen Siliziumgehaltes im Einsatz setzt man die entsprechenden Mengen eines oder mehrerer mangan- und phosphorarmer Graueisen, Hämatitroheisen oder Siliziumeisen zu. Schwedisches Holzkohlenroheisen dafür zu verwenden, wie es häufiger geschieht und empfohlen wird, ist nicht vorteilhaft, da es gewöhnlich nicht viel Silizium enthält und das wegen seiner Reinheit an Fremdkörpern besonders geschätzte und teure Eisen durch die unvermeidliche Schwefelaufnahme nur verschlechtert und der eigentliche Sinn seiner Verwendung hinfällig wird. Übrigens kommt es beim Kupolofenguß öfter als bei anderen Schmelzverfahren vor, daß der Siliziumgehalt des Rohgusses zu gering ausfällt. Nicht nur, daß in solchen Fällen das Eisen „bunt läuft“, d. h. die Form nur unvollkommen ausfüllt, wodurch das Gußstück gänzlich unbrauchbar oder durch mangelhafte Kantenausbildung unansehnlich wird, sondern es wird auch ein wiederholtes Ausglühen nötig, wodurch meist nur eine mäßige Verbesserung der Ware herbeigeführt wird. Eine Gattierung von 85 bis 90 v. H. Schmiedeeisen und 10 bis 15 v. H. schwedischem oder anderem Holzkohleneisen, wie sie von Rott in seiner Arbeit über Temperguß (IX) angeführt wird, kann deshalb sehr leicht zu Mißerfolgen führen, abgesehen davon, daß ein solcher Satz sehr hohen Brennstoffaufwand erfordert. Nach Moldenke soll ein höherer Zusatz an getempertem Schrott und Stahl zu einer stärkeren Verbrennung Anlaß geben. In Deutschland ist man in dieser Hinsicht allerdings nicht gerade ängstlich. Ledebur führt in seinem Handbuch der Eisen- und Stahlgießerei (II) einige solcher Fälle an; im ersten hatte man 20 Gewichtsteile Holzkohlenroheisen mit 80 Gewichtsteilen Blechabfällen gattiert; das von ihm untersuchte Erzeugnis enthielt nur 0,19 v. H. Silizium und 0,29 v. H. Mangan. Im anderen Falle hatte man 12 Gewichtsteile Koksroheisen mit 3 v. H. Silizium mit 24 Teilen Bruch von der vorhergehenden Schmelzung und 64 Teilen

Blechabfälle eingesetzt. Die von Ledebur analysierte Rohgußware enthielt 3,36 v. H. Kohlenstoff, 0,31 v. H. Silizium und 0,17 v. H. Mangan. Daß derartige Gußstücke völlig unbrauchbar sind und auch durch noch so langes Glühen nicht gebrauchsfähig werden, liegt nach allem darüber Gesagten auf der Hand. Beim Schmelzen von Temperrohguß im Kupolofen pflegt man zur Vermeidung einer größeren Schwefelaufnahme einen höheren Kalkzuschlag als beim Grauguß zu geben; man geht dabei bis zu 5 v. H. des Einsatzes an Eisen. Auch der Füllkoks und die blinden Koksgichten müssen ihren Kalkzuschlag erhalten. Ein Flußspatzusatz macht die Schlacke etwas dünnflüssiger.

Auch beim Kupolofenbetrieb geht man mit dem Schmiedeeisenzusatz am besten nicht über 20 v. H. hinaus und wählt als weitere Gattierungsrohstoffe weißes und graues oder meliertes Sonderroheisen, deren mehrere in der Zahlentafel 45 angeführt sind, ferner Eingüsse, Steiger, Ausschußstücke der rohen und der getemperten Gußware. Bei der Auswahl des Schmiedeeisens muß man vorsichtig sein; es dürfen keine schweren, sperrigen Stücke darunter sein, aber auch keine ganz kleinen, wie Lochputzen, kleine Nieten u. a. Am besten sind Stanzabfälle mit 0,2 bis 0,3 v. H. Kohlenstoff. In Verbindung mit den Analysenangaben der Zahlentafel 45 mögen einige Gattierungsbeispiele vielleicht zweckdienlich sein. Auf einem bekannten größeren Werke nimmt man beispielsweise zu einem Satz:

| | | |
|---|---|---|
| Schwedisches Holzkohlenroheisen A. B. weiß . . . . . | 40 | kg |
| „ „ H. C. grau . . . . . | 15 | „ |
| Schmiedeeisen . . . . . . . . . . . . . . . . . | 20 | „ |
| Temperrohgußschrott . . . . . . . . . . . . . . . | 25 | „ |
| | 100 | kg |

Der aus diesem Satz hergestellte Rohguß enthält ungefähr 3,4 v. H. Kohlenstoff, 0,65 v. H. Silizium, 0,22 v. H. Mangan, 0,087 v. H. Phosphor und 0,30 v. H. Schwefel, die daraus getemperte Gußware: 1,2 v. H. Kohlenstoff, im übrigen annähernd dieselben Gewichtsanteile an den verschiedenen Fremdkörpern. Eine andere Firma gattiert wie folgt:

30 kg schwedisches Holzkohleneisen mit 0,80 v. H. Si, 0,20 v. H. Mn, 0,058 v. H. P, 0,014 v. H. S.

60 „ Duisburger Kupferhütte mit 0,974 v. H. Si, 0,252 v. H. Mn, 0,084 v. H. P, 0,023 v. H. S.

60 „ Schmiedeschrott mit wenig Si, 0,15 bis 0,25 v. H. Mn, unter 0,10 v. H. P, 0,04 bis 0,08 v. H. S.

150 „ Trichter usw. von ungetempertem Guß.

300 kg Einsatz.

Der aus dieser Gattierung erzeugte harte Guß enthielt: 3,81 v. H. Gesamtkohlenstoff, 3,502 v. H. gebundenen Kohlenstoff, 0,308 v. H. Graphit, 0,695 v. H. Silizium, 0,248 v. H. Mangan, 0,115 v. H. Phosphor,

0,252 v. H. Schwefel. Der daraus gewonnene Temperguß: 1,856 v. H. Gesamtkohlenstoff, 1,462 v. H. Temperkohle und Graphit, 0,394 v. H. gebundenen Kohlenstoff, 0,688 v. H. Silizium, 0,24 v. H. Mangan, 0,120 v. H. Phosphor, 0,289 v. H. Schwefel. Weitere Analysen von Kupolofentemperguß bietet Zahlentafel 40.

Eine weitere Tempergießerei nimmt zu einem Satz:

| | | |
|---|---|---|
| Duisburger grau | 22 kg = | 15 v. H. |
| Duisburger weiß | 8 „ = | 5 v. H. |
| Schmiedeeisen | 22 „ = | 15 v. H. |
| Eingüsse, Trichter | 48 „ = | 65 v. H. |
| Einsatzgewicht | 100 kg = | 100 v. H. |

Je nach Bedarf wird noch bis zu 3 v. H. zehnprozentiges Ferrosilizium zugesetzt. Der Rohguß hat dann folgende Zusammensetzung: 3,36 bis 3,41 v. H. Gesamtkohlenstoff, 0,55 bis 0,62 v. H. Silizium, 0,16 bis 0,2 v. H. Mangan, 0,07 bis 0,09 v. H. Phosphor, 0,24 bis 0,28 v. H. Schwefel. Einige Gattierungsbeispiele mit Berechnung des Abbrandes für mittelstarke und starke Stücke bringt Lamla in seiner mehrerwähnten Arbeit (65, S. 666).

Im allgemeinen setzt man bei starkwandigen Stücken mehr Schmiedeeisen zu als bei dünnwandigen Teilen.

Daß man beim Kupolofenguß auch innerhalb desselben Betriebes, in denen meist nach demselben Gattierungsschema gegossen wird, häufig sehr ungleichmäßige Festigkeitszahlen erhält, ist bekannt. Es liegt das gewöhnlich an einer mangelhaften Materialuntersuchung, nicht allein der Rohstoffe, sondern auch des Rohgusses. Manche Betriebe besitzen, wie ich mich überzeugen konnte, überhaupt keine analytischen Unterlagen, geschweige denn eine vollkommene Untersuchungsübersicht über ihre Rohstoffe, den daraus geschmolzenen Rohguß, den aus diesem hergestellten Temperguß und die zugehörigen Festigkeitseigenschaften; sie kommen deshalb gewöhnlich mit ihren Festigkeitszahlen nicht über 27 bis 30 kg und 1 bis 0,5 v. H. Dehnung, während andere immer 32 bis 38 v. H. kg Festigkeit und 6 bis 3 v. H. Dehnung erzielen. Mit der Ungenauigkeit des Gattierens hängt es auch zusammen, daß die Glühzeiten in denselben Betrieben nicht selten recht verschieden angesetzt werden müssen; zuweilen kommt man mit 72 Stunden aus, dann muß man aber gelegentlich auf 90 und 95 Stunden heraufgehen. Das tritt sehr leicht ein, wenn die eine oder andere Roheisensorte ausgeht und anders gattiert werden muß, ohne genaue analytische Unterlagen zu besitzen. Man merkt die Fehler natürlich meist erst nach dem Glühen, wenn es zu spät ist und ohne Schaden nicht mehr abgeht. Auf diese Weise vermehrt sich dann der Ausschuß ganz erheblich, und, da die eigenen Abfälle und unbrauchbaren Stücke aufgearbeitet werden müssen, wird man leicht zur „Inzucht" getrieben; die Zusammensetzung

der Gattierung namentlich hinsichtlich des Schwefels wird immer ungünstiger und damit der Schaden immer größer. Eine fortlaufende analytische Untersuchung ist daher gerade im Kupolofenbetrieb, aber auch
bei Benutzung anderer Schmelzöfen unabweislich. Daß der Koks natürlich
nicht zu viel Schwefel — möglichst nicht über 0,8 bis 1,0 v. H. — enthalten soll, versteht sich nach allem von selbst.

Der Abbrand an Silizium beträgt meist zwischen 7 bis 10 v. H.
des ursprünglichen Gehaltes, ist also geringer als beim Schmelzen von
Grauguß, der Manganabgang ist gering, gewöhnlich liegt er unter 15 v. H.
Der Phosphorgehalt bleibt im ganzen der gleiche, die Schwefelzunahme
beträgt 50 bis 100 v. H., bisweilen noch mehr, der Kohlenstoff reichert
sich auf mindestens 3 v. H. an, steigt aber nicht selten auf 3,5, 3,8, selbst
4,0 v. H. Der Koksverbrauch richtet sich in der Hauptsache nach dem
Schmiedeeisen- und Temperschrott. Er bewegt sich zwischen 20 und
30 v. H., liegt aber in der Regel bei 25 v. H. und darüber.

Man setzt vorteilhaft kleine Gichten und schmilzt in kleineren Kupolöfen so rasch wie möglich, um das Eisen vor zu starker Oxydation zu
schützen und die Schwefelanreicherung zu beschränken, auch die Kohlen-
stoffanreicherung wird so hintangehalten. Langsam geschmolzenes
Eisen ist häufig eisenoxydulhaltig und fließt matt; der Guß ist blasig
und brüchig. Moldenke empfiehlt ununterbrochenes Ablaufen des
Eisens aus dem Ofen und einen Vorherd, der eine gleichmäßigere
Mischung herbeiführt; ersteres ist aber nur für amerikanische Verhältnisse gültig. Man soll mit dem Koks nicht am falschen Platze
sparen, das Eisen muß bei dem kleinstückigen Guß so heiß wie möglich
vergossen werden.

Es sei auch hier darauf hingewiesen, daß weder der Kohlenstoffgehalt
noch der Siliziumgehalt zu hoch sein darf, damit die Graphitausscheidung
sicher unterbleibt; auch geringe Mengen schädigen bereits die Festigkeit
und namentlich die Dehnung. Manche Praktiker gehen mit dem Siliziumgehalt grundsätzlich nicht über 0,8 v. H., weil sich nur schwer und nicht
sicher genug ein zähes Material erschmelzen läßt. Auch mit dem Mangangehalt hält man sich lieber unter 0,3 und 0,25 v. H. als darüber, wie ja
die vorstehenden Beispiele zeigen. Mit 0,2 v. H. Schwefel läßt sich jedenfalls noch ein gutes und zähes Material erzielen (s. S. 72). Auch mit
dem Phosphorgehalt hält man sich besser bei oder unter 0,1 v. H. als
unter der Ledeburschen Höchstangabe mit 0,2 v. H.

Hier mag noch Erwähnung finden, daß man, falls geeignete Einsatzstoffe zur Verfügung stehen, auch wohl Gattierungen zusammenstellt,
die zwar aus denselben Roheisenmarken, Schrott usw. bestehen, bei denen
man aber die Anteile der Bestandteile je nach der Wandstärke der Stücke
abstuft, wie nachstehendes Beispiel nach Rott (IX) belegt. Natürlich
kann dies Beispiel nicht ohne weiteres als allgemeingültiges Schema benutzt werden.

| Gattierung | Wandstärke | | | | |
|---|---|---|---|---|---|
| | 5 mm | 10 mm | 15 mm | 20 mm | 30 mm |
| Temperroheisen grau % | 75 | 68 | 62 | 50 | 37 |
| Temperroheisen weiß % | — | 2 | 3 | 5 | 8 |
| Weicheisenabfälle % | 25 | 30 | 35 | 45 | 55 |

**Flammofenbetrieb.** Im Flammofen setzt man phosphorarmes Roheisen, größere Bruch- und Ausschußstücke, Eingüsse und Schmiedeeisenund Stahlschrott ein. Bei der Berechnung der Gattierung muß man natürlich den Abbrand in Betracht ziehen. Am stärksten brennt das Silizium und Mangan ab, ersteres je nach dem Einsatz von etwa 0,8 bis 1,4 v. H. auf 0,5 bis 1,00 v. H., Mangan von 1 bis 1,2 v. H. auf 0,25 bis 0,40 v. H., Kohlenstoff von 3,4 bis 3,6 v. H. auf 2,7 bis 3,0 v. H., der Schwefel reichert sich bei schwefelarmem Einsatz von etwa 0,04 bis 0,05 auf 0,06 bis 0,08 v. H. an. Der Phosphorgehalt bleibt ziemlich unverändert.

Arbeits- und Schmelzverlauf. Der Verlauf einer Charge spielt sich ungefähr wie folgt ab: Man sucht den Einsatz möglichst rasch niederzuschmelzen und das Bad so schnell wie möglich mit einer Schlackendecke zu überziehen, um das Eisen vor unnötiger Verbrennung zu schützen und einer Schwefelaufnahme aus der Flugasche vorzubeugen. Ist das Bad gebildet und bedeckt, so tritt der natürliche Schmelzverlauf ein, indem vornehmlich Silizium und Mangan verbrennen; je höher der Gehalt an diesen Fremdkörpern, desto vollkommener bleiben Kohlenstoff und Eisen vor Oxydation bewahrt. Nun sucht man die Schmelze so rasch wie möglich auf die höchste Temperatur zu bringen, indem man den Luftüberschuß auf das geringste Maß zurückführt und den Essenzug durch Verkleinerung der Schieberöffnung herabsetzt. Die völlige Beseitigung des Luftüberschusses darf nicht stattfinden, da die Temperatur dann sofort nachläßt und das Schmelzen verlangsamt wird. Von der völligen Verflüssigung des Einsatzes überzeugt man sich durch Durchrühren des Bades und von der gewünschten Zusammensetzung durch verschiedene Probenahmen. Der genauere chemisch-metallurgische Verlauf einer Charge für Temperguß kann der Zahlentafel 46 entnommen werden. In der Eisenzeitung gibt Schrage (131) die Ofentemperatur mit 1600 bis 1700°, die Temperatur des flüssigen Eisens mit 1300 bis 1380° an. Ist das Bad fertig, so wird es in mehrere gut vorgewärmte Pfannen abgestochen, die dann unmittelbar vergossen (Stopfenpfannen) oder in der Gießerei verteilt werden und ihr Eisen an kleinere Pfannen abgeben; häufig sticht man aber auch in kleine Handpfannen wie beim Kupolofen ab, wodurch dann das Abstechen erheblich länger dauert und das Bad länger als erwünscht den oxydierenden Gasen ausgesetzt ist. Wenn eine zweite Charge geschmolzen werden soll, was im Hinblick auf eine gute Wärmeausnützung und

**Zahlentafel 46.**

Der chemisch - metallurgische Verlauf einer Temperrohgußcharge im Flammofen.

Einsatz: 230 kg Stahlschrott, 230 kg Tempergußschrott, 3300 kg Trichter, 4500 kg Roheisen.

| Nr. der Probe | Zeit von Beginn des Einsetzens an in Stunden und Minuten | Zusammensetzung des Eisens | | | | | Zusammensetzung der Schlacke | | | | | | | | | Bemerkungen |
|---|---|---|---|---|---|---|---|---|---|---|---|---|---|---|---|---|
| | | C % | Si % | Mn % | P % | S % | $SiO_2$ % | $Fe_2O_3$ % | FeO % | $Al_2O_3$ % | CaO % | MgO % | MnO % | $P_2O_5$ % | $SO_2$ % | |
| 1 | $2^{48}$ | 3,10 | 0,89 | 0,227 | 0,136 | 0,029 | 45,59 | 3,31 | 40,82 | 4,74 | 1,99 | Spur | 3,40 | 0,09 | Spur | Einsatz nicht vollständig geschmolzen. |
| 2 | $3^{03}$ | 3,12 | 0,89 | 0,227 | 0,137 | 0,029 | 61,54 | 3,27 | 25,50 | 5,18 | 0,75 | „ | 3,69 | 0,11 | „ | — |
| 3 | $3^{28}$ | 3,26 | 0,89 | 0,240 | 0,138 | 0,029 | 49,24 | 6,28 | 32,23 | 7,20 | 0,84 | „ | 4,27 | 0,12 | „ | Noch nicht alles geschmolzen. Schwaches Kochen. |
| 4 | $3^{45}$ | 3,16 | 0,89 | 0,227 | 0,136 | 0,029 | 57,67 | 2,95 | 27,94 | 7,25 | 0,85 | „ | 3,39 | 0,16 | „ | — |
| 5 | $4^{01}$ | 3,17 | 0,89 | 0,227 | 0,139 | 0,032 | 49,24 | 5,50 | 33,65 | 6,26 | 0,91 | „ | 4,59 | 0,14 | „ | Nahezu vollständig geschmolzen. |
| 6 | $4^{19}$ | 3,08 | 0,89 | 0,227 | 0,137 | 0,033 | — | — | — | — | — | — | — | — | — | Dünnflüssig. |
| 7 | $4^{30}$ | 3,00 | 0,89 | 0,227 | 0,140 | 0,033 | — | — | — | — | — | — | — | — | — | Erste Probe des Schmelzens. |
| 8 | $4^{48}$ | 3,03 | 0,89 | 0,214 | 0,140 | 0,033 | 83,60 | — | 4,94<br>6,45 | 9,49<br>10,00 | 0,83<br>2,30 | Spur<br>„ | 0,92<br>0,38 | 0,18<br>0,21 | Spur<br>„ | Letzte „ „ „ |
| 9 | $5^{01}$ | 2,78 | 0,87 | 0,199 | 0,141 | 0,034 | 80,80 | — | — | — | — | — | — | — | — | 5 Minuten vor dem Abstich. |
| 10 | $5^{17}$ | 2,71 | 0,87 | 0,195 | 0,141 | 0,035 | — | — | — | — | — | — | — | — | — | Abstich nahezu beendet. |

Brennstofferparnis immer vorteilhafter ist, so trägt man sofort nach dem Abstich einen weiteren Einsatz ein. Andernfalls wird das Feuer gezogen und der Ofen der Abkühlung überlassen. Da ein häufiges Abkühlen des Ofens die Haltbarkeit des Mauerwerkes verringert, so ist auch von diesem Gesichtspunkt aus ein sofortiges Wiederbeschicken des Ofens erwünscht. Ein Flammofen von mittlerer Größe von 15 t hält etwa 80 bis 100 Hitzen aus. Die Schmelzdauer im Flammofen ist sehr verschieden. Bei größeren Einsätzen von mehr als 15 t kann man fast ebensoviel Stunden wie Tonnen rechnen. Bei kleineren Öfen kürzt sich die Schmelzzeit ab, bei größeren nimmt sie zu.

Über das Gießen aus dem Flammofen macht Moldenke noch einige Angaben (95), die unter Umständen auch sonst zweckdienlich sein könnten und deshalb kurz hier wiedergegeben seien. Er sagt, daß es wichtig sei, nicht allein den Siliziumgehalt, sondern auch die Gießtemperatur den Wandstärken der Gußstücke möglichst anzupassen. Ferner meint er, man müsse die Stücke bestimmter Wandstärke zu einer bestimmten Zeit des Schmelzens gießen, um das richtige Verhältnis zu treffen. Da das flüssige Eisen während des Schmelzens oxydiert und am Schluß des Schmelzens der Siliziumgehalt niedriger als zum Beginn ist, so sollte man eigentlich zuerst die dünnen und zuletzt die starkwandigen und schweren Stücke gießen. Dem steht aber entgegen, daß das letzte Eisen heißer als das erste ist und deshalb besser zum Gießen der dünnwandigen Stücke verwendet wird. Moldenke zieht es daher vor, zunächst einen Einsatz mit geringerem Siliziumgehalt für die schweren Gußstücke zu schmelzen und das zum Abgießen der schwachen Teile in der Schmelze fehlende Silizium durch Zusatz von Ferrosilizium zu ergänzen. Er warnt aber davor, der für die schweren Gußteile bestimmten Schmelze Ferrosilizium zuzugeben, um oxydiertes oder entsiliziertes Eisen zu desoxydieren, weil auf diese Weise das Eisen nur noch schlechter wird, indem die Desoxydationsverbindungen infolge der geringen Temperatur des Flammofens nicht wie beim Stahl in die Schlacke steigen, sondern im Metallbad zurückbleiben. Moldenke hat diese so hervorgerufene Verschlechterung in zahllosen Fällen festgestellt. Man kann sich in einem solchen Falle nur dadurch helfen, daß man einer stärkeren Oxydation während des Schmelzens vorbeugt, indem man so schnell wie möglich den Einsatz herunterschmilzt und dann sorgfältig darauf achtet, daß das Bad ständig mit Schlacke bedeckt ist. Man bedarf dafür eines erfahrenen Schmelzers, der eingearbeitet ist. Ein Stahlschmelzer schmilzt viel zu langsam und kann nicht ohne weiteres Temperrohguß im Flammofen erschmelzen; auch die Behandlung der Feuerung erfordert besondere Aufmerksamkeit und Erfahrung.

Über den Brennstoffverbrauch im Flammofen siehe S. 185.

**Ölflammofenbetrieb.** Man heizt den Ölflammofen an, indem man brennende Putzlappen in die Trommel wirft und dann die Düse anstellt. Solange man frischt, wird oxydierend geblasen, was durch entsprechende Stellung des Öl- bzw. Luftventils bewirkt wird. Ob die Flamme reduzierend oder oxydierend bläst, erkennt man an ihrer Farbe. Der Zeitpunkt der Abstellung oder der Änderung in der Stellung des Ventiles ist Erfahrungssache. Will man möglichst keine Veränderung des Ofeneinsatzes erzielen, so wird von vornherein reduzierend geblasen. Der Abbrand ist dann gering. Im Ölflammofen setzt man wie sonst Eingüsse und Schrott von Temperguß, Schmiedeeisen und die üblichen Sorten weißen bzw. grauen Temperroheisens schwedischer oder deutscher Herkunft. Der Ölverbrauch beträgt 18 bis 30 v. H. des Einsatzes und hängt ab von der Fassung des Ofens und der Menge des Stahlzusatzes in der Gattierung. Kleine Öfen brauchen mehr Öl als große. Man bläst mit verschiedener Pressung; in einem mir bekannten Falle setzt man 500 kg kalt ein und preßt mit 260 mm WS. Eine solche Charge ist dann in 1 Stunde und 45 Minuten fertig. Die Blasedauer richtet sich natürlich auch nach der Art des Einsatzes. Man setzt z. B.:

|  | I | II |
|---|---|---|
| Schwedisches Graueisen . . . . . . . . | 110 kg | 40 kg |
| Weißes Temperroheisen . . . . . . . . | 75 „ | 110 „ |
| Ungetemperte Trichter . . . . . . . . | 75 „ | 120 „ |
| Nietenschrott . . . . . . . . . . . . | 40 „ | 30 „ |
|  | 300 kg | 300 kg |

Den Satz I schmilzt man in 1 Stunde 50 Minuten, den Satz II in 2 Stunden. Für den Satz I beträgt der Ölverbrauch 26 v. H., beim Satz II 31 v. H.; bei einem früheren Ölpreis von 5 M./100 kg kostete das Schmelzen des Satzes I 1,30 M./100 kg, das des Satzes II 1,58 M./100 kg. In Zahlentafel 26 ist ein Beispiel für die Zusammensetzung des im Ölflammofen erzeugten Rohgusses und des daraus getemperten Gusses angeführt.

**Martinofenbetrieb.** Die für Temperguß bestimmten Martinöfen haben meist einen kleineren Fassungsraum als die ausschließlich für Stahlformguß in Dienst gestellten. Man arbeitet schon mit Öfen für eine Fassung von $^1/_2$ bis 1 t. Je kleiner indessen die Öfen, desto unwirtschaftlicher sind sie, infolgedessen gehören derartig kleine Einheiten zu den Seltenheiten. Häufiger stößt man auf Öfen von 3 bis 5 und 7 t Fassung. Für deutsche Verhältnisse liegt die obere Grenze etwa bei 15 bis 18 t Aufnahmevermögen. Abgesehen von dem Umfang der beabsichtigten Erzeugung kann evtl. auch die Art der Erzeugung auf die Größenauswahl des Ofens mitbestimmend sein, insofern sich kleine, dünnwandige Teile aus großen Öfen schlechter gießen lassen als größere Stücke. Die Eisenentnahme geht dann nicht schnell genug vonstatten, die Schmelze muß im Ofen zu lange stehen, ist der Oxydationswirkung der Gase länger ausgesetzt, der Abbrand wird größer, die Sauerstoffaufnahme des Bades stärker und eine größere Menge teurer Zusatzmittel erforderlich.

Arbeits- und Schmelzverlauf. Bei Auswahl der Einsatzrohstoffe ist, wenn der an und für sich nicht gerade billige Schmelzprozeß in der Güte der Ware zum Ausdruck kommen soll, Wert auf ein möglichst phosphor- und schwefelfreies Material zu legen. Wenn auch Mangan und Silizium gleich zu Anfang des Prozesses verbrennen und ein Fehlgehen der Charge, sofern eine geregelte Probenahme stattfindet, nicht zu befürchten ist, so hat es doch keinen Sinn, einen zu großen Überschuß an diesen Fremdkörpern in die Gattierung aufzunehmen, da . die Dauer der Charge nur verlängert und der Abbrand unnötig erhöht wird. Es empfiehlt sich auch hier, auf Grund des Erfahrungsabbrandes die Gattierung zu berechnen. Andererseits, wenn der Mangel an geeigneten Roheisen keine andere Wahl läßt, erleichtert dieser Umstand die Auswahl der Sorten. Dennoch setzt man gern manganreichere Gattierungen, damit das Mangan vor dem Kohlenstoff verbrennt und diesen vor Oxydation schützt. Ein etwas höherer Siliziumgehalt, der entsprechend der Wandstärke ausgewählt wird und bis zu 1,3 und 1,5 v. H. betragen kann, ist jedoch erwünscht, um die Charge heiß genug zu bekommen. Der Kohlenstoffgehalt wird ebenfalls unter Berücksichtigung der Wandstärke am besten weitgehend durch entsprechenden Zusatz von Stahl- bzw. Schmiedeeisenzusatz geregelt und das Herunterfrischen des Kohlenstoffgehaltes zur Endeinstellung vorgenommen. Dem Charakter des Zwischenerzeugnisses entsprechend, dient eben der Martinofen weder als reiner Schmelzapparat noch als ausgesprochener Frischapparat, sondern nimmt eine mittlere Stellung ein als empirischer Regler der Endanalyse. Immerhin ist der praktisch auftretende Abbrand nicht unbeträchtlich und bewegt sich beim Silizium etwa zwischen 10 und 15 v. H., beim Kohlenstoff zwischen 15 und 20 v. H. und darüber hinaus. Der gesamte Abbrand beziffert sich je nach Arbeitsweise, Zusammensetzung und Größe des Einsatzes auf etwa 7 bis 15 v. H. Man findet allerdings auch höhere Angaben. Weil man das Eisen sehr oft in kleine Handpfannen abfließen lassen muß, so dauert ein Abstich von vornherein schon länger als gewöhnlich. Deshalb soll man nach Moldenke durch entsprechende Anordnung der Abstichöffnung dafür sorgen, daß nicht das heißere untere, sondern das kältere obere Eisen zuerst abläuft, was durch die S. 262 beschriebene Maßnahme möglich wird. Auch beim Martinofenbetrieb setzt man graue und weiße Temperroheisen, Stahl- und Schmiedeeisenabfälle sowie harten oder weichen Tempergußschrott und Eingüsse. Man setzt zunächst das Roheisen und dann nacheinander die schwerer schmelzbaren Metalle. Bei Öfen mittlerer Fassung von 5 bis 8 t ist der Einsatz nach etwa einer Stunde im Schmelzfluß und auf die wünschenswerte Temperatur gebracht. Das Bad wird umgerührt, und, um die sich bis dahin aus den Verbrennungserzeugnissen des Mangans, Eisens und Siliziums, dem an den Masseln und Eingüssen anhaftenden Sand und den Bestandteilen des Ofenfutters gebildete saure Schlacke zu verflüssigen und leichter zum Ablauf zu bringen, etwas Kalk zugegeben. Eine solche Schlacke hat beispielsweise folgende Zusammensetzung:

| | | | | |
|---|---|---|---|---|
| MnO | = 4,00 v. H. | | CaO | = 22,50 v. H. |
| FaO | = 6,30 v. H. | | MgO | = 3,30 v. H. |
| $SiO_2$ | = 60,95 v. H. | | S | = 0,41 v. H. |
| $Al_2O_3$ | = 3,00 v. H. | | P | = — |

Nun tritt eine lebhafte Kohlenstoffverbrennung ein und das Bad kocht. Von Zeit zu Zeit werden Proben entnommen und auf Dünnflüssigkeit und Temperatur, sowie auf Bruchfarbe geprüft. Nach etwa 3 bis $3^1/_2$ Stunden sind kleinere Chargen, größere nach etwa 4 Stunden fertig. Es empfiehlt sich, so heiß und rasch wie möglich zu schmelzen, einmal, um den Ofen möglichst gut auszunützen und zweitens, um einem zu hohen Abbrand zu begegnen. Nach Moldenke (95) soll man bei sachgemäßem Betrieb eine Charge in $2^1/_2$ Stunden fertig schmelzen können. Die mittlere Gießtemperatur liegt bei etwa 1350°. Bei einer Temperaturprüfung (129) ergaben sich folgende Zahlen (Zahlentafel 47):

**Zahlentafel 47.**

**Ofen- und Eisentemperaturen beim Martinofenschmelzen.**

| Charge Nr. | Temperatur im Ofen °C | Eisentemperatur | |
|---|---|---|---|
| | | bei Beginn des Abstiches °C | am Ende des Abstiches °C |
| 1 | 1670 | 1275 | 1308 |
| 2 | 1650 | 1350 | 1380 |
| 3 | 1590 | 1290 | 1375 |
| 4 | 1600 | 1275 | 1290 |

Als Beispiel für die Zusammensetzung des Einsatzes, des harten Gusses und Enderzeugnisses seien einige Zahlen angeführt. Über den Einsatz gibt Zahlentafel 48 Aufschluß. (Ein weiteres Beispiel findet man: 130, S. 1744.)

**Zahlentafel 48.**

**Einsatzrohstoffe für den Martinofen.**

| | % | C % | Si % | Mn % | S % | P % |
|---|---|---|---|---|---|---|
| Hämatit . . . . . . . . . . . . . . . | 31,4 | 4,0 | 2,1 | 0,24 | 0,02 | 0,06 |
| Duisburger weiß . . . . . . . . . | 7,1 | 3,5 | 0,7 | 0,10 | 0,10 | 0,05 |
| Schwedisches C. D. W. . . . . . . | 7,2 | 4,0 | 0,3 | 0,04 | 0,024 | 0,05 |
| Eingüsse . . . . . . . . . . . . . . | 51,5 | 2,7 | 0,8 | 0,24 | 0,C5 | 0,06 |
| Spiegeleisen . . . . . . . . . . . | 2,8 | 4,5 | 0,2 | 11,00 | 0,04 | 0,02 |
| Zusammensetzung des Einsatzes . . | 100,00 | 3,31 | 1,14 | 0,50 | 0,04 | 0,06 |

Das Hartmetall enthielt: 2,6 v. H. Kohlenstoff, 0,8 v. H. Silizium, 0,3 v. H. Mangan, 0,04 v. H. Schwefel, 0,06 v. H. Phosphor. Angaben über die Zusammensetzung getemperten Materials siehe Zahlentafel 40. Der Kohlenstoffgehalt des im Martinofen erzeugten ungeglühten Gußstückes liegt etwa zwischen 2,3 und 2,8 v. H.; der Siliziumgehalt wird der Wandstärke entsprechend abgestuft und nimmt mit der Dicke des Gußstückes ab; ein Beispiel für diese Abstufung bietet Zahlentafel 18, der Schwefelgehalt steige nicht über 0,1; gewöhnlich liegt er tiefer und gutes Material enthält nur etwa 0,04 v. H. Mangan und Phosphor halten sich in den üblichen Grenzen, und zwar Mangan zwischen 0,3 bis 0,4 v. H., Phosphor zwischen 0,05 bis 0,2 v. H.

Vor dem Abstich empfiehlt sich ein Zusatz von Aluminium, das wie schon gesagt, die bekannte Höchstgrenze von 0,1 v. H. der Einsatzmenge nicht überschreiten soll. Kleine Öfen von 3 bis 5 t erfordern, abgesehen von der Nachtkohle, einen Brennstoffaufwand von 40 v. H. Mit der Größe des Ofens nimmt der Verbrauch natürlich ab und kann in sehr günstigen Fällen bei 15- bis 18-t-Öfen auf 18 bis 20 v. H. ohne Berücksichtigung der Nachtkohle sinken.

Eine Martinofengattierung unter Verwendung von englischem und schwedischem Eisen ist folgende (88): 14 v. H. West-Cumberland-Hämatit, 40 v. H. schwedisches Holzkohleneisen und 46 v. H. Weißeisenschrott aus Eingüssen und Ausschußstücken. Der daraus erzeugte Guß nach amerikanischer Art von 9,5 mm Wandstärke enthält i. M. 2,85 bis 3,01 v. H. Kohlenstoff, 0,6 bis 0,7 v. H. Silizium, 0,05 v. H. Phosphor, 0,14 v. H. Mangan und 0,03 v. H. Schwefel.

Moldenke (V, S. 83) macht über einen Einsatz in einen 10-t-Ofen folgende Angaben. Das Hartmaterial soll 0,5 v. H. Silizium enthalten, infolgedessen muß der Siliziumgehalt der betreffenden Gattierung 0,8 v. H. betragen. Es sind in den Ofen einzusetzen insgesamt 10750 kg, die zusammen 86,00 kg Silizium enthalten müssen. Davon sollen 5750 kg aus Eingüssen, Tempergußschrott, Stahlschrott und schwerem Gußeisenschrott bestehen, und zwar:

| | | |
|---|---|---|
| 4000 kg | Eingüsse mit 0,5 v. H. Silizium liefern | 20,0 kg Silizium |
| 1500 kg | Tempergußschrott mit 0,4 v. H. Silizium liefern | 6,0 ,, ,, |
| 125 kg | Stahlschrott mit sehr geringem Siliziumgehalt | |
| 125 kg | Gußeisenschrott mit 1 v. H. Silizium liefern | 1,25 ,, ,, |
| 5750 kg | Schrott | liefern 27,25 kg Silizium. |

Nach Lage der Verhältnisse stehen 5 Roheisensorten zur Verfügung, die zum Einsatz zusammen 5000 kg Eisen mit 58,75 kg Silizium beitragen müssen. Der Gewichtsanteil jeder Roheisenmarke stellt sich wie folgt:

| | | | | |
|---|---|---|---|---|
| 1000 kg der Marke | „D" (Antrim) mit 1 v. H. Silizium bringen | 10,00 kg Silizium |
| 1000 ,, ,, ,, | „B" (Sparman) ,, 1,25 ,, ,, ,, | 12,50 ,, ,, |
| 1000 ,, ,, ,, | „N" (Mabel) ,, 1,25 ,, ,, ,, | 12,50 ,, ,, |
| 1750 ,, ,, ,, | „G" (Briar Hill) ,, 1,25 ,, ,, ,, | 21,90 ,, ,, |
| 250 ,, ,, ,, | „R" (Ella) ,, 0,75 ,, ,, ,, | 1,85 ,, ,, |
| 5000 kg Roheisen | | bringen 58,75 kg Silizium. |

Aus dieser Mischung von 5750 kg verschiedenen Schrottes und 5000 kg verschiedener Roheisensorten ergibt sich ein Einsatz von 10 750 kg mit 86 kg Silizium = 0,8 v. H. Silizium. Dieser Satz wird von Moldenke für die morgens geschmolzenen Chargen zusammengestellt; für die Nachmittagschargen, wenn der Ofen heißer geht, empfiehlt er den Siliziumgehalt des Einsatzes auf 0,75 zu halten und Montags morgens sollen die Einsätze aller Öfen 0,85 v. H. Silizium enthalten. Als einfacheren Satz gibt er noch folgende Gattierung an:

```
 4000 kg  Marke „O" (Mabel mit  1,00  v. H. Silizium  =  40,00 kg Silizium
 1500 „      „    „E" (Mabel)    „   1,25    „      „    =  18,75 „      „
 1250 „   Tempergußschrott       „   0,40    „      „    =   5,00 „      „
  250 „   Stahlschrott                                   =    —
 3750 „   Eingüsse                „   0,55    „      „    =  20,56 „      „
10750 kg  Einsatz mit                                       84,31 kg Silizium.
```

Der berechnete Siliziumgehalt der Gattierung beträgt demnach 0,78 v. H.

**Kleinbirnenbetrieb.** Das Fassungsvermögen der für das Fertigblasen des Temperrohgusses bestimmten Birne soll nicht zu groß, aber auch nicht zu klein sein. Da es sich fast immer um das Abgießen kleiner Teile handelt, dauert die Eisenentnahme aus der Birne längere Zeit, wodurch die nötige Dünnflüssigkeit des zuletzt aus der Birne fließenden Eisens herabgesetzt und das Gelingen des Gußstückes gefährdet wird. Aus diesem Grunde soll man den Einsatz nicht zu groß wählen. Auf der anderen Seite aber ist eine zu kleine Einsatzmenge unwirtschaftlich, da bei einer bestimmten Jahreserzeugung eine größere Anzahl Birnen in Betrieb genommen werden müssen oder der Jahresumsatz an sich beschränkt bleiben muß, wodurch der auf die Gewichtseinheit entfallende Unkostenzuschlag natürlich erhöht wird. Man ist deshalb wohl auch von den anfänglich verwendeten Birnen mit 500 oder 700 kg Fassung abgekommen und in der Hauptsache bei solchen mit 1 bis 2 t Aufnahmevermögen stehengeblieben.

Der Einsatz soll nach Möglichkeit niedrig im Phosphorgehalt und unbedingt schwefelrein sein. Deshalb eignet sich für die Kupolofenbeschickung am besten ein Gemisch aus gutem Hämatiteisen mit etwa 0,015 v. H. Schwefel, Tempergußschrott und evtl. auch etwas Schmiedeeisen bzw. Stahlabfälle. Auch Gemische aus Hämatit, Bessemerroheisen (mit etwa 2,8 v. H. Silizium, 0,8 v. H. Mangan, 0,38 v. H. Kohlenstoff, 0,08 v. H. Phosphor, 0,015 v. H. Schwefel) unter Zugabe von Tempergußschrott kommen in Betracht.

Die ersten Chargen enthalten am besten etwas mehr Silizium als die später folgenden, da das erste Kupolofeneisen nicht besonders heiß ist; 1,8 bis 2,2 v. H. dürften jedoch schon genügen. Die weiteren Chargen können mit etwa 1,5 v. H. Silizium dem Konverter übergeben werden. Da von der Höhe des Siliziumgehaltes die Blasdauer abhängt, so hat es keinen Sinn, einen zu hohen Siliziumgehalt anzusetzen, abgesehen davon, daß der Abbrand unnötig erhöht und die Schlackenmenge vermehrt wird. Bei zu niedrigem Siliziumgehalt besteht die Gefahr, daß das Bad nicht heiß genug wird. Der Mangangehalt des Rinneneisens bewege sich etwa zwischen 0,5 und 0,8 v. H., je nach der erforderlichen Blasdauer, die ja vom Siliziumgehalt abhängt. Der Phosphor- und Schwefelgehalt sei möglichst niedrig. Ersteren kann man leicht unter 0,10 v. H. halten. Der letztere ist um so geringer, je reiner der Kupolofeneinsatz war und je geringer der Übergang aus dem Koksschwefel; rasches Schmelzen im Kupolofen ist dafür vorteilhaft. Der Kohlenstoffgehalt hängt wesentlich von der Höhe des Einsatzes an Schmiedeeisen ab. Je größer die Anreicherung im Kupolofen war, desto mehr Kohlenstoff bleibt auch nach dem Blasen im Eisen. Eine genaue Regelung hat man bei schwankendem Gehalt des Rinneneisens an Gesamtkohlenstoff nicht in der Hand. Will man demnach einen kohlenstoffarmen Rohguß erhalten, so muß man schon im Kupolofen dafür Sorge tragen, daß die Anreicherung nicht zu hoch steigt. Man arbeitet in der Praxis lieber mit zwei oder mehr Roheisensorten im Einsatz, weil die Charge ruhiger verläuft und heißer geht, als wenn man nur mit einer Sorte arbeitet. Der Schrotteinsatz kann dann immer noch etwa 30 v. H. ausmachen. Es hat keinen Sinn, den Kupolofeneinsatz bezüglich des Silizium- und Mangangehaltes höher zu halten, als es der Birnenprozeß verlangt. Man lege daher die obigen für das Rinneneisen genannte Zahlen der Berechnung zugrunde und schlage den erfahrungsmäßigen Abbrand im Kupolofen hinzu, um den Durchschnittsgehalt der Gattierung zu erhalten. Man wird dann kaum über 2,2 v. H. Silizium und 1 höchstens 1,2 v. H. Mangan kommen. Man kann für den Kupolofen ungefähr 5 bis 6 v. H. Abbrand rechnen. (Die Abbrandziffern für den Konverter siehe weiter unten S. 159.)

Die Schwefelaufnahme im Kupolofen steigt nur in sehr günstigen Fällen nicht über 0,03 bis 0,05 v. H. Ob der von einigen Praktikern zur Schwefelbekämpfung im Kupolofen empfohlene Zuschlag von Ferromangan, der sich doch immer nur in sehr mäßigen Grenzen bewegen kann, wirksam ist, möchte ich bezweifeln. Das aus dem Kupolofen fließende Eisen soll schon möglichst heiß sein und es darf deshalb an Koks nicht gespart werden; der Verbrauch schwankt zwischen 15 und 25 v. H. je nach Größe, Einsatz und Betriebsweise des Ofens.

Arbeits- und Schmelzverlauf. Die nachstehenden Angaben über die Arbeitsweise in der Birne, die ich in der Hauptsache den Mitteilungen von L. und J. Treuheit zu danken habe, mögen den Praktikern als Anhalt dienen: Das der Birne übergebene Eisen wird so lange geblasen, bis der den Wandstärken entsprechende Siliziumgehalt erreicht ist, ein Zeitpunkt der bei bekannter Zusammensetzung des Birneneinsatzes empirisch festgelegt ist und bei Chargen von 1 bis 2 t und je nach dem Grad der Siliziumverminderung nach 7 bis 12

Minuten erreicht wird. Daraus ergibt sich, daß man schon im Kupolofen genau gattieren und doppelt vorsichtig arbeiten muß, wenn man genötigt ist, die Gattierung häufiger abzuändern. Das gilt besonders hinsichtlich des Kohlenstoffgehaltes, der zwar in der Birne herabgesetzt, aber nicht mehr eingestellt werden kann, weil eben der Siliziumgehalt für die Blasdauer richtunggebend ist. Das Einhalten eines möglichst niedrigen Kohlenstoffgehaltes ist aber sehr wichtig, weil auch von diesem die Glühdauer abhängt und somit die Wirtschaftlichkeit des ganzen Verfahrens.

Nach der 3. oder 4. Charge tritt, wie auch sonst beim Blasen in der Birne, infolge der steigenden Temperatur des Eisens und der nunmehr höheren Temperatur der Birne eine beschleunigte Kohlenstoffverbrennung ein unter gleichzeitiger Abschwächung der Siliziumverbrennung, wodurch die Gefahr besteht, daß der Temperhartguß einen Stich ins Graue erhält. Auch insofern ist diese Erscheinung unwillkommen, als mit einer unbehinderten, zu raschen Kohlenstoffverbrennung alsbald ein Mattergehen der Charge zu befürchten ist. Um dem zu begegnen, ist es angezeigt, dafür zu sorgen, daß nach der 3. oder 4. Charge der Siliziumgehalt des flüssigen Einsatzes um 0,1 bis 0,2 v. H. geringer ist. Wenn die Charge fertig geblasen ist, befindet sie sich noch in großer Bewegung, weshalb man noch in der Birne das Bad durch einen Aluminium- oder Hämatitzusatz zu beruhigen sucht; mehr oder weniger stark hält diese Bewegung auch noch in der Pfanne an. Im allgemeinen liegt die Zusammensetzung des harten Materials innerhalb folgender Grenzen: Kohlenstoff 2,5 bis 3 v. H., Silizium 0,5 bis 1,2 v. H., Mangan 0,2 bis 0,3 v. H., Phosphor bis 0,2 v. H. (meist aber darunter), Schwefel 0,07 bis 0,10 v. H. Der Abbrand beträgt bei größeren Chargen 8 bis 10 v. H. und kann bei kleinen Einsätzen, einschließlich Kupolofenabbrand, auf 15 bis 20 v. H. steigen.

Ein in der Birne erblasenes und dann geglühtes Material enthielt nach einer Mitteilung aus der Praxis z. B. 1,5 v. H. Gesamtkohlenstoff, 0,45 v. H. Temperkohle, 0,652 v. H. gebundene Kohle, 0,62 v. H. Silizium, 0,23 v H. Mangan, 0,053 v. H. Phosphor und 0,07 bis 0,10 v. H. Schwefel. Eine weitere Analyse von fertig getemperten Gußteilen siehe Zahlentafel 40. Man erzielt bei dem Birnenmaterial Festigkeiten bis zu 41 kg/qmm und 6 v. H. Dehnung. Indessen schwanken die Festigkeitsergebnisse auch bei diesem Erzeugnis sehr und können zurückgehen bis auf 25 kg/qmm Zugfestigkeit und nur 1 v. H. Dehnung. Diese Schwankungen sind wohl in der Hauptsache darauf zurückzuführen, daß man dem dem Blasen voraufgehenden Kupolofenschmelzen nicht immer die nötige Aufmerksamkeit schenkt. Natürlich können auch beim Blasen gemachte Fehler daran schuld sein. In solchen Fällen stellen sich ebenso unsichere Ergebnisse heraus, wie bei dem nur im Kupolofen erzeugten Temperguß. Wenn solche Verhältnisse aber vorliegen, daß die Kohlenstofferniedrigung und die schärfere Siliziumreglung in der Birne keinen offensichtlichen Vorteil hinsichtlich der Güte des Materials gegenüber dem Kupolofenerzeugnis mehr bieten, dann hat die Nachbehandlung im Konverter auch keinen Sinn mehr.

Wie schon erwähnt, liegt der Hauptvorteil des Birnenbetriebes in der ausschließlichen Verwendung von inländischem Roheisen, in der schnellen und leichten Regelbarkeit des Siliziumgehaltes und in der abgekürzten Glühdauer, die bei dünnwandigem Guß nur 24 Stunden Vollhitze betragen soll, bei starkwandigen Teilen aber auf 72 Stunden steigt.

**Die Herstellung von Temperroheisen in der Birne.** Nun bietet der Kleinkonverter noch einen weiteren Vorteil, von dem auch in der Praxis Gebrauch gemacht wird. Anstatt das in der Birne erblasene Eisen zum Abgießen von Gußstücken zu verwenden, kann man auch Roheisenmasseln daraus gießen und diese ohne weiteres zur Herstellung von Temperguß im Tiegel, Martinofen oder auch Kupolofen ohne weitere Zusätze verwenden. Der einzige Unterschied gegenüber dem in der Birne zur Herstellung von Gußstücken fertiggeblasenen Eisen ist der, daß man bei dem Blasen auf Temperroheisen Rücksicht auf den Abbrand nehmen muß, den es in den Schmelzöfen noch erleidet und darauf, daß das Roheisen immer mit einem bestimmten Anteil Tempergußschrott gattiert werden muß, da ja alle Tempergießereien darauf angewiesen sind, Ausschuß und Eingüsse des eigenen Betriebes aufzuarbeiten. Man muß also den Siliziumgehalt und auch Mangangehalt entsprechend höher halten. Sonst ist die Arbeitsweise genau dieselbe wie vorher beschrieben. Das Verfahren kann sich aber nur durch einen Preisvorsprung gegenüber den teuren schwedischen oder englischen Marken rechtfertigen. Dieser Vorsprung ergibt sich, wenn die Kosten des Schmelzverfahrens an sich vermehrt um diejenigen der Ausgangsrohstoffe, die aus Hämatit und Schrott bestehen, unterhalb der Preise für die Auslandmarken liegen. Im übrigen hat man den Vorteil, daß man von vornherein mit einem kohlenstoffarmen Einsatzeisen arbeiten kann. Während die deutschen Sondereisen für Temperguß etwa 3,7 bis 4 v. H. Kohlenstoff und die schwedischen 4,2 bis 4,5 v. H. und noch mehr enthalten, kommt das in der Birne hergestellte auf 2,4 bis 3 v. H. Kohlenstoff. Damit ist dann auch für die mit diesem Eisen erzeugten Gußwaren eine geringere Glühdauer gesichert. Soll das Birnenroheisen aber in qualitativer Hinsicht seinen Zweck erfüllen, so ist eine sorgfältige Auswahl der Ausgangsrohstoffe doppelt notwendig. Man setzt im Kupolofen Hämatit und Schrott; der Zusatz des letzteren hängt vom Siliziumgehalt des ersteren ab und kann bis zu 50 v. H. ausmachen. Auch der Schrott darf nicht zu manganreich und muß natürlich auch phosphor- und schwefelarm sein; der Mangangehalt soll nicht mehr als 0,8 v. H. betragen. Man kann nun in der Birne leicht verschiedene Sorten Temperroheisen erzeugen. So ergab sich beispielsweise bei einem Einsatz von 50 v. H. Hämatit und 50 v. H. Flußeisenschrott nach 11 Minuten Blasezeit ein weißes Temperroheisen folgender Zusammensetzung: 2,35 v. H. Kohlenstoff, 0,35 v. H. Silizium, 0,32 v. H. Mangan, 0,068 v. H. Phosphor, 0,051 v. H. Schwefel. Bei einem neun Minuten andauernden Blasen erhielt man ein meliertes Temperroheisen mit 2,59 v. H. Kohlenstoff, 0,78 v. H. Silizium, 0,46 v. H. Mangan, 0,063 v. H. Phosphor und 0,06 v. H. Schwefel. Nach fünf Minuten langem Blasen enthielt das entstandene graue Temperroheisen 3,05 v. H. Kohlenstoff, 1,13 v. H. Silizium, 0,53 v. H. Mangan, 0,048 v. H. Phosphor und 0,064 v. H. Schwefel.

Das fertig geblasene Roheisen läßt man vorteilhaft noch einige Zeit in der Birne abstehen, um die noch nachdauernde Kohlenstoffverbrennung abzuwarten und blasige Masseln zu vermeiden. Der übliche Aluminiumzusatz oder ein Nachgießen von Rinneneisen in Mengen von etwa 10 bis 15 v. H. des Birneninhaltes in den Konverter beruhigt das Bad sehr bald. Je nach Einsatz, Art der erzeugten Roheisensorte und Höhe des Abbrandes sollen sich vor dem Kriege die Schmelzkosten im Kupolofen einschließlich des Blasens in der Birne auf 12 bis 15 M. für 100 kg Einsatz belaufen haben.

Über den Birnenbetrieb seien noch folgende Angaben nach Schrage (131) nachgetragen. Für 1 t Einsatz kann man eine angesaugte Luftmenge von 45 bis 50 cbm in der Minute rechnen; die Pressung beträgt höchstens 0,30 cm Quecksilbersäule, der Kraftaufwand fürs Gebläse 40 bis 45 PS.

**Elektroofenbetrieb.** Nach Ermittelungen des Verfassers wurden bislang bei einer österreichischen und einer deutschen Firma nur Versuche zur Herstellung von Temperguß im Elektroofen angestellt. Nähere Angaben über die Arbeitsweise waren trotz mehrfacher Bemühungen nicht zu erhalten. Auch die Literatur läßt in diesem Punkte im Stich (s. a. S. 133). Eine Analyse mit Festigkeitsangabe siehe Zahlentafel 40, Nr. 31.

## 4. Die Schmelzöfen.

Wie schon erwähnt, finden alle in der Eisenindustrie in Gebrauch befindlichen Schmelzöfen auch für die Herstellung des Temperrohgusses Anwendung. Zunächst der Tiegelofen in seinen verschiedenen Ausführungs- und Anordnungsarten.

**Zugtiegelöfen.** Der Schachtofen älterer Bauart nach Abb. 76, in den der Tiegel eingesetzt und mit der Tiegelzange herausgehoben wird, ist noch häufiger in Benutzung. Die Weite des Schachtes hängt von der Größe der Tiegel ab. Man richtet die Maßverhältnisse so ein, daß zwischen Tiegel und Schacht für den Koks ein Zwischenraum von 6 bis 10 cm bleibt. Im allgemeinen sind runde Schächte wirtschafticher als quadratische oder rechteckige, weil der in den Winkeln liegende Koks zum Teil so gut wie nutzlos verbrennt. Man setzt den Tiegel bei Öfen mit natürlichem Zug auf einen etwa 10 cm hohen Untersatz aus Schamotte, wofür man oft den entsprechend zugerichteten Bodenteil alter Tiegel verwendet. (Bei Unterwindöfen macht man den Untersatz am besten etwa doppelt so hoch.) Die Roststäbe, auf die der Untersatz zu stehen kommt, müssen herausnehmbar sein. Diese einfachen Öfen hat man auch abhebbar eingerichtet, indem man den Tiegel im Schacht festhält durch einen Schnabel- und einen Keilstein (Abb. 77). Mit Hilfe eines an den Drehzapfen anfassenden Bügels hebt man nun den Schacht samt Tiegel vom Unterteil ab, indem man den Bügel in einen Haken einhängt. Das Kippen wird dann mit einer eingesteckten Stange und Gabel bewirkt (Abb. 78). Der Essenquerschnitt kann mit $^1/_6$ bis $^1/_4$ des Schachtquerschnittes angenommen werden. Die Esse soll nicht niedriger als 15 m sein. Man trifft aber häufig auf viel niedrigere

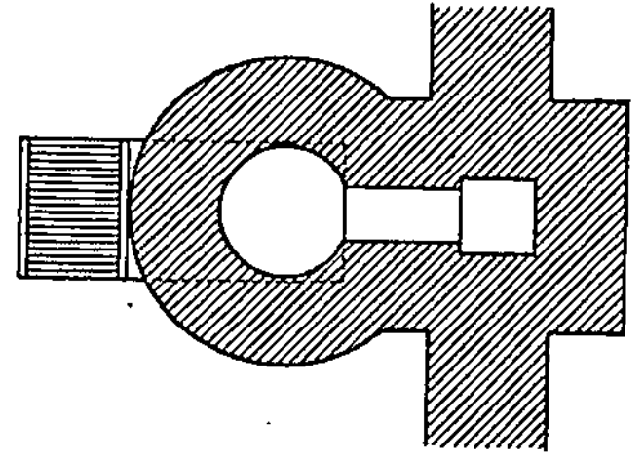

Abb. 76. Schachttiegelofen älterer Bauart.

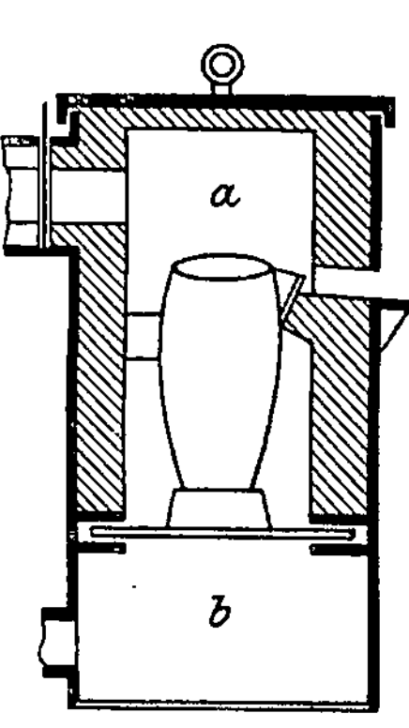

Abb. 77. Abhebbarer Schachttiegelofen.

Höhenabmessungen von 8 bis 10 m. Der Querschnitt des Fuchskanales soll etwa 15 v. H. des Essenquerschnittes ausmachen. Eine weitere eingehende Beschreibung erübrigt sich hier. Dann kann natürlich jede andere der bekannten Tiegelofenkonstruktionen, die auch für die Herstellung von Tiegelstahlformguß in Frage kommen, dienstbar gemacht werden. Unter diesen vornehmlich der einfache mit Unterwind betriebene Tiegelschachtofen. Der Vorteil der Unterwindöfen liegt in der Möglichkeit rascheren Schmelzens, geringem Brennstoff- und

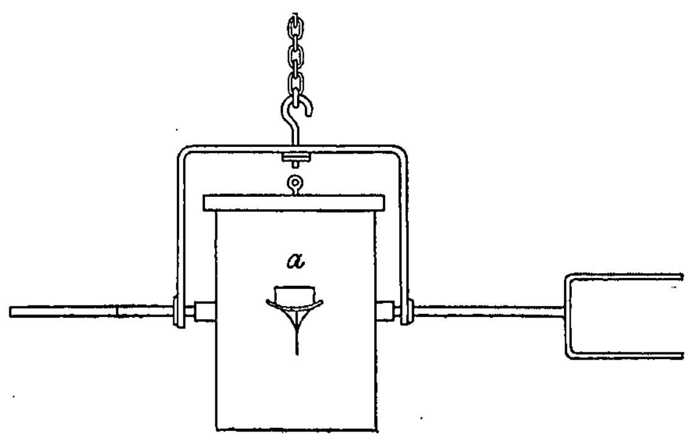

Abb. 78. Abhebbarer Tiegelofen mit Kippvorrichtung.

Tiegelverbrauch. Auch der Abbrand ist geringer.

**Gebläsetiegelöfen.** Der Unterschied gegen den in Abb. 76 wiedergegebenen besteht nur darin, daß in den Raum für den Aschenfall ein Rohr eingebaut wird, das unterhalb des Rostes endet. Der Wind wird durch ein Gebläse unter den Tiegel getrieben. Als einer der bekanntesten Öfen dieser Art wäre der Piat-Baumannofen in seiner feststehenden älteren und seiner beweglichen, neueren Ausführung zu erwähnen. Abb. 79, 80, 81 und 82 geben die Bauarten im Schnitt

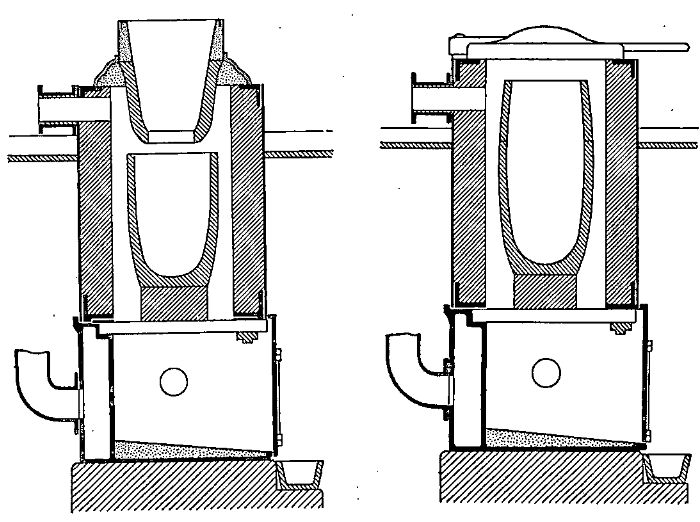

Abb. 79.  Abb. 80.
Feststehende Tiegelöfen nach Baumann.

wieder. Bei der feststehenden Bauart steht der Ofenkörper auf einem Windkasten, der zur Vorwärmung des Gebläsewindes, als Aschenfall und zur Aufnahme durchgegangenen Metalles dient. Letzteres wird in einem vorgestellten Trog aufgefangen, nachdem sich das flüssige Metall durch Auflösen eines Verschlußpfropfens aus leichtlöslicher Masse eine Ablauföffnung geschaffen. Im übrigen besteht der Ofen (Abb. 79) aus einem gewöhnlichen aufgemauerten Schacht mit Deckel. Der Tiegel steht wie immer auf einem Untersatz und wird von einem Balkenrost getragen. Der Ofen wird, wie Abb. 79 und 80 erkennen lassen, mit und ohne Vorwärmer ausgeführt.

**Der kippbare Tiegelofen.** Auch bei den kippbaren Öfen steht der Ofenkörper auf dem Windkasten, ist indessen zum Abheben eingerichtet. Der bekannteste ist der nachstehend beschriebene Piat-Baumannofen.

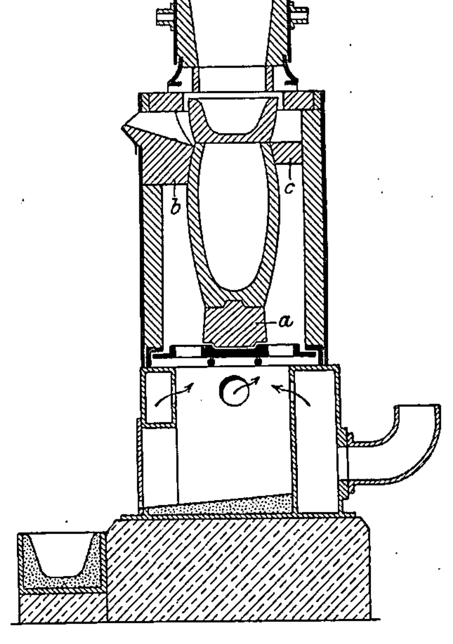

Abb. 81. Abhebbarer Tiegelofen nach Baumann.

Der Tiegel wird mit dem Ofenkörper durch eine eigne Kippvorrichtung in Gießlage gebracht, steht also fest im Schacht. Er bekommt seinen Halt durch den Untersatz $a$, in den er eingreift und oben durch den Schnabelstein $b$ und den Keilstein $c$ (Abb. 81). Die Kippvorrichtung (s. Abb. 82) ist durch zwei Drehachsen gekennzeichnet. Die eine (Kippachse) bei $g$ liegt fest und geht durch die Spitze der Ausgußschnauze. Ihre Drehzapfen bewegen sich in feststehenden Lagern. Die andere Drehachse $f$ liegt parallel zur ersten und geht durch die Mitte des Ofenkörpers. Die Drehzapfen liegen aber in einem beweglichen Lager, das durch einen Hebelmechanismus ausgehoben wird, der in Abb. 82 skizziert ist. Durch Anheben dieses Lagers werden die Drehzapfen bei $f$ zwangläufig mitgenommen und führen mitsamt dem Ofen eine kreisförmige, im Bild strichpunktiert angedeutete Bewegung aus, so daß eine beliebige

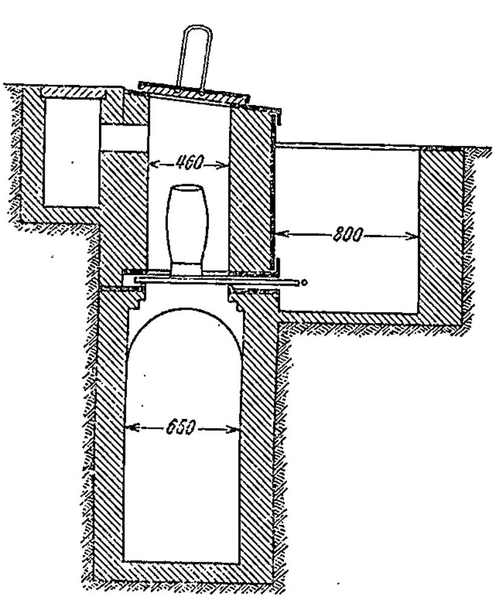

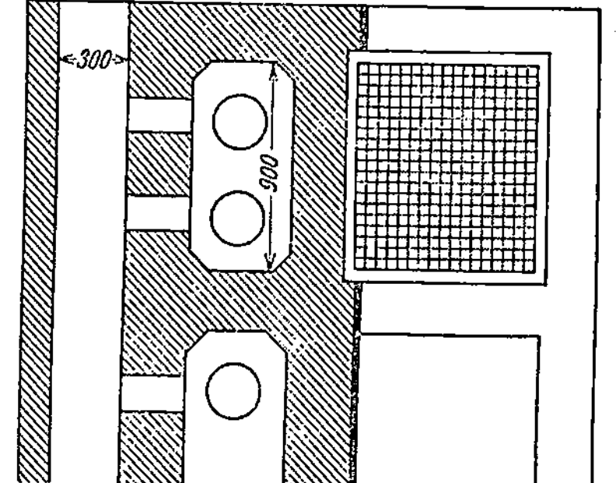

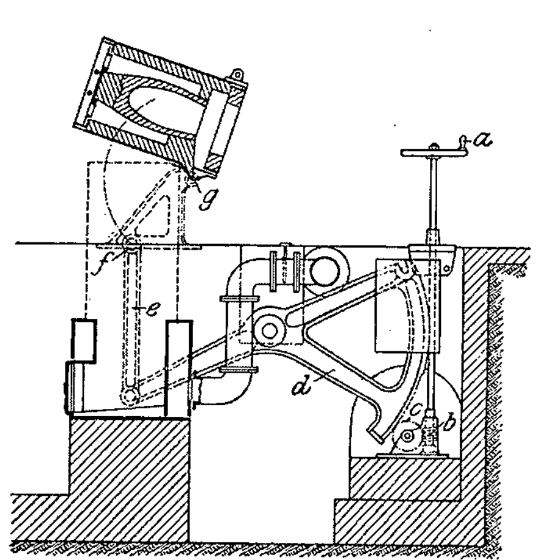

Abb. 82. Baumannscher Tiegelofen mit Kippvorrichtung.

Abb. 83. Schachtofen für zwei Tiegel älterer Bauart.

Gießlage hergestellt werden kann. Der Hebemechanismus besteht aus einer durch ein Handrad $a$ angetriebenen Schnecke $b$, die auf ein Zahnrad $c$ arbeitet; dieses setzt ein Zahnradsegment $d$ in Bewegung, das wiederum den Zwischenhebel $e$ bewegt, der bei $f$ angreift und den Ofen kreisförmig hebt und um die Achse $g$ dreht. Der ganze Kippmechanismus ist versenkt angeordnet und da das Handrad entfernt werden kann, ist der Ofen allseitig frei zugänglich. Auch dieser Ofen kann mit Vorwärmer ausgestaltet werden. Der Piat-Baumannsche Ofen ist in bezug auf das

Einschmelzen von Tempergußmetall ausprobiert. Der Koksverbrauch ist S. 145 angegeben.

**Schachtöfen für mehrere Tiegel.** Der Betrieb von Tiegelöfen, die nur einen Tiegel aufnehmen, setzt eine sehr kleine Erzeugung voraus; ihre Steigerung durch Aufstellen von mehreren Eintiegelöfen nebeneinander verbessert die Wirtschaftlichkeit nicht und die Bedienung wird höchstens noch umständlicher. Es empfiehlt sich daher, mehrere Tiegel in einen gemeinsamen Ofenschacht einzusetzen. Die Unterhaltung der Feuerung wird einfacher und der Brennstoffverbrauch ist auch günstiger.

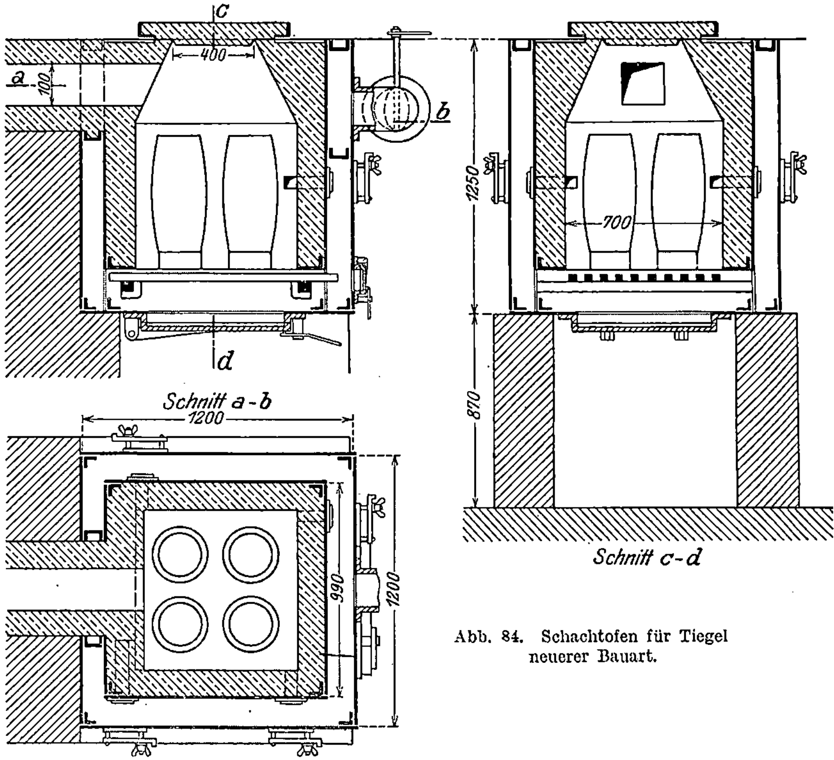


Abb. 84. Schachtofen für Tiegel neuerer Bauart.

Ein mit Kohle gefeuerter Ofen für zwei Tiegel älterer, aber immer noch angewendeter Bauart ist in der leichtverständlichen Abb. 83 veranschaulicht. Meist richtet man diese Art Öfen für vier kleinere Tiegel bis 60 kg Inhalt oder einen großen Tiegel etwa bis 150 kg ein und hält den Schachtquerschnitt entweder quadratisch oder rund. Ein Ofen mit quadratischem Querschnitt ist in Abb. 84 dargestellt, er zeichnet sich vor anderen ähnlicher Art dadurch aus, daß das Schachtfutter einschließlich des Raumes unter dem Rost von einem Blechkasten umgeben ist, durch den der Wind unter den Rost geblasen wird, damit er einerseits auf diesem Wege die vom Heizraum- bzw. Schachtmauerwerk nach außen

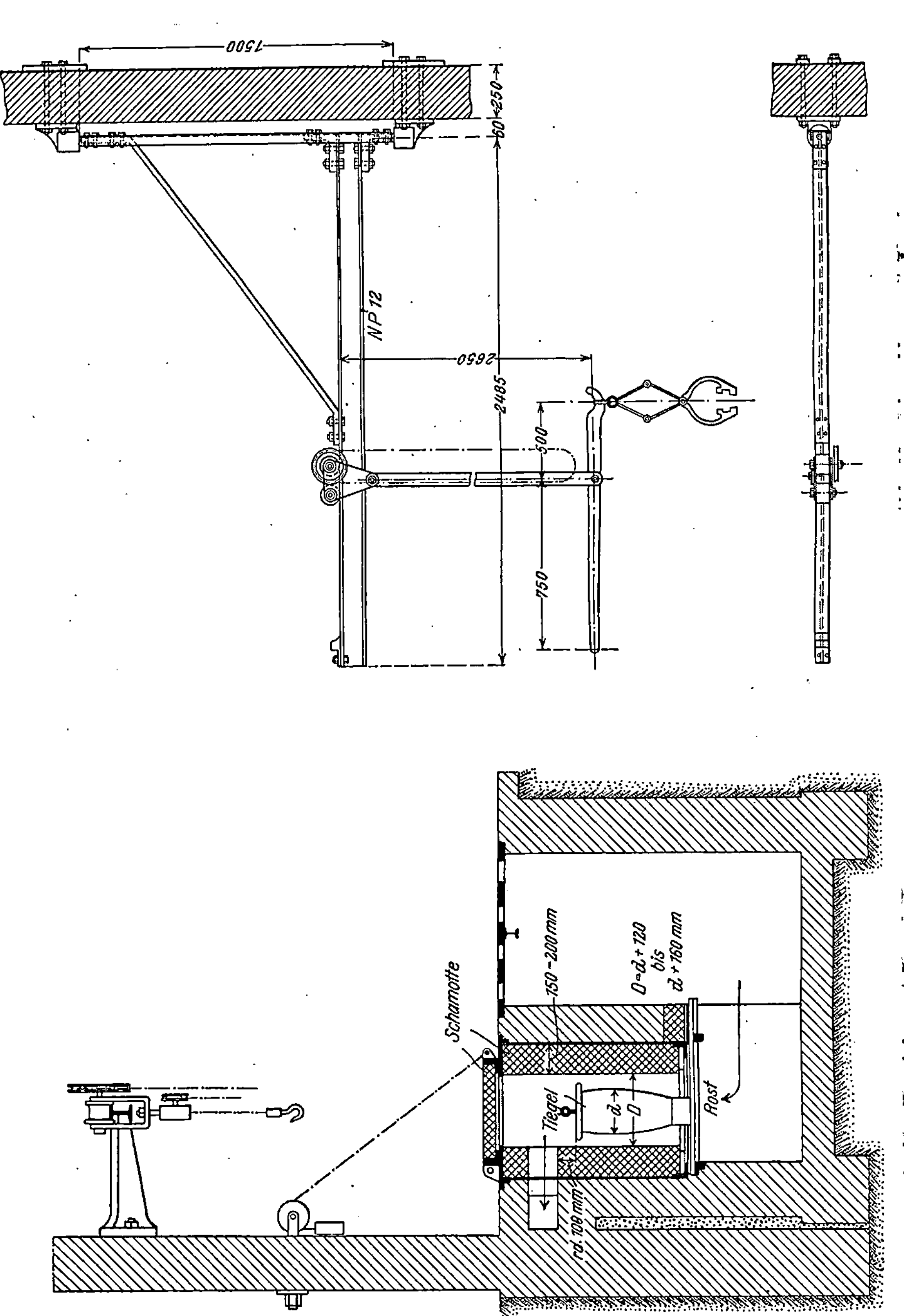
7500
60
250
NP 12
2650
2485
500
750
Schamotte
150–200 mm
D=d+120
bis
d+160 mm
Tiegel
d
D
Rost
rd. 100 mm

ausgestrahlte Wärme teilweise aufnimmt und dem Schmelzprozeß zugute bringt, andererseits das Mauerwerk kühlt und die Haltbarkeit des Ofenfutters erhöht. Solche Öfen setzt man auf ein ⌐-förmig aufgemauertes Fundament, das man mit einer gemauerten Grube umschließt, so daß der obere Ofenschachtrand ebenerdig abschließt und das Ausheben und Einsetzen der Tiegel, das gewöhnlich zwei Mann ausführen, bequem erfolgen kann. Hierbei bedient man sich, wenn die Arbeit nicht von Hand mit der Tiegelzange ausgeführt wird, entweder eines oberhalb des Tiegelofens befestigten Haspels (Abb. 85) oder eines kleinen Schwenkkrans mit Hebelvorrichtung (Abb. 86) oder eines leichten Laufkrans mit Lufthebezeug (Abb. 87), an die man dann die Tiegelzange einhängt.

Abb. 87. Lufthebezeug mit Tiegelzange.

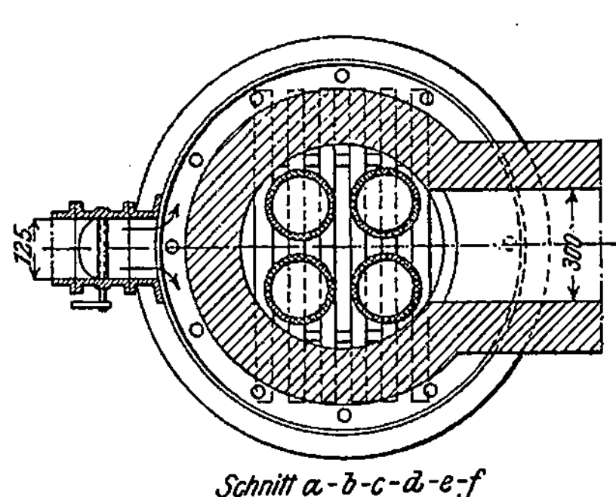



Abb. 88. Runder Schachttiegelofen (60).

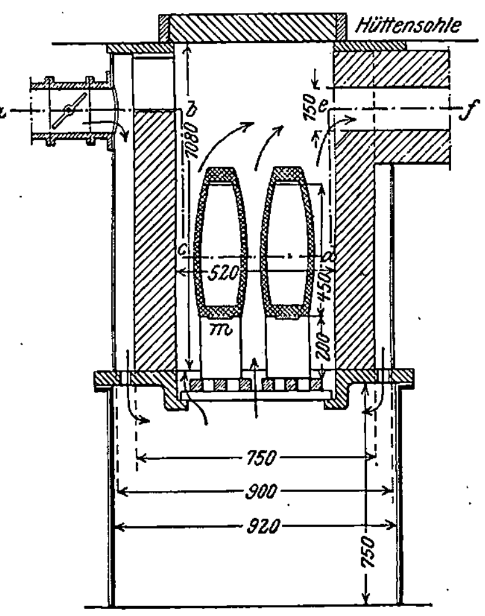

Ein mit Kohle beheizter Schachtofen mit rundem Querschnitt für 4 Tiegel ist in Abb. 88 dargestellt (60).

**Tiegelöfen für flüssigen Brennstoff** haben sich in den letzten Jahren ebenfalls eingebürgert. Wesentliche Unterschiede zeigen die verschie-

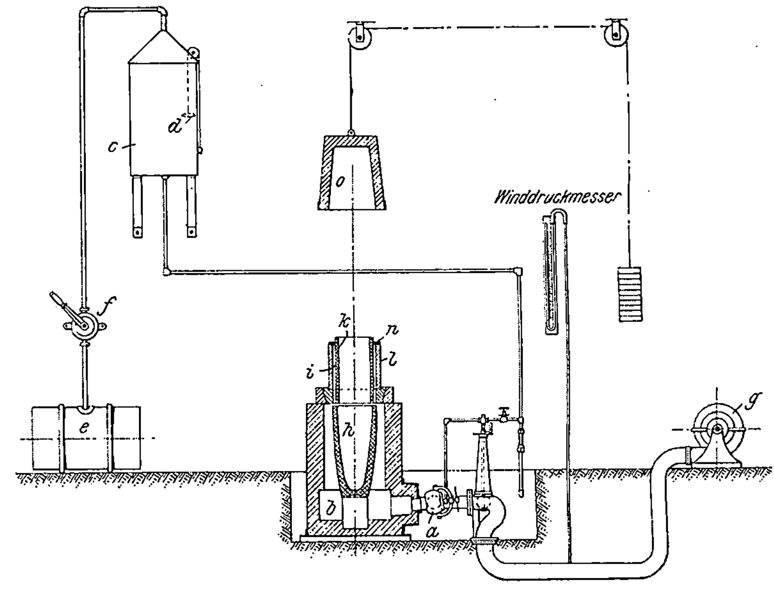


Abb. 89. Einrichtung eines Öltiegelofens.

denen Bauarten nicht, das Hauptgewicht wird auf die Brennerausführung gelegt. Zwei der bekanntesten Ausführungsformen sind die von Schmidt, Heilbronn und Bueß, Hannover. Erstere ergibt sich aus Abb. 89 u. 90; das aus dem 2 bis 3 m hochliegenden Behälter $c$ kommende Öl fließt unter natürlichem Druck zu dem Brenner $a$, von dem es mit der Verbrennungsluft zusammen in feinster Verteilung

Abb. 90. Kippbarer Öltiegelofen, Bauart Schmidt.

wirbelnd in den Ringkanal $b$ gesprüht wird. Das Öl wird dem Behälter $c$ durch eine Handpumpe $f$ aus dem Ölfasse $e$ zugeführt, der Ölstand im Behälter durch den Schwimmer $d$ angezeigt. Die Verbrennungsluft wirft ein

Ventilator *g* mit einem Druck von 40 bis 70 cm WS in den Brenner. Die Verbrennung findet im Ringkanal *b* statt und die Flamme steigt spiralförmig den Tiegel *h* umspülend im Schacht aufwärts und strömt entweder unmittelbar ins Freie oder durcheilt vorher den Vorwärmer, in dem der Einsatz erhitzt und dem Schmelzpunkt genähert wird. Der

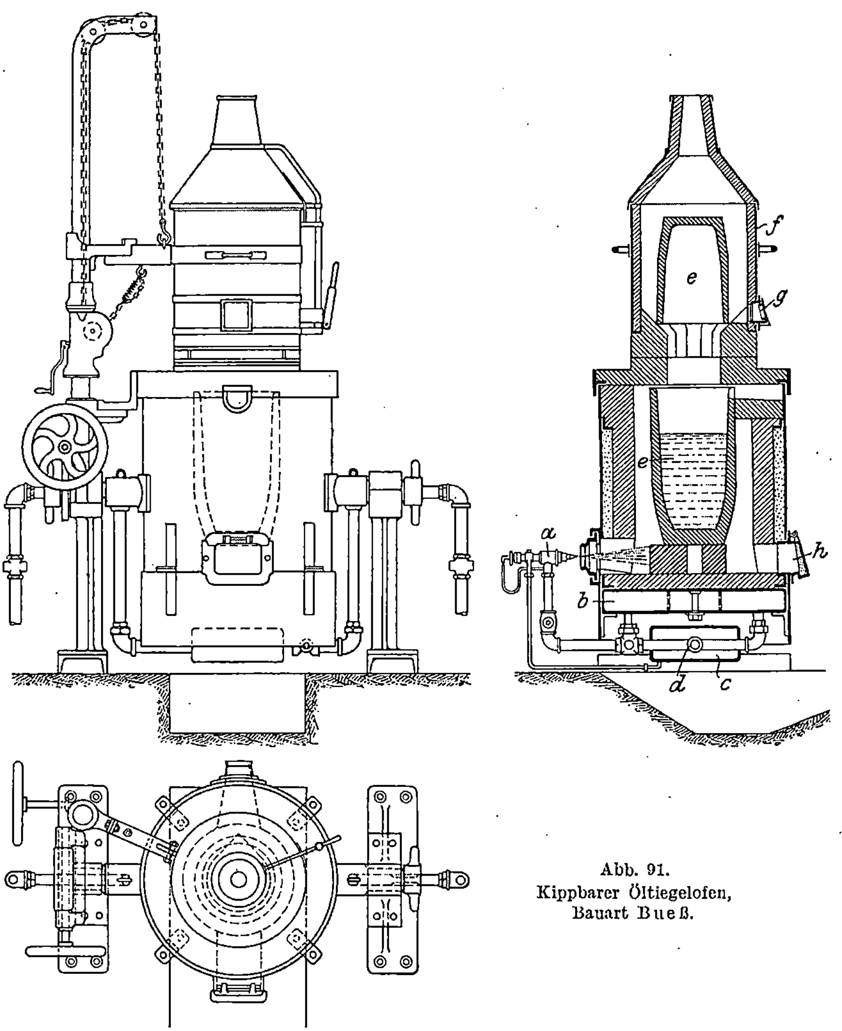

Abb. 91.
Kippbarer Öltiegelofen,
Bauart Bueß.

Vorwärmer setzt sich aus einem Graphitrohr *k* und einem aus Segmenten zusammengesetzten Schamottering *l* zusammen; beide bilden einen ringförmigen Hohlraum *i*, so daß die Flamme sowohl durch den Raum *i* als auch durch den vom Graphitrohr gebildeten Raum geleitet werden kann. Soll der Durchtritt nur durch den mittleren Raum erfolgen, so deckt man den Raum *i* einfach durch einen Ring *n* ab. Der abgebildete

Ofen ist feststehend eingerichtet. Besitzt der Ofen, wie Abb. 90 zeigt, eine Kippvorrichtung, so muß das flüssige Metall natürlich umgegossen werden. Vor dem Umgießen wird der Vorwärmer entfernt, der Ausgußtiegel auf den Ofen gestülpt und mit der Glocke *o* (Abb. 89) überdeckt, um Tiegel und Schmelze vor Abkühlung zu schützen. In kurzer Zeit ist der Tiegel hellrot und alles zum Ausguß bereit.

**Der Bueßofen** nach Abb. 91 ist kippbar und ähnlich gebaut. Der Brenner *a* ist nicht in den Ofen selbst verlegt, sondern, wie die Abb. 91 erkennen läßt, mit seiner Mündung in geringem Abstand von der Eintrittsöffnung für das Öl-Luftgemisch gehalten. Die Luft wird in dem Blechkasten *b* vorgewärmt und das Öl wird wiederum durch die warme Luft flüssig gehalten, indem man es durch einen unter dem Luftwärmer

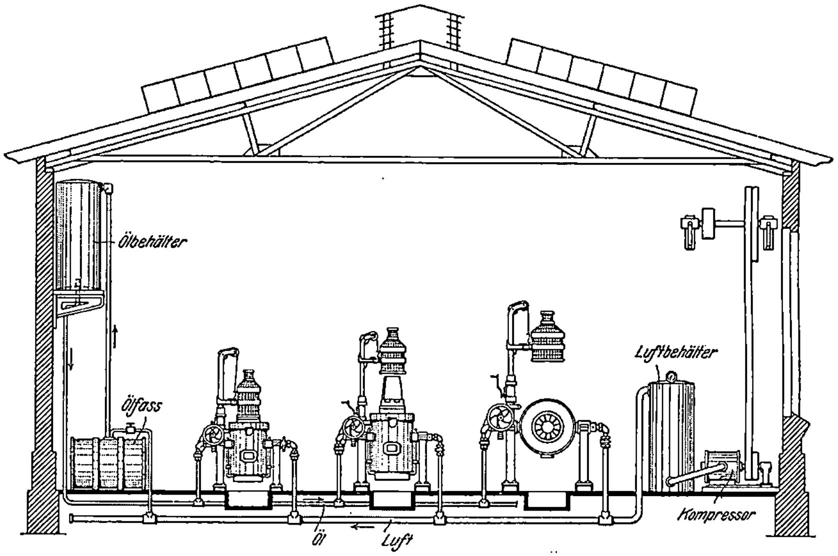


Abb. 92.   Einrichtung einer Gruppe von Öltiegelöfen.

angeordneten Behälter *c* leitet und durch diesen hindurch die Luftleitung *d* führt. Der Gießtiegel *e* wird wie bei dem Schmidtschen Ofen vorgewärmt und mit einer ausschwenkbaren Haube *f* überdeckt. Bei *g* ist ein Schauloch angebracht und bei *k* eine Ausflußöffnung für etwa durchgehendes Metall. Das im Bodenraum des Ofens erstarrte Eisen kann durch die Flamme wieder flüssig gemacht werden, indem man den Ofen eine Zeitlang etwas rückwärts gekippt hält. Man braucht etwa 30 bis 50 kg Öl auf 100 kg Einsatz, bei den ersten Schmelzungen natürlich mehr. Eine Ofenanlage für mehrere nebeneinanderstehende Tiegel der zuletzt beschriebenen Bauart gibt Abb. 92 wieder (52). Eine etwas anders angeordnete einfachere Ausführungsform von Öltiegelöfen amerikanischen Ursprungs (144) ist in Abb. 93 veranschaulicht und ohne weiteres verständlich.

Auch bei den mit Öl beheizten Tiegelöfen kennt man Anordnungen zur Aufnahme mehrerer Tiegel in einen gemeinsamen Feuerungsraum. Eine solche Ausführungsform amerikanischer Herkunft (63) verdeutlicht die Abb. 94. Der Ofen faßt 6 Tiegel, er ist 2,75 m lang, 1,5 m breit, rund 2 m tief und ragt 300 mm über die Gießereisohle hinaus. Der Schmelzraum hat eine lichte Länge von 1,3 m, eine Breite von 0,914 m und eine Tiefe von 0,76 m. Seitlich und vorn ist der Ofen von einem Reinigungsschacht von 0,76 m Breite umgeben. Der sog. Midasbrenner arbeitet wie folgt: Das Öl tropft aus der Ölleitung $E$ auf vier übereinanderliegende Überlaufbehälter. Von den mit $C$ und $D$ bezeichneten Seiten her wird kalte Preßluft eingeblasen. Bei $F$ ist ein Zugregler angebracht. Die Luftmenge wird durch Eisenklappen geregelt. Geht ein Tiegel durch, so wird $F$ geschlossen und die Flamme geht durch den Nebenzugkanal $G$ zum Kamin. Die Tiegel stehen auf einer Unterlage von gemahlenem Koks und Tiegelscherben, sie fassen 750 kg. Die aus Stahlblech gefertigte Esse ist 30 m hoch und 1,25 m im Lichten weit. An diesem Kamin hängen 7 solcher Öfen.

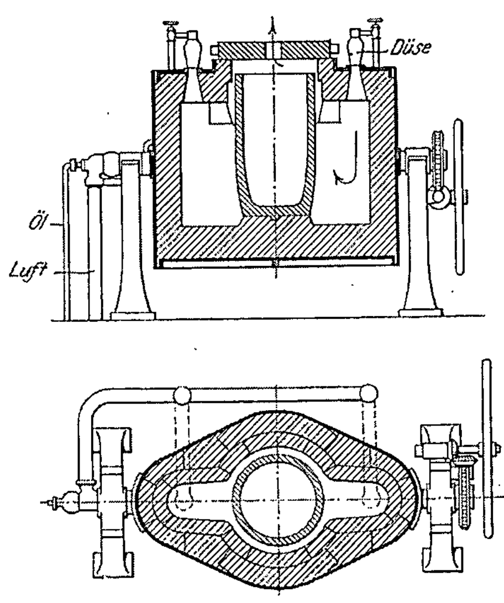


Abb. 93. Amerikanischer Öltiegelofen (144).

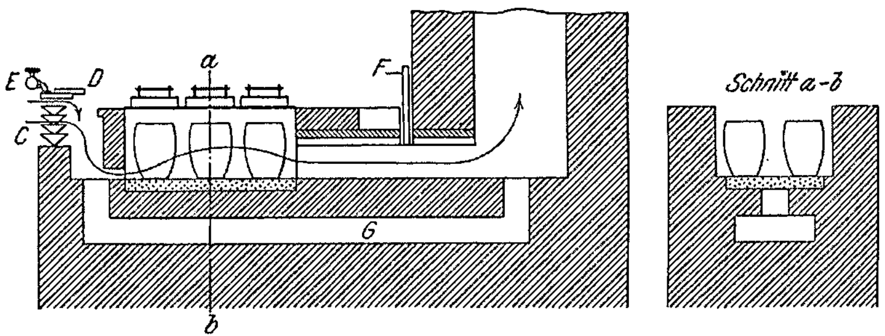


Abb. 94. Öltiegelofen für mehrere Tiegel (63).

Eine andere Anordnungsform für mehrere, in einem mit Öl beheizten Ofenraum aufgestellte Tiegel bietet Abb. 95. In den Ofen werden 4 Tiegel mit 65 kg Inhalt eingesetzt, die Einführung der Flamme erfolgt von zwei Seiten. Die Lage der Brenner und des Abzuges läßt die Abbildung unschwer erkennen (52).

**Mit Petroleum geheizte Tiegelöfen** kommen für die Eisen- und Stahlgießerei wenig in Frage. Das Fassungsvermögen der Tiegel ist nur gering und kommt kaum über 20 kg. Ein Ofen dieser Art ist in Muspratt S. 1596 beschrieben und abgebildet. (Muspratts theoretische, praktische und analytische Chemie, Bd. 2; 4. Aufl.)

**Mit Gas beheizte Tiegelöfen.** Unter den Tiegelöfen finden die mit Gas beheizten Bauarten, die nur einen einzelnen Tiegel aufnehmen, nur selten Anwendung zum Schmelzen von Eisen oder Stahl. Um größere

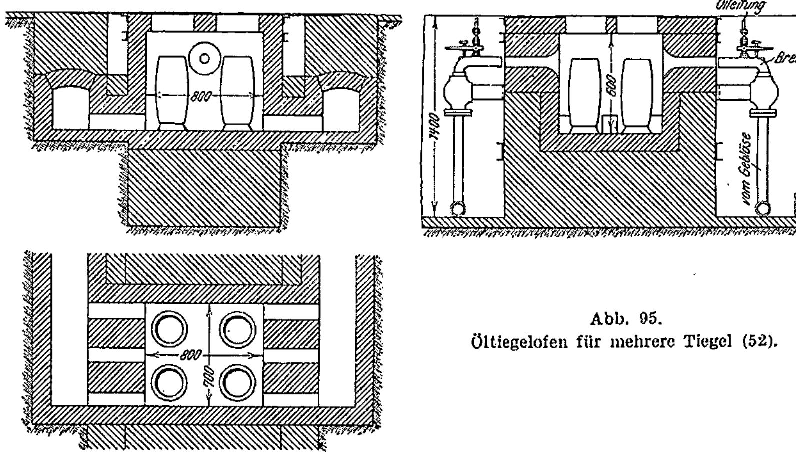

Abb. 95.
Öltiegelofen für mehrere Tiegel (52).

Massen von etwa 50 bis 100 kg in einem Tiegel zu schmelzen, brauchte man, um die hohen Schmelztemperaturen zu erzielen, ziemlich viel Gas, der Betrieb wäre nicht besonders wirtschaftlich und auch die Beheizung selbst stößt auf technische Schwierigkeit. Man kennt gasbeheizte Tiegelöfen zur Aufnahme eines einzelnen Tiegels, die mit oder ohne Gebläse betrieben werden. Der Öfen ohne Gebläse bedient man sich indessen mehr zum Schmelzen von Metallen, wie Gold, Silber, Kupfer u. a., Gekrätze, Feilung, Schliff u. a. Solche Öfen können Tiegel mit einer Fassung bis zu 100 Kilogramm aufnehmen. Zum Schmelzen von Eisen und Stahl, also auch von Temperguß, eignen sich die mit Gebläse betriebenen Öfen eher; das Fassungsvermögen der zugehörigen Tiegel bleibt aber gering und geht kaum über 25 bis 30 kg hinaus; für die Erzeugung größerer Mengen

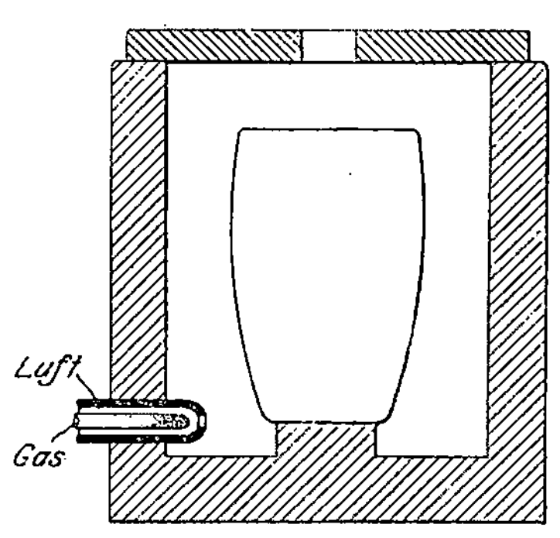


Abb. 96. Tiegelofen für Naturgasfeuerung.

Gußwaren oder ausgesprochene Massenerzeugung sind solche Öfen nicht zu gebrauchen, während sie für Betriebe, die gelegentlichen, kleineren Bedarf haben, sehr bequem sind.

Man kennt auch Tiegelöfen mit Naturgasfeuerung. Soweit es sich dabei um Beheizung eines einzelnen Tiegels handelt, trifft man nur selten diese Einrichtung. Ein Beispiel dieser Art bietet in schematischer

Form die Abb. 96, die sich auf einen mit Naturgas gefeuerten Ofen amerikanischer Herkunft bezieht. Die Öfen bestehen aus einem einfachen gemauerten Schachtraum, in den der Tiegel wie üblich von oben eingesetzt wird, in den unteren Teil ragt ein einfacher Brenner, in den die Luft und das Gas unter Druck eingeführt werden und verbrennen. Andere Ausführungsformen dieser Art mit vorgebauter Verbrennungskammer oder mit getrennter Luft- und Gaszuführung und abhebbarem Schacht haben sich nicht bewährt. Als besonderer Vorzug wird der geringe Abbrand und der sehr geringe Brennstoffverbrauch hervorgehoben. (Näheres St. u. E. 1915, S. 1006.)

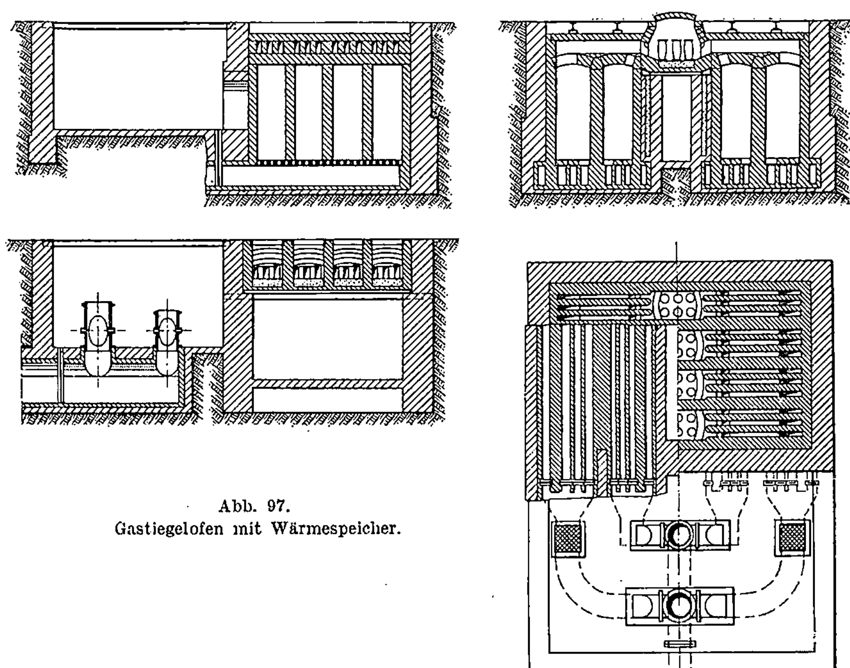

Abb. 97.
Gastiegelofen mit Wärmespeicher.

**Gastiegelöfen mit Wärmespeicher.** Bekannter und verbreiteter sind die mit Wärmespeicher ausgerüsteten, gasgefeuerten Tiegelöfen, in die vier, sechs und mehr Tiegel eingesetzt werden können. Auch diese Öfen eignen sich zum Schmelzen größerer Mengen von Temperrohguß. Indessen macht die Praxis kaum Gebrauch von diesen Öfen; sie können wohl da für Temperguß verwendet werden, wo man gleichzeitig Stahlguß im Tiegel herstellt. Sind auch die Anlagekosten einer solchen Anlage hoch, so kann man doch eine vorhandene Generatorenanlage vielleicht besser ausnützen; ferner kann man mit minderwertigen Brennstoffen immer noch ein verhältnismäßig billiges Gas herstellen, dessen Heizkraft völlig für die Zwecke der Tempergußerzeugung hinreicht. Auch kaltes, aber sonst brauchbares Generatorgas kann verwendet werden. Zur Beheizung wählt man am besten eine Kohle, die ein mit langer Flamme brennendes Gas erzeugt, um eine gleichmäßige Erhitzung der Tiegel zu erzielen. Bei der in Abb. 97 wiedergegebenen Bauart (194) handelt es sich um eine versenkte Ausführungsart, deren Herd quer zur Flammenrichtung liegt. Der Herd selbst ist in vier Abteilungen zerlegt, von denen je zwei mit zwei Kammerpaaren zusammenarbeiten. Jede Abteilung faßt vier bis sechs Tiegel. Statt vier Abteilungen können natürlich auch nur zwei oder nur eine angeordnet werden, was im Grundsatz der Anlage nichts ändert. Abb. 98 zeigt z. B. einen Ofen mit nur einer Abteilung für sechs Tiegel (I, Bd. 2, S. 427). Luft und Gas läßt man bei der Bauart nach Abb. 97 schon in den Brennern aufeinander stoßen, da der Weg im Herd nur kurz ist. In der Herdplatte

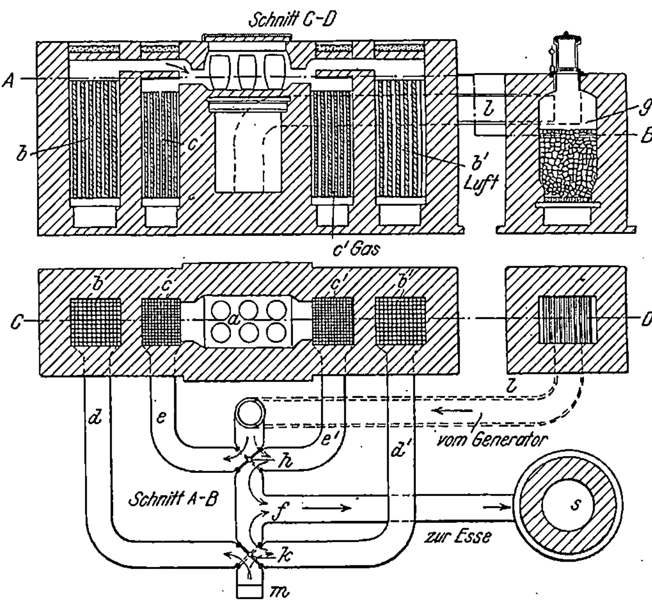


Abb. 98. Gastiegelofen mit Wärmespeicher (I).

befinden sich Löcher, die mit Tondeckel verschlossen sind. Geht ein Tiegel durch, so wird der Deckel an der betreffenden Stelle durchstoßen und dem Eisen auf diese Weise Abfluß geschaffen. Die mit Regenerativfeuerung arbeitenden Tiegelöfen liegen meist völlig unter Gießereiflur, so daß die Tiegel bequem von oben eingesetzt und ausgehoben werden können. Die Tiegel fassen je nachdem 25 bis 50 kg. Der Brennstoffverbrauch beläuft sich bei sehr guter Steinkohle auf nahezu 1000 kg für die Tonne, bei aschenreicher Kohle bis 1500 kg, bei Braunkohle bis 2000 und mehr Kilogramm.

Die oberirdischen Bauarten der gasbeheizten Tiegelöfen mit Wärmespeicher kommen für Temperguß wohl noch weniger in Frage. Sie sind meist für eine Aufnahme von 50 bis 60 Tiegel eingerichtet und nach Art der Martinöfen gebaut.

**Elektrisch betriebene Tiegelöfen** sind zwar bekannt, sie haben aber ihre Brauchbarkeit für die Praxis nicht alle erwiesen. Der Hellberger Ofen (s. St. u. E. 1915, S. 107) befindet sich noch im Entwicklungsstadium, und der mit dem Pintscheffekt arbeitende Ofen kommt für die Tempergußerzeugung nicht in Betracht (s. St. u. E. 1912, S. 28; 1913, S. 2154; 1915, S. 1006).

**Die Elektroöfen** haben bis jetzt nur vereinzelt für die Herstellung von Temperguß Anwendung gefunden, und mir ist kein Fall bekannt, wo einer dauernd für diesen Zweck in Gebrauch wäre.

Natürlich können alle bekannten elektrisch betriebenen Ofensysteme zur Erzeugung des Temperrohgusses benutzt werden. Wenn man nur kalt einsetzt, sind i. a. die Elektrodenöfen vorzuziehen, ohne damit die

Abb. 99. Rennerfeltofen (Poetter, G. m. b. H.).

Nichtverwendbarkeit der Induktionsöfen irgendwie in Frage stellen zu wollen. Alle die im Dienste der Eisenindustrie stehenden, verschiedenen Bauarten hier zu beschreiben, würde zu weit führen, da die Anwendung der Elektroöfen für die Herstellung des schmiedbaren Gusses sehr beschränkt ist. Die wichtigsten Ofensysteme sind von den Elektrodenöfen der Stassanoofen, der Kellerofen, der Héroultofen, der Girodofen, der Nathusiusofen, von den Induktionsöfen der Kjellinofen, der Röchling-Rodenhauserofen, der Frickofen. Bezüglich der Einzelheiten muß auf die einschlägige Literatur verwiesen werden.

Wenn im folgenden auf den Rennerfeltofen etwas näher eingegangen wird, so geschieht es deshalb, weil diese Bauart von dem kleinsten Fassungsvermögen an bis zu den größten Einheiten ausgeführt werden kann und deshalb auch für kleinere und mittlere Erzeugungsmengen geeignet ist. Sie können schon mit Einsätzen von 100 kg an aufwärts beschickt werden. Der hier abgebildete Ofen (Abb. 99) hat zylindrische Form und ist auf Rollen kippbar gelagert, wenn die Abstich- bzw. Beschicktür an der zylindrischen Seite liegt, wie Abb. 100 zeigt; bei Anordnung der Arbeitstür an der Stirnseite (s. Abb. 101) dreht sich der Ofen in einem

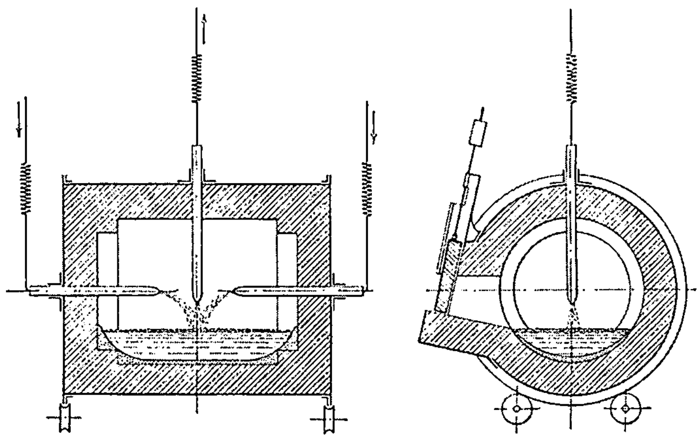

Abb. 100.　Rennerfeltofen mit seitlicher Tür (125).

Zapfenlager. Kleine Öfen bis 5 t werden von Hand durch einen Hebel, große elektrisch oder hydraulisch gekippt. Der Stahlmantel wird, je nach der Arbeitsweise, mit einem Futter aus Silika- oder Kohlenstoffsteinen ausgesetzt. Zwischen dem eigentlichen Futter und Stahlmantel liegt eine 13 mm starke Isolierschicht aus Asbestpappe und eine Ringschicht aus

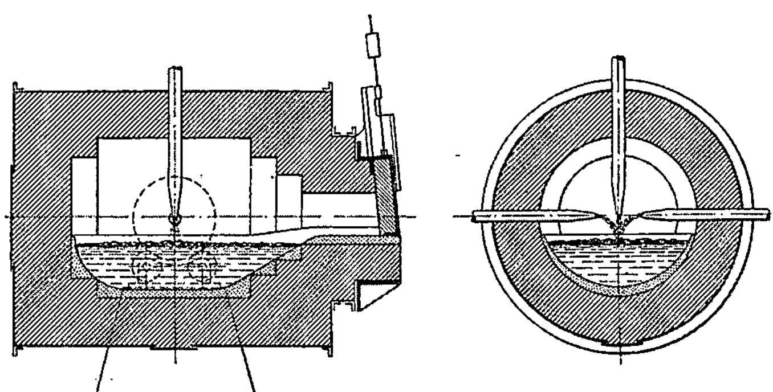

Abb. 101.　Rennerfeltofen mit Tür vor Kopf (125).

Silikasteinen. Den wichtigsten Teil des Ofens bildet die Anordnung der Elektroden, deren drei vorhanden sind, und zwar zwei wagerecht gelagerte, die entweder von der Stirnseite her eingeschoben werden, wenn die Arbeitstür an der zylindrischen Seite liegt, oder von der zylindrischen Seite her, wenn sich die Arbeitsöffnung an der Stirnseite befindet. Die dritte Elektrode ragt von oben in den Schmelzraum hinein. Die wagerechten

Elektroden sind in wagerechter und senkrechter Richtung verstellbar,
und zwar bei kleinen Öfen von Hand, bei größeren selbsttätig. Der Vorschub beträgt etwa 25 mm in der Stunde, so daß der mit der Ofengröße
abnehmende Elektrodenverbrauch etwa 3 kg für die Tonne in den kleinsten
Öfen ausmacht. Die senkrechte Elektrode wird nur selten eingestellt. Die
neuen Elektroden werden ohne Stromausschaltung an die alten angeschraubt,
so daß kein Abfall entsteht und beständig nachgeschoben werden kann.
Die Durchtrittsöffnungen sind klein und die Gewölbeschwächung daher
unbedeutend. Kleine Öfen mit etwa 250 kg Fassung erhalten Elektroden
von 38 mm Durchmesser, größere mit etwa 2500 kg Einsatz solche von
100 mm. Der Ofen kann auch Bodenbeheizung erhalten. Wechselstrom

oder Gleichstrom muß in Zweiphasenstrom von 100 V, regelbar auf 120
bis 80 V — wofür ein Hauptumformersatz und ein Selbst-
umformer nötig sind —, umgewandelt und an jede wage-
rechte Elektrode eine Phase des letzteren angeschlossen
werden; ein weiteres Kabel verbindet den Knotenpunkt
der beiden Phasen mit der senkrechten Elektrode. Die
Kraftfelder der durch die wagerechten Elektroden ge-
leiteten Ströme werden von-
einander neutralisiert und
durch den durch die Mittel-
elektroden zurückgehenden
Strom wird ein Kraftfeld gebildet, das die Lichtbogen abwärts gegen das Bad beugt,
wodurch eine besonders vor-
teilhafte Wärmeverteilung eintritt, die wesentlich dem Bad
zugute kommt. Die Höhe des
Lichtbogens ist verschiebbar
und liegt ziemlich hoch über

Abb. 102.   Kupolofen mit verschiebbarem Oberteil (67).

dem Bad, d. h. bis zur Schlackenoberfläche, je nachdem 150 bis 300 mm;
dadurch werden die Elektroden vor Oxydation geschützt. Durch leicht zu
bewerkstelligendes Zurückziehen der Elektroden ist ein bequemes Einsetzen
von kaltem Material möglich; der Ofen kann gekippt werden, ohne den
Strom auszuschalten. Natürlich kann der Ofen auch flüssig beschickt
werden. Nach jeder Charge wird der Ofen mit Dolomitpulver und Schamotte ausgebessert. Der sauer zugestellte Ofen hält über 175 Chargen aus.
Zur Bedienung eines 3- bis 6-t-Ofens sind ein Schmelzer und zwei Arbeiter oder Lehrlinge nötig. Die Phasenverschiebung des Ofens ist klein;
cos $\varphi = 0{,}97$ bei einem Verschiebungswinkel von 14° bei 50 Perioden.
Die kleinen Elektroden von 38 mm Durchmesser nehmen 70 Amp. für
1 qcm, die größeren von 100 mm Durchmesser 30 bis 35 Amp. auf. Die
Stromspannung schwankt je nach Ofengröße zwischen 60 bis 120 Volt.

Sobald das Bad gebildet ist, hören die Widerstandswechsel zwischen den Elektrodenspitzen auf und die Elektrodenregelung ist dann sehr leicht. Zum Warmhalten des außer Betrieb gesetzten Ofens sind bei den kleinsten Ausführungen höchstens 30 v. H., bei den größeren Öfen etwa 15 v. H. der Volleistung erforderlich.

**Die Kupolöfen.** Die zum Schmelzen des Temperrohgusses in Gebrauch befindlichen Kupolöfen unterscheiden sich durch nichts von den für Grauguß verwendeten. Wegen des Schmiedeeisen- und Schrottzusatzes empfiehlt es sich, evtl. das Ofenfutter infolge des stärkeren Angriffs etwa doppelt so stark wie gewöhnlich zu halten. Da man in Deutschland in

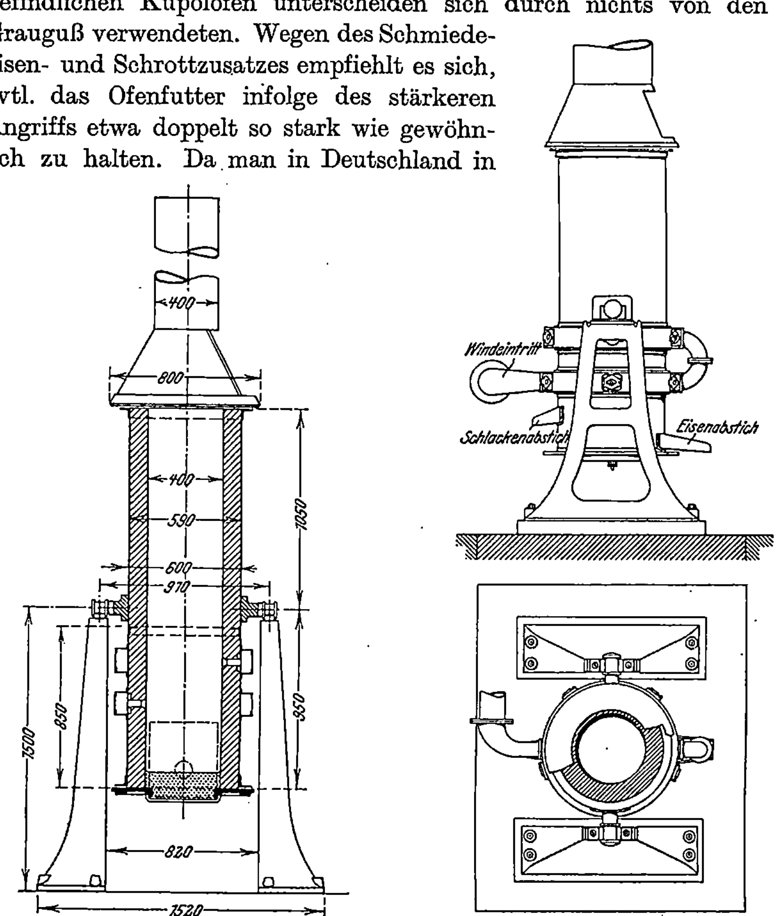


Abb. 103 a.        Kippbarer Kleinkupolofen (67).        Abb. 103 b.

vielen Gießereien nur eine geringe Tagesmenge von schmiedbarem Guß herstellt, so bedient man sich vielfach auch der Kleinkupolöfen mit einer Stundenleistung von 600 bis 1000 kg, sei es in feststehender oder beweglicher Ausführung. Diese beweglichen Öfen haben entweder ein verschiebbares Oberteil (s. Abb. 102) oder sie sind kippbar eingerichtet, wie Abb. 103 a und b erläutert. Der Ofen nach Abb. 102 leistet je nach Ausführung 300 bis 500 kg in der Stunde, der Ofen nach Abb. 103 300 bis 400 kg stündlich. Abb. 104 veranschaulicht einen Kleinkupolofen mit einem 250 kg fassenden Vorherd. Der Ofen wird in zwei Größen ausgeführt, mit einer Stundenleistung von 400 bis 450 und 500 bis 550 kg. Eine vollständige Kleinkupolofenanlage für 500 kg Stundenleistung mit Funkenkammer und Gebläse gibt Abb. 105 wieder. Im übrigen verweise ich auf meine Arbeit „Das Eisengießereiwesen in den letzten zehn Jahren" (67),

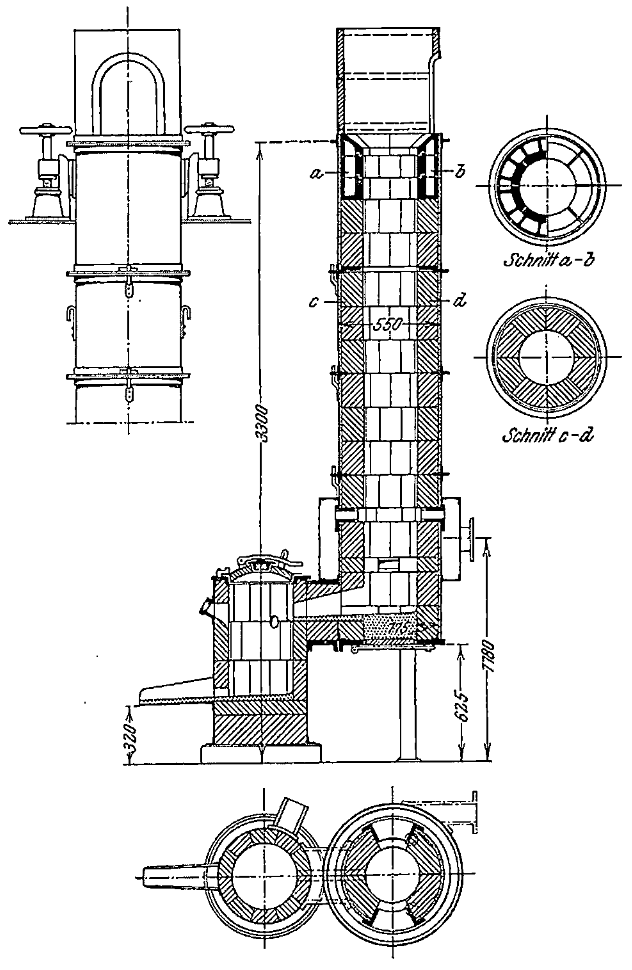


Abb. 104. Kleinkupolofen mit Vorherd (67).

in der die bekanntesten deutschen Bauarten beschrieben und abgebildet sind. Dem Kleinkupolofen schreibt man ein gleichmäßigeres Niedergehen der Gicht und damit auch einen gleichmäßigeren Ausfall der Zusammensetzung des flüssigen Eisens bzw. der Gußware zu. Manche Betriebe bevorzugen den Vorherd besonders dann, wenn man längere Zeit hindurch schmilzt und das Eisen ohne Unterbrechung abfließen läßt. Jedenfalls ist die Kohlenstoff- und Schwefelaufnahme geringer, als wenn das Eisen über dem Ofenboden stehenbleibt und sich ansammelt. Im übrigen bringt die Benutzung der Kleinkupolöfen auch einen größeren Koksverbrauch mit sich.

Kleinbirnen. Eine Kleinbirnen- und Kupolofenanlage, wie sie in einer vom Verfasser entworfenen Stahl- und Tempergießerei in Betrieb ist, bietet Abb. 106 im Schnitt. Der Kupolofen steht hier über der 2-t-Birne; er kann auch daneben angeordnet werden. Ein von Escher gebauter Kleinkonverter ist als Beispiel in Abb. 107 veranschaulicht. Es gibt verschiedene Bauarten (Zenses, Rapke, Laval u, a.), von denen wohl keine der anderen wesentlich überlegen ist. Eine eingehende Beschreibung erübrigt sich hier.

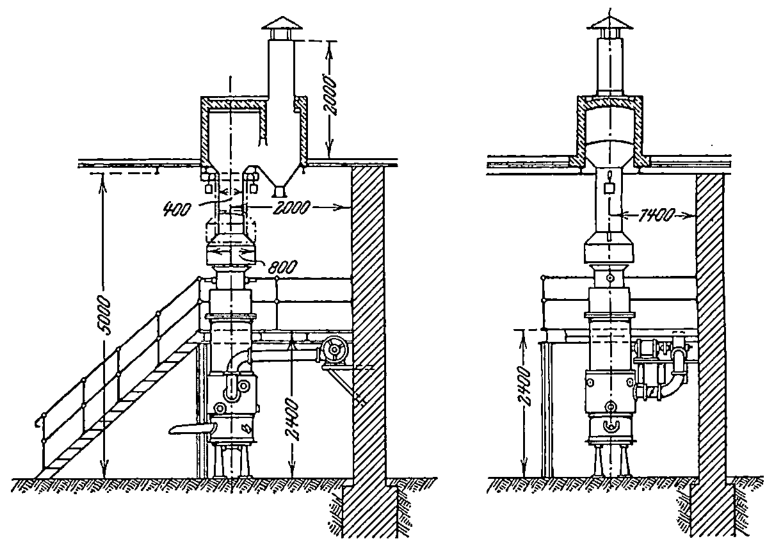

Abb. 105. Kleinkupolofenanlage mit Funkenkammer (67).

**Die Flammöfen.** Nächst den Tiegel- und Kupolöfen kommen die Flammöfen im engeren Sinne, d. h. die unmittelbar mit Kohle gefeuerten und die Siemens-Martinöfen als Schmelzöfen in Betracht. In Deutschland haben die Flammöfen mit Rostfeuerung zur Tempergußherstellung keinen Eingang gefunden, während sie in Amerika allenthalben zu finden sind. Dagegen haben sich die Martinöfen kleinerer Abmessungen bei uns vollkommen eingebürgert, seitdem Eckardt schon vor etwa 30 Jahren den ersten Kleinmartinofen für die Tempergußerzeugung gebaut hat. Auch in Amerika benutzt man seit einigen Jahren den Martinofen.

Von den Flammöfen amerikanischer Bauart stellt Abb. 108 eine typische Ausführungsform vor (69). Mehrere Öfen dieser Art stehen z. B. in der Tempergießerei der Link-Belt-Company in Indianopolis und auf den Morse Iron Works, Erie, Pa. Bezeichnend ist der langgestreckte

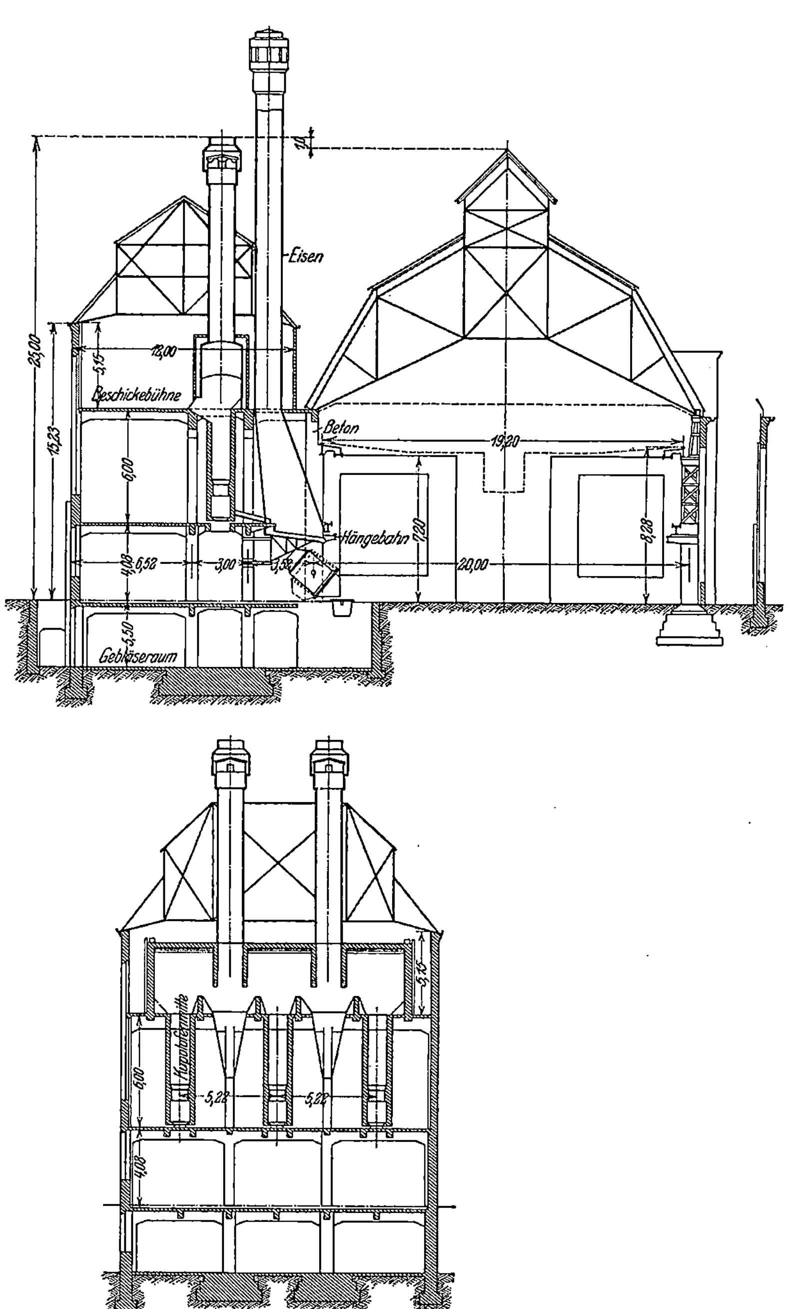


Abb. 106. Kleinbirnenanlage mit dahinter aufgestellten Kupolöfen.

flache Herd, der enge Fuchs, sowie die eigentümliche Wölbung der De
Sein Fassungsvermögen beträgt 12 t. Der Herd ist 5,6 m lang, bei
Feuerung rd. 2 m und beim Fuchs rd. 1 m im Lichten weit. Die Feuer
wird von der Seite aus bedient. Die Feuertür ist überwölbt und daran

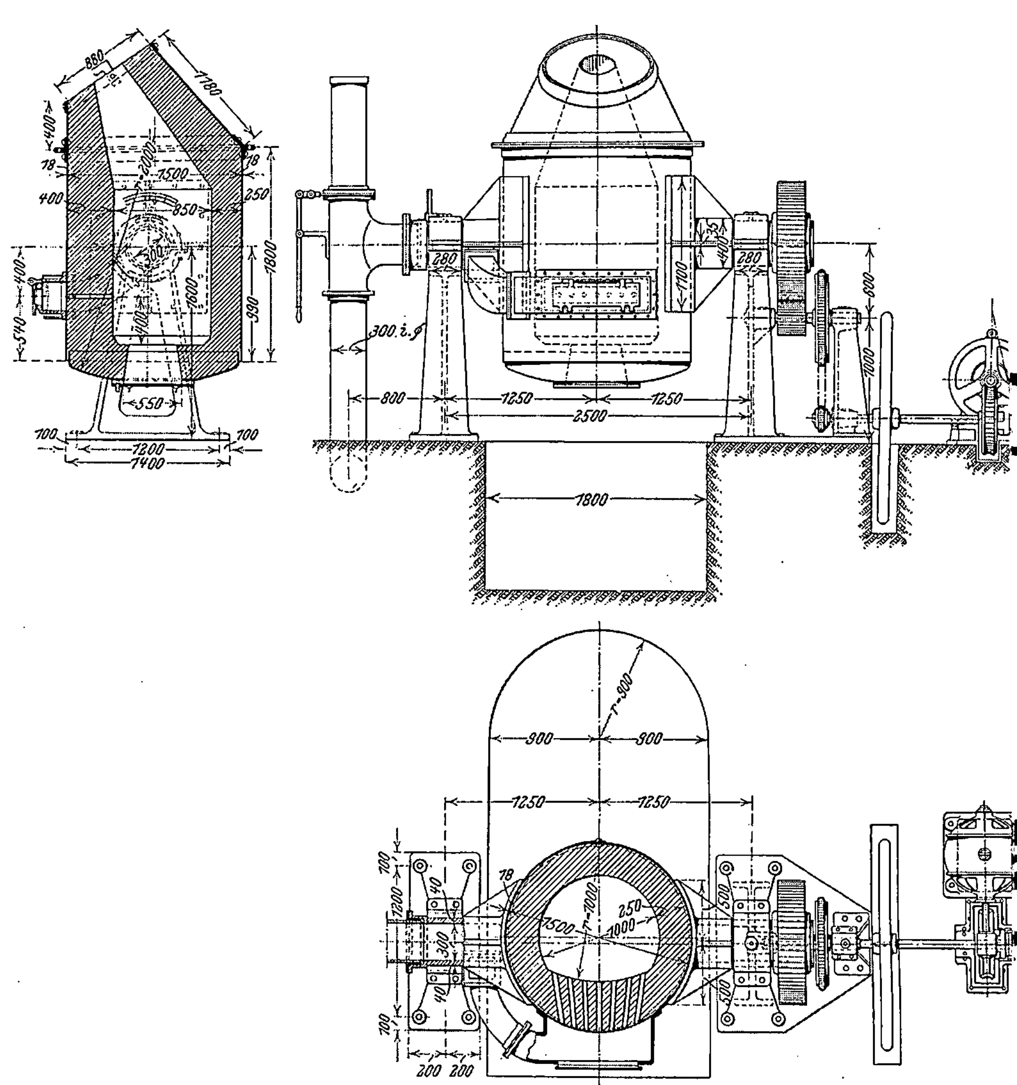

Abb. 107a und b. Kleinbirne, Bauart Escher (I).

Einrichtung getroffen, daß die hier austretenden Gase durch einen be
deren Abzug entfernt werden. Der Aschenabzug liegt an der Stirn
des Ofens. Der Unterwind wird dem Ofen von einem Ventilator, der
einem Hohlsockel steht, durch eine in den Boden verlegte Leitung

gebracht. Der Schornstein ist aus Hohlsteinen aufgemauert und von einem Luftschacht umgeben. Das Gewölbe des Ofens ist in Teilen abhebbar eingerichtet, wie Schnitt a—b andeutet. Die gewöhnliche Ausführungsform eines solchen Gewölbedeckels gibt Abb. 109 wieder. Diese

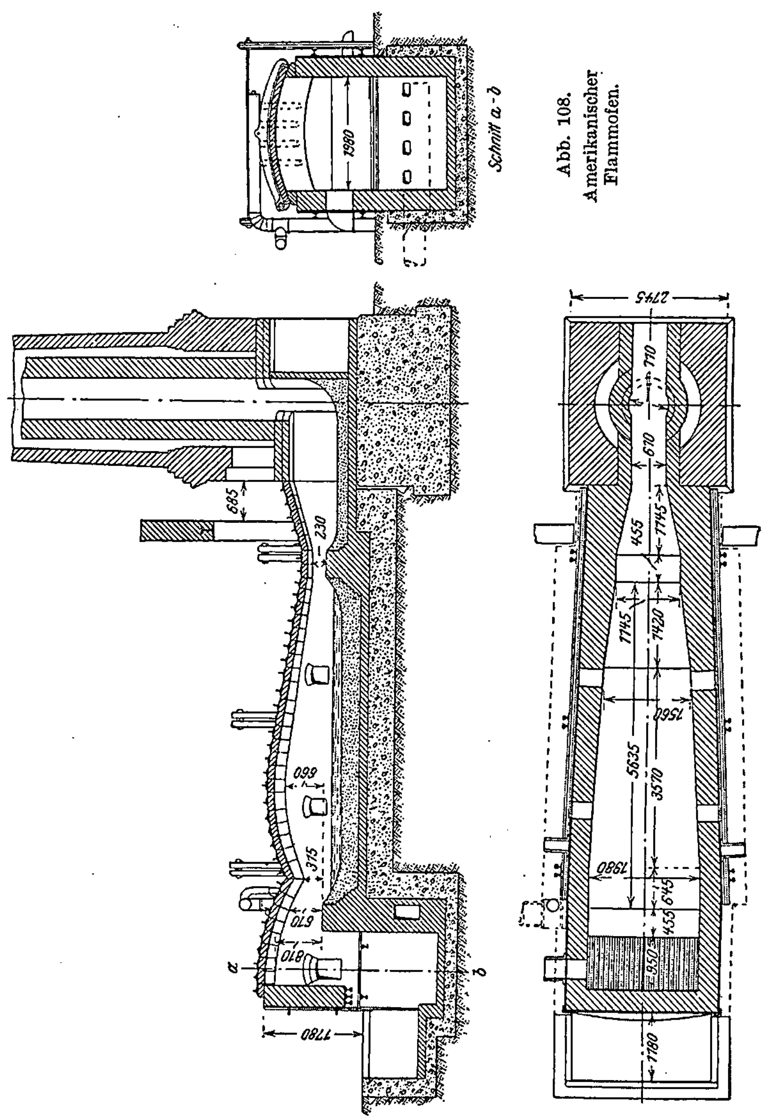


Deckel werden entfernt, wenn größere Stücke eingesetzt werden sollen, für gewöhnlich hat der Ofen an der Seite zwei Arbeitstüren. Eine andere ebenfalls verbreitete Bauart ist durch Abb. 110 gekennzeichnet (V, S. 50). Der abgebildete Ofen steht in der Gießerei der Whiting

Foundry Equipment Co. in Harvey, Ill., und faßt 10 t; der Herd ist im Horizontalschnitt nach dem Fuchs hin nicht so verengt wie der vorbeschriebene. Er kann nach zwei Seiten hin abgestochen werden. Die Decke ist vollkommen abhebbar eingerichtet, eine Arbeitstür ist seitlich angebracht. Der Ofen wird ebenfalls mit Unterwind betrieben. Der in Abb. 111 wiedergegebene 10-t-Ofen (V, S. 51) wurde von der S. R. Smythe Co. in Pittsburg gebaut. Bemerkenswert ist die Form des Herdes und die im ganzen gedrungenere Bauart. Auch das eigentümliche Längsprofil (V, S. 47) nach Abb. 112 findet man häufiger ausgeführt.

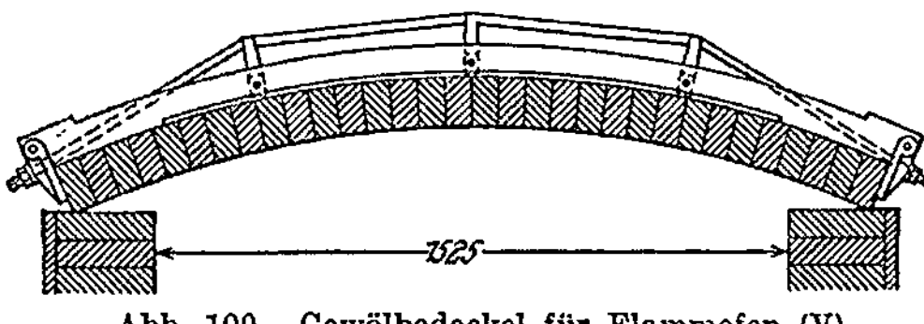

Abb. 109.   Gewölbedeckel für Flammofen (V).

Durch die bogenförmige Einsenkung des Gewölbes will man die Flamme auf das Bad niederzwingen. Bei diesen Öfen findet man gewöhnlich über der Feuerbrücke Öffnungen zum Einblasen von Luft, wodurch eine vollkommenere Verbrennung herbeigeführt werden soll. Alle diese Flammöfen werden in fortlaufendem Betrieb gehalten und wie Kupolöfen abgestochen.

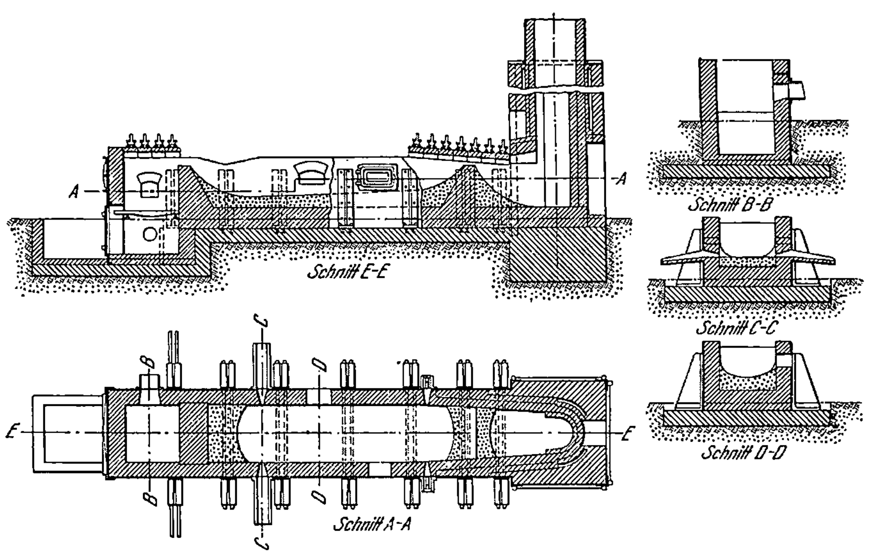


Abb. 110.   Amerikanischer Flammofen (V).

Natürlich kann auch jeder Flammofen deutscher Bauart der Herstellung des Tempergusses dienstbar gemacht werden. Auch die mit gasbeheizten und mit Rekuperation ausgestatteten Flammöfen, wie sie z. B. die Ifögesellschaft, Berlin, baut, eignen sich zum Einschmelzen des Metalls für schmiedbaren Guß. Daß man aber in Deutschland keinen Gebrauch davon macht, liegt wohl hauptsächlich daran, daß wir keine solchen Massenerzeugungen wie die Amerikaner haben, wo Betriebe mit

60 bis 100 t Tageserzeugung nichts Seltenes sind. Der Flammofen muß, wenn er wirtschaftlich arbeiten soll, während der Arbeitszeit ununterbrochen in Betrieb gehalten und ohne Unterbrechung abgestochen werden. Ist der eine Ofen entleert, so wird er gleich wieder beschickt und ein anderer inzwischen abgelassen. Bei uns zieht man den Martinofen deshalb vor, weil bei uns die Stahlformgußerzeugung bei weitem überwiegt. Für diese lohnt sich natürlich eine Martinofenanlage, für deren volle Ausnutzung dann die Tempergußerzeugung sehr willkommen ist. Ebenso gilt das Umgekehrte, d. h. ein Betrieb, der überwiegend Temperguß herstellt, kann seine Martinofenanlage besser auswerten, wenn sie noch eine gewisse Menge Stahlformguß hinzunimmt.

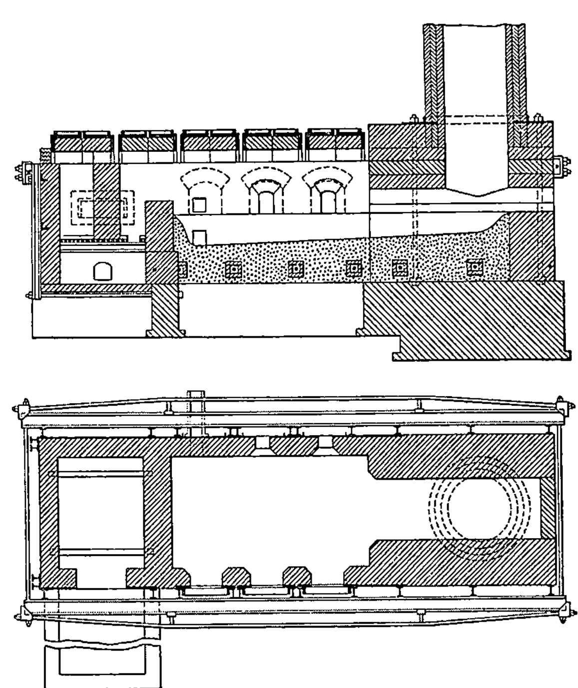

Abb. 111. Amerikanischer Flammofen (V).

Der Brennstoffverbrauch in den Flammöfen ist ziemlich hoch, namentlich bei den amerikanischen Bauarten. Er schwankt zwischen 35 und 50 v. H. und steigt gelegentlich noch höher. Ein von mir besichtigter, auf Temperguß betriebener Flammofen amerikanischer Art braucht 46 v. H. englische Steinkohle. Moldenke (95) behauptet allerdings, ein richtig gebauter und betriebener Flammofen komme schon mit 25 v. H. aus. In Stahl und Eisen (20) findet sich eine neuere Angabe, nach der ein 15-t-Flammofen

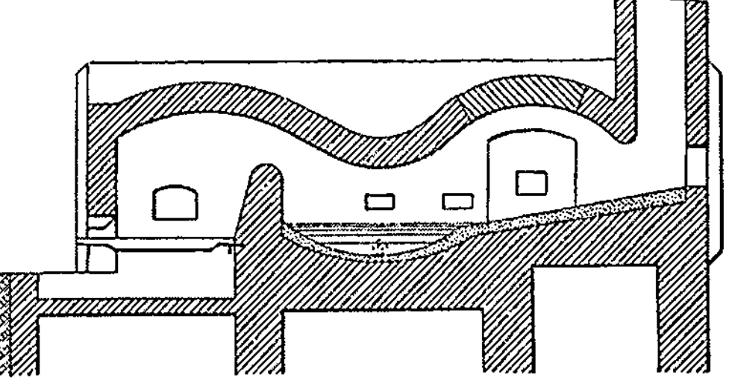

Abb. 112. Flammofen mit eingebogener Decke (V).

20 bis 25 v. H., ein 3- bis 4-t-Ofen 45 bis 60 v. H. Kohlen braucht.

**Martinöfen.** Die meisten der zum Schmelzen von Temperrohguß bestimmten Martinöfen unterscheiden sich durch nichts von den für Stahlformguß gebräuchlichen. Bei den kleinsten Typen von 5 t abwärts

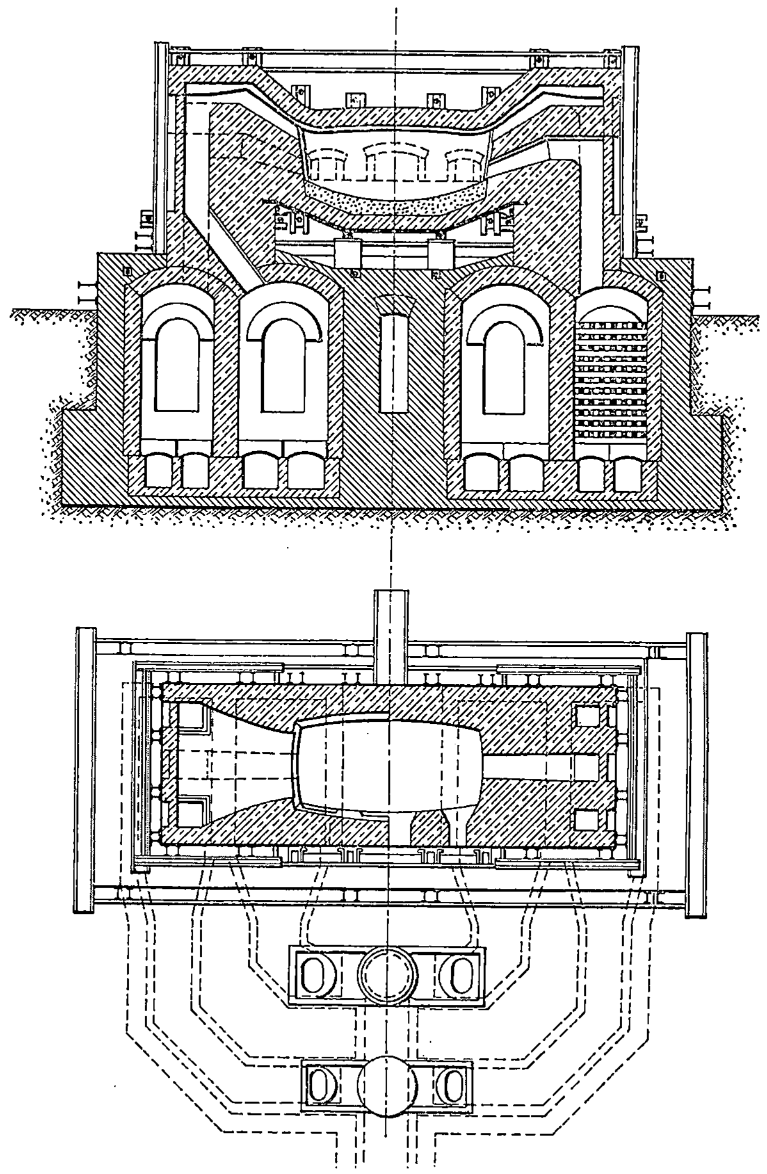

Abb. 113. Kleinmartinofen.

muß man auf eine richtige Abmessung und gute Führung der Kanäle,
besonders der Brennerkanäle, achten. Das Fassungsvermögen der für
Temperrohguß gebräuchlichen Öfen liegt etwa zwischen 1 und 18 t. Ein
3 bis 4 t fassender Ofen solcher Art ist in Abb. 113 wiedergegeben (129).
Der Ofen ist in seinem Unterbau so gehalten, daß eine Vergrößerung

des Oberofens durch Auseinanderziehen leicht möglich ist. Bei den kleineren Öfen läßt sich durch Vertiefung und Verlängerung des zuerst absichtlich besonders stark gehaltenen Herdfutters ohne Mühe eine spätere Vergrößerung der Aufnahmefähigkeit erreichen. Die Kammern müssen dann von vornherein in ihren Hauptabmessungen der größeren Fassung angepaßt sein. Der Brennstoffverbrauch der auf Temperrohguß betriebenen Martinöfen richtet sich wie bei allen Martinöfen nach ihrem Fassungsvermögen. Man kann bei 3- bis 5-t-Öfen 45 bis 60 v. H., bei 15- bis 20-t-Öfen 20 bis 25 v. H. des Einsatzgewichtes rechnen. In besonders günstigen Fällen kann auch in kleineren Öfen ein günstigerer Verbrauch erzielt werden. So berichtet Blume (7) in einer Arbeit über Tempergußherstellung in Schweden, daß ein 6-t-Ofen zuweilen nur 33 v. H. Steinkohle (englische Kohle aus Süd-Yorkshire) brauchte. Nach Moldenke (95) soll man eine Charge in ungefähr $2^1/_2$ Stunden mit 18 bis 20 v. H. Kohlenaufwand niederschmelzen können.

In Amerika werden die zur Herstellung des Temperrohgusses gebräuchlichen Martinöfen vielfach mit Naturgas beheizt (V, S. 60). Die Bauart

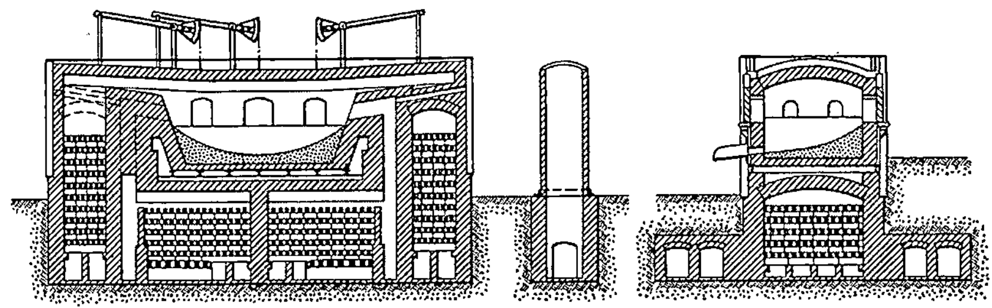

Abb. 114. Martinofen mit Naturgasfeuerung (V).

lehnt sich vollkommen an die übliche an. Abb. 114 gibt einen solchen Ofen wieder, der nur insofern bemerkenswert ist, als die Luftkammern schmäler gehalten und seitlich über die Gießereisohle bzw. Beschickbühne hinaus aufgeführt und mit ihrem Oberteil unmittelbar vor die Brennerköpfe gelegt sind. Der abgebildete Ofen steht bei der Firma Swindell a. Bros. in Pittsburg.

Derartige Martinöfen kleinerer Bauart eignen sich auch gut zur Beheizung mit Öl. Einen solchen, von Eckardt gebauten Ofen gibt Abb. 115 wieder. Das Kennzeichnende daran ist die Ölzuführung. Die Öldüsen ragen durch die Decke des Ofens in den Brennerkopf hinein. Um sie vor Verbrennung zu schützen, ist das Ölzuführungsrohr über dem Ofengewölbe drehbar gelagert, durch dieses Rohr wird das Öl mittels Druckluft mit etwa 60 bis 80 mm WS gepreßt. Soll umgeschaltet werden, so wird das Rohr umgelegt. Gleichzeitig legt sich selbsttätig durch Winkelhebel- und Zugstangenübertragung eine Verschlußkappe auf die frei gewordene Öffnung. Ein Dreiweghahn ermöglicht den Zufluß des Öles bald nach der einen, bald nach der anderen Seite. Ein Nadelventil gestattet genaue Regelung des Ölzuflusses. Wie bei allen ölbetriebenen Martinöfen sind nur zwei Kammern zum Vorwärmen der Luft erforderlich, was auch die Abb. 115 zeigt. Im übrigen ist der Martinofen für Ölfeuerung wie alle anderen Martinöfen gebaut. Der Einfallwinkel der Düsen, bzw. des Öl-

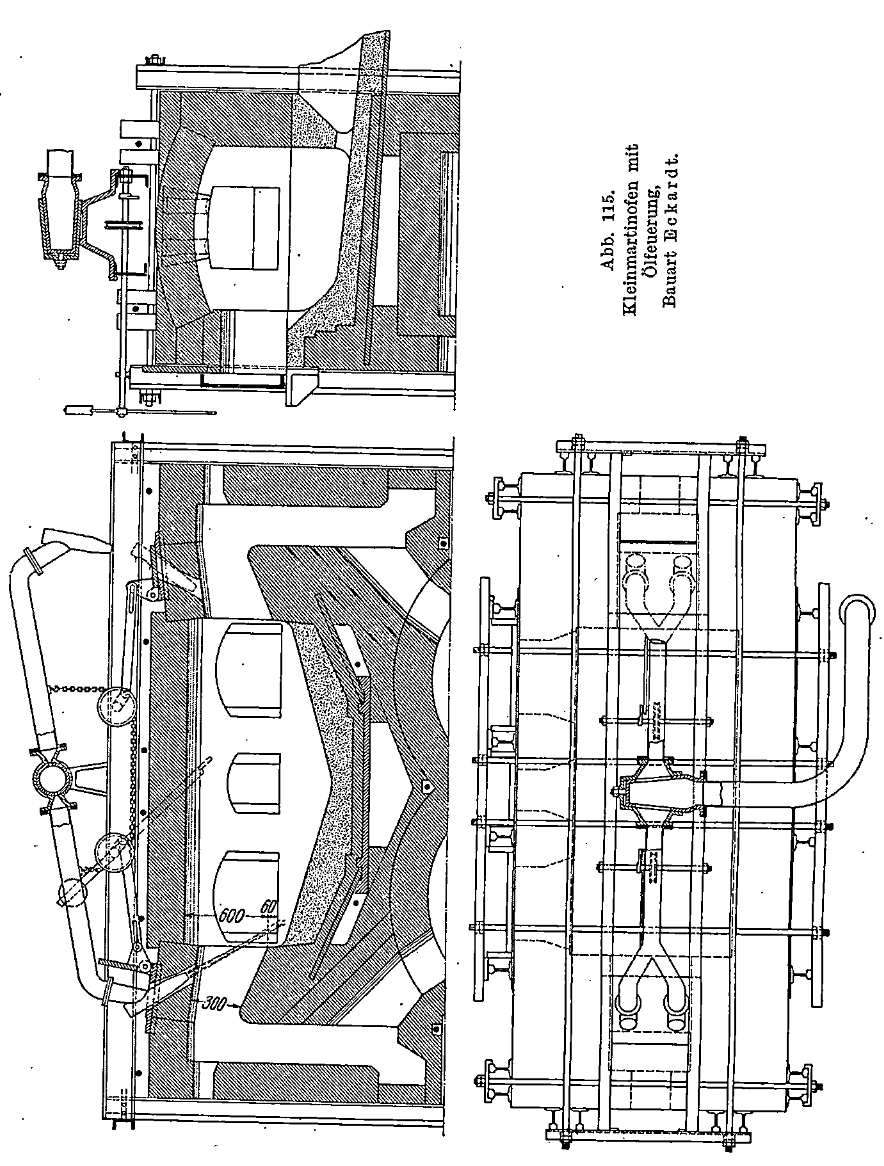

Abb. 115. Kleinmartinofen mit Ölfeuerung, Bauart Eckardt.

stromes beträgt 65°, so daß der Aufprallpunkt der Heizgase im ersten Drittel des Herdraumes liegt. Zur Bedienung des Ofens sind zwei Mann nötig; die Umschaltung erfolgt alle halbe Stunde. Nach jeder Charge wird der Herd ausgeflickt, was seine Haltbarkeit bedeutend erhöht.

Martinöfen jeder Größe können mit Ölheizung ausgestattet werden. Der Ölverbrauch beträgt bei kleineren Öfen etwa 20 bis 25 l für 100 kg Einsatz, bei größeren 15 bis 20 l. Viel hängt hier davon ab, ob man im Dauerbetrieb oder mit Unterbrechung arbeitet. Man muß den Ofen $2^1/_2$ bis 3 Stunden anheizen, sofern er nicht zu lange stillstand.

Man kommt mit einer Windpressung von 100 bis 120 mm aus und einem Kraftbedarf von $^3/_4$ PS für die Stunde. Eine Tempergußcharge dauert 2 bis $2^1/_2$ Stunden. Die Ölöfen werden auch ohne Gebläse ausgeführt. Diese Ausführungsform ist aber weniger empfehlenswert, weil die Flamme keine rechte Führung hat und die Brennerköpfe schneller ausbrennen, wodurch die Flammenführung noch schlechter wird. Ein Ofen dieser Art ist in Abb. 116 als Lichtbild wiedergegeben.

Abb. 116. Gebläseloser Kleinmartinofen mit Ölfeuerung, Bauart Eckardt.

Seit etwa 8 Jahren baut die Firma Siemens einen Kleinmartinofen, der meist mit einem Fassungsvermögen von 1 bis 5 t ausgeführt wird und sich sowohl zum Schmelzen von Stahlguß als auch für Temperguß eignet. Vereinzelt werden auch größere Öfen bis zu 15 t ausgeführt; ein solcher 15-t-Ofen steht z. B. im Stahlwerk Brüninghaus in Werdohl und in England eine Reihe dieser Öfen; hier auch noch größere. Diese Ausführungsform ist dadurch ausgezeichnet, daß die Generatoren dicht an den Ofen herangebaut und nur zwei Kammern zum Vorwärmen der Luft vorhanden sind. Die Wirkungsweise wird am einfachsten klar, wenn man den Weg der Gase verfolgt. Die Generatorgase treten nach Abb. 117 vom Erzeuger $a$, der von $b$ aus beschickt wird, durch das Ventil $c$ und den Gaskanal $d$ in den Verbrennungsraum $e$. Die Verbrennungsluft tritt durch das Wechselventil $f$ ein, durchströmt die Kammer $g$, steigt in dem Kanal *h* aufwärts, durcheilt den Kanal *i* und stößt im Verbrennungsraum *e* auf das Gas. Die Heizgase durchziehen, wie der Pfeil im Grundriß andeutet, in Form eines hufeisenförmigen Stromes den Ofenraum *k* und verlassen diesen, indem sie den Weg durch die Kanäle *e'*, *i'*, *h'* nehmen, die zweite Kammer *g'* durchfließen und durch das Wechselventil zum Kamin abströmen. Auf diesem Wege geben die Abgase ihre Hitze an die Kammer *g'* ab. Nach dem Umschalten des Ventils *f* nimmt die Luft den umgekehrten Weg über *g'*, *h'*, *i'*, *e'* zum Herdraum *k* und fließt durch *e*, *i*, *h*, *g*, *f* zum Kamin ab. Bei *l* ist noch ein Schlackensack

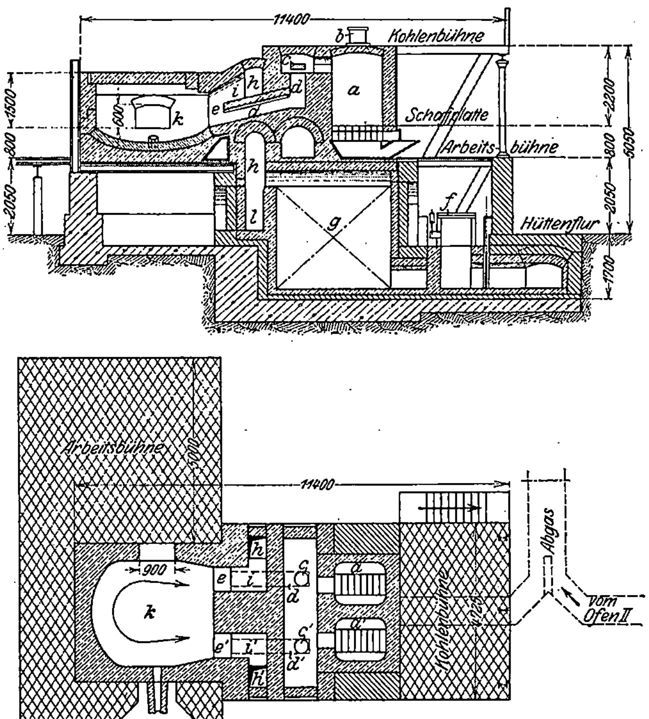


Abb. 117.  Neuer Siemens-Martinofen mit zwei Kammern,<br>Bauart der Firma Friedrich Siemens.

angeordnet. Der Vorteil dieser Bauart besteht darin, daß die Gase fast ohne Wärmeverlust in den Verbrennungsraum eintreten und ihre Vorwärmung erspart werden kann. Die ersten dieser „neuen Siemens-Martinöfen" waren mit einer Einrichtung verbunden, die mittels Dampfstrahlgebläse einen Teil der Abgase, nachdem sie den Ofenraum durchströmt hatten, aus dem Raume *e*, bzw. *e'* absog und durch den Rost in den Generator drückte. Hier bildete sich durch Zersetzung der Kohlensäure und des Wasserdampfes Kohlenoxyd und Wasserstoff, die den Anteil der Generatorgase an brennbaren Bestandteilen erhöhten. Man verließ jedoch diese Art der Gaserneuerung wieder, weil, wie mir die ausführende

Firma mitteilt, die Ventile nicht genügend dauerhaft hergestellt werden konnten, wodurch ein unregelmäßiger Ofengang eintrat. Die Vorteile der neuen Bauart sollen in geringer Raumbeanspruchung, niedrigen Anlagekosten und mäßigen Betriebskosten bestehen. Insbesondere fällt ins Gewicht, daß die Nachtkohle bis 2 Uhr morgens gespart wird, wenn nur am Tage geschmolzen wird, d. h. der Ofen muß um 2 Uhr wieder angeheizt werden, wenn er bis 6 Uhr früh zum Einsetzen bereitstehen soll. Man kann in einfacher Schicht 3 bis 4 Chargen schmelzen. Ein 5-t-Ofen hat

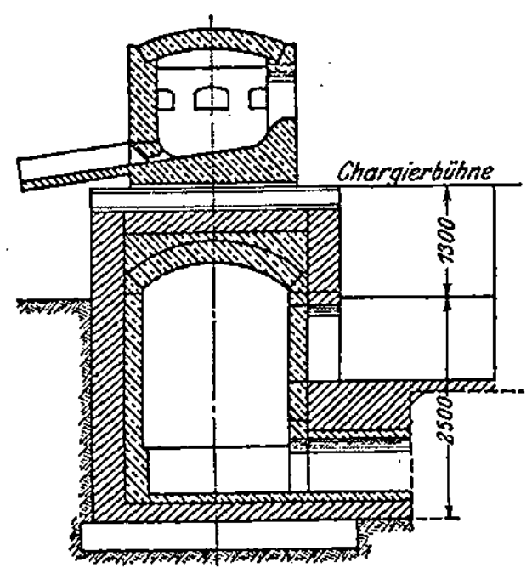


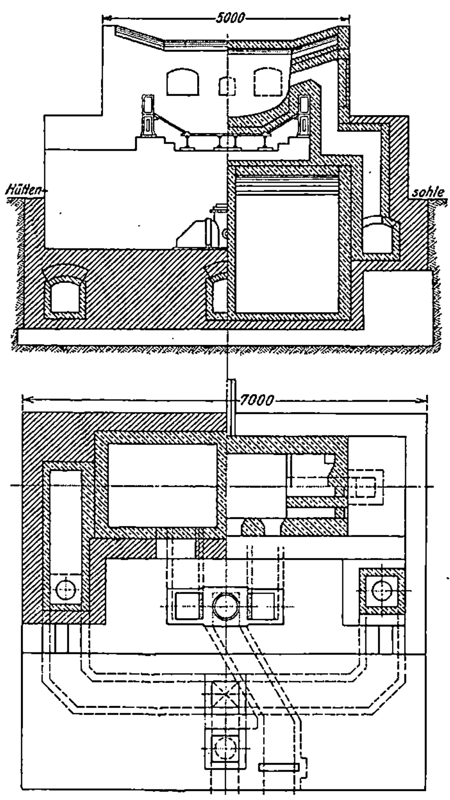

einen Brennstoffverbrauch von 22 bis 26 v. H. Steinkohle von 7000 WE. Ein 1-t-Ofen braucht 10 bis 20 v. H. mehr und ein 15-t-Ofen 10 bis 20 v. H. weniger Brennstoff. Die Öfen werden auch mit kippbarem Herd ausgeführt.

Was die letztere Bauart anlangt, so gibt ihr Moldenke den Vorzug vor den feststehenden Öfen, weil man in diesen das Abschlacken im Ofen und damit eine Sauerstoffaufnahme durch das Bad vermeiden und zunächst das obere kältere Eisen, dann das untere heißere Eisen abstechen

Abb. 118.   Siemens-Martinofen mit einem Kammerpaar, Bauart Poetter, G. m. b. H.

kann. Da die kippbaren Öfen aber sehr teuer sind, so hilft sich Moldenke, indem er seinen Flamm- und Martinöfen drei untereinanderliegende, versetzt angeordnete Abstichlöcher gibt und erst das obere, dann die unteren öffnet (s. S. 262).

Auch die Martinöfen gewöhnlicher Bauart führt man mit nur einem Kammerpaar zur Luftvorwärmung aus, wie Abb. 118, eine Bauart der Firma Poetter, in schematischer Darstellung zeigt. Diese Öfen können jedoch nicht zum Schmelzen von Stahlguß, sondern nur für Grau- und

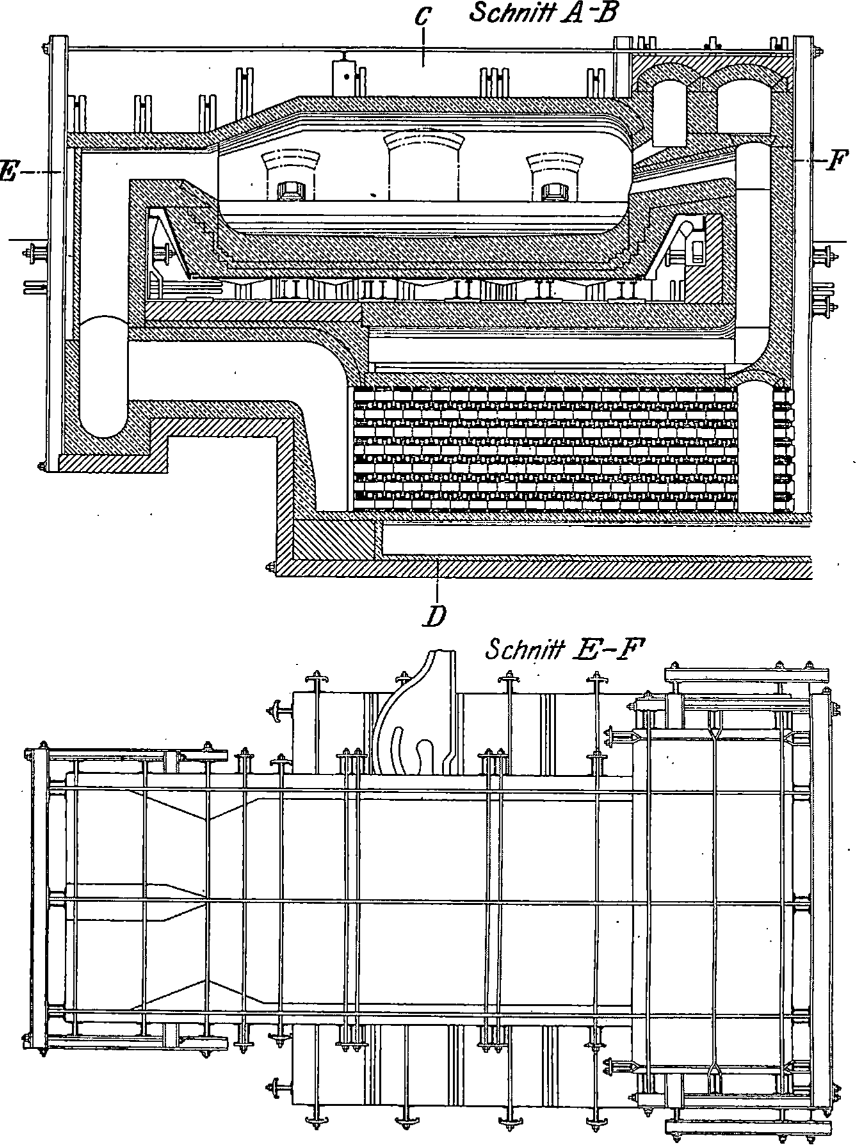

Abb. 119. Flammofen mit Rekuperation, Bauart der Ifö-Ofenbaugesellschaft.

Temperguß verwendet werden. Die Anlagekosten sind billiger, und der Betrieb ist einfacher als bei den üblichen Martinöfen mit Gas- und Luftkammer.

**Flammöfen mit Rekuperation.** Auf S. 184 wurde schon kurz der gasgefeuerte Flammofen erwähnt. Da diese Öfen ein Zwischending zwischen dem gewöhnlichen Flammofen und Martinofen bilden, kann man

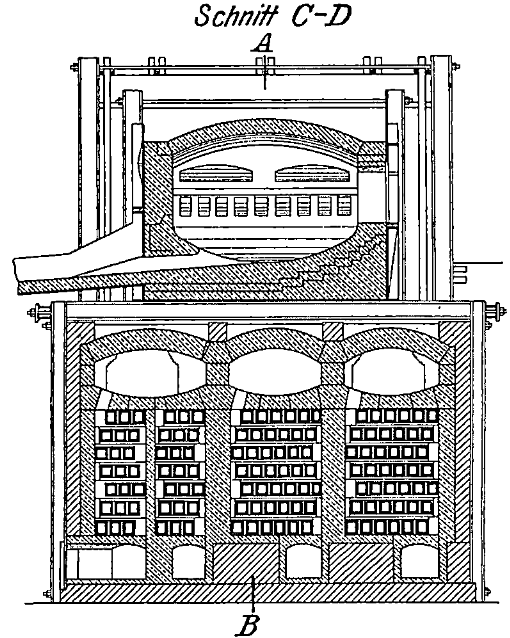



im Zweifel sein, ob man sie der einen oder anderen Gruppe zurechnen oder als besondere Ofenart betrachten soll. Ihre Eigenart ist durch die Anordnung nur eines Brennerkopfes und einer Rekuperation (an Stelle von Wärmespeicher) gekennzeichnet. Eine Ausführungsform der Ifögesellschaft ist in Abb. 119 wiedergegeben. Der Ofen arbeitet wie folgt: Die Luft, bzw. das Gas wird durch den unter dem Ofenherd angeordneten Vorwärmer zum Schmelzraum geführt. Beide, Luft und Gas, steigen getrennt in einem besonderen Rekuperator im Zickzackweg aufwärts, sammeln sich, jedes für sich, in den darüberliegenden Kanälen und ge-

langen von hier aus zum Brenner. Die Abgase ziehen aus dem Schmelzraum zunächst in eine Staubkammer, in der sich mitgeführte grobe und feine Teile niederschlagen. Von hier aus strömen sie durch besondere Kanäle zum Rekuperator, durchziehen die einzelnen Rohre und geben ihre Wärme an das vorzuwärmende Gas, bzw. an die Luft ab, die so erwärmt in den Schmelzraum gelangen. Ein Ofen der vorbeschriebenen Bauart wird z. B. in der Gießerei der Aktiengesellschaft für Hüttenbetrieb in Meiderich unter Verwendung eines Gemisches von Hochofengas und Koksofengas zum Einschmelzen von Grauguß verwendet, ist aber auch zum Schmelzen von Temperrohgußgattierungen durchaus geeignet.

Einen der eben beschriebenen Ausführungsform im Grundsatz ähnlichen Ofen baut die Firma Poetter unter Benutzung von Öl- oder Leuchtgas als Brennstoff. In Abb. 120 ist die Bauart für Ölfeuerung wiedergegeben; diejenige für Leuchtgas ist fast genau so, nur der Brenner ist dem Brennstoff entsprechend abgeändert. Auch hier werden die Flammen, bzw. die Abgase auf der dem Brenner gegenüberliegenden Seite in den Rekuperator abgeführt, und mitgerissene Schlacken- und Staubteile lagern sich in dem oberen als Schlackensack ausgestalteten und von außen zugänglichen Abhitzekanal ab. Die Abgase durchströmen nun eine im Bild erkennbare sechs- oder mehrfach übereinanderliegende Reihe von Kanälen und ziehen dann erst zum Schornstein ab. Auf diesem langen Wege findet eine weitgehende Wärmeabgabe statt. Die Verbrennungsluft dringt durch einen senkrechten Kanal, dessen Öffnung durch ein auf

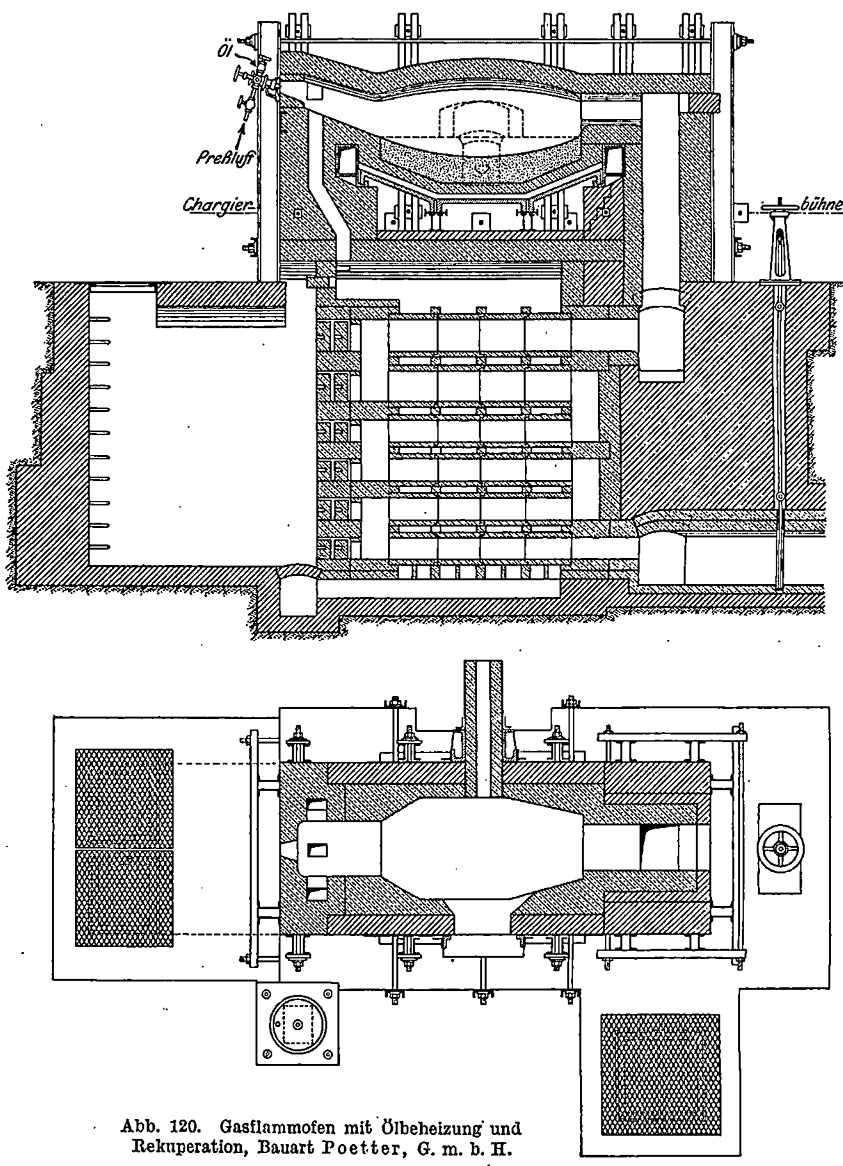


Abb. 120. Gasflammofen mit Ölbeheizung und
Rekuperation, Bauart Poetter, G. m. b. H.

Hüttenflur stehendes Tellerventil geregelt werden kann, abwärts und
wird durch ein Kanalnetz gleichmäßig unter dem Rekuperator verteilt.
Dann steigt sie durch senkrechte, zwischen den Rekuperatorkanälen verteilte Schächte aufwärts und erwärmt sich auf diesem Wege, wodurch
sie einen kräftigen Auftrieb erhält, so daß der Rekuperator ohne Druckluft arbeiten kann. Die auf 700 bis 900° vorgewärmte Luft sammelt sich

unter dem Gewölbe des Rekuperators und gelangt von hier unmittelbar zum Brenner.

Wie gesagt, eignet sich diese Ausführungsform für Leuchtgas und Teeröl. Will man aber in der Tempergießerei neben Temperguß auch Stahlguß schmelzen, so sei darauf hingewiesen, daß diese Art Öfen nicht mit gewöhnlichem Generatorgas betrieben werden können, weil dieses dann auch der Vorwärmung bedarf, die in dem beschriebenen Ofen aber nicht möglich ist.

Darüber, wie sich die zuletzt beschriebenen Öfen nach Abb. 119 und 120 in der Praxis der Tempergießerei bewährt haben, liegen keine Ergebnisse vor. Indessen ist nicht zu zweifeln, daß sie in metallurgischer Hinsicht und wohl auch in bezug auf Wirtschaftlichkeit des Betriebes den hier gestellten Anforderungen genügen. Als Vorteile sind zu nennen billigere Anlagekosten und Platzersparnis; der Unterofen wird einfacher, da die Umschalteeinrichtungen wegfallen und die Vorwärmeeinrichtung

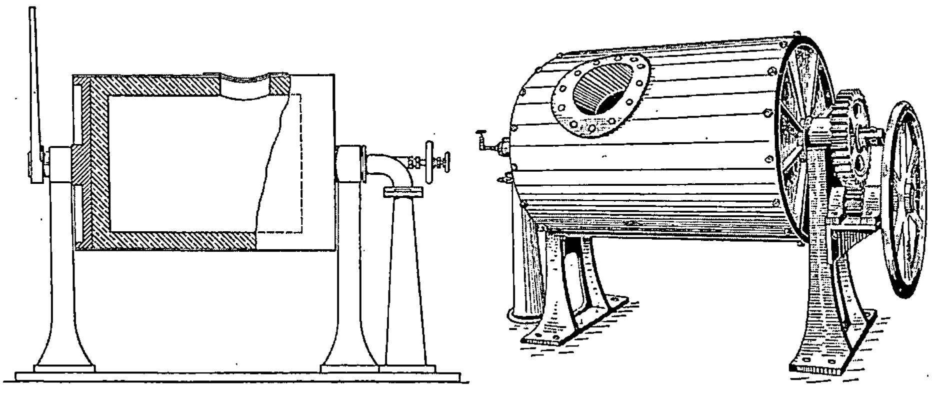

Abb. 121 a und b.  Ölflammofen der Siegen-Lothringer Werke.

einfacher ist. Die Öl- oder Leuchtgasbeheizung ermöglicht es, den Ofen schnell betriebsfertig zu machen, was ja bei dem unterbrochenen Betrieb in Tempergießereien ins Gewicht fällt.

**Ölflammöfen.** In letzter Zeit hat man auch die sog. tiegellosen Öfen mit Ölfeuerung in ihren verschiedenen Ausführungsformen zum Schmelzen von Temperguß herangezogen. Gewöhnlich werden diese auch mit Öltrommeln oder tiegellose Ölschmelzöfen bezeichneten Bauarten zu den mit Öl gefeuerten Tiegelöfen gerechnet. Da es sich aber um eine Anordnung handelt, bei der die Flamme in freier Entfaltung über einen Herd zieht und das Metall in unmittelbarer Berührung mit den Heizgasen geschmolzen wird, so gehören die Öfen grundsätzlich zu den Flammöfen. Die beiden Haupttypen dieser Art von Öfen sind als Kippöfen ausgebildet und unterscheiden sich durch ihre Form und die Art ihrer Aufhängung. Bei der einen Ausführungsform der Siegen-Lothringer Werke nach Abb. 121 a und b besteht der Ofenkörper im wesentlichen aus einem läng-

lichen Zylinder aus Stahlblech, der im Innern mit einem hochfeuerfesten
Futter ausgesetzt ist. An dem einen Zapfen ist ein Vorgelege (Abb. 121b)
mit Handrad angebracht zum Kippen des Ofens; bei kleineren Öfen
genügt hierfür ein einfacher Hebel (Abb. 121a). Der andere Zapfen ist
als Düse ausgebildet, durch die das Verbrennungsöl dem Herdraum zugeführt wird. Die Trommel hat oben eine runde oder ovale Öffnung,
die zum Beschicken des Ofens, als Ausguß und als Austritt für die Verbrennungsgase dient. Die an der Düsenseite gebildete Flamme trifft gegen
die gegenüberliegende Wand, strömt an den Längswänden zurück und
schlägt zur Öffnung oben hinaus. Ein Rauchfang wie bei Tiegelöfen
führt die Gase nach außen.

Abb. 122. Ölflammofen, Bauart Huber & Autenrieth.

Eine etwas abgeänderte Ausführungsform der Firma Huber &
Autenrieth, Stuttgart, bietet die Abb. 122. Der Kippantrieb besteht
hier aus Handrad mit Schnecke und einem auf den Wendemechanismus
arbeitenden Zahnrad. Rechts ist auch das Gebläse sichtbar und an der
Rückwand der Ölbehälter. Die Flammenführung ist hier ebenso wie
vorher beschrieben.

Eine eigenartige Ausbildung zeigt der in Abb. 123 in Ermangelung
besserer Unterlagen sehr schematisch wiedergegebene Ölflammofen der
Deutschen Ölfeuerungswerke Heilbronn. Seine Beschreibung sei deshalb
etwas ausführlicher: Der Ofen dient zum Schmelzen von Qualitäts-
grauguß und Temperguß. Der Ofenkörper besteht aus einem starken
Eisenblechmantel, der mit Winkeleisenringen versteift ist, er ruht in
zwei Drehzapfenlagern, die im Schwerpunkt des Ofens angeordnet sind.

Durch die Schwerpunktlage ist ein durch eine Schnecke und Segment bewirktes leichtes Kippen des Ofens gesichert. Aus der Abbildung ergibt sich, daß sich der Ofendeckel dem Boden in der Mitte nähert. Hierdurch wird an dieser Stelle eine Pressung der Flamme erzielt. In dem mittleren Ringequerschnitt liegt die Schmelzzone. Die Ausmauerung des Ofens besteht teilweise aus Dörentruper Stampfmasse und Magnesitsteinen, der Deckel aus hochfeuerfesten Schamottesteinen. Die Beheizung erfolgt durch zwei tangential eingeführte Normalbrenner des Systems Schmidt, so daß die Flamme einen Rundwirbel über dem Schmelzbad bildet und eine vollständige Verbrennung herbeiführt. Das Einsatzmaterial wird durch einen zugleich als Vorwärmer dienenden Füllschacht aufgegeben, dessen Bedienung von einer Arbeitsbühne aus erfolgt, die den Ofen von drei Seiten umgibt. Der Schmelzherd des Ofens nimmt 500 kg flüssiges Metall auf, der Vorwärmer faßt 300 kg. Sobald die 500 kg geschmolzen sind, muß der Herd durch das aus der Abbildung ersichtliche Stichloch entleert werden, indem man den Ofen kippt. Der Füllschacht muß dauernd durch regelmäßige Beschickung vollgehalten werden. Der Ölverbrauch stellt sich im Dauerbetrieb auf 16 bis 18 v. H. Die Schmelzdauer für 500 kg Einsatz beträgt im Dauerbetrieb $1\frac{1}{2}$ bis 2 Stunden. Zur Inbetriebsetzung muß der Ofen 1 bis $1\frac{1}{2}$ Stunden vorgewärmt werden.

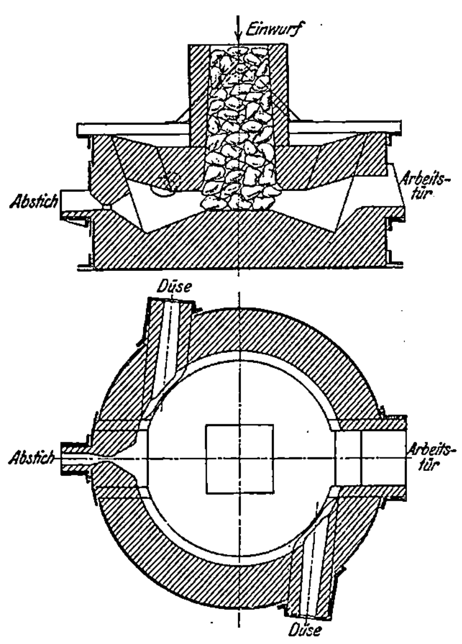


Abb. 123. Ölflammofen der Deutschen Ölfeuerungswerke Heilbronn.

Natürlich bedienen sich viele Betriebe mehrerer der vorbeschriebenen Schmelzöfen. So findet man, um nur einige aus eigener Anschauung bekannte Schmelzeinrichtungen zu erwähnen, Tiegeölfen neben Kupolöfen, Martinöfen neben Ölflammöfen, Kupolofen neben Kleinbirne (d. h. es wird auch Temperrohguß unmittelbar aus dem Kupolofen gegossen ohne Benutzung der Birne), Martinöfen neben Kupolöfen, Kupolofen neben Elektroofen (letzterer allerdings bisher nur versuchsweise) usw. In manchen Betrieben benutzt man den Kupolofen nur, um die Tempertöpfe daraus zu gießen, während der eigentliche Temperguß, bzw. Rohguß im Martinofen oder in einem anderen Schmelzofen geschmolzen wird.

## 5. Bemerkungen zum Formen und Gießen.

Das Formen und Gießen der zum Tempern bestimmten Gußstücke erfordert besondere Sorgfalt und Maßnahmen, die teils durch die Eigenart der Gußstücke, teils durch den Charakter des zu vergießenden Eisens bestimmt werden. Beim Temperguß handelt es sich um weißes Eisen, das vergossen wird, und dessen Schwindungskoeffizient doppelt so groß ist wie der des Gußeisens, und das in höherem Maße zum Lunkern neigt. Der gesamte Schwindungskoeffizient des Temperrohgusses schwankt je nach Zusammensetzung zwischen 1,6 und 2,1 v. H. Wenn auch infolge des Glühens das in Rechnung zu stellende Endschwindmaß nur etwa 1 v. H. beträgt, so macht sich doch beim Gießen des Temperrohgusses das höhere Schwindmaß geltend; dieser Umstand bedingt starke Trichter, die etwa den beim Stahlformguß angewendeten gleichkommen. Das Gewicht der einzelnen Gußstücke bewegt sich bei uns im allgemeinen zwischen wenigen Gramm und einigen Kilogramm; nur vereinzelt kommen auch Stücke von 15, 20 und mehr Kilogramm vor, während man in Amerika Stücke bis zu 150 kg Gewicht, gelegentlich sogar, wie mir ein genauer Kenner der amerikanischen Praxis mitteilt, bis zu 400 kg, aus Temperguß herstellt. Die Gewichte der meisten Gußstücke liegen etwa zwischen 3 und 12 kg. Ein bedeutender Prozentsatz der Abgüsse hat jedoch nur ein geringes, oft nur etwa 10 g betragendes Gewicht und wird als ausgesprochene Massenware hergestellt: Schnallen, Ringe, Haken, Griffe, Muttern, Schraubenschlüssel, Türschlüssel, Fittings, Teile landwirtschaftlicher Maschinen und viele andere. Diese Teile werden entweder von Hand auf der Bank, mit Handplatten, mit Bankformmaschinen oder auf Formmaschinen geformt. Das bedingt eine umfangreiche Verwendung von Modellplatten in der Tempergießerei. Da man natürlich bemüht ist, möglichst viel solcher kleiner und kleinster Modelle auf die Platte zu bringen, so ergibt sich oft die Notwendigkeit langer, verzweigter Einläufe, die wieder durch entsprechend dünne Übergänge mit den eigentlichen Formen verbunden werden müssen. Um ein schnelles Gießen zu ermöglichen und zur Einführung eines heißen Eisens bis in die eigentlichen Formen sind deshalb die Einläufe so stark wie möglich zu halten. Beide Umstände, der hohe Schwindungskoeffizient und die geringen Stückgewichte, bedingen einen hohen Abfall, der auf 60 bis 75 v. H., selbst 100 v. H. des nutzbaren Kasteninhalts steigen kann. Das hat, nebenbei bemerkt, wiederum seine Rückwirkung auf die Gattierung, da man gezwungen ist, die eigenen Abfälle, die noch durch den Ausschuß vermehrt werden, aufzuarbeiten. Größere Stücke, wie Gehäuse, kleine Grundrahmen u. a., werden von Hand, wenn angängig, auf der Bank, sonst, wie üblich, auf dem Boden geformt. Der Formbetrieb einer Tempergießerei ist also durch Bankformerei, Maschinenformerei und Kleinhandformerei gekennzeichnet.

Bei der Bankformerei handelt es sich fast immer um Massenware. Es kommen jedoch auch häufig kleine Reparatur- oder Ersatzteile und einzelne kleinere Stücke · verschiedenster Form vor. Man packt alsdann so viel Modelle wie möglich in einen Kasten, doch darf die weitgehende Ausnutzung des Kastens nicht zur Vernachlässigung der Anschnittregeln verleiten. Ferner ist es empfehlenswert, möglichst gleichartige Modelle oder solche von nicht allzu abweichender Schwierigkeit in einem Kasten zu vereinigen, weil sonst die Erzeugung darunter leidet. Auch der Größenunterschied soll nicht zu groß sein, damit nicht das große Stück dem kleinen das Eisen fortnimmt. Schwierige Modelle formt man am besten für sich allein. Bei Serienarbeiten oder Massengegenständen, die auf der Bank geformt werden, lohnt es sich, für die Einläufe ein Modell anzufertigen, um das die Modelle der Gußstücke gießgerecht verteilt werden.

Kommen Bestellungen in Frage, die zwar eine größere Anzahl desselben Gußstückes umfassen, aber nur einmal auszuführen sind, so stellt man Handplatten evtl. auch Formmaschinenplatten aus Gips oder Zement her. Die Modelle werden dann gleich aus demselben Material auf die Platte gebracht. Die Gips- oder Zementplatten werden meist mit Schellack oder Dextrin überstrichen, damit sie sich glatt. ausheben und eine gewisse Festigkeit an der Oberfläche erhalten.. Zuweilen schraubt man die Modelle auf der Platte fest, um sie auswechseln zu können. Geschieht das in kurzen Abständen, so ist das Verfahren unwirtschaftlich, weil die Maschine nicht hinreichend ausgenutzt wird.

Die Herstellung von Handformplatten kann ferner auf sehr einfache Weise erfolgen, indem man die Gußstückmodelle und das Einlaufmodell so in zwei genau zueinanderpassende Kästen einformt, daß die eine Modellhälfte in den Oberkasten, die andere in den Unterkasten zu liegen kommt. Dann hebt man ab, arbeitet die Form sorgfältig aus und legt einen ebenfalls genau gearbeiteten Holz- oder Eisenrahmen von der · Dicke der Metallplatte zwischen Ober- und Unterkasten, die nun mitsamt dem Rahmen von außen mit Sand umstampft werden, so daß ein Verrücken aller Teile der Form unmöglich ist. Nach Abgießen der Form hat man als Gußstück eine Modellplatte mit je einer Hälfte der Modelle auf jeder Seite. Die Modellplatte erhält Führungsstifte, die in genau bearbeitete Formkasten passen, oder Löcher, die in die an den Formkasten befestigten Führungsstifte eingepaßt werden. Gutes Zueinanderstimmen aller Teile ist Bedingung eines einwandfreien Abgusses.

In den Tempergießereien finden Formmaschinen sehr ausgiebige Verwendung, und zwar alle Arten Abhebeformmaschinen, bei größeren Modellen Wendeplattenformmaschinen, dann vielfach hydraulische Pressen und Formmaschinen sowie Rüttelformmaschinen. In den amerikanischen Tempergießereien arbeitet man viel mit den sog. „squeezers“. Übrigens ist der Abschlagformkasten in Verbindung mit Formmaschinenbetrieb fast überall in Benutzung. (In Deutschland schon seit über 30 Jahren.) Alle hier in Frage kommenden Arten dieser Maschinen anzuführen, würde zu weit führen. Die einschlägige Literatur, namentlich die sehr ausführliche Behandlung dieses Gegenstandes durch Irresberger in Geigers Handbuch (II. Bd., S. 148 u. f.) gibt weiteren Aufschluß. Mit Vorteil kann man die Formplattenrahmen oder Bankformmaschinen benutzen mit einem einfachen in einem Gehäuse untergebrachten Abhebemechanismus.

Die Abbildungen 124 bis 127 geben einige gebräuchliche Typen wieder; so Abb. 124 eine Wendeplattenformmaschine, bei der die Formen von

Abb. 124. Wendeplattenformmaschine mit hydraulischer Pressung.
(Badische Maschinenfabrik.)

oben durch eine hydraulische Druckvorrichtung in der üblichen Weise gepreßt werden. Die Modelle hebt man durch eine von Hand betätigte Hebevorrichtung aus unter Ausgleich des Gewichtes. Auf der Modellplatte können beiderseits Modelle befestigt werden, so daß man abwechselnd Ober- und Unterkasten formen kann. Abb. 125 stellt eine Formmaschine dar, die mit einer der bekannten, von Hand betriebenen Abhebevorrichtungen ausgestattet ist. Die Preßvorrichtung wird mit Druckwasser betätigt. Die Formmaschine nach Abb. 126 wird ganz von Hand bedient. Ein Handhebel bewirkt von oben her das Pressen der Form, ein anderer trennt mittels vier Abhebestiften Modell und Form.

Bei der durch die Abbildungen 127 und 127a veranschaulichten Formmaschine wird Wasserdruck angewendet. Der Arbeitsvorgang ist folgender: Ober- und Unterkasten werden von je einem Former gefüllt, es wird eingeschwenkt und der in Abb. 127 noch herabhängende Haken am Preßhaupt eingeklinkt; durch Niedertreten des Steuerpedals wird der Unterkasten durch Wasserdruck gehoben; beim Hochgehen nimmt dieser die beiderseitig besetzte Modellplatte und den daraufsitzenden Oberkasten nebst Füllrahmen mit. Unter- und Oberkasten werden durch denselben Hub gegen die Preßtraverse gedrückt und geformt. Zur Beseitigung der Modellplatte läßt man das Steuerpedal nach oben gehen, wodurch Ober- und Unterkasten sinken. Im Abwärtsgehen hängt sich der Oberkasten, wie Abb. 127a zeigt, in zwei von Hand eingeschwenkte, an dem Preßhaupt befestigte Träger ein, die Modellplatte wird von dem in den Abbildungen deutlich erkennbaren Plattenrahmen aufgenommen und der weitersinkende Unterkasten setzt sich auf seiner Unterlage ab. Das Loslösen der Modellplatte wird durch einen Vibrator befördert. Der Plattenrahmen mit Modellplatte wird ausgeschwenkt, der Unterkasten nochmals gehoben und mit dem Oberkasten durch Einklinken der Kastenhaken vereinigt.

Abb. 125. Abhebeformmaschine mit hydraulischer Pressung. (Badische Maschinenfabrik.)

Die Modellplatten werden, wie die Handformplatten, auf die S. 199 beschriebene Weise hergestellt.

Ferner bedient man sich vielfach der weitverbreiteten Hillerscheidschen Formmaschine für Hand- und hydraulischen Betrieb.

Beim Formen selbst, sei es von Hand oder Maschine, muß man beim Temperguß sorgfältiger als beim Grauguß darauf achten, daß die Form luftig ist und nicht zu fest gestampft wird, da bei dem starken Schwindmaß des weißen Eisens das freie Zusammenziehen nicht behindert werden darf. Andernfalls entstehen Risse, die von vornherein das Gußstück unbrauchbar machen oder durch das Glühen so vergrößert werden, daß wenige Stöße oder ein leichter Schlag genügen, um den Bruch herbeizufrühen. Der Former legt deshalb auch bei Einteilung seiner Form winklige Teile mehr nach der Mitte und glatte, einfach gestaltete Stücke mehr nach dem Rande des Kastens, da hier die Form etwas fester ausfällt. Auch bei Herstellung der Modellplatten muß darauf geachtet werden. Jedenfalls sind Verzerrungen der Form und Risse, die man unter Umständen schon am ungeglühten Stück als kleinen Hohlraum wahrnehmen kann, nicht selten auf zu fest gestampfte Formen zurückzuführen.

Abb. 126. Handpreßformmaschine mit Abhebevorrichtung (Badische Maschinenfabrik).

Im übrigen unterscheidet sich die Formsandmischung für das Einformen von Temperrohgußstücken nicht weiter von den in der Graugießerei gebräuchlichen, höchstens daß man wohl den Zusatz von Kohlenstaub vermeidet und die fertige Form nur ganz leicht mit Holzkohlenpuder bestäubt. Vereinzelt wird auch Masse verwendet. Die Kerne werden ebenfalls aus den üblichen Kernmassemischungen hergestellt. Größere Formen trocknet man bisweilen.

Die für die Formmaschinen notwendigen Formplatten werden, wie üblich, aus Aluminium, Bronze oder Zinkaluminiumlegierungen hergestellt. Man kennt verschiedene Herstellungsverfahren für diese Modellplatten, die wegen des richtigen Anschnittes und der Kleinheit der Modelle eine besondere Genauigkeit und Sorgfalt erfordern. Bei besonders schwierigen

Teilen lohnt es sich, vorher eine Probeplatte herzustellen, um die Richtigkeit und Abgießfähigkeit der damit erzeugten Form zu erproben. Auch bei der Einrichtung der Modellplatten soll man sich nicht allein von dem Gedanken leiten lassen, ein möglichst hohes Gußgewicht aus der Form herauszubringen. Die Herstellung der Platten unterscheidet sich im übrigen nicht von derjenigen in der Graugießerei oder Stahlgießerei. Bezüglich ihrer eingehenden Beschreibung kann daher auf die Literatur, insbesondere das Geigersche Handbuch (I, Bd. II, S. 143) und das Ledebursche Handbuch der Eisen- und Stahlgießerei (II, S. 257) und die sonst unter den Literaturangaben (V, S. 31; 130) angeführten Schriften hingewiesen werden.

Sehr geeignet für kleinere Aufträge verschiedener Gußstücke sind die Klischeeformplatten, die dadurch gekennzeichnet sind, daß man in einen sehr genau bearbeiteten Eisen- oder Metallrahmen Formplättchen mit Modell

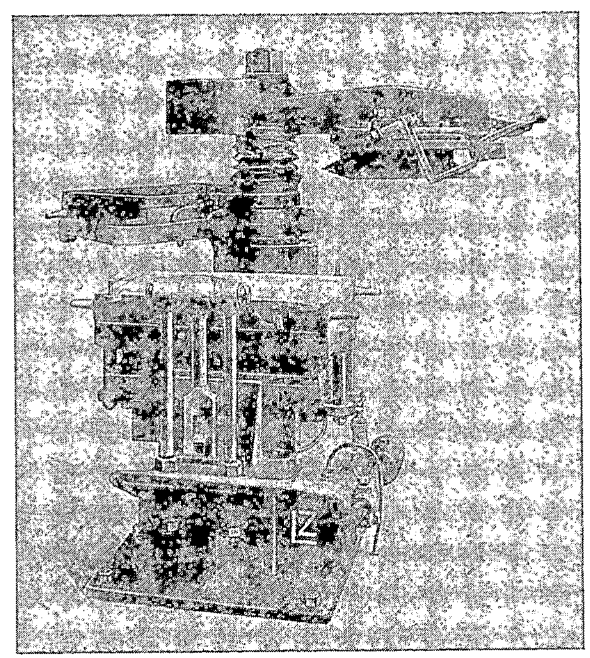

Abb. 127. Hydraulische Formmaschine in Anfangsstellung.
Bauart Maschinenfabrik G. Zimmermann.

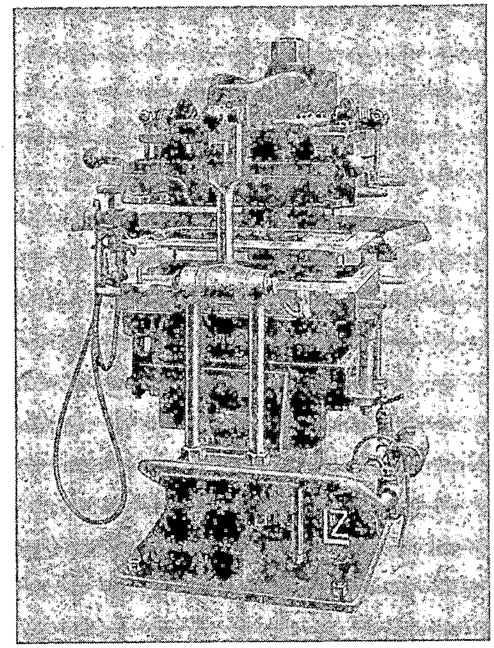

Abb. 127a. Hydraulische Formmaschine in Abhebestellung.
Bauart Maschinenfabrik G. Zimmermann.

und Anschnitt einschiebt und auf diese Weise eine Formplatte bildet. Abb. 128 macht die Anordnung verständlich.

Daß bei dem in den Tempergießereien häufig vorkommenden Auswechseln der zahlreich vorhandenen Modellplatten eine genaue Modellverwaltung am Platze ist, bedarf keiner besonderen Betonung. Ihre Durchführung ist eine Frage der allgemeinen Gießereiorganisation und kann füglich hier übergangen werden.

Infolge der starken Neigung des Weißeisens zum Lunkern muß dem Anschnitt der Formen besondere Aufmerksamkeit gewidmet werden. Bei den Metallplatten, auf denen oft.der Anschnitt für sehr viele kleine Modelle angeordnet werden muß, kommt es darauf an, den Anschnitt so zu verzweigen und abzumessen, daß die kleinen Abgüsse Gelegenheit finden, sich vollkommen zu füllen. Die Einläufe müssen also hier die gleiche Aufgabe erfüllen, die sonst dem Einguß oder dem verlorenen Kopf zufällt. Gleichzeitig aber muß die Brücke zwischen Einlauf und Gußstück so dünn sein, daß das kleine Gußstück leicht vom Einlauf abgebrochen

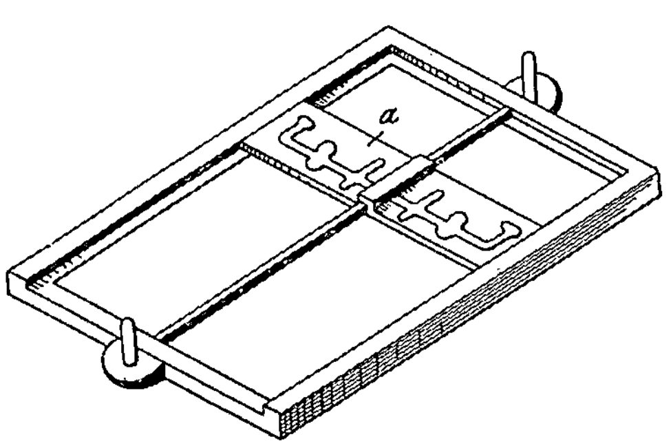


Abb. 128.   Klischeeformplatte (I).

werden kann, ohne daß es selbst verletzt wird.

Einige Beispiele mögen die Anordnung der Modelle und Anschnitte erläutern. Auf Abb. 129 erkennt man oben links vier Fittings, darunter Streichriemenhalter mit beweglichen Ringen. Diese Ringe wurden nicht mit den Bügeln zusammen, sondern zunächst für sich gegossen, dann in die Form für die Bügel eingebettet, so daß sie den Kern für die Grifföse bildeten. Bemerkenswert ist, daß der Bügel durch zwei dünne Anschnitte mit dem Gießlauf verbunden ist, um ein leichtes Abbrechen der Bügel zu ermöglichen. Weiter abwärts folgen 16 Ringe zu den Streichriemenhaltern, dann 10 Streichriemenhalter ohne Ringe von 14 g Gewicht, an denen der doppelte Anschnitt etwas besser erkennbar ist; zu unterst sind 10 Steigbügel in symmetrischer Anordnung zum Anschnitt abgebildet. Das unterste Bild rechts zeigt 8 Muttern von je 250 g Gewicht. Auch die in Abb. 130 wiedergegebenen Abgüsse stellen typische Anordnungsformen dar: in der Mitte oben 8 anderthalbzöllige Fittings an einem Anschnitt und Trichter, links davon 48 Muttern, je 28 g wiegend, rechts davon 80 kleine Muffen im Gewicht von je 14 g; unten sind 16 Sägegriffe abgebildet, von denen jeder 84 g wiegt. Einzelne Gußstücke müssen ihrer Form und Abmessung entsprechend eingeformt, bzw. angeschnitten werden. Einige Beispiele sind noch in Abb. 129 angeführt: in der Mitte rechts ein

Gewindeschneider von 4 kg Gewicht, darüber ein kleiner Maschinenrahmen mit Einguß und doppeltem Anschnitt. Der zu oberst rechts abgebildete Stellring mit Aussparung und Griff stellt ein Werkzeug zu dem Gewindeschneider vor. Ein weiteres Beispiel für richtig bemessenen Anschnitt bietet Abb. 131, 4 Fittings in einer Form. Die Form wird gewöhnlich so angeschnitten, daß das Eisen dort in die Form eintritt, wo eine Materialanhäufung liegt, damit diese Stelle die nötige Füllung aus dem Trichter oder Kopf entnehmen kann, was natürlich erst eintritt, wenn die übrigen Teile der Form voll sind.

Beim Anschneiden der Formen ist also besonderer Wert darauf zu legen, daß sie Gelegenheit finden, sich vollständig zu füllen. Man begnügt sich daher nicht mit starkem Trichter und Einläufen, wie die bisher abgebildeten Abgüsse zeigten, sondern legt vor die Übergangsstelle zur eigentlichen Form noch einen Zwischenbehälter für Eisen an, aus dem sich die Form vollsaugen kann. Diese auch mit „Saug-

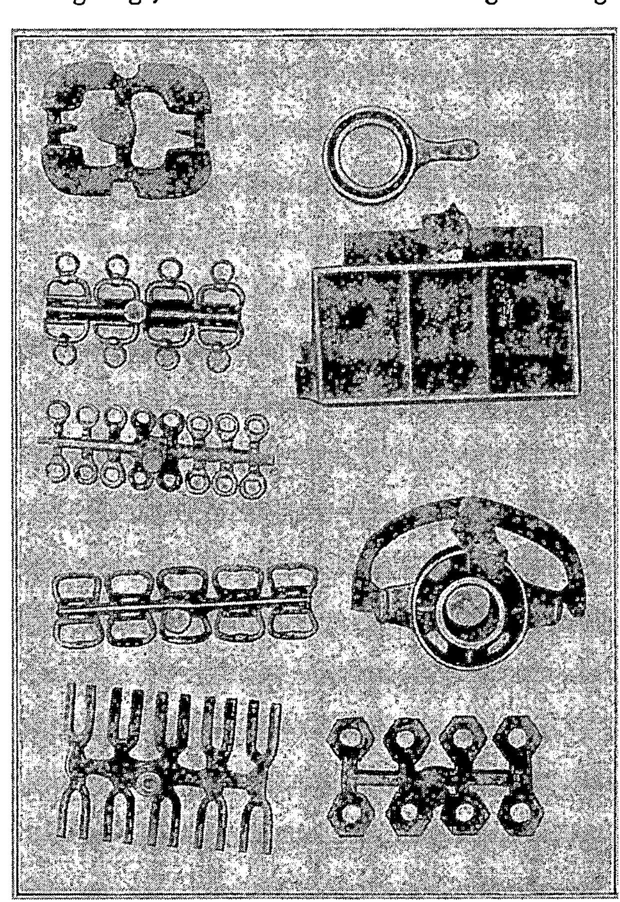

Abb. 129.   Tempergußteile mit Anguß (V).

tümpel", „Saugköpfe", „Saugknöpfe", „Saugnäpfe", „Schaumer", „Füllkopf", „Masseln" bezeichneten Eisenbehälter verbindet man, wenn angängig, mit demjenigen Teil der Form, der die größte Materialanhäufung hat, damit dieser sich zuletzt füllende Teil aus dem Tümpel, in dem das Eisen sich ja am längsten flüssig hält, vollends zu füllen vermag. Dem Saugtümpel gibt man eine Form, die zur Aufnahme von möglichst viel Eisen geeignet ist und einen hemmungslosen Durchfluß gestattet (s. Abb. 132). Zuweilen läßt man deshalb die Tümpel nach Art eines Steigers bis zur

Kastenoberfläche durchgehen, so daß man den Durchfluß des Eisens beim Gießen beobachten kann. Natürlich muß beim Abgießen der Tempergußformen wie bei jeglichem Gießen darauf geachtet werden, daß der Einguß stets voll ist. Den Eingußtrichter, bzw. den Eingußkasten hält man dabei ziemlich hoch, um die Form unter dem nötigen Druck zu füllen. Der übrige Anschnitt der Form wird im Querschnitt bei flachen Gegenständen wie Schraubenschlüssel u. dgl. flach gehalten, bei massiven, dickeren, gegliederten Stücken wählt man eine dreieckige oder dem Dreieck sich nähernde Querschnittsform (s. z. B. Abb. 133). Saugtümpel, Einguß und Lauf sind am Boden hohlkehlförmig gehalten. Die Stärke der

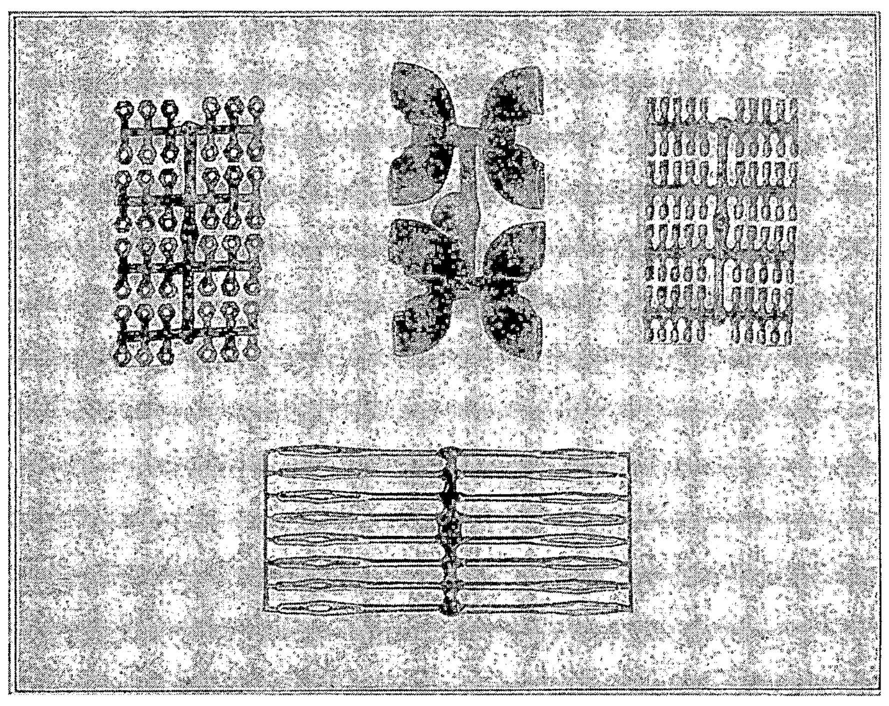

Abb. 130. Tempergußteile mit Anguß (V).

Brücke zwischen Tümpel und Gußstück muß sich nach der Abmessung des letzteren richten, damit ein leichtes Abschlagen des abfallenden Teiles möglich ist. Bei schwachen Gußstücken kann bei zu starkem Anschnitt das Stück selbst verbogen werden oder Teile dieser vom Abfallstück mitgerissen werden, wodurch der Ausschuß vermehrt wird. Ein für die gegenwärtigen Zeitverhältnisse typisches Tempergußstück mit Saugtümpel ist in Abb. 133 wiedergegeben, eine Handgranate mit zwei angegossenen Probestäben. Vom Einlauf zweigen parallel angeordnet die beiden Stäbe und das Gußstück ab. Zwischen dem annähernd trapezförmigen, unten jedoch abgerundeten Einlauf und den Formen ist je ein

Saugtümpel zwischengeschoben, der etwas höher als das zugehörige Gußstück ist. Das Gußstück selbst ist noch mit einem zweiten Saugtümpel
verbunden.

Im allgemeinen darf der Saugtümpel nicht zu weit von dem Einguß
liegen, sollte dies aber nicht anders möglich sein, so muß man den ganzen

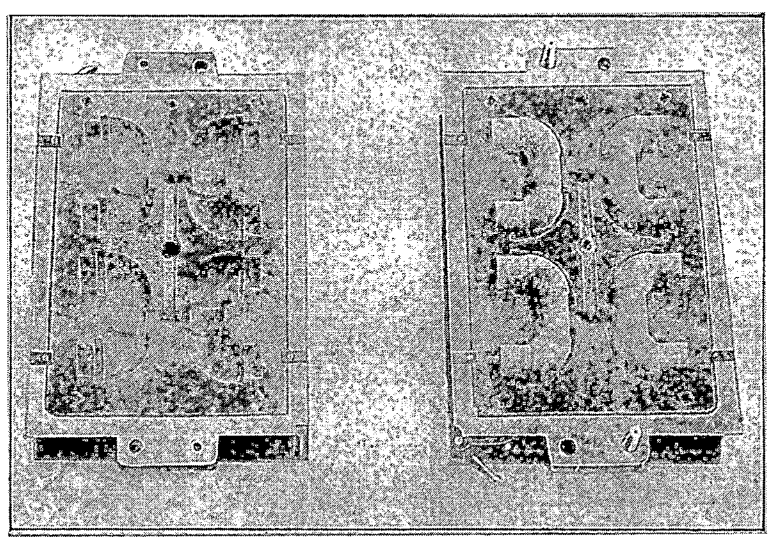

Abb. 131. Fittings mit Einguß (V).

Anschnitt nicht zu schwach und im Querschnitt zu flach halten, insbesondere muß die Brücke zwischen Tümpel und Gußstück hinreichend stark
sein, damit das Eisen nicht zu matt in die Form kommt. Unter Umständen
ist es daher besser, den Saugtümpel ganz fortzulassen und
dem Einlauf einen kräftigen,
jedoch das Gußstück nicht
gefährdenden Querschnitt zu
geben, was in der Praxis auch
häufig geschieht. Zuweilen
vereinigt man Saugtümpel und
Steiger, wie Abb. 134 erkennen
läßt. Der Kniehebel ist in der
Mitte der Hebelarme angeschnitten und der Saugtümpel
vorgelegt. Die Ausfüllung der

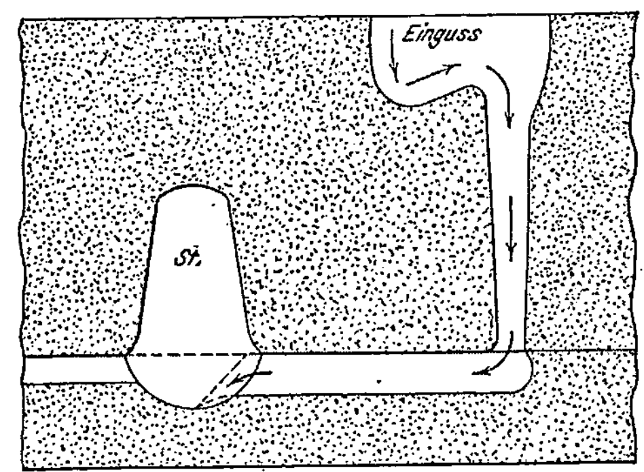


Abb. 132. Einguß mit Saugkopf (23).

an den Hebelenden und am Scheitelpunkt liegenden Massenanhäufungen
ist durch aufgesetzte Steiger gesichert.

Der Saugtümpel befindet sich, wie schon erwähnt, in der Regel
zwischen Einguß und Gußstück und hat deshalb, besonders wenn er

nahe dem Einguß liegt, ähnliche Wirkungen wie der Einguß selbst. Es ist aber eine alte Erfahrung, daß sich nicht selten trotz aller Vorsichtsmaßregeln in der Nähe des Eingusses hohle Stellen bilden, die um so größer ausfallen, je stärker der Querschnitt des Gußstückes an der betreffenden Stelle ist. Man legt daher den Einguß im allgemeinen

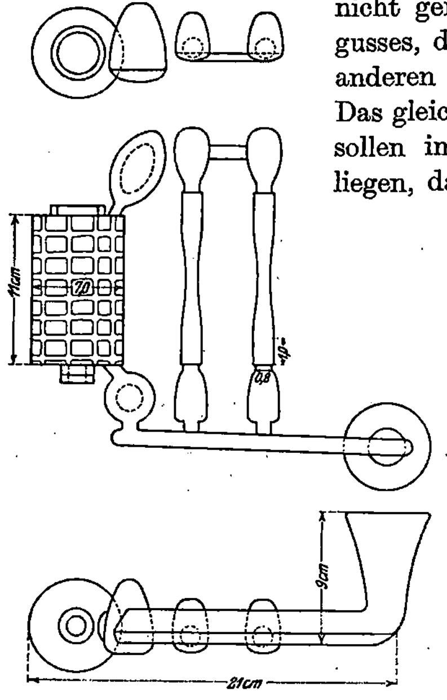

nicht gern in die Nähe solcher Stellen des Abgusses, die bearbeitet werden müssen oder aus anderen Gründen besonders dicht sein sollen. Das gleiche gilt auch von den Saugtümpeln; sie sollen immer so weit vom Gußstück entfernt liegen, daß ein Übergreifen des Hohlraumes ins

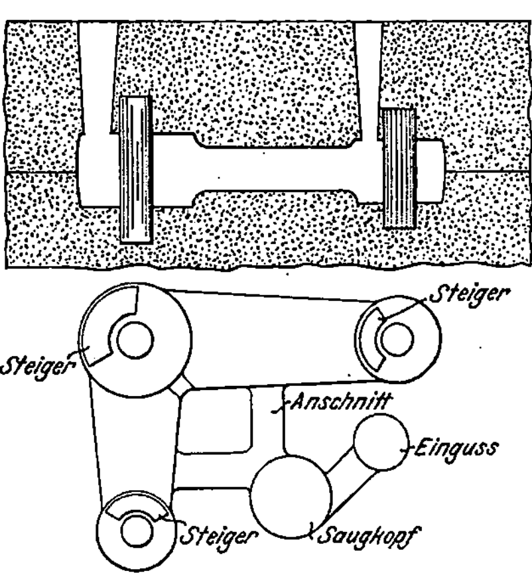


Abb. 133. Handgranaten als Tempergußstück geformt.

Abb. 134. Form und Abguß eines Kniehebels mit Saugkopf und Steiger (23).

Abb. 135. Ventil mit Lunker (23).

Stück nicht eintreten kann und das Stück selbst doch Gelegenheit findet, sich zu füllen. Deshalb ist es auch erforderlich, auf eine entsprechende Größe des Saugtümpels und seines Überganges zum Abguß zu achten, damit er hinreichend Material hergeben kann; seinerseits soll er aber auch vom Einguß her Material nachziehen können, um alle Gewähr eines

sicheren Gelingens des Gußstückes zu haben. Der Zweck des Saugtümpels ist sonst nicht erfüllt. Ein zu kleiner Tümpel ist unter Umständen sogar gefährlich. Auch darauf ist zu achten, daß die Übergänge
im Gußstück selbst nicht zu schroff sind und ein Nachfließen des Eisens in entfernte Teile ermöglichen, sonst können sich auch hier Hohlräume bil-
den, wie z. B. an dem in Abb. 135 wiedergegebenen Ventil, an dem der deutlich erkennbare Lunker bei *a* dadurch entstand, daß der Teil *b* zu dünn war, um ein Nachfließen von Eisen zu-
zulassen. Im übrigen emp-
fiehlt es sich, beim Temper-

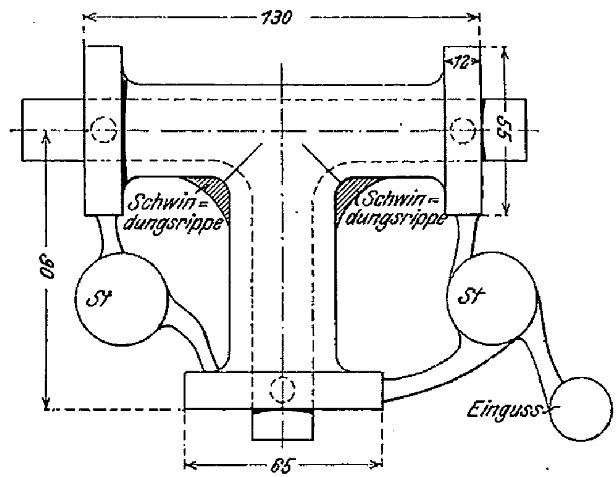


Abb. 136. Tempergußstück mit mehreren Saugnäpfen (23).

rohguß wie bei jedem anderen Guß eine Verzweigung des Eingusses in
mehrere entsprechend schwächere Einläufe vorzunehmen.

Bei manchen einzeln eingeformten Gußstücken ist es vorteilhaft, zwei oder mehrere solcher Eisentümpel anzuordnen, um das Anfüllen der Form zu sichern. So zeigt Abb. 136 ein ⊢-Stück, bei dem man in die beiden Winkel zwischen die Flanschen je einen Saugtümpel *St* gelegt und diesen mit den beiden zunächst gelegenen Flanschen verbunden hat. Auf den Flanschen sitzen Steiger und in den Winkeln Schwindungsrippen. Auch Abb. 137 ist in dieser Hinsicht lehrreich.

Häufig müssen mehrere verschiedene Teile in einen Kasten eingeformt werden. Man gruppiert diese dann möglichst so um einen gemeinsamen größeren Saugtümpel, daß ihre stärksten Material-
anhäufungen in die Nähe dieses zu liegen kommen, dabei kann es vorteilhaft, bzw. notwendig sein, dem einen oder anderen

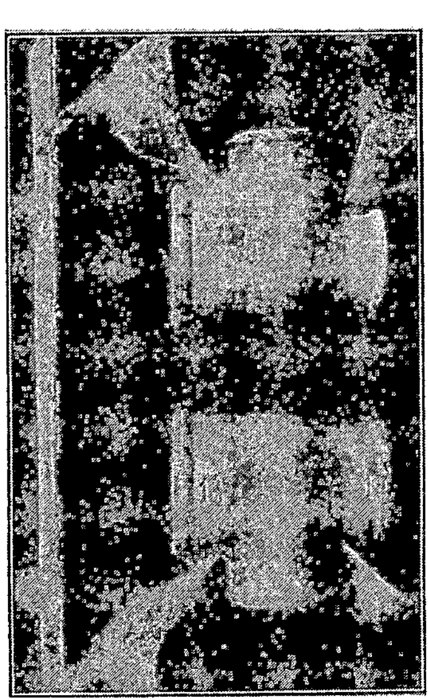

Abb. 137. Rohrverbindungsstücke mit
mehreren Saugnäpfen (23).

Stück zwei Anschnitte zu geben. Abb. 138 liefert einen Beleg dieses
Falles; ein Schraubenschlüssel, ein Flanschdeckel und eine Kurbel-
stange sind um den gemeinsamen Saugtümpel *St* angeordnet, wobei die
Kurbelstange zwei Anschnitte hat und die beiden anderen Stücke an

den Stellen, zu denen das meiste Eisen hingeführt werden muß, mit dem Saugtümpel verbunden sind. Die Pfeile geben die Bewegung des Eisens an. Abb. 132 zeigte bereits im Schnitt die Ausbildung dieses nach unten verjüngten Eingusses mit Fülltümpel und des nach oben konisch geformten

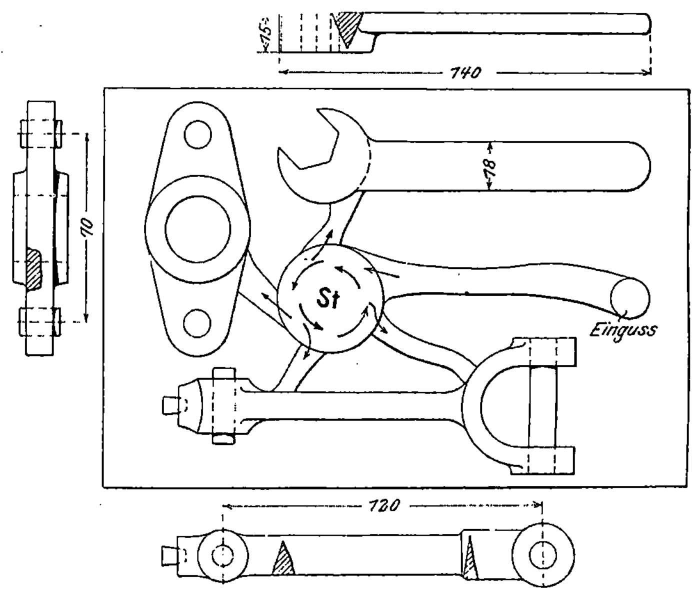


Abb. 138. Einformen mehrerer Gußstücke im Kasten (23).

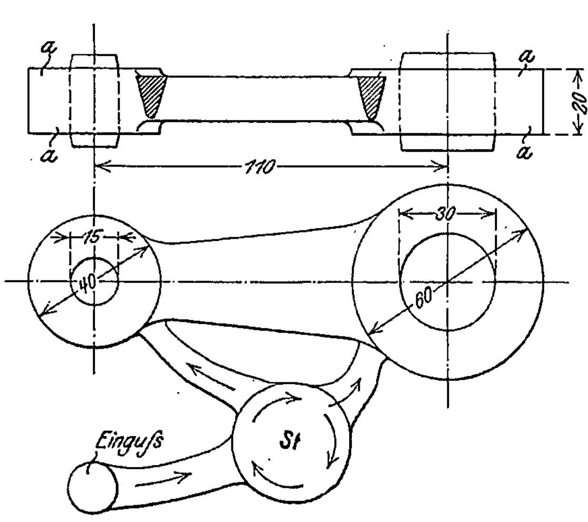


Abb. 139. Kurbel mit doppeltem Anschnitt (23).

Saugkopfes. Ähnlich wie in Abb. 138 die Kurbelstange ist auch die einzeln eingeformte Kurbel nach Abb. 139 zweimal angeschnitten. Legt man den Vorratsbehälter so, daß der Weg des Eisens dorthin verhältnismäßig lang ist, so kann es vorkommen, daß die Maßnahme gänzlich wirkungslos ist, weil das Eisen zu matt ankommt und zu schnell erstarrt. So ist z. B. der in Abb. 140 zwischen dem Hebel 3 und 4 angeordnete Saugtümpel *St* unzweckmäßig, weil das Eisen nach Durchlaufen eines langen Weges unter Umständen nicht mehr flüssig genug ist, um nachträglich Material an die verstärkten Hebelenden abzugeben. Man hätte die Hebel 3 und 4 ruhig so wie die

Hebel 1 und 2 einformen und symmetrisch zu dem Einguß legen können, evtl. hätte man dann noch zwischen dem Hebel 2 und 3 einen Tümpel setzen können. Es ist daher unter Umständen eine bedenkliche Maßnahme, an das Ende der Form noch einen Saugtümpel anzuhängen, wie es häufiger geschieht. Jedenfalls muß man immer die richtige Abmessung und Anordnung des Saugtümpels genau erwägen, wenn er nicht zwecklos sein soll; unter Umständen kann es sonst vorkommen, daß die Wirkung des Saugtümpels ins

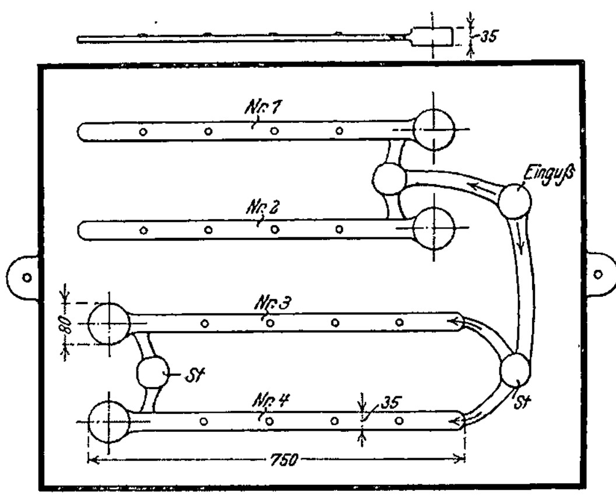



Abb. 140. Hebel mit unzweckmäßig angeordnetem Saugkopf (23).

Gegenteil umschlägt, daß er nämlich zu zeitig erstarrt und den noch flüssigen Teilen der angrenzenden Form Material entzieht.

In der Praxis kommen natürlich auch zahlreiche Fälle vor, in denen man überhaupt keinen Füllkopf setzen kann und zu dem alten Mittel greifen und Steiger oder verlorene Köpfe setzen muß. So z. B. bei allen kräftigen Rädern mit starker Nabe. Ein typischer Fall z. B. ist in Abb. 141 veranschaulicht. Auf der Nabe sitzt der Einguß und ein kräftiger Steiger, während auf dem Radkranz noch vier kleinere Steiger verteilt sind. Auch wenn es sich darum handelt, massive Körper ohne weitere Verzweigungen dicht zu bekommen, greift man zum verlorenen Kopf, wie Abb. 142, ein Angelkopfstück, und Abb. 143, ein Säulenstück, erkennen lassen; bei dem rahmenartigen Stück nach Abb. 144 hat man auf den Teil, an dem die Zwischenwand angesetzt ist, einen Kopf aufgegossen. Vor allen Dingen setzt man mit Vorteil auch da Köpfe auf,

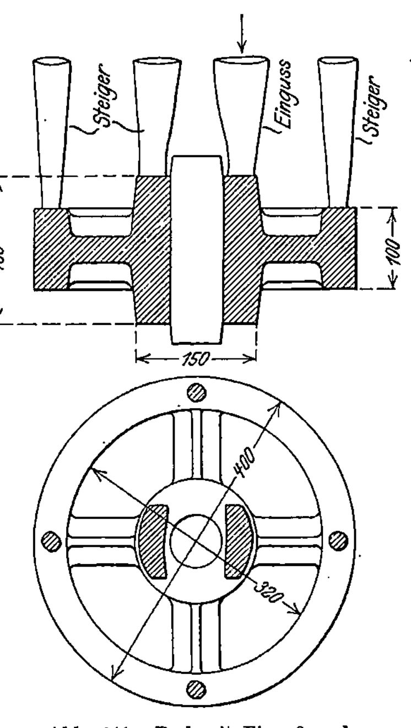



Abb. 141. Rad mit Einguß und Steiger (23).

wo dünne oder dicke Wände winklig aufeinanderstoßen. In dieser Hinsicht ist die Abb. 145, eine Scheidewand, und Abb. 146, ein Zwischenstück, lehrreich. Manchmal kann man den Kopf nicht obendrauf setzen;

14*

in solchen Fällen hilft vielleicht eine Anordnung nach Abb. 147 oder eine ähnliche aus der Verlegenheit.

Schließlich mag noch die Gießanordnung eines sehr häufig in Temperguß hergestellten Massengegenstandes angeführt werden, nämlich des Schlüssels. Man stellt hier die Abgüsse bzw. Modelle symmetrisch zum

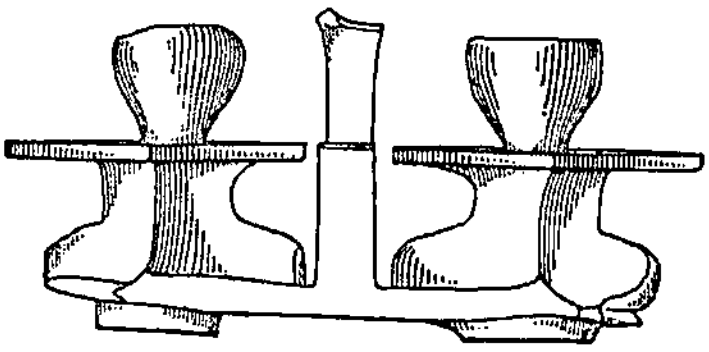

Abb. 142.

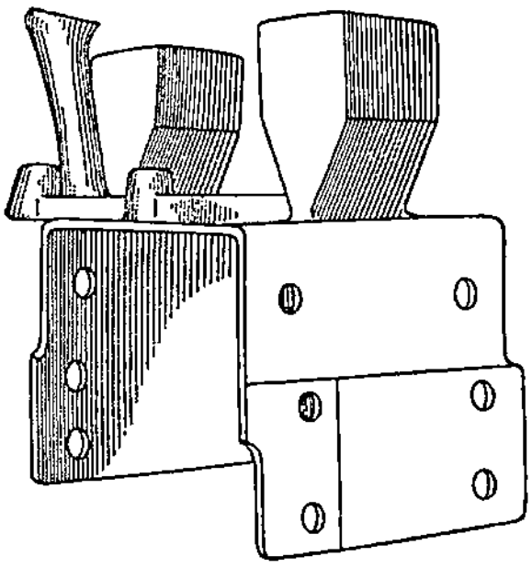

Abb. 143.

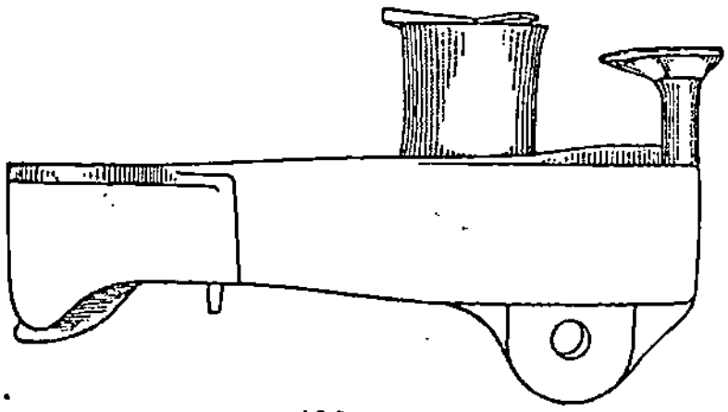

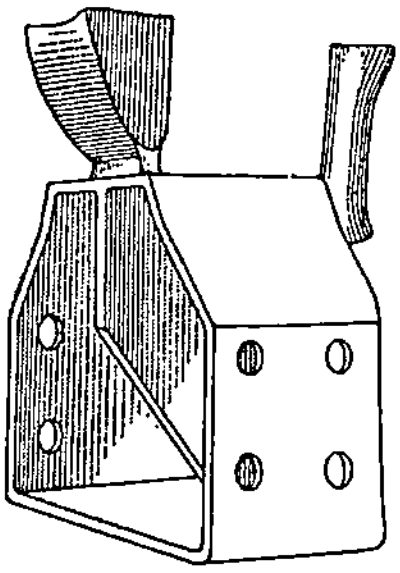

Abb. 144.

Abb. 145.

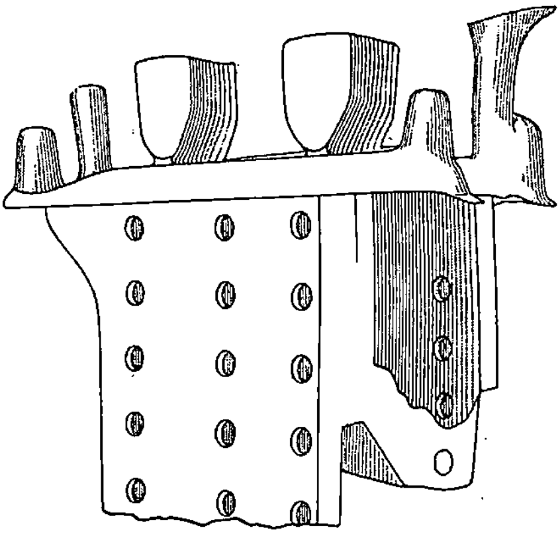

Abb. 146.

Abb. 142 bis 146.  Tempergußstücke mit verlorenem Kopf.

Einguß gegenüber und gibt den Formen der einzelnen Schlüssel eine etwas schräge Lage zu diesem. Die Form wird dann stehend abgegossen, so

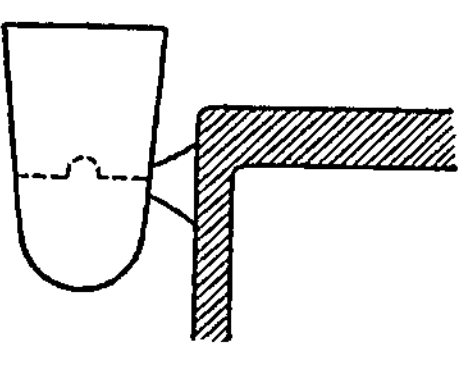

Abb. 147.
Seitlich angesetzter Einguß.

daß sich die Formen der Reihe nach von unten nach oben anfüllen, wie Abb. 148 zeigt.

Daß man auch bei der Konstruktion der Gußstücke auf die Eigenart des Tempermetalls Rücksicht nehmen muß, leuchtet nach dem vorher Gesagten ohne weiteres ein. So zeigt z. B. Abb. 149, wie das Modell eines in Temperguß auszuführenden Deckels mit Rippen beschaffen sein muß im Gegensatz zu dem für gleiche Zwecke in Stahlguß hergestellten. Das Bild mit den gewundenen Rippen stellt das Tempergußstück dar. Die allgemein an den Konstrukteur von Gußteilen zu richtende Forderung, daß er der Eigentümlichkeit des Materials Rechnung trägt, ist auch an den Konstrukteur von Tempergußstücken zu stellen, besonders dann, wenn die Teile bearbeitet werden sollen.

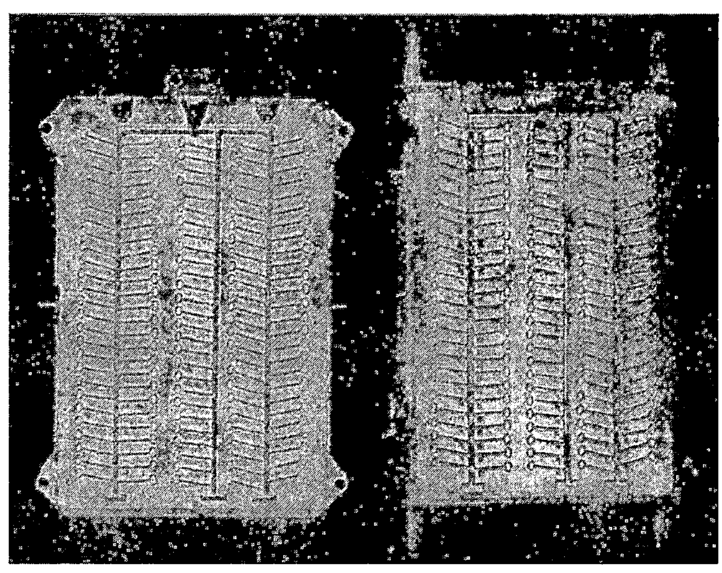

Abb. 148. Form für Schlüssel.

In der Tempergießerei macht man auch häufiger vom Anlegen von Schreckplatten (Kokillen) Gebrauch, seltener, daß man die Stücke überhaupt in einer Schreckform abgießt. Im großen und ganzen ist die Anwendung dieses Mittels hier nicht so bedenklich wie beim Grauguß, da die durch die plötzliche und örtlich wirkende Abkühlung etwa hervorgerufenen Spannungen durch das nachträgliche Glühen wieder aufgehoben werden. In amerikanischen Gießereien macht man in viel höherem Maße von diesem Hilfsmittel Gebrauch

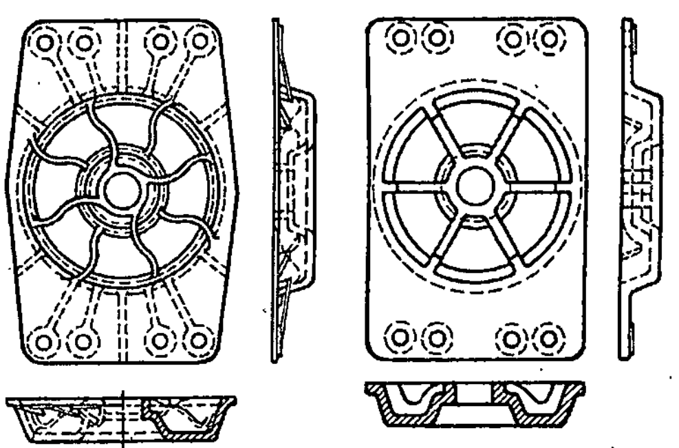

Abb. 149. Deckel aus Temper- bzw. Stahlguß.

als bei uns, weil es viel schwieriger ist, die dort hergestellten schweren dickwandigen Stücke dicht zu bekommen. In manchen Fällen ist es ausgeschlossen, ohne Schreckplatten überhaupt ein nicht mit lockeren Stellen durchsetztes Gußstück zu erhalten, so ungünstig wirken hier

Schwindmaß, Form und Abmessung zusammen. Der Amerikaner bezeichnet diese Wirkung, d. h. die Bildung schwammiger Saugstellen, mit dem besonderen Wort „skrinkage" und meint damit eine Schwindung des erstarrten Eisens. Man legt an solche Stellen Schreckplatten hin, wo man erfahrungsgemäß die Bildung von Hohlräumen zu befürchten hat, also an besonders starke Querschnitte und an Stellen, wo stark unterschiedliche Querschnitte aneinanderstoßen. Namentlich wenn abgesetzte oder verwickelte Stellen bearbeitet werden und deshalb besonders dicht sein müssen, bedient man sich ihrer.

Öfter kommt es vor, daß die rohen Gußstücke an bestimmten Querschnitten oder Querschnittsübergängen während der letzten Abkühlungsphase brechen oder reißen; in solchen Fällen greift man wohl zur Schreckplatte in der Annahme, daß durch sie ein gewisser Ausgleich in der Abkühlung herbeigeführt wird. Hier mag auch die Gepflogenheit Erwähnung finden, daß man solche Stücke, bei denen man die Entstehung von Spannungsrissen oder das Zerreißen des Gußstückes befürchten muß, im noch glühenden Zustande in besondere Abkühlöfen einsetzt und dort einem langsamen und gleichmäßigen Erkalten überläßt. Gewisse Sorten von Wagenrädern z. B. werden so behandelt. Manche überdecken die Schreckplatte mit einem Überzug von Eisenoxyd, in dem man sie bei heller Rotglut glüht. Man will auf diese Weise vermeiden, daß sie durch das fließende Eisen angegriffen wird, wenn man die Platte immer wieder an derselben Stelle verwendet. Fraser (29) behauptet sogar, daß eine nicht überzogene Schreckplatte mit reiner metallischer Oberfläche das Gußstück zementiert. Er hält auch Graueisen zur Herstellung von Kokillen nicht für geeignet, da sie bei häufiger Benutzung wachsen und allmählich zerstört werden. Schreckplatten soll man nicht zu lange in der nassen, unabgegossenen Form stecken lassen, weil sich auf ihrer Oberfläche Feuchtigkeit sammelt und Anlaß zu Ausschuß gibt. Bei senkrecht stehenden Kokillen fällt dieser Umstand nicht so sehr ins Gewicht wie bei wagrecht liegenden, weil im ersteren Falle die von dem in die Form einfließenden Eisen aufsteigende Hitze die Nässe vertreibt. Der Hauptzweck beim Anlegen der Kokillen ist jedenfalls meist der, dem Entstehen einer Lunkerstelle vorzubeugen. Man muß infolgedessen mit Überlegung handeln und bedenken, daß durch die Schreckplatte die Hohlstelle unter Umständen nur an eine andere Stelle verschoben, aber nicht aufgehoben wird. Ist diese Stelle im Hinblick auf den Verwendungszweck des Stückes ungefährlich, so kann man sich dabei beruhigen. Andernfalls muß man nach anderen Mitteln suchen, die Stelle dicht zu bekommen. Sehr oft führt dann das Aufsetzen eines Steigers oder verlorenen Kopfes zum Ziel. Fulton (30) verwirft überhaupt die Anwendung der Schreckplatten und meint, daß man mit richtig angesetzten Saugtümpeln, Steigern und Köpfen immer auskommt. Man wendet sie aber dennoch an, da die Köpfe und Steiger den Abfall nicht unbedeutend erhöhen und die Schmelzkosten und den Abbrand vermehren.

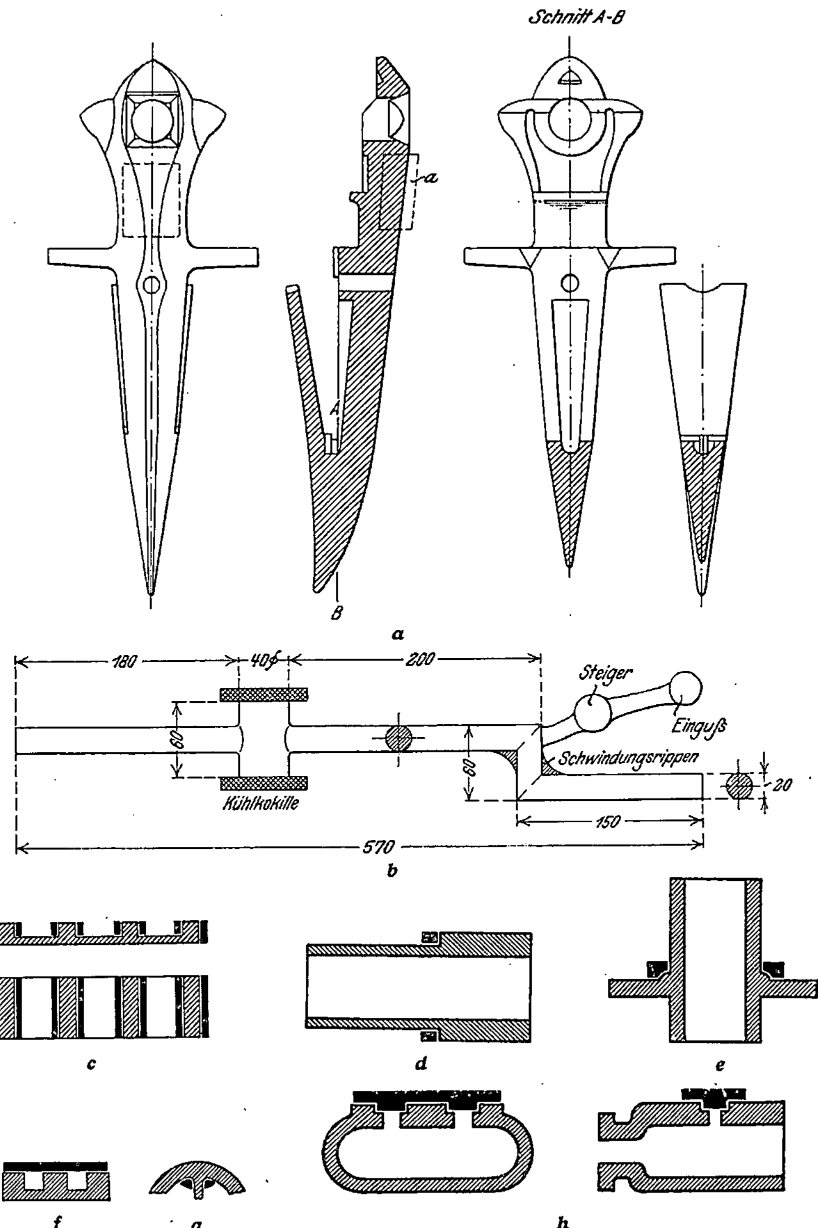



Abb. 150 a bis h.  Tempergußstücke mit Schreckplatten.

In der Abbildung 150a bis h sind einige Beispiele für die Verwendung von Schreckplatten angeführt. In Abb. 150a, ein bekannter Zubehörteil zu einer landwirtschaftlichen Maschine, ist die Schreckplatte bei *a* eingelegt, eine einspringende Stelle, bei der Querschnitte verschiedener Stärke zusammenstoßen, und in der stärksten Wandung ohne die Kokille eine lockere Stelle oder ein Hohlraum entstände. Bei dem Hebel nach Abb. 150b sind an die mittleren verdickten, vorspringenden Stellen Kokillen angelegt, außerdem sind einige Schwindungsrippen an der winkligen Stelle vorgesehen. Letztere haben wohl einen doppelten Zweck: einmal sollen sie eine Verstärkung des gefährdeten Querschnittes bilden und dann die Wärme nach dem Gießen schneller an den betreffenden Stellen ableiten. Bei der in Abb.150d wiedergegebenen Büchse, deren oberer Teil dünnwandiger als der untere ist, soll die abgesetzte Stelle bearbeitet werden. Damit sie dicht ist, wird hier eine ringförmige Kokille angelegt. Auch die Abbildungen 150e bis h erläutern noch einige Fälle.

Eine der Hauptbedingungen für eine erfolgreiche Verwendung der Schreckplatten ist ihre richtige Abmessung. Zu schwere Kokillen können unter Umständen den freien Durchfluß des Eisens gefährden oder so starke Spannungen hinterlassen, daß das rohe Gußstück nach dem Erkalten reißt. Sie können auch bewirken, daß in angrenzenden Teilen Hohlstellen entstehen, weil sie das Bestreben haben, Material nach sich hinzuziehen. Deshalb soll man möglichst keine Schreckplatten an die Eingußwege legen. Man kann die Wirkung zu großer Kokillen dadurch abschwächen, daß man Formmaterial zwischen sie und den Abguß bringt. Zu schwache Kokillen sind wirkungslos oder verschieben nur die Hohlstelle, die ganz vermieden werden soll. Allgemeingültige Normen kann man nicht geben. Die Form und Abmessung richtet sich ganz nach der Form und Wandstärke des Gußstückes, der sie sich anpassen muß. Manchmal genügt schon das Einstecken eines oder mehrerer Formerstifte, oder man gießt sich Nägel

Abb. 151. mit größeren und verschieden ausgebildeten Köpfen (Abb. 151). Auch Nietköpfe oder Spritzeisen oder mit Formmasse vermengte Eisenspäne, die man in schwer zugängliche Ecken drückt, können zweckdienliche Mittel sein. Eine wenig nachahmenswerte Maßnahme besteht darin, Drähte, Nägel, Formerstifte so in die Form einzulegen, daß sie vom Eisen umspült werden und mit diesem verschweißen. Man will auf diese Weise solchen Stellen, die gewöhnlich reißen, einen sicheren Zusammenhalt geben. Sehr oft aber verschweißen solche Stellen überhaupt nicht, und im Bruch kann man noch deutlich die Umrisse der eingesteckten Metallteile wahrnehmen. Sind die Nägel, oder was sonst für solche Zwecke verwendet wird, im Verhältnis zum Querschnitt des Gußstückes zu dick, so kann gerade das Gegenteil eintreten, indem eine Abschreckung des eingegossenen Eisens eintritt und jeglicher Zusammenhang zwischen Gußstück und dem eingelegten Stab aufgehoben wird, wodurch dann beim Einbau des Gußstückes unfehlbar ein Bruch eintritt. Mir selbst lag ein solcher typischer Fall vor, wo das zu einem Straßenbahnwagen gehörige Gußstück unter den genannten Umständen gebrochen war.

Verwendet man in der Tempergießerei ganze Schreckformen, so müssen diese vor dem Abgießen der Form so hoch wie möglich vorgewärmt werden, damit die Abschreckung nicht so stark und das Gußstück rissig wird. Die Kerne werden in diesem Falle am besten aus lockerem Material hergestellt, das leicht zerfällt, damit die Bewegungsfreiheit des Abgusses während der Abkühlung nicht gehemmt wird. Nach dem Abgießen werden die Gußstücke in noch heißem Zustande in eine Art Durchweichungsofen gebracht, um sie hier vollends langsam abkühlen zu lassen. Die heißen Formen werden gleich wieder zum Abgießen verwendet, um das Anwärmen zu sparen. Zur größeren Sicherheit des Gelingens macht man die Schreckformen mehrteilig, um das Ablösen von der Form beschleunigen zu können. Besonders in Amerika macht man von Schreckformen häufiger Gebrauch. Überhaupt bezieht sich vieles von dem vorher Gesagten auf große, schwere Gußstücke, wie ohne weiteres herauszufinden ist, also auch mehr auf amerikanische Verhältnisse, wo Stücke bis 50 und 100 kg und darüber hinaus an der Tagesordnung sind.

Die Kernmacherei wird ebenso gehandhabt wie in der Graugießerei. Man bedient sich derselben Zusatzmittel wie hier. Ein scharfer Formsand, der mit Stärkemehl und Harz in verschiedensten Verhältnissen oder sonst einem der vielen auf dem Markte zu Gebote stehenden Mittel gemischt wird, ist überall gebräuchlich. Je besser die Durchmischung, desto geringer können im allgemeinen die Zusätze gehalten werden.

Die meisten Kerne werden von Hand geformt, doch haben die Kernformmaschinen für Profilkerne auch in den Tempergießereien Eingang gefunden. Näheres bietet Irresberger im II. Band des Geigerschen Handbuches S. 247 u. f.

Es ist natürlich auch wichtig, alle Verunreinigungen, wie Schlacke, Koksteilchen, Schaum, Oxydhäutchen u. a., aus der Form fernzuhalten. Da meist ein einzelner Mann aus einer kleinen Handpfanne gießt, so ist ein Zurückhalten der Verunreinigungen in der Pfanne während des Gießens nicht gut möglich. Man muß daher die größere Pfanne, aus der sehr oft die kleinen Handpfannen gefüllt werden, sehr gut abschlacken. Sehr vorteilhaft sind in dieser Hinsicht Stopfenpfannen, bei denen das Abschlacken wegfällt. Sonst bedient man sich der gleichen Mittel wie beim Gießen überhaupt; vor allem muß sehr vorsichtig „angeschüttet" und der Einguß während des Gießens immer voll gehalten werden; dann kann man in den Einguß Krampschützen oder Abschäumer einlegen und die Eingußleisten an der Oberseite sägeförmig ausbilden, damit sich in den Zacken die oben treibenden Verunreinigungen fangen. Auch die Saugtümpel sollen, wie schon erwähnt, diesem Zwecke dienen. Durch den plötzlichen Eintritt in den größeren Raum des Tümpels wird die Bewegung des Eisens verlangsamt, seine geradlinige Bewegung in eine kreisende übergeführt und auf diese Weise ein Abstoßen der Verunreinigung veranlaßt.

Über die Gießtemperatur findet man verschiedene Angaben. Man gießt so heiß wie möglich, um das „Buntlaufen" des Gusses zu verhüten; indessen richtet sich die Temperatur wesentlich nach der Art des Schmelzofens; der Kupolofenguß und Flammofenguß wird i. a. nicht so heiß vergossen wie Martinofenguß, Birnenguß oder gar Elektroofenguß. Die üblichen Temperaturen liegen bei den erstgenannten Öfen etwa zwischen 1350 bis 1400°, während man bei den zuletzt genannten Öfen auf über 1400° kommt.

In einer schwedischen Tempergießerei mit Martinofenbetrieb vergießt man das Eisen sogar mit 1470° (7) aus Handpfannen, während Schoemann (128) für mehrere im Martinofen geschmolzene Chargen folgende, z. T. viel niedrigere Angaben macht:

| | Ofen-<br>temperatur<br><br>°C | Eisentemperatur | |
|---|---|---|---|
| | | Beginn des<br>Abstiches<br>°C | Ende des<br>Abstiches<br>°C |
| Charge 1 | 1670 | 1275 | 1308 |
| „ 2 | 1650 | 1350 | 1380 |
| „ 3 | 1590 | 1290 | 1375 |
| „ 4 | 1600 | 1275 | 1290 |

Die Temperaturmessung wurde mit dem Wannerpyrometer ausgeführt. Daß alle Stücke, insbesondere große Stücke, so rasch wie möglich abgegossen werden müssen, ist beim Vergießen des Weißeisens ein Hauptgebot.

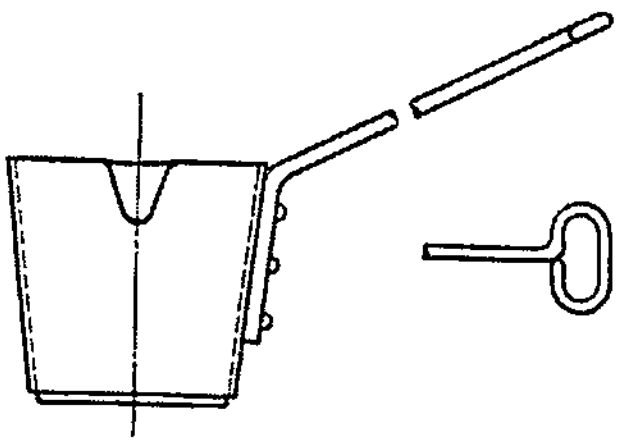

Die in der Tempergießerei meist gebräuchliche Handpfanne ist in Abb. 152 wiedergegeben; ihr Inhalt bewegt sich etwa zwischen 10 und 40 kg. Pfannen etwas größeren Inhalts werden als Scherpfanne ausgebildet (Abb. 153) und von zwei Mann getragen. Man befördert diese auch zuweilen mit der Hängebahn (Abb. 154) bis zum Gießplatz und gießt hier von Hand; meist haben sie dann die Form nach Abb. 155. Zuweilen läßt man, namentlich wenn

Abb. 152.

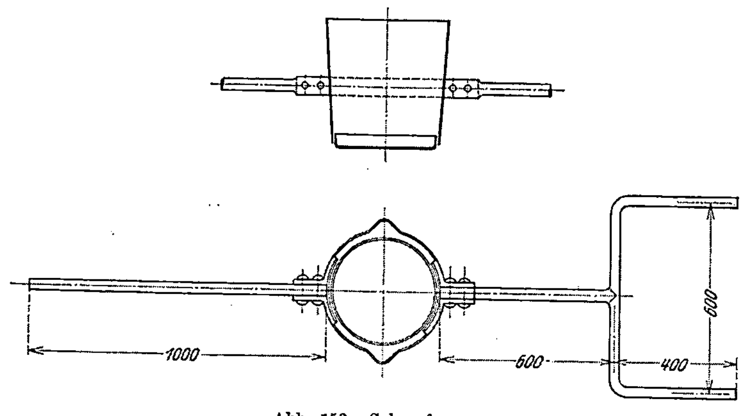

Abb. 153.  Scherpfanne.

Abb. 154. Scherpfanne an der Hängebahn.

Abb. 155. Scherpfanne zum Aufhängen.

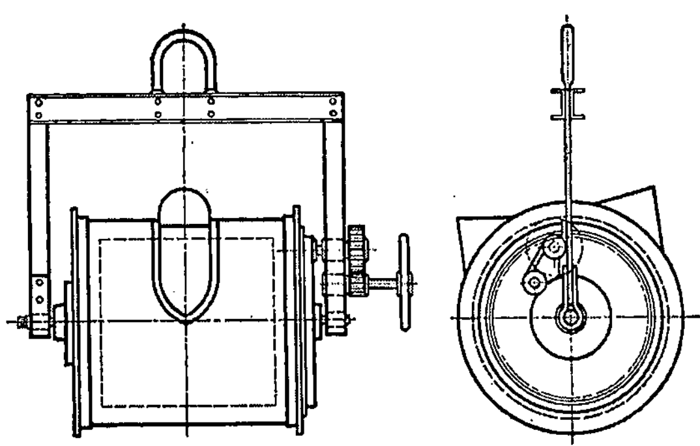

Abb. 156. Gießtrommel zum Aufhängen.

Abb. 157. Gießtrommel an der Hängebahn.

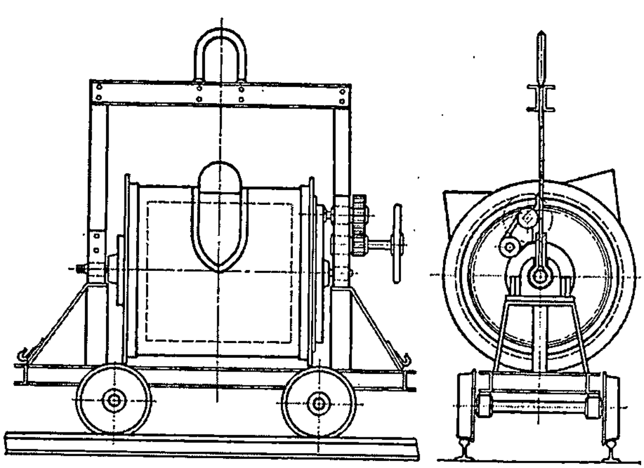

Abb. 158. Fahrbare Gießtrommel.

Abb. 159. Fahrbare Gießpfanne (I).

man reihenweise abgießt, auch die Pfanne an der Hängebahn oder dem Laufkran hängen und kippt nur von Hand. Eine solche Pfanne hat schon ein größeres Fassungsvermögen. In derselben Weise verwendet man auch Gießtrommeln nach Abb. 156 und 157. Mittlere und größere Pfannen setzt man kippbar auf fahrbare Wagen (Abb. 158 und 159) und kann dann natürlich auch unmittelbar aus den größeren Pfannen gießen, ohne erst eine Verteilung in kleinere vorzunehmen. Große Kranpfannen dienen nur als Zwischenbehälter zum Verteilen des Eisens in

kleinere. Dem gleichen Zwecke dienen auch
meist die Stopfenpfannen (Abb. 160), die
den Vorteil haben, daß das Abschlacken
wegfällt, das Eisen unter der Schlackendecke nicht so schnell abkühlt und fast
restlos aus der Pfanne läuft, wodurch
weniger mechanische Verluste entstehen.

## 6. Die Glühmittel und ihre Wirkung.

Teils aus rein wissenschaftlichen, teils
aus praktischen Gründen hat man geeigneten Rohguß in gasförmigen und festen
Körpern geglüht, in ersteren mehr aus
theoretischem Interesse. Was die Versuche
in neutralen und aktiven Gasen anbelangt,
so zeigte sich bei Versuchen von Wüst
und Sudhoff (168), daß beim Glühen im
Wasserstoffstrom der Gesamtkohlenstoffgehalt unverändert bleibt. Die Versuche
wurden so geleitet, daß zunächst im Roh-

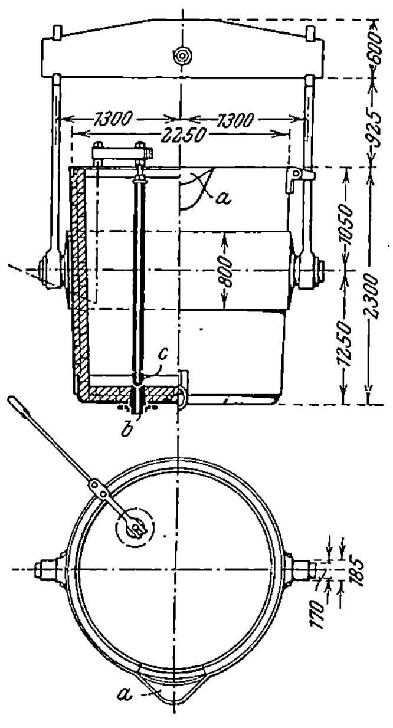

Abb. 160. Stopfenpfanne.

guß die Temperkohle abgeschieden, und dann das Glühen vorgenommen
wurde. Da nach dem Glühen der Gesamtkohlenstoff derselbe geblieben,
von der Temperkohlenmenge 0,6 bis 0,8 v. H. wieder in Lösung gegangen
war, so scheint der Wasserstoff eine bindende Wirkung auszuüben, was
aber noch einer Nachprüfung bedarf. Auch Geiger (32) hat bei seinen
mehrfach erwähnten Untersuchungen über den Charakter der Temperkohle und des Graphits die Beobachtung gemacht, daß keine Temperkohle im Wasserstoffstrom verflüchtigt wurde. Diese Ergebnisse stehen
im Widerspruch zu den Untersuchungen Forquignons (28, 77) und
Charpys (13).

Beim Glühen im Stickstoffstrom (106) blieb ebenfalls der Gesamtkohlenstoff der geglühten Proben, in denen auch vor dem Versuch die Temperkohle abgeschieden worden war, derselbe; die Temperkohle nahm teilweise zu, teilweise blieb ihre Menge unverändert. Das Auftreten von
Cyangas war nicht nachweisbar. Auch diese Versuche finden eine Bestätigung durch Geiger und ebenso durch Stotz (46) und widersprechen
den Ergebnissen von Forquignon und Charpy.

Bei Glühversuchen Geigers in Kohlensäure trat zwar eine Abnahme
des Kohlenstoffes ein, gleichzeitig aber eine größere Gewichtszunahme
der Versuchskörper infolge Oxydation des Eisens. Dieselbe Erscheinung,
jedoch in noch stärkerem Maße, trat beim Glühen in Wasserdampf ein.
Die oxydierende Wirkung dieses Mittels ist zu kräftig, um für die Praxis
in Frage zu kommen (s. Zahlentafel 11).

Wüst und Sudhoff geben der Vermutung Ausdruck, daß bei den Arbeiten von Forquignon und Charpy noch Spuren von Sauerstoff und Wasserdampf im Gas waren und die Oxydation der Temperkohle veranlaßten.

Untersuchungen von Becker (5) verfolgten den Zweck, festzustellen, wie weit sich Kohlenoxyd und Kohlensäure, bzw. ein Gemisch beider zum unmittelbaren Glühfrischen eigneten. Das Ergebnis war, daß die entkohlende Wirkung eines Gemisches beider Gase mit steigenden Anteilen an Kohlensäure zunahm sowohl bei temperkohlehaltigem Material als auch bei weißem Roheisen, bei letzterem war die Einwirkung bei 800° geringer als bei ersterem, bei 900 und 1000° war die Wirkung auf beide gleichwertig. Am besten eignen sich Temperaturen zwischen 900 und 1000°. Eine ins Gewicht fallende Oxydation des Eisens findet bei 900° und einem Gasgemisch mit 28 v. H. Kohlensäure nicht statt, ebenso nicht bei 1000° und einem Gemisch mit 24 v. H. Kohlensäure. Diese Gemische und Temperaturen würden sich demnach für praktische Zwecke eignen. In der Praxis hat ein Glühverfahren mit Gasen noch keine Bedeutung gewonnen. Übrigens hat Stotz vergleichende Glühversuche in einem Gemisch von Kohlenoxyd und Kohlensäure und in Erz vorgenommen und festgestellt, daß beim Glühen im Gasgemisch die Zugfestigkeit des Materials 25 v. H. größer war als beim Einpacken in Erz (138).

Das Andrewssche Verfahren, mit Wassergas zu glühen, war ein Fehlschlag.

Die von Forquignon (28, 77) und Royston (124) durchgeführten Glühversuche, bei denen weißes Roheisen in Kalk, Knochenasche und Sand eingebettet wurde, hatten das übereinstimmende Ergebnis, daß Temperkohle sowohl abgeschieden als auch vergast wurde; auch Glühversuche Forquignons in Schmiedeeisenbohrspänen und Gußeisenbohrspänen hatten denselben Erfolg. Die im großen durchgeführten Glühversuche in Kalk oder Sand führten zu gleichen Erfolgen. Daß selbst Glühen von Weißeisen in Holzkohle eine Abscheidung von Temperkohle und eine nicht unbeträchtliche Abnahme des Kohlenstoffs zur Folge hat, wurde von Forquignon (28, 77), Royston (80, 124) namentlich aber von Ledebur (77, 78) nachgewiesen. Einige Zahlen seien in nebenstehender Zahlentafel 49 angeführt.

Leasman (66) hat Glühversuche unter Verwendung von Hammerschlag, Eisenoxyd, säurefestem Ton, Mangandioxyd und Chromerz angestellt; er hat keinen wesentlichen Unterschied in der Wirkung feststellen können. Sofern die Stoffe selbst oxydierende Wirkung hatten oder das Gußstück nur lose umgaben, ging eine völlige Entkohlung der Außenschicht vor sich. Feuerfester Ton z. B., der die Probestücke fest umschließt, bewirkt eine nur teilweise Entkohlung, das Gefüge war mehr oder weniger perlitisch.

Früher hat man auch Zinkoxyd, aber wohl nur versuchsweise als

**Zahlentafel 49.**

Glühergebnisse bei Verwendung verschiedener
fester Glühmittel.

| Glühmittel | Ges. C vor dem Glühen % | C-Gehalt nach dem Glühen | | Bemerkung |
|---|---|---|---|---|
| | | Temperkohle % | Geb. Kohle % | |
| Kalkstein . . . . . . . . . . | 3,88 | 0,49 | 0,58 | Royston |
| Sand . . . . . . . . . . . | 3,88 | 1,75 | 0,63 | Royston |
| Knochenasche . . . . . . . | 3,88 | 1,60 | 0,68 | Royston |
| Schmiedeeisenbohrspäne . . | 3,88 | 2,30 | 0,81 | Royston |
| Gußeisenbohrspäne . . . . | 3,88 | 2,73 | 0,99 | Royston |
| Holzkohle . . . . . . . . | 2,82 | 1,55 | 0,74 | Ledebur |
| Holzkohle . . . . . . . . | 2,94 | 0,96 | 1,30 | Forquignon |

Glühmittel benutzt. C. Rott (IX) zählt es unter den gebräuchlichen Tempermitteln auf. Das Verfahren sollte das Glühen abkürzen. Es stammt aus Amerika. Näheres hierüber berichtet Vogel (155). Heute ist es wohl ganz außer Gebrauch. Auch das Glühen in Kohlenpulver und das Überziehen der Gußstücke mit Lehm, dem man zuweilen Kuhmist beimischte, ist veraltet. Ob der in früherer Zeit gemachte Vorschlag Rinman's, Birkenasche als Glühmittel zu verwenden, je praktisch durchgeführt wurde, entzieht sich meiner Kenntnis.

Wollte man das Glühen in gewissen Gasen oder Gasgemischen oder nur im Luftstrom bewirken, so würde das Eisen, wie Ledebur (II), Platz (116) u. a. gezeigt haben, zum Teil verbrennen und Brandeisen entstehen, das nicht einmal zum Einschmelzen wieder verwendet werden könnte. Als das zweckentsprechendste und wirksamste Oxydationsmittel für den Kohlenstoff des Eisens hat sich Eisenerz oder Hammerschlag oder ein Gemisch aus beiden erwiesen. Das am kräftigsten wirkende Glühmittel wäre Roteisenstein, aber über ein gewisses Maß soll die Wirkung nicht hinausgehen, weil dann eine allzu heftige Kohlenoxydbildung einträte und die Gußstücke zu stark angegriffen würden. Sie erhielten ein zu lockeres Gefüge und das äußere Aussehen würde stark beeinträchtigt. Deshalb mischt man das Roteisenerz mit gebrauchter Glühmasse, wodurch die Wirkung abgemildert wird, da das Erz infolge des Glühens Sauerstoff einbüßt, wie Wüst (164) an einem Versuch gezeigt hat, dessen Ergebnis durch das Schaubild nach Abb. 161 erläutert wird. Das Erz

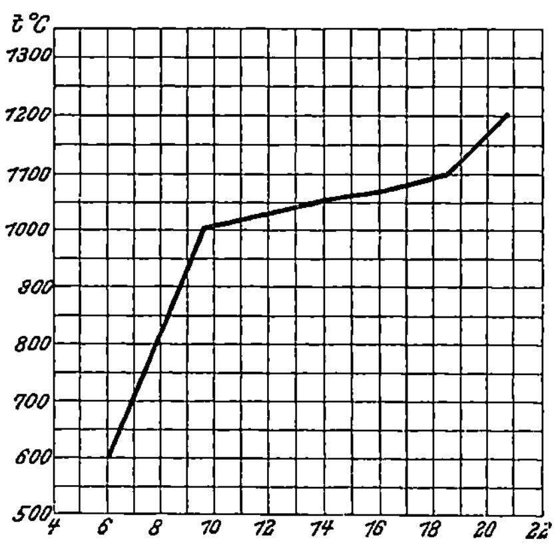

Abb. 161. Sauerstoffabnahme des Erzes
beim Glühen (164).

verliert in dem für die Praxis wichtigen Temperaturbereich zwischen 700 und 1000° ungefähr 7 bis 10 v. H. seines Sauerstoffgehaltes. (Um so eher wird die dadurch eisenreicher gewordene alte Tempermasse von den Hochofenwerken zur Verhüttung übernommen, sofern keine sonst schädlichen Beimischungen darin sind.) Besonders bevorzugt wird der Dillenburger Roteisenstein, aber auch andere Roteisenerze, Brauneisenstein und Toneisenstein finden Verwendung. An Stelle der gebrauchten Masse kann evtl. Hammerschlag treten, und will man eine noch stärkere Verdünnung erzielen, so mischt man mit Kalkstein oder Koks. Der Kohlenstoff des Kokses verbrennt aber mit dem Sauerstoff des Erzes zu Kohlenoxyd, wodurch Störungen in dem normalen Verlauf des Glühprozesses eintreten können, weshalb man den Kokszusätzen eine besondere Aufmerksamkeit schenken muß oder besser ganz davon absieht, da es genug andere Glühmittel gibt. Auch Schwefel wird aus dem Koks aufgenommen, wie folgendes Beispiel zeigt:

|  | Vor dem Glühen | In Schlacken geglüht | In Koks geglüht |
|---|---|---|---|
| Ges. Si . .% | Spur | 1,65 | 2,00 |
| Geb. C . . „ | 2,54 | 0,24 | 0,25 |
| Si . . . . . „ | 0,63 | 0,061 | 0,61 |
| Mn . . . „ | 0,21 | 0,21 | 0,21 |
| P . . . . . „ | 0,147 | 0,145 | 0,150 |
| S . . . . „ | 0,043 | 0,049 | 0,065 |

Vielfach verwendet man ferner Magnetit und Hammerschlag ungemischt, jedes für sich, da beide Stoffe nicht so reich an Sauerstoff sind wie Roteisenstein; aber man mischt auch beide. Ein beliebtes Glühmittel ist weiter gerösteter Spateisenstein, da das Erz, das an sich ein reiches Eisenoxyd ist, schon von einer hinreichenden Menge Kalk, Magnesia und Manganoxyd begleitet wird, die als natürliche Verdünnungsmittel wirken. Man vermischt auch Roteisenerz mit Brauneisenerz und setzt als drittes Mittel wohl noch alte Masse hinzu. Ein mir bekanntes Werk nimmt z. B. 2 Teile Roteisenstein, 2 Teile Brauneisenstein und 6 Teile Altmasse. Auch Eisenglanz oder Eisenglimmer wird vereinzelt verwendet. Jedenfalls lassen sich keine allgemein maßgebenden Mischungsverhältnisse geben, da die in den verschiedenen Gegenden zu Gebote stehenden Stoffe zu verschiedene Zusammensetzung haben. Nach Hurren (59) soll ein gutes Tempererz mindestens zu 80 v. H. aus Eisenoxyd bestehen und nicht mehr als 1,5 v. H. Eisenoxydul, 12 v. H. Kieselsäure, 1,5 v. H. Kalk und 0,1 v. H. Schwefel enthalten.

Nur solche Mittel, die leicht zusammenfritten oder gar schmelzen, müssen ausgeschlossen bleiben; infolgedessen sind z. B. stark mit Kieselsäure durchsetzte Eisenerze oder mit Sand verunreinigter Hammerschlag nicht geeignet. Auch Kalk als Begleiter in größeren Mengen ist unerwünscht, weil er in der Glut zerfällt und das gebrauchte Erz zur weiteren

Verwendung untauglich macht; in Verbindung mit Schlacke wird die Verschlackung des Glühmittels außerdem noch befördert. Ebenso sind schwefelreiche Erze nicht brauchbar, weil das Eisen während des Glühens Schwefel aus dem Glühmittel aufnimmt, wie S. 87 und 92 näher dargelegt ist.

Das Erz wird entweder naß aufbereitet oder man nimmt die etwa erbsengroßen und noch etwas gröberen Überbleibsel der für den Hochofen bestimmten Erze. Festere, größere Stücke mahlt man zu einem groben Pulver und siebt das Feine ab. Das in die Glühkiste eingebrachte Packungsmaterial hat am besten eine Korngröße von über 4 mm und unter 12 mm, wobei man das grobkörnige Gut für starkwandige, das feinere für dünnwandige Stücke braucht, weil letzteres in den höheren Temperaturen, in denen starkwandige Teile geglüht werden müssen, stärker anbrennen würde. Auf keinen Fall darf die Packung so dicht und fest sein, daß der Austritt der Gase verhindert wird. Auch eine zu starke Frischwirkung des Glühmittels muß deshalb vermieden werden, weil die Gußstücke zu stark angegriffen werden und Schalenbildung eintritt. Es entsteht eine Kruste aus dem oxydierten Eisen und der Gangart des Glühmittels,

**Zahlentafel 50.**

**Mischungen für Tempermasse bei verschiedenen Wandstärken (IV).**

| Art der Stücke | Mischung I | | Mischung II | | |
|---|---|---|---|---|---|
| | Roteisenerz % | Alte Masse % | Erz von Lörn % | Roteisenerz % | Alte Masse % |
| Starke Stücke . . . . . . | 50 | 50 | 30 | 30 | 40 |
| Mittelstarke Stücke . . . . | 40 | 60 | 25 | 25 | 50 |
| Schwächere Stücke . . . . | 25 | 75 | 20 | 15 | 65 |
| Sehr schwache Stücke . . | 15 | 85 | 10 | 10 | 80 |

wie Abb. 50 z. B. zeigt. Ein festeres Anhaften der unmittelbar am Gußstück anliegenden Erzmassen läßt sich nicht vermeiden und man kann nach dem Glühen eine festere Kruste am Stück und etwas lockere Teile in der weiteren Umgebung feststellen, die auch in ihrer Zusammensetzung unterschiedlich sind, wie folgendes Beispiel (Zahlentafel 51) zeigt:

**Zahlentafel 51.**

**Zusammensetzung von Glühkrusten.**

| | $Fe_2O_3$ % | FeO % | P % | S % |
|---|---|---|---|---|
| Tempererz vor dem Glühen. . . . . . . . . . . . | 44,73 | 1,73 | 0,30 | — |
| Fertiges Gemisch vor dem Glühen . . . . . . . . | 30,00 | 17,00 | 0,30 | 0,35 |
| Kruste am Stück nach dem Glühen . . . . . . . | 25,96 | 38,41 | 0,19 | 0,29 |
| Erz weiter vom Stück entfernt nach dem Glühen. | 7,96 | 39,59 | 0,29 | 0,27 |

In jedem Falle ist es notwendig, die richtige Mischung und Korngröße vor dem Beginn des Betriebes auszuprobieren und die Tempermasse laufend zu prüfen. Hammerschlag frittet weniger an als Erzgemische. Die dem Material immer beigemischten Eisenteilchen wandeln sich während des Glühens in Eisenoxyd um, dazu mischen sich die von den inneren Wänden der Glühtöpfe abblätternden Eisenoxydteile. Die so entstehende Mischung muß natürlich immer wieder ergänzt werden, im übrigen ist das Gemisch fortlaufend verwendbar.

Eine Mischung von Eisenoxyd und Sand ist nach Namias (108) nicht geeignet, dagegen soll ein Gemisch von Eisenoxyd und Kalk besser sein. Savoia (126) hält letzteres für empfehlenswert, weil Krustenbildung vermieden wird und die Stücke sauberer ausfallen. Auch Mischungen von Eisenoxyd und Eisenabfällen oder von Eisenoxyd, Graphit in Körnern und Magnesiumoxyd wurden ausprobiert, ohne daß die Praxis Gebrauch davon gemacht hat.

In amerikanischen Tempergießereien verwendet man nicht immer die bei uns gebräuchlichen Stoffe; manche benutzen Koks oder Schlacken aus Flamm- oder Martinöfen, selbst Hochofenschlacke, in erbsengroßer Körnung. Magerer Sand soll sich bei schwachen, vielgliedrigen Teilen gut bewähren; auch Ziegelmehl und feuerfester Ton oder Sand wird verwendet. Die Schlacken werden teils mit Hammerschlag gemischt. Nach Moldenke (95) bildet das feinblättrige Eisenoxyd, das von den Glühtöpfen abfällt, ein billiges und sehr gutes Packmaterial. Manche Tempereibetriebe verwenden überhaupt keine Glühmittel, wodurch die Gußstücke eine rauhe Oberfläche erhalten und unansehnlich werden. Die Umgehung des Eisenoxydes beim Glühen ist nur möglich, weil die Amerikaner nicht entkohlen, sondern nur die Temperkohle zur Abscheidung bringen. Daß man allerhand Versuche mit Zusätzen von Chemikalien wie z. B. Salmiak u. a. gemacht und auch Gase in die Tempertöpfe geleitet hat, mag hier nur der Vollständigkeit halber Erwähnung finden. Bedeutung für die Praxis gewannen solche Verfahren nicht.

## 7. Das Putzen des Rohgusses.

Die Gußstücke werden meist nach der Befreiung aus dem Formkasten soweit sortiert, daß man den sofort erkennbaren Ausschuß schon in der Gießerei ausscheidet und diesen ohne erst zu stapeln zum Schmelzen bringt. Dann wird der Guß in Rollfässern (Rommeln, Scheuertrommeln, Putztrommeln oder Putzfässern) geputzt, indem man ihn mit kleineren Abfallstücken, kleinen Eingüssen von Rohguß oder Rommelsternen, die aus der Rohgußlegierung hergestellt sind, auch wohl mit scharfen Kieselsteinen in diese einträgt und durch Drehen der Trommel in dieser umwälzt. Die Trommel darf nicht zu stark gefüllt sein, damit ein wirksames Umwälzen des Inhalts erfolgen kann. Auch soll man möglichst gleich große Stücke in die Trommel bringen, damit feinere Teile nicht

von schweren Stücken zerschlagen werden. Vereinzelte größere Stücke
kann man auch in der Putztrommel festkeilen. Die Einrichtung selbst
ist so bekannt, daß eine eingehende Beschreibung überflüssig ist. Man
stellt solche Trommeln reihenweise je nach Umfang des Betriebes in
größerer Zahl neben-
und hintereinander,
indem man sie einzeln
oder gruppenweise
antreibt. Der Antrieb
kann mit Zahnräder-
vorgelege oder auch
durch Riemenscheibe
bewirkt werden. Die
Umdrehungszahl be-
trägt etwa 50 bis 80
in der Minute. In
großen Betrieben fin-

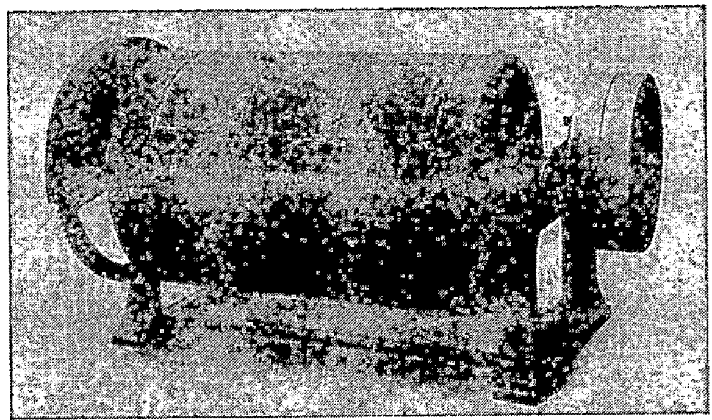

Abb. 162. Scheuerfaß (Badische Maschinenfabrik).

det man solche Fässer zu Dutzenden in Betrieb. Abb. 162 bietet eine
häufig anzutreffende Ausführungsform. Die Rollfässer werden auch
mit Staubabsaugung ausgestattet, indem man den einen Drehzapfen
hohl ausbildet und hier das Saugrohr anschließt. Eigentlich muß man
zwischen Scheuerfaß
und Putztrommel un-
terscheiden. Erstere
drehen sich, wie
Abb. 162 zeigt, in
Zapfenlagern, letz-
tere wälzen sich auf
Rollen und werden
von der Stirnseite be-
schickt (s. Abb. 163);
man entstaubt sie
durch ein an der
noch freien Stirnseite
angeschlossenes Rohr
(Abb. 164) oder
durch Umhüllen mit
einem Staubmantel

Abb. 163. Putztrommel (Badische Maschinenfabrik).

(Abb. 165). Ein wirksames Mittel zur Staubbeseitigung besteht darin,
die Putztrommeln in einem besonderen, dicht verschließbaren Raum
aufzustellen und aus diesem den Staub abzusaugen. Der durch die
Bewegung der Trommeln entstehende Lärm läßt sich nur schwer
wirksam abmildern. Manche Gußstücke, — meist handelt es sich
um kleinere Teile wie Schlüssel, Schnallen, Beschläge u. a. — werden

Abb. 164.  Putztrommel mit Staubabsaugung
(Badische Maschinenfabrik).

noch einmal in einer Poliertrommel mit Lederstückchen oder Sägespänen gescheuert, um ihnen eine saubere, glatte, blanke Außenfläche zu geben. Eine solche Poliertrommel gibt Abb. 166 wieder. Jedenfalls ist es zur Erzielung einer guten Durchglühung notwendig, den Guß gut von allem anhaftenden Sand zu reinigen, da die nichtentfernten Sandreste mit dem Tempererz leicht zu einer Schlacke zusammensintern, die das gleichmäßige Eindringen der Hitze ins Gußstück verhindert und Anlaß zu spröden Stellen gibt, die das Stück namentlich bei Stoßbeanspruchungen gefährden. Das getemperte Gußstück läßt sich besser säubern, wenn die erste Reinigung gründlich vorgenommen wurde. Auch die Putztrommeln mit Sandstrahleinrichtungen sind zum Reinigen des Temperrohgusses in Gebrauch, namentlich auch dann, wenn es sich um Hohlgußteile handelt, bei denen die Kernmasse durch den Sandstrahl losgelöst wird. Meist nimmt man die massiveren und kräftigeren Gußstücke ins Putzfaß und die schwächeren in die Putztrommel mit

Abb. 165.  Putzfaß mit Staubmantel.

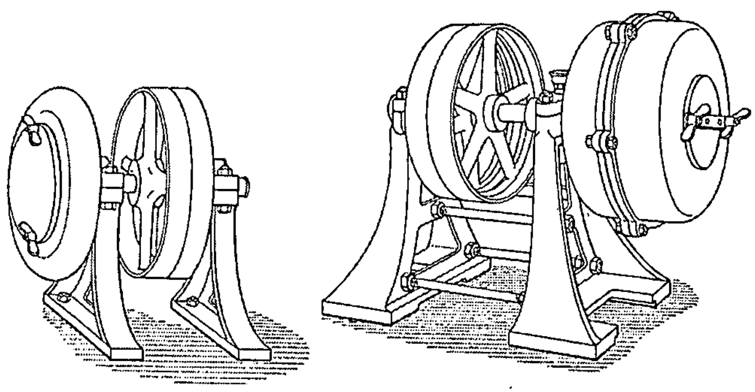

Abb. 166.  Poliertrommel (Bauart Badische Maschinenfabrik).

Sandstrahlgebläse. Eine geeignete Ausführungsform bietet Abb. 167. Größere Stücke können auch auf dem Drehtisch (Abb. 168) mit Sandstrahl gereinigt werden. Für besonders feine und sorgfältig zu säubernde Teile kommen Blasgehäuse von entsprechender Abmessung in Frage. Auch das Putzhaus oder der Freistrahl kann in Sonderfällen in Anwendung kommen. Abb. 169 läßt die Anordnung verschiedener Putzeinrichtungen erkennen.

Nach dem Rommeln werden die Steiger, Trichter und Füllköpfe entfernt und die Gußstücke besichtigt, um etwaige schlechte Stücke auszusondern. Manche Betriebe beseitigen die Eingüsse und Saugtümpel auch vor dem Putzen (115). Das richtet sich hauptsächlich nach dem Gewichtsverhältnis der Abfallteile zu dem der Gußstücke; unter Umständen nehmen die ersteren in der Trommel so viel Raum fort, daß eine erheblich größere Zahl von Rollfässern nötig wäre, um in derselben Zeit ebensoviel von von Abfallteilen befreitem Guß zu putzen. Oder aber der Zeitaufwand für das Putzen der mit Eingüssen behafteten Stücke würde entsprechend größer bei einer beschränkten Anzahl von Putztrommeln. Auch bezüg-

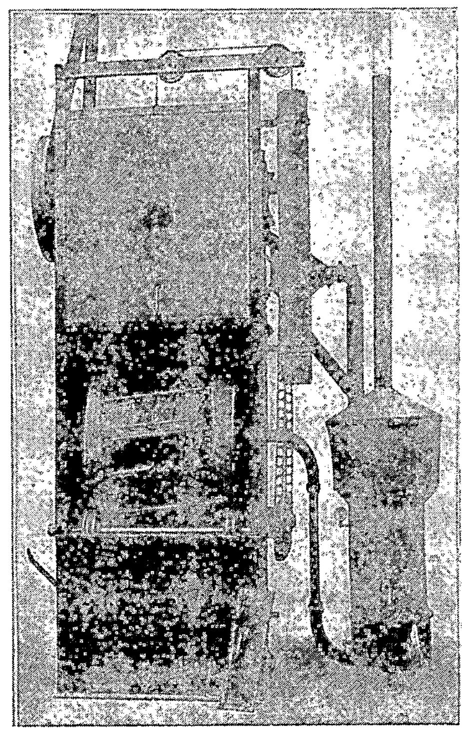

Abb. 167. Putztrommel mit Sandstrahlgebläse.

Abb. 168. Drehtisch mit Sandstrahlgebläse.

lich des Abschleifens der Trennungsfläche der Steiger und Trichter hält man es verschieden. Manche schleifen sie am Rohguß, andere und wohl die meisten am geglühten Guß, weil beim Schleifen des harten Materials durch Abspringen von Teilen oder Rißbildung das eine oder andere Stück unbrauchbar wird.

Das Beizen größerer Gußstücke empfiehlt sich nicht. Nur kleinere und feinere Teile beizt man in verdünnter Schwefelsäure oder Flußsäure

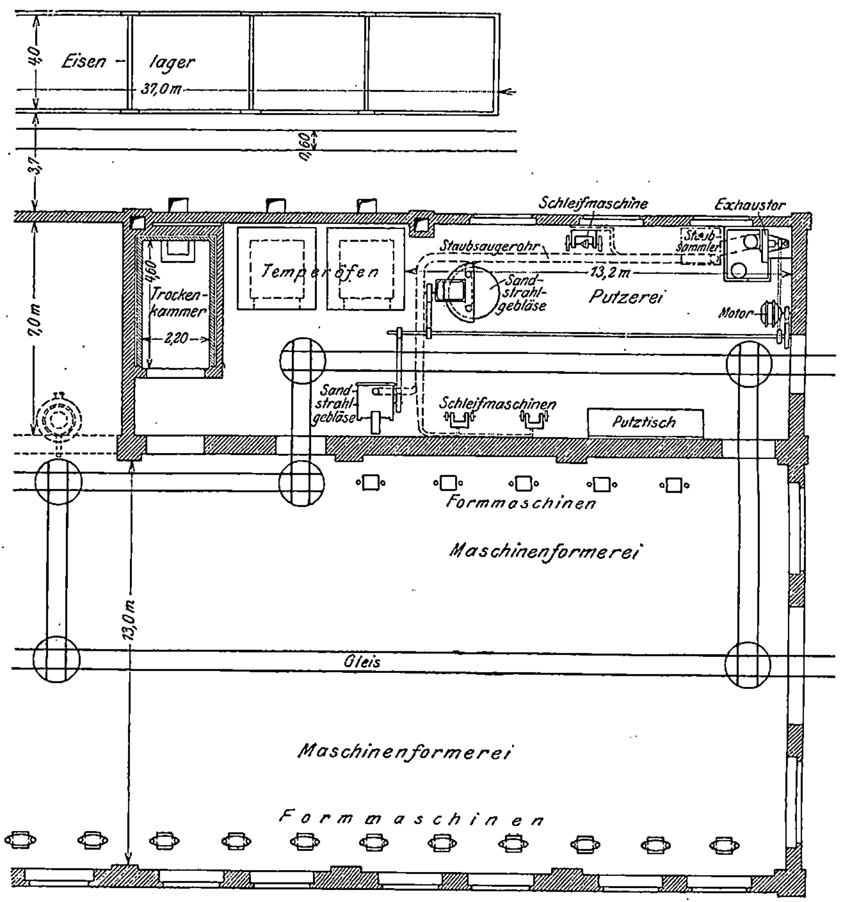


Abb. 169. Anordnungsplan einer Tempergießerei.

Letztere bringt aber den Nachteil mit sich, daß sie giftige Wirkungen ausübt und die Schleimhäute angreift. Das Hantieren ist erschwert, weil sie an den Händen schwer heilbare Wunden hervorruft. Da Temperguß häufiger verzinkt oder verzinnt werden muß, so ist zur Erzielung einer guten Haltbarkeit des Überzuges ein Nachbeizen in Schwefelsäure und dann in Salzsäure oder zuerst in Flußsäure und dann in Salzsäure erforderlich. Flußsäure greift das Eisen nicht an; man kommt mit einer Verdünnung von 1 : 50 schon aus, während man bei Schwefelsäure ein Verhältnis von 1 : 30 oder eine etwas kräftiger wirkende Mischung wählt. Gebeizte Stücke bekommen nach dem Glühen ein blauschwarzes Aussehen und sind so sauber, daß oft ein zweites Rommeln erspart werden kann.

Nach der Behandlung in der Putztrommel werden die Stücke von Hand weiter geputzt und die Grate beseitigt.

Auf dieses Putzen des Rohgusses kann dann das Sortieren folgen, wobei besonders auf äußeres Aussehen, auf Lunkerstellen, Warm- und Kaltrisse, äußere Beschädigung durchs Putzen und natürlich auf das Bruchaussehen zu achten ist. Manche tauchen dann die Stücke vor dem Einsetzen in die Glühöfen in aufgeschlemmten Graphit, um ein Anbrennen während des nun folgenden Glühens zu verhindern (s. a. S. 263).

## 8. Die Glühtöpfe; Das Einpacken des Rohgusses; Beschicken und Ausräumen der Glühöfen; Beschickmaschinen; Erkaltungsöfen; Putzen des geglühten Gusses.

**Form und Abmessung der Töpfe.** Nach dem ersten Putzen werden die Gußstücke mit Tempermasse in die Glühkisten verpackt. Kleinere zu glühende Gegenstände kommen in gußeiserne Töpfe oder Kästen, die 30 bis 60 cm im Durchmesser weit und 350 bis 380 cm hoch zu sein pflegen.

Abb. 170. Laufdrehkran für Glühtöpfe (Schenk & Liebe Harkort).

Bei größeren Massen und größeren Stücken macht man die Töpfe höher und weiter (etwa 800 mm hoch, 750 weit bei 18 bis 20 mm Wandstärke) und geht je nach dem bis zu 1,5 oder 1,8 m Höhe. Die Form der Glühkisten ist verschieden. Man unterscheidet Glühtöpfe mit festem Boden nach Abb. 170 und solche mit beweglichem Boden (Abb. 171 und 172). Die ersteren bringen häufiger den Nachteil mit sich, daß sie im Innern des Ofens gepackt werden müssen, was immer seine Unbequemlichkeit für den Arbeiter hat. Bei den Töpfen mit beweglichem Boden setzt man mehrere Glühkisten übereinander, entweder Rand auf Rand oder so, daß man zwischen je zwei Kasten einen Setzring legt, um eine sichere und wagrechte Auflage zu erhalten (s. Abb. 172). Damit der Boden sich nicht wirft, nimmt man ihm die Neigung zu Spannungen durch eine in der Mitte angeordnete Aussparung, die vor dem Einpacken mit einem Blech abgedeckt wird. Die Bodenplatte sitzt mit hohen Rippen auf dem Boden auf, damit die Hitze auch von unten wirken kann und dann, um mit einer gabelförmigen Hebevorrichtung unter die Platte greifen und den ganzen Topfstapel anheben zu können, denn die Stapel mit Bodenplatte werden vor den Öfen gefüllt und aufgesetzt und müssen in die Öfen eingefahren werden, wofür man sich verschiedener Einrichtungen bedient, von denen noch die Rede sein wird. Die Töpfe sollen nicht zu schwer sein, einmal, um ihre Beförderung zu erleichtern und zweitens, um ein leichtes Eindringen der Hitze zu

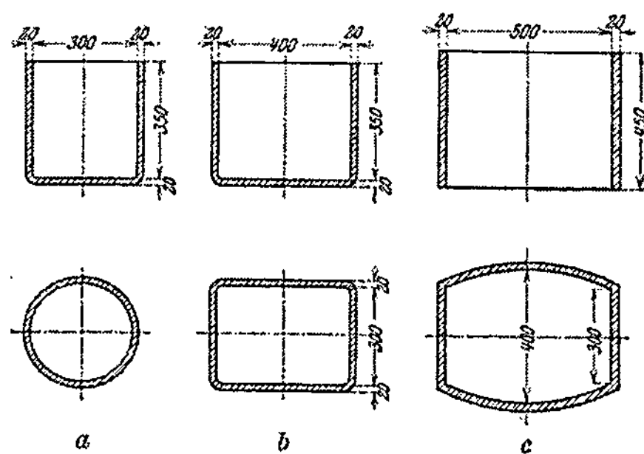

Abb. 171a bis c. Glühtopfformen.

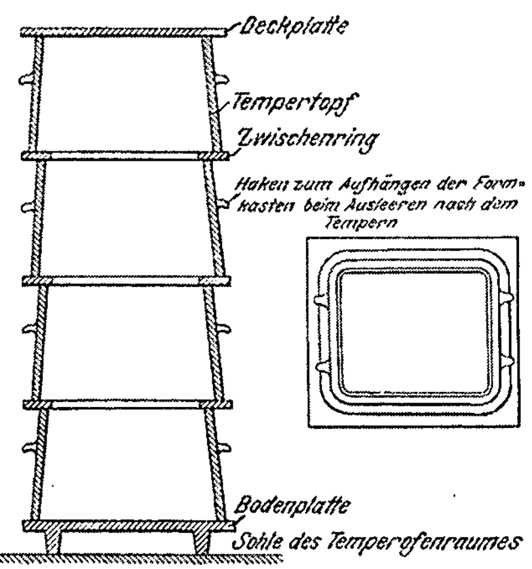


Abb. 172. Zusammengesetzte Glühkiste (I).

gewährleisten. Die Wandstärke schwankt daher je nachdem etwa zwischen 20 und 40 mm. Der Querschnitt ist entweder kreisförmig, rechtwinklig oder bauchig wie die Abbildungen 171a bis c erkennen lassen. Die Größe der Glühtöpfe muß der Größe und Leistung des Ofens angepaßt sein. Zu große Töpfe liefern unterglühtes Material, das spröde und hart ist und sich schwer oder gar nicht bearbeiten läßt.

**Das Material für die Tempertöpfe** wird häufig im Kupolofen geschmolzen und größere Betriebe, die den Temperrohguß in anderen Öfen schmelzen, haben für diesen Zweck einen besonderen kleineren Kupolofen. In Amerika, wo bei den bedeutend höheren Tageserzeugungen der Verschleiß an Tempertöpfen erheblich größer ist als bei uns, findet man vielfach kleinere, in besonderen Gebäuden untergebrachte Gießereien, die eigens für diesen Zweck bestimmt sind. Man stellt die Töpfe gewöhnlich aus derselben oder einer ähnlichen Gattierung her, aus der auch der Rohguß erschmolzen wird, dann aber werden sie aus Grauguß oder einer nach dem Grauguß hinliegenden Legierung und auch aus Stahlguß gefertigt. Mit Vorliebe verwendet man als Einsatzmaterial Abfälle und Ausschußstücke aus der Tempergießerei und sucht eine möglichst billige Gattierung herzustellen, die aber keinesfalls oberflächlich zusammengestellt werden darf, da die Haltbarkeit der Töpfe an sich schon die Aufwände für die Glühkisten wesentlich beeinflußt. Ein dem Verfasser bekanntes Werk, das nur Kupolofentemperguß anfertigt, setzt z. B. die zur Herstellung einer größeren Zahl von Töpfen bestimmte Gattierung, die ebenfalls im Kupolofen geschmolzen wird, wie folgt zusammen: 5000 kg Luxemburger III, 10 000 kg Glühtopfbruch, 20 000 kg alte Roststäbe, 5000 kg Schrott, 10 000 kg Wascheisen aus dem Pochwerk und 2080 kg Rohgußabfälle.

Einige Tempertopfanalysen von mehr graugußartiger Zusammensetzung sind folgende:

| Ges. C<br>% | Si<br>% | Mn<br>% | P<br>% | S<br>% |
|---|---|---|---|---|
| 3—3,2 | 1,5 | 1,2—1,3 | 0,2—0,3 | 0,03—0,04 |
| 3—3,2 | 1,4—1,6 | 0,8—1,0 | 0,2—0,3 | 0,03—0,04 |

Man wählt auch solche Legierungen für Topfmaterial, wie man sie für Feuerungsteile, wie Roststäbe, Feuerungsarmaturen u. a. gebraucht, z. B. 20 v. H. Charlottenhütte weiß, 20 v. H. Niederdreisbacher grau, 30 v. H. Krupp Hämatit, 30 v. H. Bruch und Trichter oder ähnlich. Manche stellen die Töpfe, wie gesagt, auch einfach aus Gußeisen her.

Die Stahlgußtöpfe müssen möglichst kohlenstoffarm sein, damit die kritische Temperatur nicht erreicht wird. Sie sollen nach Moldenke (V, S. 103) gegen hohe Temperaturen widerstandsfähiger sein.

**Die Haltbarkeit** der Glühtöpfe richtet sich nicht nur nach der Gattierung, sondern auch ebenso sehr nach der Behandlung. Daher gehen die Zahlen für die Gebrauchsdauer stark auseinander. Manche Betriebe können ihre Töpfe nur fünf- bis sechsmal, andere bis zehnmal einsetzen; viele halten 15 bis 20 Glühreisen aus (s. a. S. 264).

Die Töpfe werden meist mit Modell auf dem Herd geformt.

**Das Einpacken des Rohgusses in die Glühkisten** erfordert Sorgfalt und muß von gelernten Leuten ausgeführt werden. Teile von länglicher Form werden aufrecht in die Töpfe gestellt, dickwandige schwere Teile legt man zu unterst, damit sie nicht auf dünnwandige drücken und diese verbiegen, denn das nachträgliche Geraderichten der Stücke verursacht Unkosten und ist manchmal nicht gerade einfach. Am besten ist es, wenn man starke Stücke und schwache Stücke getrennt voneinander für sich in eine Kiste einlegt und womöglich getrennt voneinander glüht, weil die erforderliche Glühdauer und Glühtemperatur verschieden ist. Es kann sonst leicht vorkommen, daß manche Stücke nicht richtig geglüht werden und mit schwarzen Stellen behaftet sind, wodurch die Festigkeit beeinträchtigt wird (s. S. 57 und 58). Jedenfalls erhält man so bessere und gleichmäßigere Ergebnisse. Andernfalls muß man die Töpfe mit den dicken Stücken an die heißesten Stellen des Glühraumes stellen. Beim Packen selbst kommt auf den Boden zunächst eine Schicht Erz, dann folgt eine Lage Gußstücke, hierauf wieder Erz, dann wieder eine Lage Gußstücke usw. bis der Topf voll ist. Zwischen den Gußstücken befindet sich etwa eine 10 bis 15 mm starke Schicht des Glühmittels. Die Stücke müssen dicht verpackt und allseitig von Erz umgeben sein; es dürfen, um ungleichmäßiges Tempern zu vermeiden, keine Hohlräume auftreten; es schadet daher nichts, wenn sich kleinere Teile gelegentlich an einzelnen Stellen berühren, nur muß die Umhüllung mit Erz lückenlos sein. Der Arbeiter klopft deshalb von Zeit zu Zeit an den Topf, damit sich das Erz dicht aneinander lagert und senkt. Bei Kistenstapel setzt man auf den untersten Kasten nun den zweiten und füllt ihn ebenso an usw., bis der Stapel, der bis zu 3 und 4 Kasten aufnimmt, fertig ist. Die oberste Schicht bildet eine Erzschicht. Schließlich wird der Topf durch einen gut passenden Deckel geschlossen und alle Fugen werden mit Lehm gut verschmiert, um das Eindringen der Heizgase zu verhindern. Zum Schutz gegen den unmittelbaren Angriff der Heizgase und Flammen empfiehlt es sich, die Töpfe selbst vor dem Einsetzen durch Auftragen einer äußeren dünnen Ton- oder Lehmschicht zu sichern; manche wählen auch ein Gemisch aus Formsand und Kernöl.

Vor der Entleerung werden dem Ofen Probestücke entnommen und mit Feile und Hammer auf den nötigen Grad von Weichheit geprüft. Genügen sie nicht den Anforderungen, so müssen die Einsätze noch weiter geglüht werden.

**Das Beschicken und Entleeren** der Temperglühöfen und Töpfe erfolgt auf verschiedene Weise. Entweder werden die Töpfe auf einem Vorplatz des Ofens gepackt und entleert oder beide Arbeiten im Ofen selbst ausgeführt. Im ersteren Falle kann man die Töpfe auf 150 bis 200° abkühlen lassen und herausheben, im letzteren muß man so lange warten, bis man die Töpfe, Glühmasse und Gußstücke anfassen kann. Man beschleunigt die Abkühlung dadurch, daß man die Tür schon bei etwas höherer Temperatur (etwa 200°) öffnet. Das Abkühlen darf nicht zu schnell erfolgen. Der Topfinhalt soll in der Stunde nicht mehr als 10° abkühlen. Deshalb ist auf gute Instandhaltung des Ofens zu achten. Die Schieber müssen dicht sein, Ofen- und Aschentür gut schließen und das Mauerwerk darf keine undichten Stellen enthalten. Das Packerz wird in vielen Fällen auf dem Vorplatz selbst aufgefrischt und von Hand durchgemischt, nachdem man das Erz oder die sonstige Packmasse in einer einfachen nahe gelegenen Aufbereitungsmaschine oder -anlage entsprechend zerkleinert und herangebracht hat. Zum Aufbereiten genügt meist schon ein Schüttelsieb, evtl. noch ein Zerkleinerungsapparat für stückige Erze.

In größeren Betrieben hat man besondere Aufbereitungsanlagen, in denen das Erz fertig gemischt und dann zu den zum Packen vor den Öfen bereitstehenden Töpfen gebracht wird.

**Beschickmaschinen.** Werden die Glühkisten vor den Öfen in der bereits vorhin besprochenen Weise gepackt, so bedarf es besonderer Hebe- und Fördereinrichtungen, um sie in den Glühofen zu bringen. Eine sehr einfache Einrichtung dieser Art für Handbetrieb gibt die Abb. 173 wieder, ein Karren mit ziemlich hohen Rädern. An der Achse ist ein winkelförmiges Greiferorgan befestigt, das unter die Bodenplatte eines Glühtopfstapels geschoben und durch leichtes Kippen des Wagens angehoben wird. Der Wagen wird nun in den Ofen geschoben und der Stapel abgesetzt. Abb. 174 zeigt eine der verschiedenen Ausführungsformen der motorisch angetriebenen Einsetzwagen, die von einem Führer bedient werden und sich leicht auf dem mit Eisenplatten ausgelegten Boden des Packraums fortbewegen. Das Aufnehmen und Abstellen des Glühtopfes erfolgt hier auf pneumatischem Wege.

Bei Öfen mit abhebbaren Decken, ob diese nun versenkt oder über Sohle angeordnet sind, arbeitet man meist mit dem einfachen Laufkran, wie Abb. 175 zeigt. Der Laufkran bedient dann

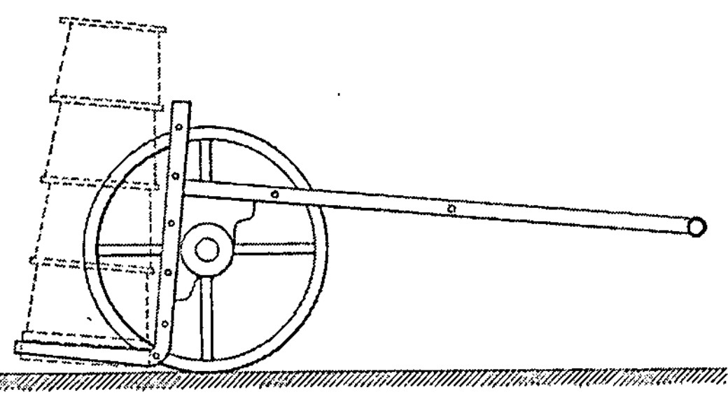

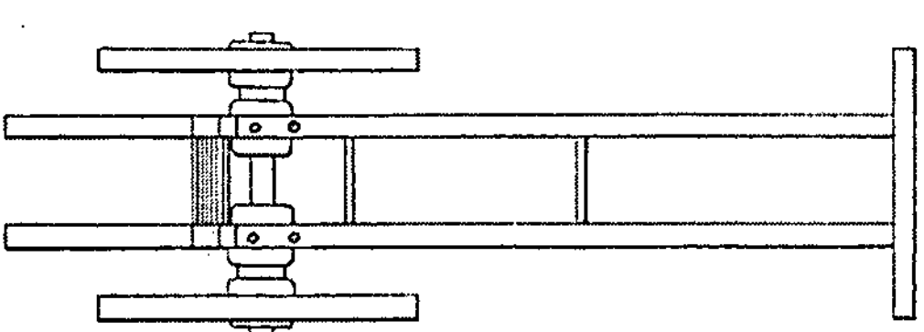

Abb. 173. Einsetzwagen für Handbetrieb (I).

sämtliche in einer Reihe aufgestellten Glühöfen, den Packraum und möglichst auch den Aufbereitungsraum, aus dem das Erz herbeigeschafft wird. Abb. 176 bietet Grund- und Aufriß eines Pack- und Glühraumes mit Laufkranbedienung. Abb. 177 stellt eine etwas andere Form und Anordnung des Laufkrans vor. Die Laufkatze läuft hier auf einen Ausleger des Krans hinaus. Durch diese Anordnung können die Töpfe in einem Seitenschiff abgesetzt werden. Die Führerstandkatze ist an der anderen Kranseite befestigt.

Abb. 178a und b zeigen die Verwendung eines Drehlaufkrans zum Beschicken der Öfen. Das Heben erfolgt elektrisch. Das Fahren und Schwenken ist für Handbetrieb eingerichtet. Der Drehlaufkran hebt die Töpfe von einer Bühne und setzt sie in den Ofen. Abb. 170 bietet einen Blick in den Ofenraum. Die Drehlaufkatze hat evtl. den Vorteil, daß man die Töpfe oder die Behälter für Tempererz aus einem Seitenraum heranholen kann.

Abb. 174. Pneumatisch betriebener Einsetzwagen (V).

Abb. 175. Versenkte Glühöfen (V).

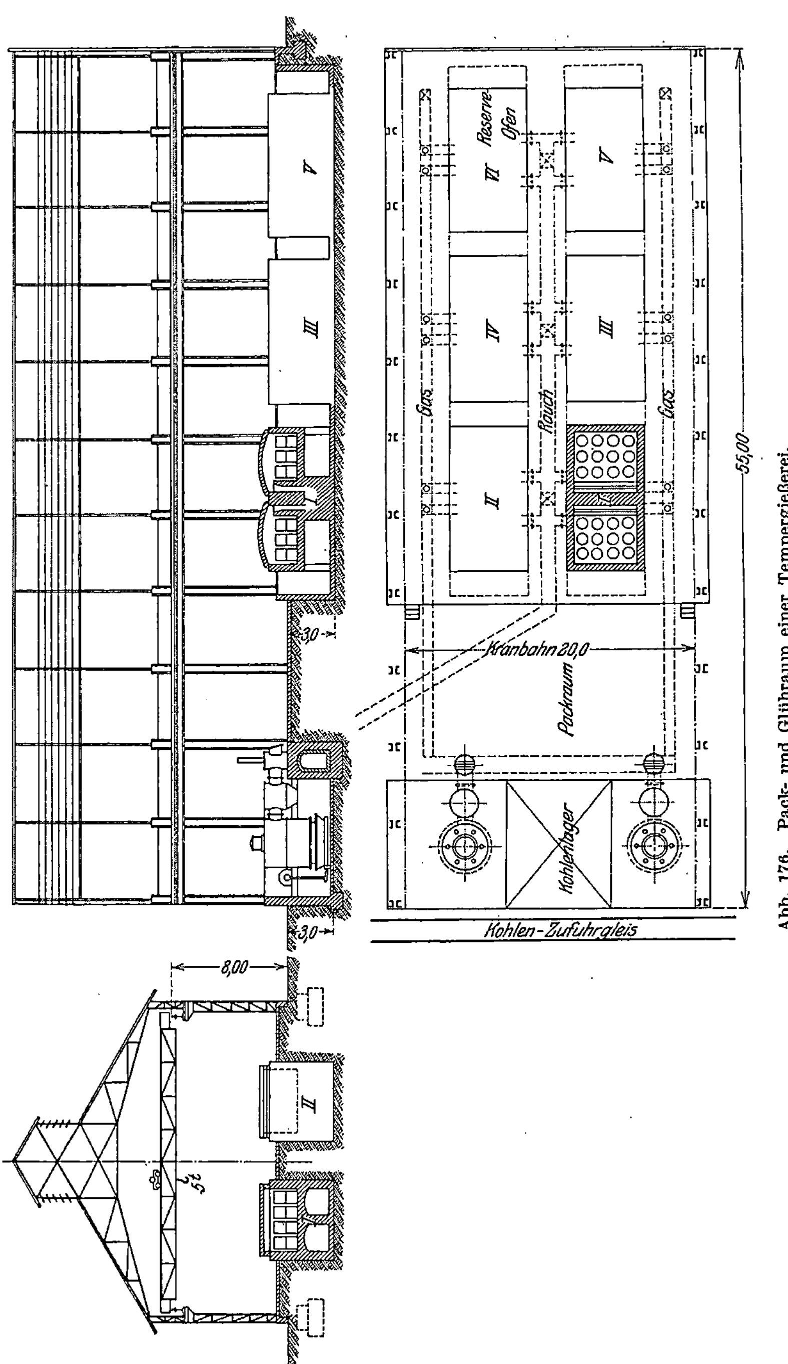


Abb. 176. Pack- und Glühraum einer Tempergießerei.

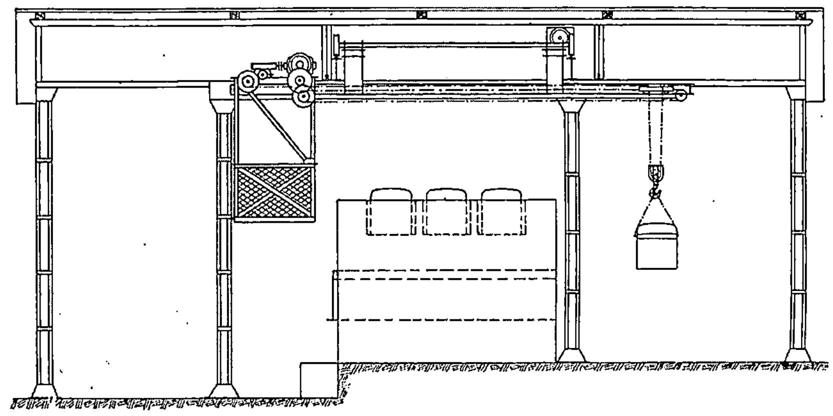

Abb. 177. Einsetzkran mit Ausleger.

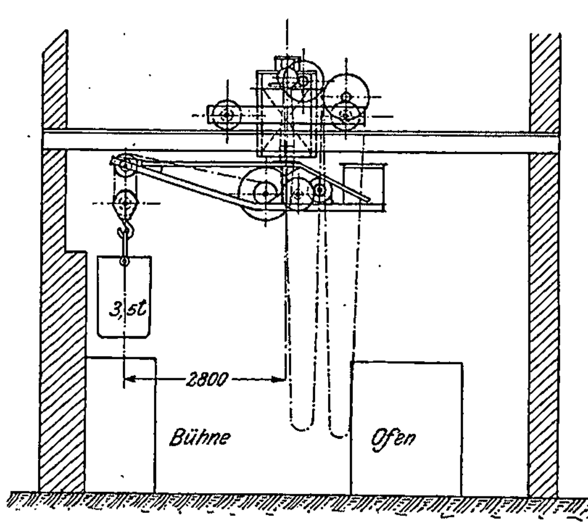


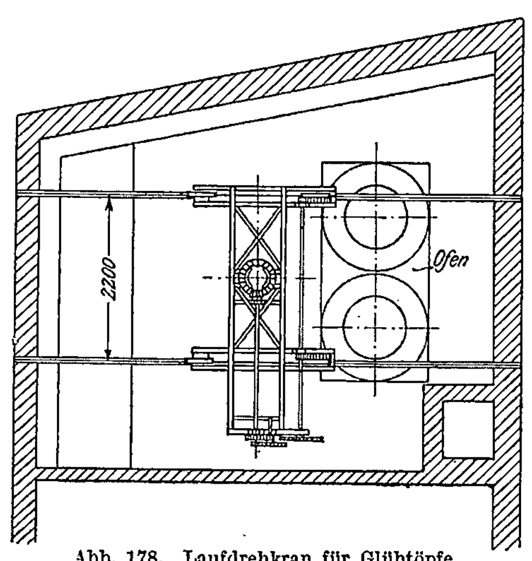


Abb. 178. Laufdrehkran für Glühtöpfe.

Die Ausführungen nach Abb. 177 und 178 sind nicht typisch, sondern den besonderen örtlichen Verhältnissen angepaßt, wie es eben in kleinen Anlagen öfters notwendig ist.

Muß man die Öfen von der Seite her beschicken, so bedient man sich der Beschickmaschine oder Beschickwagen, die an der Ofenreihe auf einem Gleise vorbeifahren und die Kisten mittels eines in den Ofenraum einschiebbaren und auf demselben Wege rückziehbaren Tragorgans einbringen und abstellen (s. Abb. 179). Dieses Tragorgan ist in einem gitterförmigen, auf Rädern ruhenden Rahmenwerk eingebaut, das zur Fortbewegung seinen eigenen elektrischen Motor hat. Ebenso besitzt der oben und unten durch Räder geführte Schiebemechanismus (Katze) seinen besonderen elektrischen Antriebsmotor. Seitlich der Öfen hat man sich den Packraum zu denken, die Beschickmaschine fährt dorthin und schiebt seine Tragarme unter die am Boden mit Rippen ausgestattete Glühkiste; gegen seitliches Wippen schützen die Kiste gleichzeitig vorgeschobene Führungsarme. Die Kiste wird nun eingezogen, vor den zu beschickenden Ofenraum gefahren, in diesem vorgeschoben und abgesetzt. Die zum allgemeinen Verständnis nötigen Einzelheiten dieser an die Beschickwagen der Martinöfen erinnernden Konstruktion geht aus Abb. 179 hinreichend hervor. Zur seitlichen Bedienung der Öfen kann man auch die nach Art der Muldenbeschickkrane gebauten Einrichtungen benutzen, wie Abb. 180 veranschaulicht.

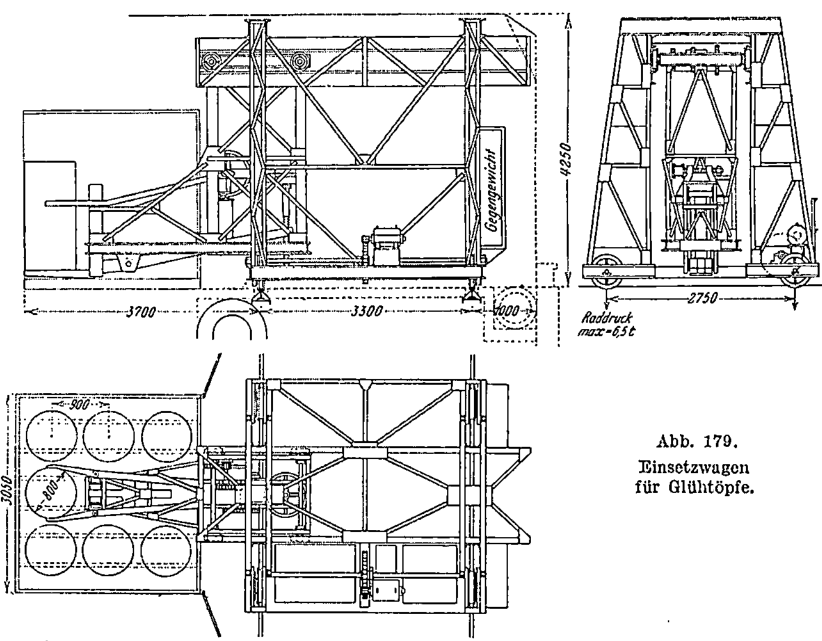


Abb. 179.
Einsetzwagen
für Glühtöpfe.

Die Abbildungen 177 und 178 sind der Arbeit von Michenfelder über „Kran- und Transportanlagen" entnommen.

Die Frage der Glühofenbeschickung hat man auch dadurch gelöst, daß man den Herd des Ofens ausfahrbar eingerichtet hat. Die gefüllten Töpfe werden auf den Herd gesetzt und mit diesem in den Ofen eingefahren. Einige Beispiele dieser Art sind im nächsten Abschnitt, der sich mit den Temperöfen befaßt, beschrieben und abgebildet (s. Abb. 195 und 198).

**Anwendung der Erkaltungsöfen.** Unter den Tempergußstücken und namentlich den aus dem Kupolofen gegossenen und mit Temperstahlguß bezeichneten Teilen finden sich solche, die auf Grund ihrer Form und Abmessung, besonders auch infolge mehr oder weniger schroffer Querschnittsübergänge, beim normalen Abkühlen an der Luft zum Reißen neigen.

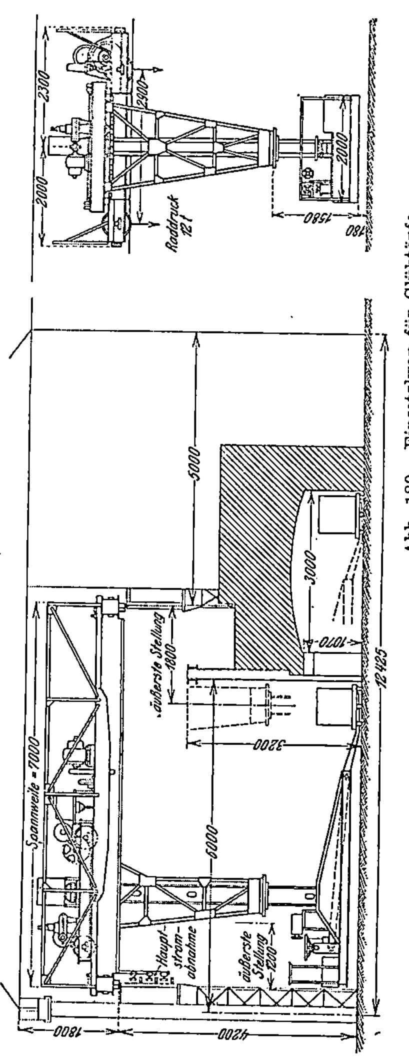

Abb. 180. Einsetzkran für Glühtöpfe.

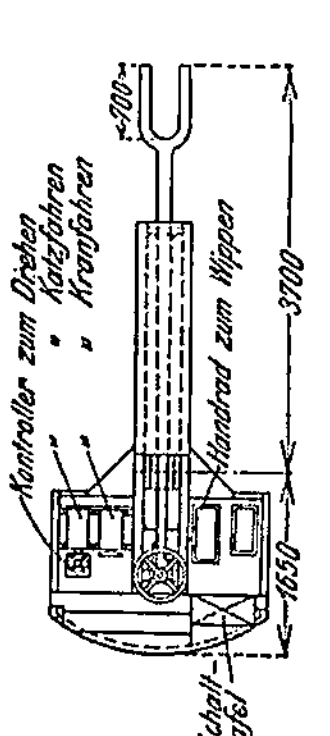

Solche Stücke, wie z. B. Grubenräder, bringt man sofort nach dem Auswerfen aus dem Kasten und, wenn möglich, unter vorheriger Entfernung der Eingüsse und Steiger noch im rotglühenden Zustand in die sog. Erkaltungsöfen. Diese Öfen müssen, wenn sie beschickt werden, in Vollhitze stehen. Wenn sie mit Gußware gefüllt sind, überläßt man den Einsatz mitsamt dem Ofen einer langsamen Abkühlung, indem man das Feuer allmählich zurückgehen läßt, so daß die Gußstücke, nachdem sie eine Nacht über in dem Ofen waren, am nächsten Morgen herausgenommen werden können. In Abb. 181 ist ein solcher Ofen, der meist sehr einfach gebaut ist, wiedergegeben. Über einem gewöhnlichen Rost liegt der nach oben sich konisch öffnende Feuerraum, der gegen den Ofenraum durch quergelegte, rostartig angeordnete Schienenstücke, auf die die Gußstücke aufgestapelt werden, abgetrennt ist. Die Feuergase durchstreichen den Ofen von unten nach oben und ziehen durch Öffnungen in der Decke ab. Solche Öfen

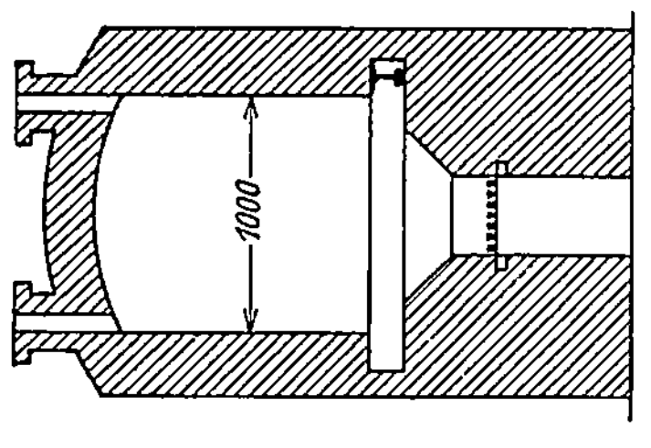

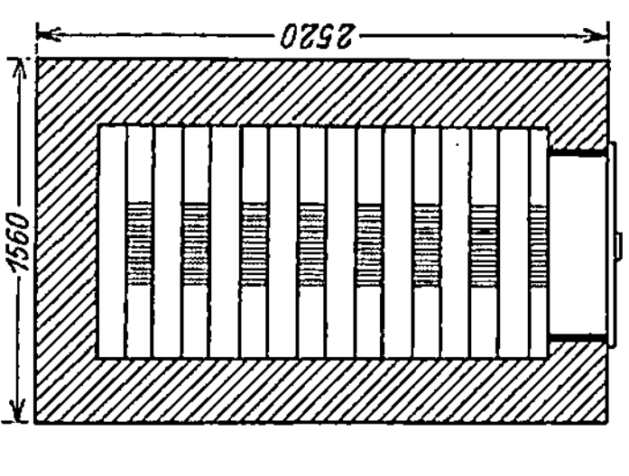

Abb. 181. Einfacher Erkaltungsofen (IX).

sind wohl auch nach Art der Flammöfen mit seitlich liegender Feuerung gebaut. Abb. 182 gibt eine als Doppelofen ausgebildete Bauart wieder, dessen Einzelheiten leicht verständlich sind. Jeder Ofen hat je eine

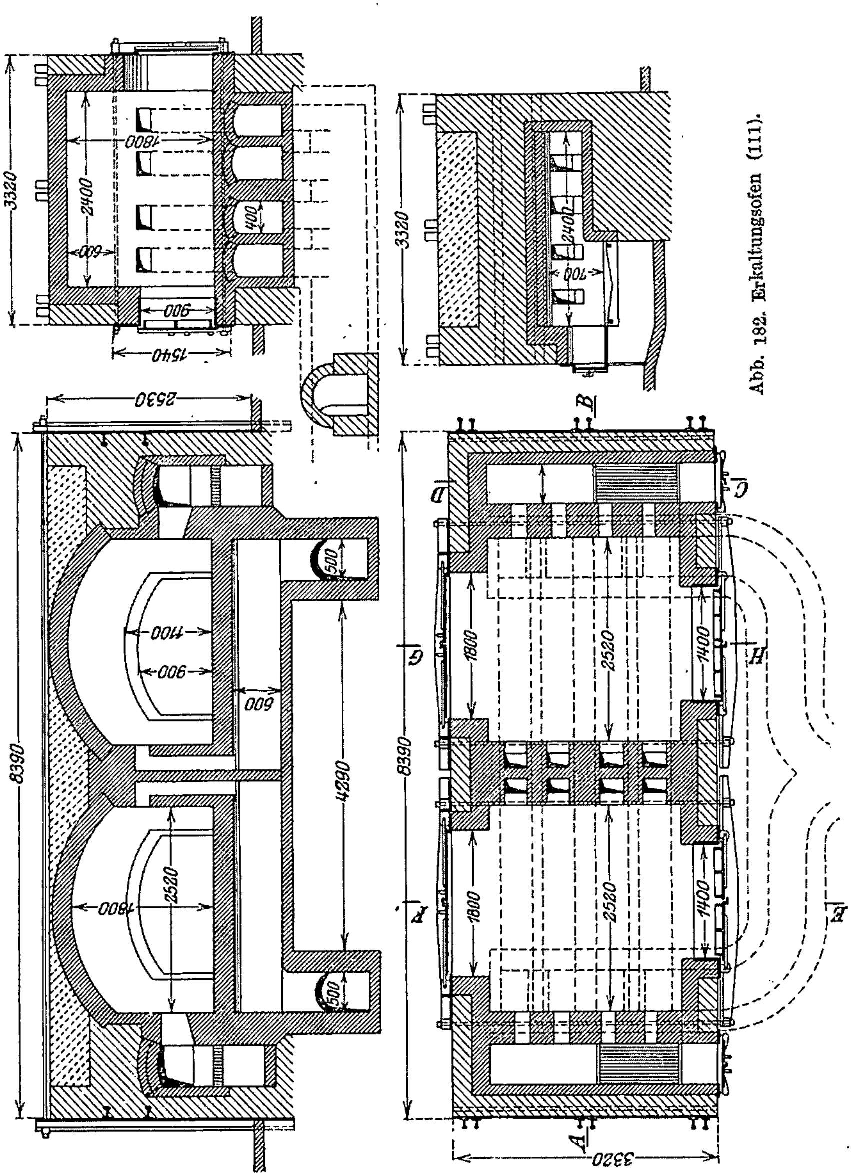

Abb. 182. Erkaltungsofen (111).

besondere Tür zum Einsetzen und Herausnehmen des Gusses; beide Türen liegen sich gegenüber. Auch in Amerika bedient man sich solcher Öfen, die als „Wiedererhitzungsöfen" (reheating furnace) bezeichnet werden (s. S. 262 und Abb. 183).

**Putzen des geglühten Gusses.** Nach dem Glühen werden die Gußstücke ausgepackt und vom anhaftenden Tempererz gereinigt, indem man sie nochmals ins Rollfaß bringt oder mit dem Sandstrahl behandelt, wodurch die Gußstücke eine hellgraue Farbe und damit ein besseres Aussehen

Abb. 183. Amerikanischer Abkühlofen (V).

erhalten, das bereits durch das Kollern in den Putzfässern infolge des Abschleifens der Ecken und Kanten gelitten hat. Alsdann erfolgt, wenn es nicht schon am harten Material geschehen ist, das Abschleifen der Stellen, an denen der Einguß oder Steiger saß. Einige hierfür bestimmte

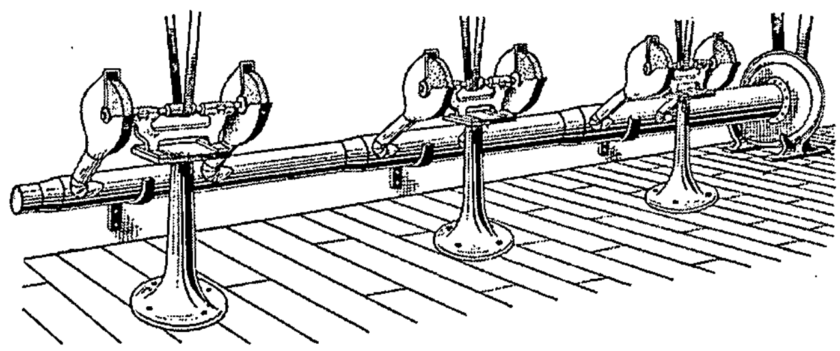

Abb. 184. Schleifstühle mit Staubabsaugung.

Schleifstühle mit Absaugvorrichtung bietet die Abb. 184. Die verbogenen oder sonst entformten Stücke müssen schließlich geradegerichtet und in ihre vorgeschriebene Form gebracht werden. Hohle Gußteile, wie Fittings, die ihren kreisförmigen Querschnitt verloren haben, zieht man über einen Dorn, andere richtet man durch einige Hammerschläge oder man legt sie

in eine Matrize und bearbeitet sie mit dem Hammer. Man bringt wohl
auch die glühenden Gußstücke in eine Form und biegt sie unter dem Drucke
einer Presse gerade. Z. B. Räder werden auf diese Weise, nachdem sie
in einem kleinen Wärmofen erhitzt wurden, in Matrizen gedrückt und
gepreßt. Als Presse dienen Gewindespindelpressen mit Friktionsscheiben
oder andere. Nach Moldenke soll man das Richten nicht im rotwarmen
Zustande vornehmen (s. a. S. 268).

## 9. Die Temperöfen.

Man kennt die verschiedensten Bauarten von Temperglühöfen, solche,
die mit Kohle oder Koks, und solche, die mit Gas beheizt werden. Ein
weiteres Unterscheidungsmerkmal ist die Art der Beschickung; bei den
einen werden, wie im vorigen Abschnitt besprochen wurde, die Töpfe im
Ofen selbst gefüllt und entleert, bei den anderen werden die vor den
Öfen gepackten Töpfe seitlich in den Ofen von Hand oder mit einer
Maschine eingefahren, und bei einer dritten Bauart richtet man die Decke
abhebbar ein und setzt die Glühkisten mit Hilfe des Laufkrans von oben
her ein. Die letztere Art Öfen kann über der Gießereisohle oder versenkt
angelegt werden; man kennt auch halb versenkte Öfen, bei denen nur die
Feuerung und die Bodenkanäle unter Sohle liegen, während der Herd
ebenerdig liegt. Schließlich baut man auch noch Öfen mit beweglichem
Herd nach Art der Stahlformgußglühöfen, um die Töpfe von dem aus-
gefahrenen Boden bequemer abheben und die gefüllten Töpfe draufsetzen
zu können. Alle diese Bauarten haben gewisse Vorteile. Wichtig ist vor
allem die Führung der Flamme, die so geleitet werden muß, daß die Töpfe
von allen Seiten umspült werden, namentlich von unten Wärme erhalten.
Viele Bauarten von Glühöfen lassen die Bodenbeheizung vermissen. Ist
es an sich schon schwierig, eine gleichmäßige Wärmedurchdringung der
im Durchmesser meist 700 bis 800 mm weiten Töpfe zu erzielen, so
wird diese durch falsche Flammenführung noch weiter verschlechtert.
Öfen, bei denen man z. B. die Abgase unmittelbar aus dem Ofenraum
durch eine in der Ofendecke oder in dem oberen·Teil der Seitenwände
befindliche Öffnung abziehen läßt, sind von vornherein nicht allein
wegen des kurzen Flammenweges unwirtschaftlich, sondern auch unzweckmäßig. Hierher gehört z. B. der Ofen nach Abb. 190 und 194.
Dieser Punkt ist sehr wichtig, da ohnehin schon eine völlig gleichmäßig
geglühte Gußware fast nie erzielt wird, immer sind kleinere oder größere
Unterschiede zu beobachten. Es ist also darauf zu achten, daß die
Abzugskanäle richtige Abmessungen erhalten und an der richtigen
Stelle des Ofens liegen, so daß die Heizgase alle Teile des Ofens bzw.
alle Töpfe bestreichen; dazu gehört auch eine genaue Regelung des
Kaminzuges einerseits und eine ausprobierte Aufgabe des Heizmaterials
anderseits. Zwischen Feuerung und Herd lege man möglichst keine oder
keine zu hohe Trennungswand.

Denjenigen, der Gelegenheit hat, die verschiedensten Ofenarten fortlaufend auf ihre Temperaturverhältnisse zu beobachten, wird das Gesagte nicht überraschen, da es fast bei allen metallurgischen Öfen äußerst schwierig ist, eine gleichmäßige hohe Temperatur in allen Teilen des Ofens aufrechtzuerhalten. Auch die Öfen mit ausfahrbarem Herd haben diesen Nachteil, weil hier eine Bodenbeheizung zwar möglich, aber in der Ausführung sehr kostspielig und umständlich ist. Es ist also eine Grundbedingung, daß die Glühöfen so gebaut und beschickt werden, daß die Gußware eine gleichmäßige Durchglühung erfährt.

Putnam (119) hat z. B. Temperaturmessungen im Temperofen vorgenommen und die in dem Schaubild nach Abb. 185 aufgezeichneten Feststellungen gemacht. Aus dem Linienverlauf ist zu entnehmen, daß nicht allein die an ein und derselben Stelle gemessenen Temperaturen zu verschiedenen Zeiten des Glühens verschieden sind, sondern auch die an der Rückwand des Ofens gemessenen jederzeit von den bei der Beschicköffnung gemessenen ziemlich beträchtlich abweichen. Die gleichzeitig in der Glühkiste gemessenen Temperaturen schwanken ebenfalls unter sich und sind natürlich niedriger als diejenigen des Glühraumes (s. Abb. 186). Die aus Abb. 187 ersichtlichen Schau-

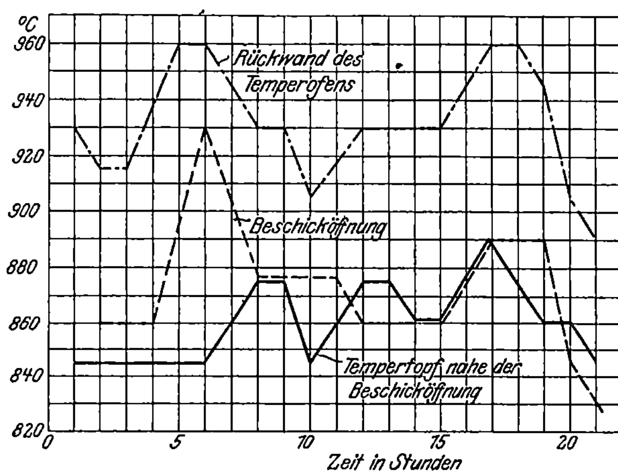


Abb. 185. Temperaturen im Glühofen (119).

linien lassen den Unterschied zwischen der Temperatur der Feuerung und der von dieser entferntesten Stelle des Ofens erkennen. Die in den Tempertöpfen oben liegenden Stücke enthielten in beiden Fällen weniger Temperkohle als die unten liegenden, und zwar im ersten Falle oben 1,38 Temperkohle nebst sehr wenig gebundenem Kohlenstoff, unten 1,54 Temperkohle bei Spuren gebundenen Kohlenstoffes.

Da, wie die Aufzeichnungen nach Abb. 185 bis 187 zeigen, die Ofentemperatur ziemlich starken Schwankungen unterworfen sein kann, so empfiehlt es sich, fortlaufende Temperaturmessungen vorzunehmen, am besten unter Anwendung eines registrierenden, thermoelektrischen Pyrometers. Dabei ist darauf zu achten, daß das Thermoelement mit seiner Lötstelle an die richtige Stelle des Ofens kommt und möglichst eine mittlere Temperatur anzeigt. Nähere Angaben hierüber findet man in einer vom Verfasser für den I. Band des Geigerschen Handbuches bearbeiteten Abhandlung auf S. 387 bis 396. Eine genaue Verfolgung des Temperaturstandes im Ofen ist deshalb so wichtig, weil eine auch nur vorübergehende Temperaturüberschreitung zur unrechten Zeit zu einer Verbrennung der Ware an der Außenfläche führen kann, während der Kern noch hart ist. Die Prü-

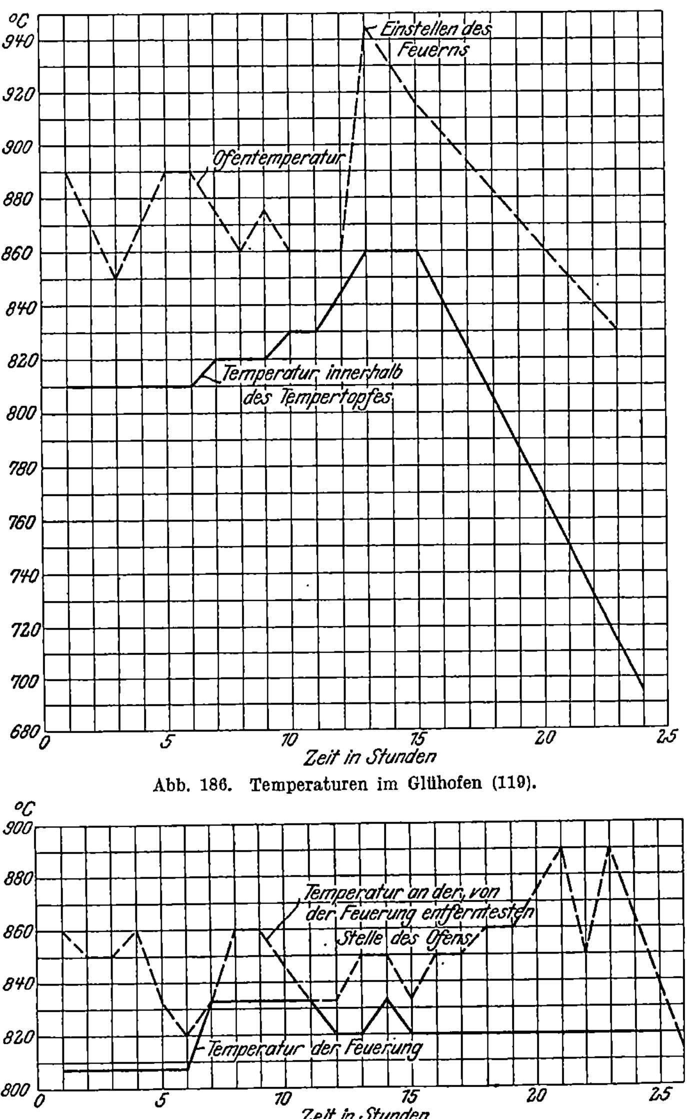


Abb. 186. Temperaturen im Glühofen (119).

Abb. 187. Temperaturen im Glühofen (119).

fung der Temperatur mit dem Auge ist nur bei geübten Leuten verläßlich. Werden solche aber vor neue Öfen in anders belichteter Umgebung versetzt, so sind sie Täuschungen unterworfen. Messung mit Segerkegel ist deshalb nicht vorteilhaft, weil sie unbequem und für fortlaufende Feststellungen nicht geeignet sind.

Zur Erzielung einer gleichmäßigen Durchglühung der Gußware empfiehlt es sich auch, die Öfen mit Töpfen gleicher Abmessung zu beschicken und die Stapel gleichhoch und gleichtief aufzubauen; ungleiche Töpfe und Stapel führen auch zu ungleich getemperter Ware, in den zu großen Töpfen erhält man unter Umständen untertempertes Material. Auch die Ausfüllung des Ofenraumes mit Töpfen ist von Bedeutung; die Zwischenräume zwischen den Stapeln und Wand sollen nicht zu groß sein und ebenso zwischen den Stapeln untereinander. An der Stelle, wo sie sich am nächsten sind, soll der Zwischenraum eine gute Handbreit nicht übersteigen. Die Flammenführung muß so erfolgen, daß die Töpfe nicht etwa von einer Stichflamme getroffen werden.

Zur Vergewisserung, ob die Ware gut getempert ist, kann man einen kleineren Glühtopf mit Probestücken

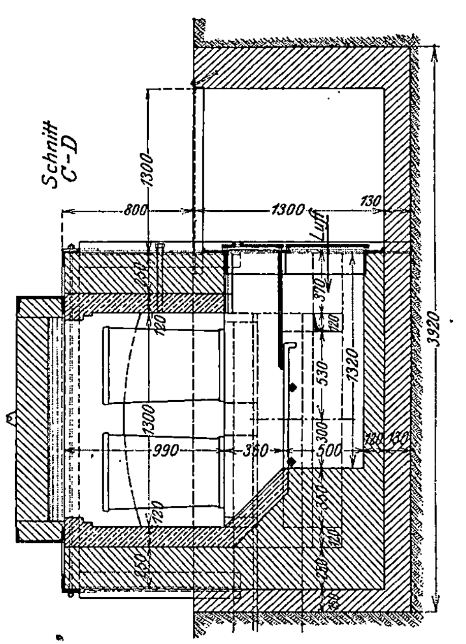

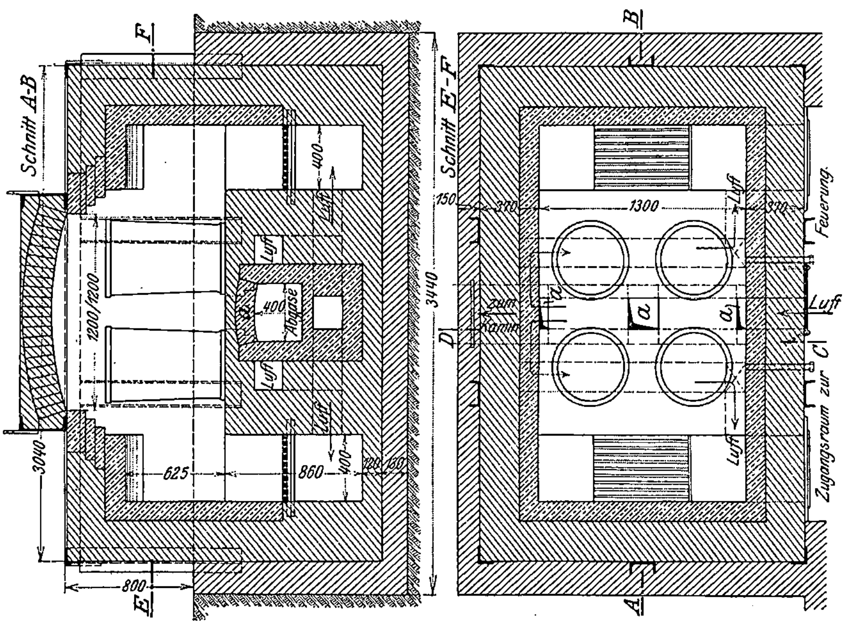

Abb. 188. Temperofen mit doppelter Kohlenfeuerung.

so in den Ofen setzen, daß man die Proben während des Betriebes herausnehmen kann, um den Stand des Glühprozesses festzustellen. Im übrigen verfolgt man den Ofengang durch Schaulöcher, die in der Decke oder in der Tür oder in der Seitenwand angebracht sind.

Die Öfen mit beweglichem Herd und abhebbarer Decke haben einen gewissen Vorsprung gegenüber den von Hand entleerten, weil man die Öfen nicht so weit abkühlen zu lassen braucht, um die Töpfe herauszuholen, man kürzt dadurch die gesamte Glühdauer etwas ab. Gasgefeu-

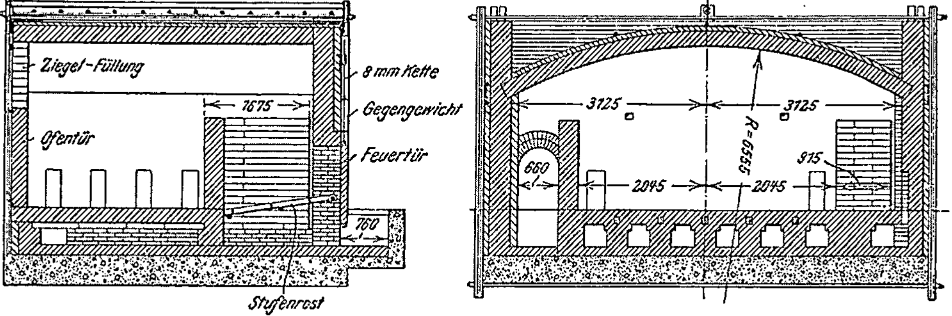


Abb. 189. Temperofen amerikanischer Bauart mit zwei Feuerungen.

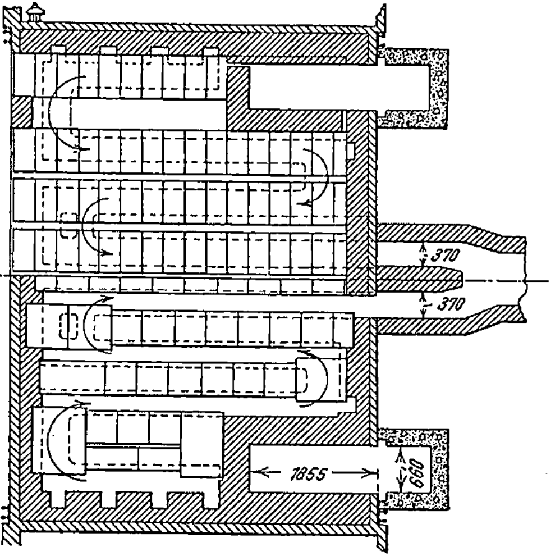


erte Öfen sind hinsichtlich des Brennstoffverbrauchs im allgemeinen wirtschaftlicher als die mit Kohlenfeuerung betriebenen. Es hängt hier aber auch viel von der ganzen Bauart ab, wenn der Unterschied fühlbar und gewährleistet werden soll, denn meiner Erfahrung nach trifft man in der Praxis oft genug auf Gasfeuerungen, die alles andere als wirtschaftlich sind. Die Glühöfen bieten dabei besonders günstige Anlagebedingungen, weil man die

Gaserzeuger ganz dicht an die Öfen ohne zwischengeschobene Kanäle und weitläufige Reinigungsanlagen heranbauen oder unmittelbar mit diesen verbinden kann. Der Brennstoffverbrauch bei Gasfeuerung kann in sehr günstigen Fällen auf etwa 70 v. H. des Einsatzes sinken, in weniger günstigen auf 100 v. H. steigen, während man bei Kohlenfeuerung im allgemeinen mit 120 bis 150 v. H. und je nach dem in ungünstigen Fällen selbst mit 200 v. H. rechnen muß.

Bei dem durch Abb. 188 veranschaulichten Glühofen ist die doppelseitige Kohlenfeuerung versenkt angelegt und durch eine Treppe zugänglich gemacht. Der Ofenraum wird von oben her durch Laufkran beschickt; zu diesem Zwecke ist die Ofendecke abhebbar eingerichtet. Die aus den beiderseitig angelegten Feuerungen aufsteigenden Gase umspülen die Glühkisten und ziehen durch die im Boden des Herdes angebrachten Öffnungen in den unter der Mitte des Herdes verlaufenden Abgaskanal ab. Unterhalb und seitlich dieses Abgaskanals sind Luftkanäle angeordnet, in denen die Verbrennungsluft etwas vorgewärmt wird. Auch der Ofenboden erhält auf diese Weise, zwar keine ganz gleichmäßige und ausgiebige, so doch eine gewisse· Wärmezufuhr von unten.

Der Ofen nach Abb. 189 stellt eine amerikanische Bauart dar und ist mit zwei Feuerungen ausgestattet. Nachdem die Gase den mit Glühtöpfen ausgesetzten Ofenraum durchzogen haben, treten sie durch seitliche und im Boden liegende Abzugsöffnungen in die unter den Herd verlegten Abzugskanäle und ziehen in der Richtung der Pfeile durch den mittleren zum Kamin führenden Kanal ab. Auf diese Weise erhalten die Töpfe auch z. T. Wärmezufuhr von unten, die so viele Bauarten vermissen lassen.

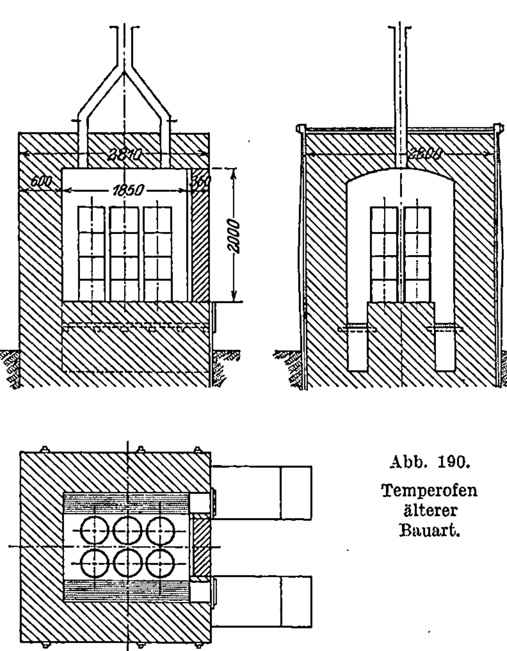

Abb. 190.

Temperofen
älterer
Bauart.

Abb. 190 gibt eine der üblichsten älteren Bauarten mit zwei seitlichen Feuerungen wieder. Die Gase ziehen hier unmittelbar nach oben und durch die beiden Abzugsöffnungen ab; der kurze Weg bedingt eine sehr schlechte Wärmeausnutzung und hohen Kohlenverbrauch. Besser ist schon die Flammen- und Abgasführung bei dem früher ebenfalls häufig ausgeführten Ofen nach Abb. 191. Hier liegt die Feuerung in der Mitte unter den Topfreihen, und die Heizgase steigen unmittelbar durch strahlenförmig verteilte Kanäle zwischen den Topfreihen auf und ziehen beiderseits durch Seitenkanäle abwärts zu den Fuchskanälen.

Der von der Firma Poetter gebaute Temperofen nach Abb. 192 ist als Doppelofen ausgebildet und wird mit Gas beheizt. Der Ofen ist mit abhebbaren Decken ausgerüstet. Unter dem Boden des Ofens liegt der Rekuperator. Das Generatorgas tritt durch ein Absperrventil ein, steigt aus einem Kanal senkrecht zum Brenner auf, um mit der aus dem Rekuperator durch Schlitze in den Brenner einströmenden vorgewärmten Luft zu verbrennen. Die Feuergase überfluten die Brücke, durchströmen den Ofenraum und verlassen diesen durch die Bodenschlitze, um durch die Boden- und Rekuperatorkanäle zum Kamin abzuziehen und auf diesem Wege den Herd des Ofens und die Rekuperatorkanäle zu erwärmen. Die von außen angesaugte Verbrennungsluft nimmt in der bei dem Rekuperator üblichen Weise den entgegengesetzten Weg zum Brenner, die in dem Rekuperator angesammelte Abhitze aufnehmend und mit sich fortführend. Alle Teile des Ofens sind zugänglich gemacht. Der beschriebene Doppelofen nimmt 18 Töpfe von 800 mm lichter Weite und 800 mm Höhe bei einem Fassungsvermögen von je 500 kg auf, so daß ein Einsatz von rund 9000 kg möglich ist. Die Töpfe werden mit dem Laufkran eingesetzt. Der Kohlenverbrauch soll nur 70 bis 90 v. H. des Einsatzes betragen. Durch Einbau einer Rekuperation gelingt es immerhin, die Abgase mit einer Temperatur von 250 bis 350° in den Kamin abzuleiten. Über die Anordnung mehrerer solcher Öfen gibt Abb. 176 näheren Aufschluß.

Eine ähnliche Bauart der Firma Siemens ist in Abb. 193 mit den Hauptabmessungen wiedergegeben, die nach dem eben Gesagten ohne weiteres verständlich ist. Die Decke ist ebenfalls abhebbar und die Rekuperation unter dem Herd angeordnet.

Öfen mit beweglichem Herd werden in neuerer Zeit häufiger gebaut. Ihr Hauptvorteil besteht, wie schon erwähnt, darin, daß man mit der Entleerung nicht so lange zu warten braucht, bis die Gußwaren so weit abgekühlt sind, daß man sie anfassen kann, wie es namentlich bei den Öfen der Fall

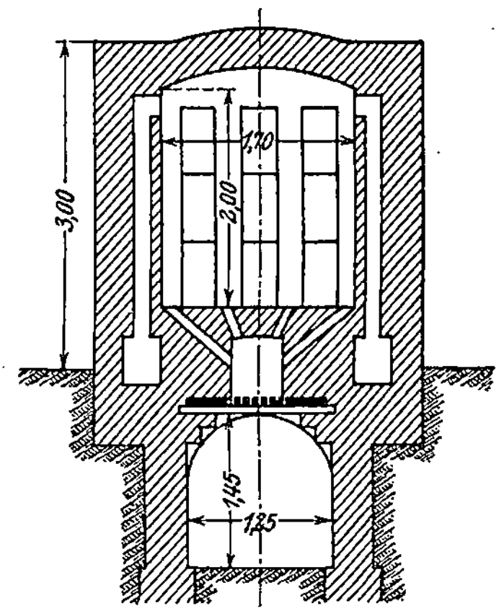

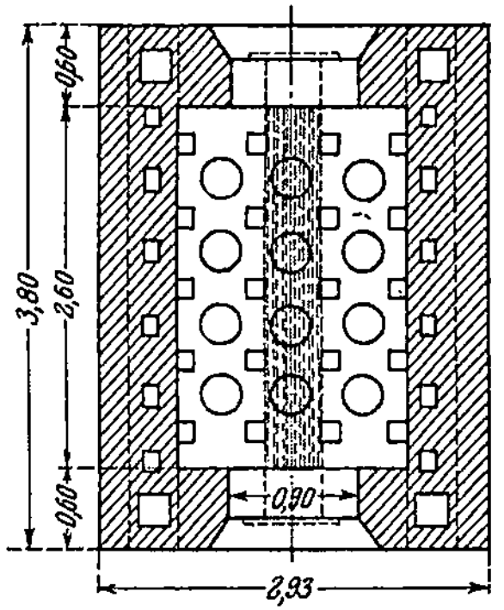

Abb. 191.
Temperofen älterer Bauart.

ist, deren Töpfe im Ofenraum selbst beschickt und entleert werden müssen; vielmehr kann man den Herd mit den daraufgestellten Töpfen schon herausfahren, wenn die Temperatur so weit gesunken ist, daß eine schnellere Abkühlung an der Luft keine Veränderungen des Gefüges mehr hervorzurufen imstande ist. Infolgedessen kann ein Ofen früher entleert und sogleich mit fertig gepackten Töpfen wieder beschickt werden, wodurch die Glühdauer abgekürzt und Brennstoff erspart wird.

Eine ältere, noch jetzt auf den von Querfurthschen Werken in Schönheiderhammer in Betrieb befindliche Ausführung dieser Art ist durch Abb. 194 veranschaulicht. Die Zeichnung ist einer Patentschrift entnommen und entspricht insofern nicht vollkommen der wirklichen Ausführung, als an Stelle von vier Spindeln, die den Herd heben und senken, nur eine unter der Mitte des Herdes angeordnete Spindel zu denken ist. Im übrigen arbeitet der Ofen, wie folgt. Aus den beiden seitlichen Feuerungen *f*, *f* steigen die Gase auf, treten durch drei Reihen schräg ansteigender Kanäle *i* in den Ofenraum und verbrennen hier, ähnlich wie bei einer Halbgasfeuerung mit Luft, die durch besondere über den Feuerungen liegende Kanäle eingeführt wird. Die Abgase

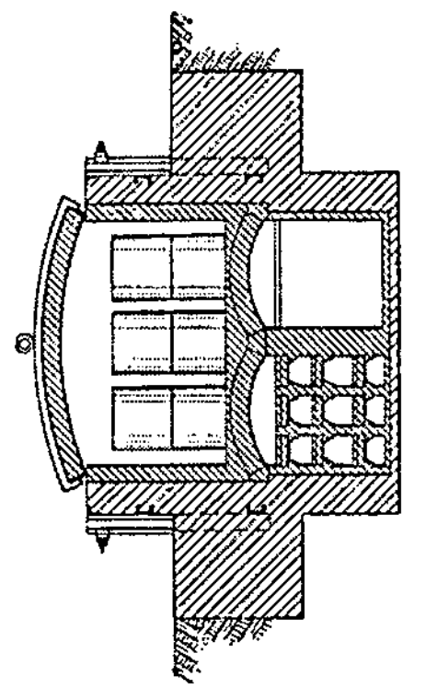

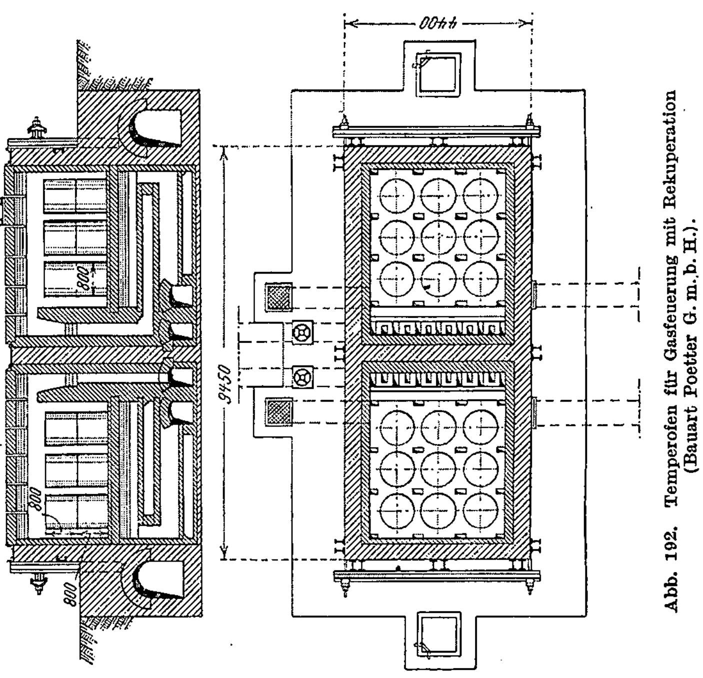

Abb. 192. Temperofen für Gasfeuerung mit Rekuperation (Bauart Poetter G. m. b. H.).

entweichen durch Öffnungen in der Ofendecke unmittelbar in den Kamin. Eine Bodenbeheizung ist also hier nicht möglich, was meines Erachtens ein Nachteil der Bauart ist. Der aus feuerfesten Steinen aufgemauerte Herd *a* ruht in einer gußeisernen Plattform, der von vier Spindeln getragen und gehoben und gesenkt wird. Der Antrieb erfolgt beim Heben motorisch oder durch eine Handkurbel $v$. Das Senken wird nach Lösen eines Einlegers an der Kurbel durch das Eigengewicht des Bodens bewirkt. Die Spindeln verschwinden beim Niedergehen in Röhren, die in den Boden eingelassen sind. Während ein Boden im Feuer steht, werden auf einem zweiten Boden die Töpfe bepackt. Dieser steht während des Packens auf einem Wagen und wird mit diesem

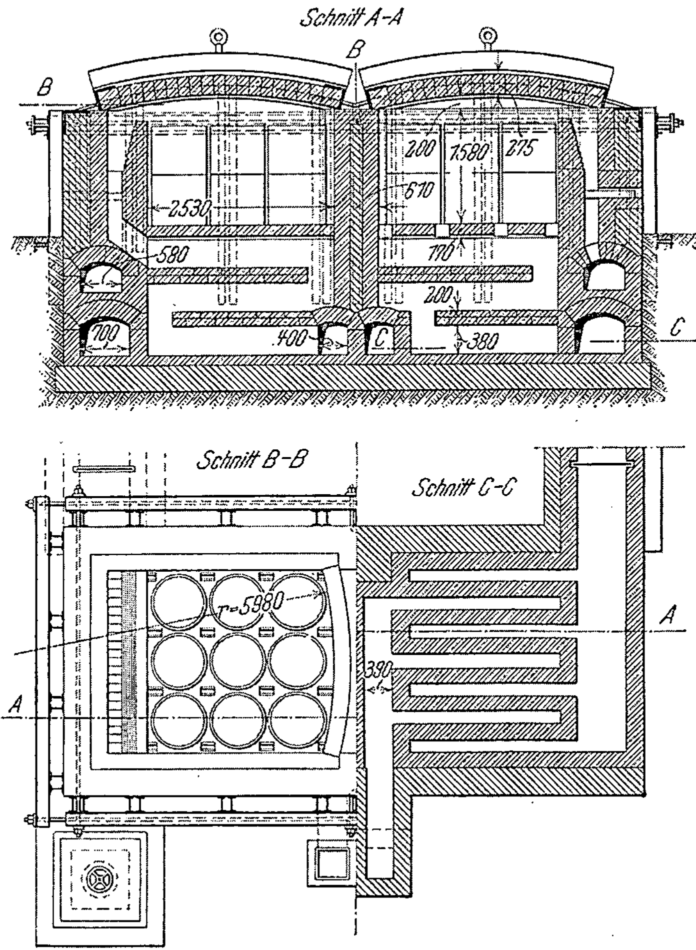


Abb. 193. Temperofen mit Gasfeuerung und Rekuperation (Bauart Siemens).

auf die Plattform gefahren. Für den Durchgang der Spindeln sind in dem Wagen Aussparungen vorgesehen. Auch der auszuwechselnde Boden wird auf einem zweiten Wagen ausgefahren. Zur leichteren Bewegung laufen die Wagen auf Schienen, die am besten vor und hinter dem Ofen durchgeführt sind zum flotteren Auswechseln der Böden. Nach dem Glühen wird der Boden auf einen schon früher untergeschobenen Wagen

abgesenkt und die Spindeln werden so weit heruntergeschraubt, daß der
Wagen frei wird und verschoben werden kann. Der beschickte Wagen
wird dann auf die Plattform gefahren, der Boden gehoben, so daß das
Glühen beginnen kann. Die Einrichtung, die etwas kostspielig und umständlich ist, hat keine Verbreitung gefunden.

Entschieden einfacher ist der mit Halbgasfeuerung ausgestattete
Glühofen nach Abb. 195. Die Feuergase, bzw. Abgase strömen hier durch
die in den ausfahrbaren Boden eingelassenen Abzugslöcher und Kanäle

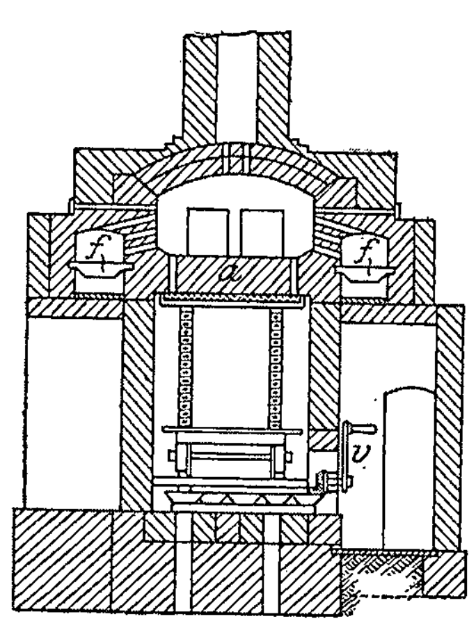

ab. Die sonstige Bauart geht aus der
Abbildung ohne weiteres hervor. Etwas
unbeholfen gestaltet sich die Bewegung
der schweren Einsatztüren.

Der gasgeheizte, von der Firma
Siemens gebaute Glühofen nach Abb. 196
ist durch einen ausfahrbaren, auf
Kugeln laufenden Herd und durch eine
Regenerativfeuerung ausgezeichnet.
Die letztere soll den Vorteil einer
größeren Ausdauer der Tempertöpfe
bieten, da die Umschaltung zur Erniedrigung des Abbrandes der Töpfe beitragen soll; ferner wird durch die wech-
selnde Flammenrichtung eine gleichmäßige Erwärmung des Ofeneinsatzes
erzielt. Der Gaserzeuger ist dicht bei
dem Glühofen aufgestellt, und die Luftkammern sind unter dem Herd angeordnet. Durch die in den Luftkammern
aufgespeicherte Wärme ist die Möglichkeit einer allmählichen Abkühlung des
Ofeninhalts geboten, ohne daß dieser
von der Flamme bestrichen wird.

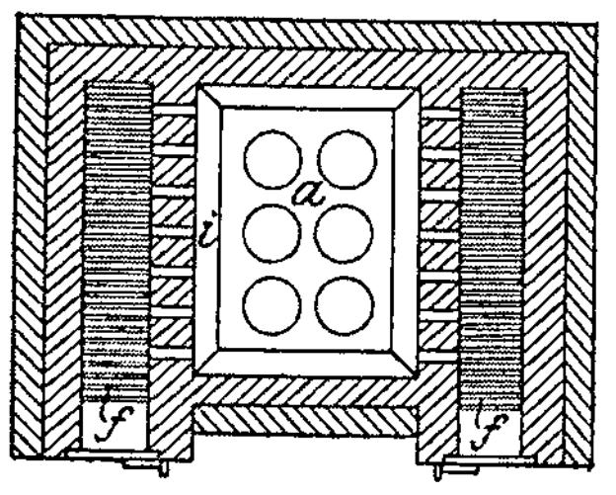

Abb. 194. Älterer Temperofen
mit ausfahrbarem Herd.

Bei der amerikanischen Bauart nach
Abb. 197 ist der Gaserzeuger $a$ unmittelbar an die eine schmälere Ofenseite
angebaut. Die aus dem Generator aufsteigenden Gase strömen über
eine Brücke und dann durch zwei, im Schnitt $A$—$B$—$C$ strichpunktiert
angedeutete Kanäle $b$, $b$ schräg nach rechts, bzw. links abwärts zu
den an der Außenseite längs liegenden Kanälen $c$, $c$ und weiterhin
wieder aufsteigend durch die Schlitze $d$, $d$ nach den Brennern $e$, $e$, wo
sie mit der durch die im Boden liegenden Kanäle $f$, $f$ von Bläsern vor-
getriebene Luft verbrennen. Die Flamme durchstreicht den Ofenraum
und zieht durch die in der Mitte des Bodens angebrachten Löcher $g$, $g$
und den unter der Bodenmitte hergeführten Abzugskanal $h$ zum Kamin

ab. Die Glühtöpfe werden mit einem Handwagen, ähnlich dem nach Abb. 173 in den Ofen eingesetzt.

In den Vereinigten Staaten werden die Glühöfen auch häufig mit Naturgas gefeuert. Gas und Luft werden einfach durch Rohre in den Ofenraum eingeführt, wo sie verbrennen. Die Verbrennungsgase ziehen durch Schlitze in den Seitenwänden und unter dem Herd durchgeführte Kanäle ab. Ein solcher Ofen ist in „Stahl und Eisen" 1906, S. 164, abgebildet.

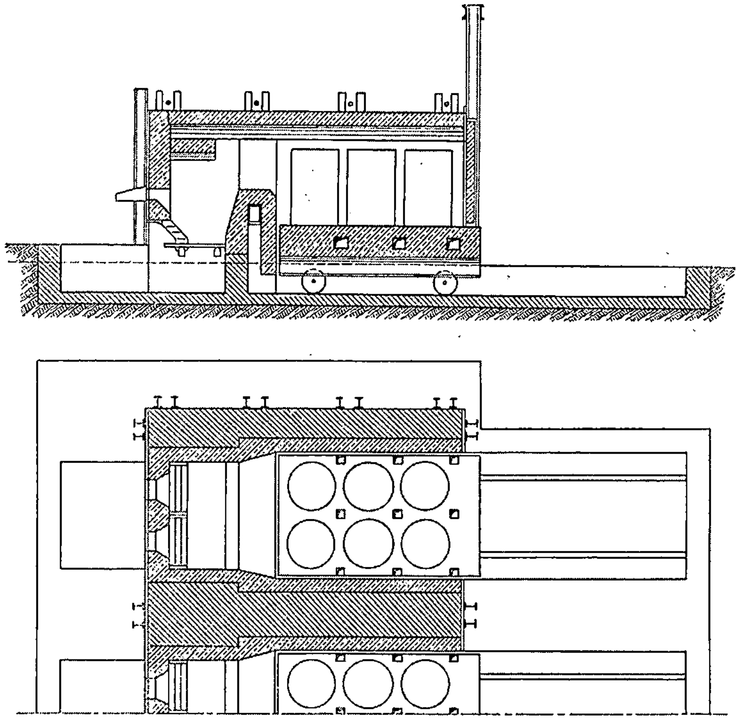

Abb. 195. Temperofen mit ausfahrbarem Herd (Bauart Poetter G. m. b. H.).

Ein weiterer Glühofen mit ausfahrbarem Boden ist in Abb. 198 veranschaulicht. Der Ofen wird jedoch mit Kohle beheizt. Bemerkenswert ist hier die ganze Anordnung der Anlage. Auf einem von einem Laufkran beherrschten, in der Abbildung rechts ersichtlichen Packplatz werden die Wagen beladen und auf Schienen in den Ofen vorgeschoben. Damit man die vom Ofen kommenden Wagen an jeder freien Stelle des Packraumes entladen und jeden beladenen Wagen zu einem beliebigen zum Glühen vorbereiteten Ofen bringen kann, ist zwischen Packraum und Ofenreihe eine Schiebebühne eingerichtet und so ein ungehemmter Verkehr zwischen Öfen und Packraum ermöglicht (IV, S. 305).

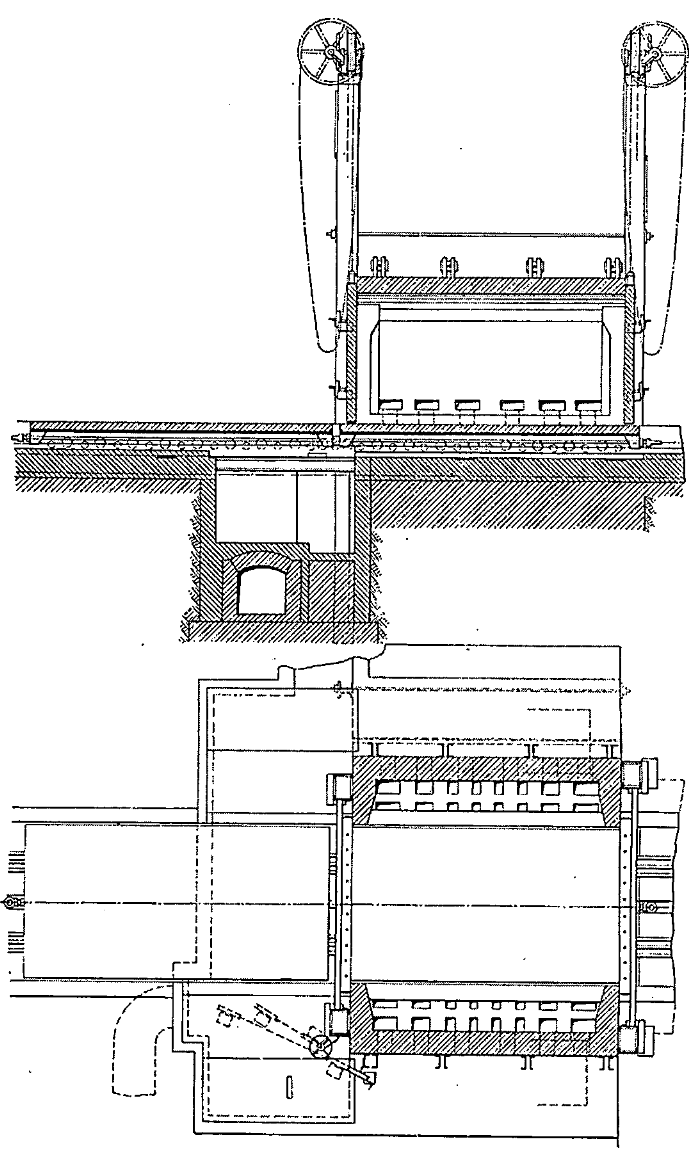

Abb. 196.  Temperofen

Abb. 204 bietet im Schnitt $E$—$F$ noch ein Beispiel für über Sohle gebaute Öfen mit abhebbarer Decke und Abb. 175 ein solches für Glühgruben.  Letztere können mit Gas oder Kohle beheizt werden.

Die Zahl der aufzustellenden Öfen richtet sich natürlich nach der Größe der Erzeugung und dem Fassungsvermögen des einzelnen Ofens; kleinere, meist für Kohlenfeuerung eingerichtete nehmen 1 bis 2 t Gußwaren auf; in kleinen Betrieben geht man auch auf $^1/_2$ t herunter.  Man

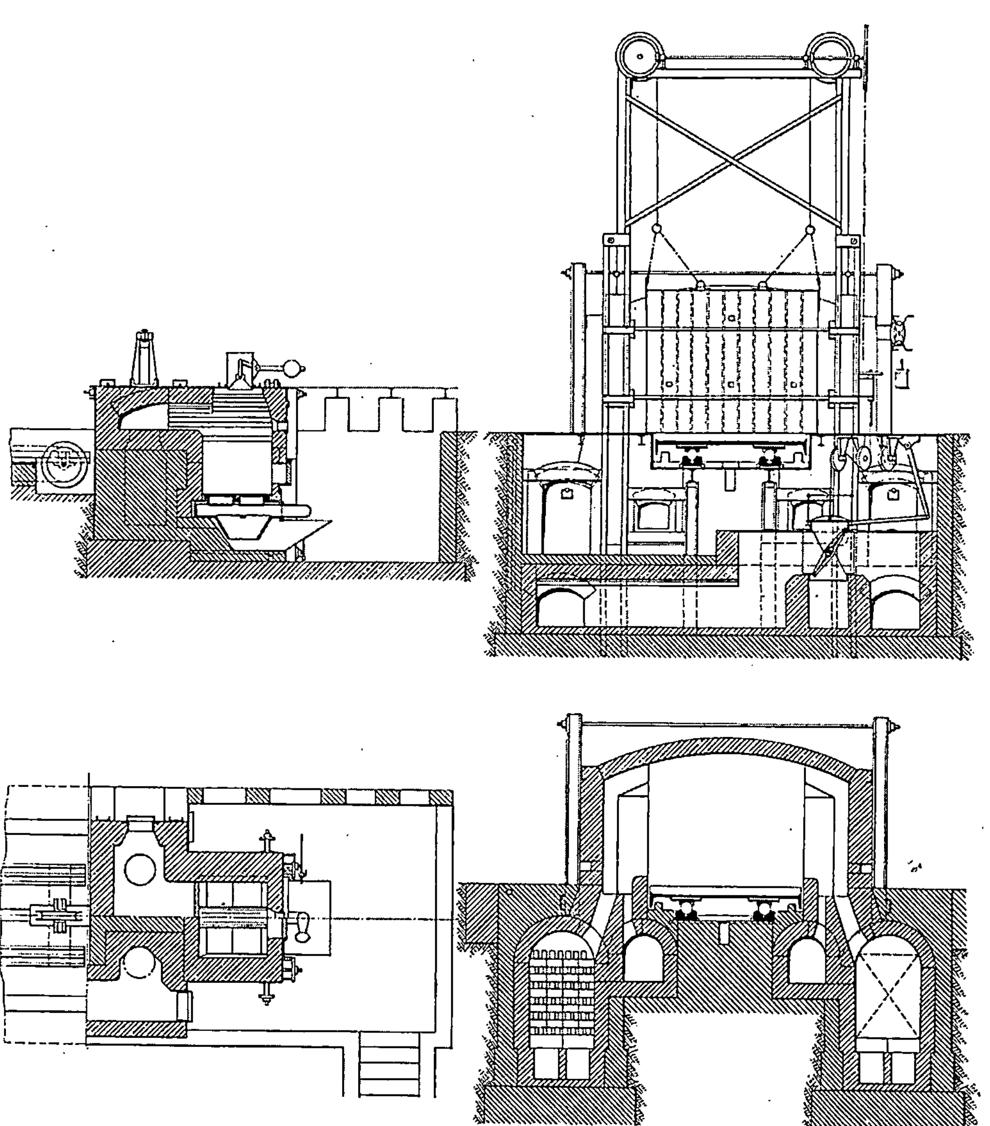

mit Wärmespeicher (Bauart Siemens).

findet indessen auch kohlengefeuerte Öfen mit größerem Fassungsvermögen. Am gebräuchlichsten sind die Glühöfen für 4 bis 6 t Einsatz mit Gasfeuerung; über eine Aufnahmefähigkeit von 10 t geht man kaum. Die großen Öfen werden fast durchweg mit Gas beheizt.

Glühöfen mit gemauerter Kiste. Man kennt auch Glühöfen, in die man die Behälter zur Aufnahme der Gußstücke aus feuerfesten Steinen einbaut. Man macht von dieser Ausführungsform namentlich dann

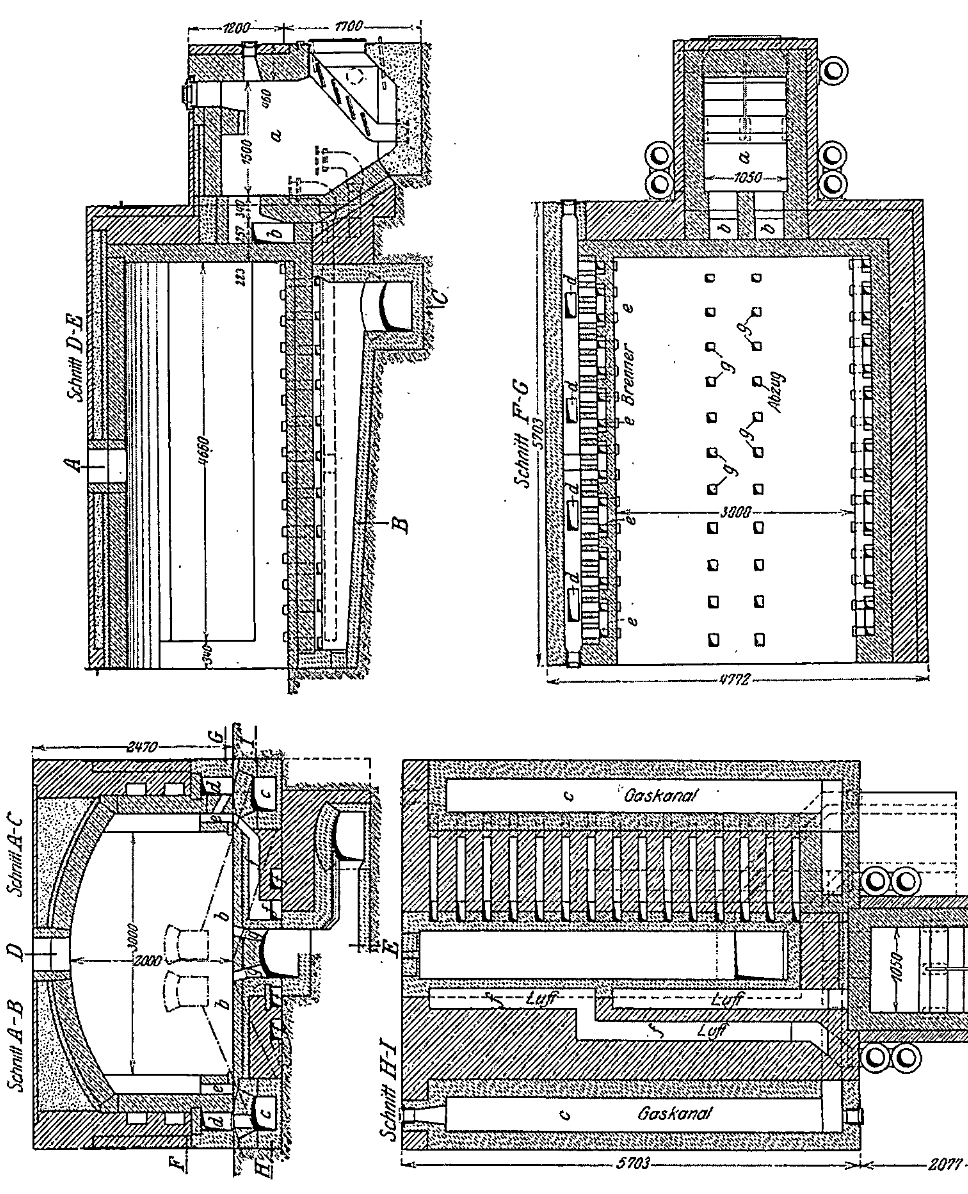


Gebrauch, wenn es sich um das Einpacken von größeren Gußstück
handelt, die etwa als Massenware hergestellt wird, so daß man die *A*
messungen der gemauerten Glühkiste dementsprechend wählen ka
Einen Ofen solcher Art, der zur Aufnahme von Wagenrädern bestimmt
gibt Abb. 199 wieder. Der Ofen hat kreisförmigen Querschnitt, ei
äußeren Durchmesser von 4,6 m und eine Höhe von 5,66 m und

über der Gießereisohle angelegt. Die Feuerung *a, a* ist am Umfang
des Ofens angeordnet und durch mehrere Feuertüren zugänglich gemacht. Die Gase folgen dem durch Pfeile bezeichneten Weg, steigen in
dem äußeren Ringkanal *b, b* auf, ziehen durch die am Ende dieses Raumes
angebrachten Schlitze über den abgedeckten Glühbehälter *c, c* hinweg abwärts durch den Schacht *d* zum Kamin. Der Schacht *d* ist aus Schamottesteinen gemauert oder aus ringförmigen Segmenten von 60 bis 70 mm
Wandstärke zusammengesetzt, die beim Einpacken und Entleeren auf-
einandergestellt, bzw. abgehoben werden. Die äußere Wand der Glühkiste *c* ist aus feuerfesten Steinen aufgemauert und entsprechend stärker
gehalten. Die Decke des Ofens besteht aus einzelnen abhebbaren Steinen,
um den Ofen leicht zugänglich zu machen. Nach Zustellen des Ofens

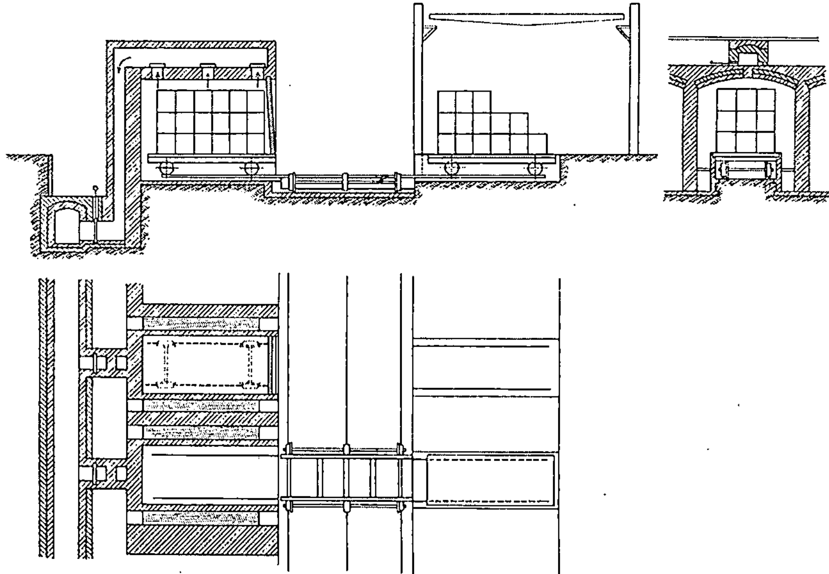

Abb. 198. Schema einer Temperofenanlage mit Schiebebühne vor dem Ofen.

werden die Steinfugen gut verschmiert. Vor dem Einpacken werden die
Wände des Glühraumes mit Kalkmilch bestrichen, um ein Anbacken
des Inhalts zu verhindern. Man beschickt den Glühbehälter *c* so, wie
es auf S. 234 beschrieben wurde, nur wählt man die Abstände zwischen den
Gußstücken etwas größer als gewöhnlich. Die oberste Schicht der Gußware wird ebenfalls mit Tempermasse bedeckt und gegen unmittelbare
Berührung mit den Feuergasen durch aufgelegte Ziegel gesichert. Die
mit Masse umstampften Gußstücke müssen je nach Größe und Form
abgestützt werden, damit sie sich beim Zusammensinken des Ofeninhalts
nicht zu stark verkrümmen. Auch muß man dafür sorgen, daß eine Probeentnahme während des Glühens möglich ist. Ein solcher Ofen nimmt

natürlich für Glühen und Auspacken mehr Zeit in Anspruch als andere Öfen, die mit Glühtöpfen besetzt werden. Auch der Brennstoffverbrauch ist größer. Osann (111) gibt 300 kg Kohle auf 100 kg eingesetzte Gußware an. Ein Ofen, wie er nebenstehend abgebildet ist, wird in einem Tage gepackt, nach weiteren drei Tagen ist Vollhitze erreicht, die bis zum zehnten Tag unterhalten wird. Das Abkühlen dauert drei bis vier Tage, so daß der Ofen nach 18 bis 22 Tagen wieder bereit steht zum Neu-

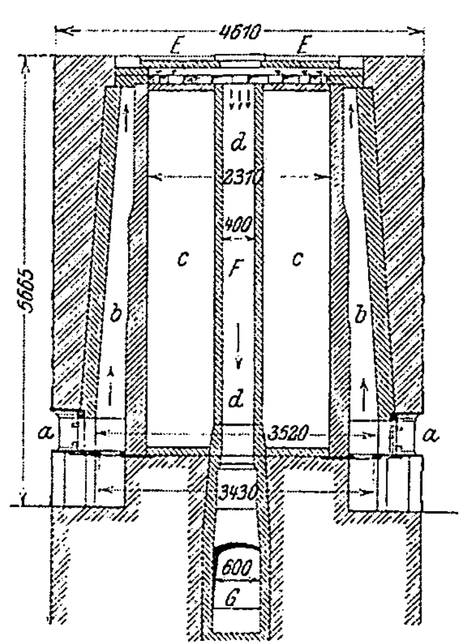

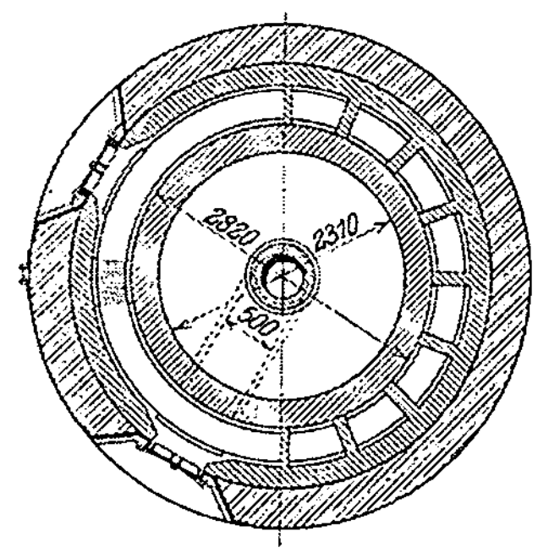

Abb. 199. Temperofen mit gemauerter Glühkiste.

beschicken. Das Auspacken der Öfen erfolgt am besten gruppenweise. Man geht von Ofen zu Ofen und lockert die obersten Teile der Masse mit der Spitzhacke, da das Material noch zu heiß ist, um einen Ofen auf einmal zu leeren. Wenn man beim letzten Ofen angekommen ist, hat sich inzwischen die gelockerte Masse und Gußware so weit abgekühlt, daß sie angefaßt werden kann. Die losgeschlagene Tempermasse wird in den Schacht $d$ geworfen und aus dem Essenkanal herausgezogen. Die Gußstücke werden mit der Hand aus dem Ofen gehoben und in Förder- oder Hängebahnwagen gelegt. Übrigens sei noch bemerkt, daß man die Abgase der Temperöfen zur Dampferzeugung ausnutzen kann. Osann (111) erwähnt einen Fall, in dem die Abhitze von 20 Glühöfen zum Heizen von 3 Cornwallkesseln mit je 90 qm Heizfläche Verwendung fanden.

Der sog. Temperstahlguß wird auch in solchen Öfen geglüht. Osann (111) beschreibt z. B. einen solchen Ofen, der zum Glühen von Rädern benutzt wird, die aus dem Kupolofen gegossen werden. Man legt dabei die Gußstücke nicht so dicht aufeinander und hält sie seitlich durch eine etwa 50 mm, beim Übereinanderschichten etwa 60 bis 70 mm starke Glühmittelschicht auseinander.

Man gibt dieser Art Öfen zuweilen rechteckigen Grundriß (s. IX, Tafel II, Fig. 6 u. 7). Die runde Form wird auch in niedrigerer Ausführung gebaut (s. IX, Tafel II, Fig. 4 u. 5). Abgesehen davon, daß man diese besser ausnutzen kann, sind sie billiger in der Ausführung, weil die kostspieligen Fassonsteine wegfallen.

Eine andere Ausführungsform eines Temperofens mit aufgemauerter Glühkiste bietet Abb. 200. Der Ofen hat rechteckigen Querschnitt und ist versenkt angeordnet, weshalb leichte Verankerung genügt. Die Decke ist abhebbar eingerichtet. Um die Mauerung solcher Öfen vor zu starkem Angriff zu schützen, setzt man sie wohl auch mit eisernen Platten aus.

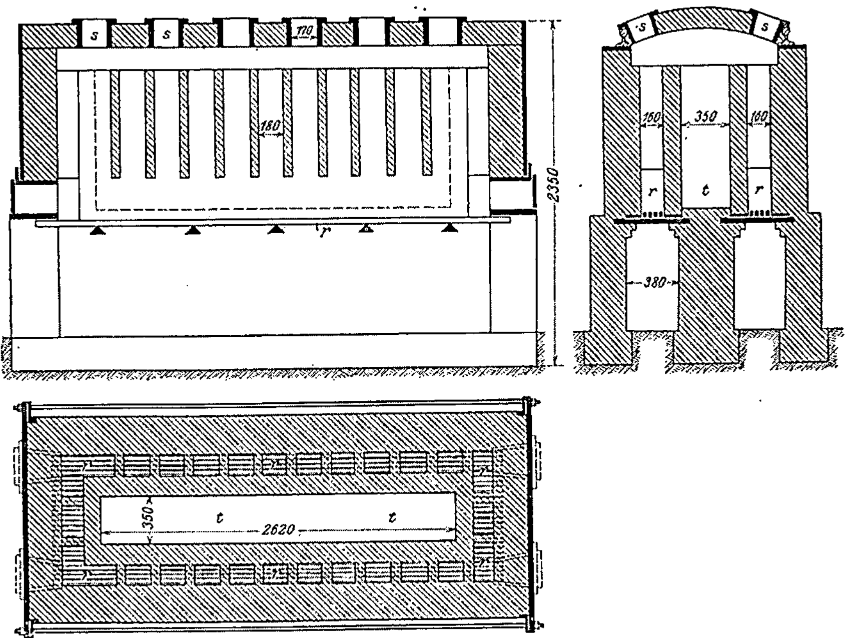

Abb. 200. Temperofen mit gemauerten Glühbehältern (IX).

## 10. Die Herstellung von Metallüberzügen; Teeren der Gußstücke.

**Verzinnen.** Tempergußstücke werden vielfach verzinnt. Da die Herstellung eines sauberen, glatten Überzuges infolge der nicht besonders glatten und meist etwas oxydierten Gußhaut nicht so einfach ist, bedarf es einer sorgfältigen Vorbehandlung der Stücke. Zunächst werden sie in einer Säure, die aus einem Teil Salzsäure und zwei Teilen Wasser besteht, gebeizt und die anhaftenden Säurereste mit Kalkmilch neutralisiert, dann erst kann das Abspülen mit Wasser erfolgen. Eine unmittelbare Verzinnung ist wohl möglich, aber nicht so haltbar, als wenn man eine Kupferschicht zwischen Überzug und Gußstück einlegt. Man erzeugt diese auf galvanischem Wege in einem Kupfervitriolbad. Soll der äußere Überzug glatt sein, so muß auch der Kupferüberzug schon gleichmäßig aufgetragen werden. Deshalb ist vor allen Dingen ein sauberes Abblasen der Gußstücke oder ein gutes Blankscheuern vonnöten. Die Verzinnung setzt sich aus einer Vorverzinnung und Nachverzinnung zusammen, die beide getrennt in besonderen, schmiedeeisernen Verzinnungskesseln vorgenommen werden. Je nach der Stärke der Auftragung muß man die Stücke eine halbe bis ganze Stunde in dem Vorverzinnungskessel belassen. Bei Hochglanzverzinnung dauert auch die Nachverzinnung längere Zeit. Zur Erzielung eines einwandfreien Überzuges empfiehlt es sich, das Zinnbad öfters zu erneuern, außerdem geht dann auch die Verzinnung selbst schneller vonstatten. Da bei den Verzinnungsarbeiten ungesunde Gase und Dämpfe entwickelt werden, müssen die Räumlichkeiten mit einer wirksamen Ventilation ausgestattet sein (186). Nachteilig für die Haltbarkeit des Überzuges ist wie gesagt eine oxydierte Außenschicht, weil die Oxydhaut durch das Beizen oft nicht ganz beseitigt wird. An den oxydierten Stellen blättert der Zinnüberzug ab oder das Metall nimmt das Zinn gar nicht an. Dasselbe kann eintreten, wenn die Außenzone nicht genügend entkohlt ist, wahrscheinlich weil der gebundene Kohlenstoff die Zinnaufnahme erschwert. Der Grund beider Erscheinungen, d. h. das Auftreten der Oxydschicht und die zu geringe Entkohlung, liegt gewöhnlich an einem Unterglühen der Gußstücke.

**Verzinken.** Temperguß wird auch verzinkt. Die Verzinkung ist besonders dann dem Verzinnen vorzuziehen, wenn man das Gußstück vor Verrosten schützen will. Zink ist in Berührung mit Eisen positiv elektrisch, und bei der Zersetzung von Feuchtigkeit geht der frei werdende Sauerstoff zum Zink, so daß das Eisen auf diese Weise vor dem Sauerstoffangriff bewahrt bleibt. Auch wenn eine Stelle vom Zinküberzug entblößt werden sollte, so schützen die umliegenden verzinkten Teile diese noch immer vor Verrosten, sofern die Beschädigung nicht zu großen Umfang annimmt. Verzinnte Gegenstände rosten dagegen überall, wo der Überzug schadhaft ist. Wenn man von galvanisiertem Eisen bzw. Temperguß spricht, so versteht man darunter verzinkte Stücke. Das Verfahren ist einfach. Die Stücke werden entweder sorgfältig abgeblasen mit dem Sandstrahl, oder man beizt sie, scheuert sie dann und spült sie ab, dann taucht man sie in eine Lösung von Zinkchlorid und Salmiak und nachdem sie getrocknet sind, ins Zinkbad. Das Zink wird in einem eisernen Kessel geschmolzen und mit Salmiak bedeckt gehalten. Wenn der Überzug an einzelnen Stellen nicht haftenbleibt, bestreicht man diese mit Salmiak oder Zinkchlorid und taucht sie nochmals ein. Die so verzinkte Ware wird dann in Wasser gelegt, mit Bürsten abgerieben und zuletzt in Sägespänen getrocknet. Das Verzinken darf nicht in einem zu hoch erhitzten Zinkbad erfolgen, da die Stücke sonst hart werden und unter Umständen nicht mehr bearbeitet werden können. Auch darf die Gußware nicht mit einer Oxydhaut umgeben sein, weil das Zink nicht darauf haftet. Es empfiehlt sich, die Stücke zweimal zu beizen, beim ersten Beizen kann man verdünnte Schwefelsäure oder Salzsäure verwenden, das zweite nimmt man in verdünnter Salzsäure vor. Die Verzinkung fällt dann besser aus. Nach Moldenke ist das Scherardisieren der Gußstücke besonders geeignet, um ihnen einen Zinküberzug zu geben. Das Einbetten und Bewegen der Teile in Zinkstaub bei einer unterhalb des Schmelzpunktes liegenden Temperatur gibt dem Temperguß einen haltbareren Überzug als das galvanische Verfahren. Das Zink dringt tiefer in den Gegenstand ein, und ein solcher Überzug schützt besser gegen die Einwirkung von Nässe. Die für solche Zwecke benötigten Teile sind meist keiner großen Beanspruchung ausgesetzt, und deshalb macht die durch das eindringende Zink verursachte Schwächung der Festigkeit nicht viel aus.

Feinere Teile, denen der Überzug ein besonders gutes Aussehen verleihen soll, bringt man mit Lederabfällen, altem Schuhwerk u. dgl. in eine Scheuertrommel (Poliertrommel, s. Abb. 166), um sie zu reinigen und gleichzeitig zu polieren. Sie werden dabei so glatt und blank, daß man sie unmittelbar danach verzinnen, vernickeln, selbst versilbern und vergolden oder goldplattieren kann. Die Stücke fallen bei dieser Behandlung sehr gleichmäßig aus. Das Vernickeln, Verkupfern, Vermessingen, Versilbern usw. erfolgt wie üblich auf elektrolytischem oder galvanischem Wege. Näheres hierüber findet man in jeder metallurgischen Technologie bzw. in Werken über Galvanostegie. Auch das Schoopsche Spritzverfahren dürfte sich zum Überziehen des Tempergusses eignen; diesbezügliche Literatur hierüber liegt m. W. jedoch nicht vor.

Manche Gußstücke erhalten auch einen Teerüberzug. Man benutzt hierfür zähflüssigen Steinkohlenteer, dem man manchmal zum schnelleren Eindicken etwas gebrannten Kalk zusetzt und der durch Erhitzen flüssig wird. Die auf etwa 300° erhitzten Tempergußstücke werden in den heißen Teer eingetaucht, der anklebende Teer mit einer Bürste verrieben und die Teile der Abkühlung und Trocknung überlassen.

## 11. Moldenke über amerikanischen und europäischen Temperguß.

Über das Abgießen, die Verwendung verschiedener Pfannen und die dann folgende Weiterbehandlung des Gusses macht Moldenke in seinem Buch über Temperguß (V, S. 88 u. f.) längere Ausführungen, die sicher dem deutschen Praktiker manches Bemerkenswerte bieten und deshalb kurz hier wiedergegeben seien, unbeschadet einiger Wiederholungen früherer Ausführungen, denn die fraglichen Abschnitte aus Moldenkes Werk geben einen guten Einblick in die amerikanische Denk- und Arbeitsweise bezüglich der Tempergußerzeugung. Auch sonst enthalten sie noch manches Beachtenswerte, was bisher nicht besonders erwähnt wurde:

Nach gründlichem Abschlacken wird der Ofeninhalt in Handpfannen und bei größeren Stücken bis etwa 150 kg Gewicht in Gabelpfannen vergossen. Dünne lange Stücke gießt man aus mehreren gleichzeitig angesetzten Handpfannen. Das vergießfertige Eisen muß weißglühend sein und sprühen; die Form wird so rasch wie möglich gefüllt. Um den Scherereien und der Gefahr beim Abstechen — jedenfalls ist das Ausbrechen der Stichlochöffnungen gemeint —, besonders beim Abfließen einer zweiten Hitze aus dem Martinofen zu begegnen, bedient sich Moldenke einer 6-t-Pfanne,

die er vollaufen läßt und in seiner ziemlich langgestreckten Gießerei dorthin schafft, wo das Eisen gebraucht und dort in kleinen Pfannen verteilt wird, oder er hält sie an Ort und Stelle und läßt, wie beim Abstich
am Ofen, die Arbeiter an der großen Pfanne vorübergehen und ihre Hand-
oder Gabelpfannen wie üblich vollaufen. Hier muß bemerkt werden,
daß Moldenke mit drei übereinanderliegenden Abstichöffnungen arbeitet.
Er bricht die oberste zunächst so weit aus, bis das Bad bis auf die Höhe
des unteren Lochrandes abgelaufen ist; bei weiterem Eisenbedarf wird die
Abstichöffnung vergrößert und schließlich bis zum Boden bzw. dritten
Abstichloch erweitert. Auf diese Weise geht die Entleerung des Ofens sehr
schnell vor sich. Für den Fall, daß der Ofen mehr Eisen als erwartet enthält,
steht eine zweite Pfanne bereit, das überschüssige Eisen aufzunehmen. Da
das aus der obersten Abstichöffnung abfließende Eisen nicht besonders
heiß ist, läßt man in der Pfanne einen Rest von etwa 250 kg, der für leichte,
dünne Gußwaren nicht zu verwenden ist. Auf dieses Eisen läßt man dann
das aus dem zweiten Abstichloch fließende Eisen laufen, das so heiß ist,
daß die Mischung für jede Art von Gußstücken brauchbar ist. Am
heißesten ist aber der dritte, unterste Abstich. In Gießereien mit Trolleys
bedient man sich der an der Hängebahn aufgehängten Pfannen mit etwa
250 kg Inhalt, der entweder unmittelbar in die Formen gegossen oder in
Handpfannen verteilt wird. Dann benutzt man auch Stopfenpfannen,
die mittels Laufkrans an verschiedene Stellen der Gießerei gebracht
werden und ihr Eisen an Handpfannen abgeben. Der Vorteil hierbei ist,
daß die Schlackendecke das Eisen warm hält, evtl. kann man auch die
Stopfenpfanne abdecken, das abfließende Eisen ist frei von Verunreinigung,
und es treten keine Eisenverluste ein.

Nach dem Abgießen und hinreichender Abkühlung der Gußstücke werden die Kästen entleert, die Eingüsse abgetrennt und die Ausschußstücke
ausgeschieden. Auf keinen Fall dürfen die Stücke in rotwarmem Zustand
herausgenommen werden, da das eine oder andere an kritischen Stellen
reißen kann. Der Riß kann so klein sein, daß er der späteren Prüfung
entgeht und sich erst nach Indienststellung des Stückes bemerkbar macht.
Man prüfe daher die Gußstücke auch auf ihren Klang. Gußstücke, bei denen
irgendeine Wahrscheinlichkeit besteht, daß sie beim Entleeren reißen, wie
z. B. Bremsräder u. a., werden in rotglühendem Zustand aus der Form geworfen und schleunigst in die „Wiedererhitzungsöfen" (bei uns Erkaltungsöfen genannt, s. S. 239) gebracht, die hocherhitzt sein müssen; sobald der
Ofen mit der in Frage kommenden Tagesmenge beschickt ist, wird er
dicht geschlossen und sein Inhalt die Nacht über mit dem Ofen selbst der
Abkühlung überlassen.

Bezüglich der Gußprüfung erwähnt Moldenke noch, daß schon nach dem
Entleeren und während des Putzens die Trichter entfernt werden müssen
und soweit wie möglich auch die Kerne, besonders bei langen Hohlstücken,
unter Benutzung besonderer Werkzeuge zum Herausziehen der Kerneisen.

Die Kerneisen werden zur Kernmacherei gebracht und auf Kerndrahtricht-maschinen gestreckt. Auf großen Werken werden diese Arbeiten nachts ausgeführt. Auf dem Wege zur Glüherei wird, überall wo unbrauchbare Gußstücke erkannt werden, der Ausschuß herausgelesen. Dieser geht mit den Eingüssen, Köpfen und sonstigen Abfällen zu einer großen auf dem Hof aufgestellten Schlacken- oder Putztrommel, wo alle diese Teile von Sand gereinigt werden und so eine Verminderung der Schlackenmenge und Verkürzung der Schmelzdauer bewirkt wird. Auch das Abschlacken wird hierdurch erleichtert, das Eisen gelangt sauberer in die Form, und das Ofenmauerwerk wird mehr geschont. Nun wird der Guß geputzt, sortiert und zum Glühraum gebracht. Zunächst gelangt er in den Raum, in dem die Putztrommeln aufgestellt sind. Beim Putzen des harten Gusses in den Trommeln ist darauf zu achten, daß die Stücke nicht zu lange darin verbleiben. Gewöhnlich genügen 20 Minuten. An starkwandigen Gußstücken haftet indessen der Sand manchmal so fest wie eine Emaille, so daß diese länger gerommelt werden müssen. Läßt man den Rohguß den ganzen Tag über in der Trommel, so erhält man nur eine polierte Ober-fläche, ohne daß der Guß sauberer wird. Zur Vermeidung eines zu festen Anhaftens muß darauf geachtet werden, daß im Formsand nicht zuviel Flußmittel enthalten sind; auch bei Eisen, das durch Überhitzen oder zu langes Stehen im Herd zu stark oxydiert ist, treten solche Übelstände auf. Besonders wenn das Eisen matt ist, brennt der Sand an. Um heißer gießen zu können, hält man das Eisen länger im Ofen, es oxydiert leicht, der Schmelzpunkt steigt erheblich, beim Abstich scheint die Temperatur des Bades sehr hoch, in der Pfanne fällt das Eisen aber ab und der Guß mißlingt. Indessen war die Temperatur des Eisens zu hoch für den Sand, der infolgedessen fest anfrittet, so daß mühsame Putzarbeit von Hand oder mit Luftwerkzeugen nötig wird.

Aus dem Trommelraum wird der Guß in Räderwagen oder Hängebahn-wagen zur Handputzerei geschafft, wo die Eingüsse mit dem Hammer abgeschlagen und die Waren nach Gußlisten gesammelt werden. Die Hand-putzerei und Sortiererei ist eine der wichtigsten Abteilungen des ganzen Betriebes, weil durch ein sorgfältiges Putzen des verhältnismäßig leicht brüchigen harten Gusses nicht allein sehr viel nachträgliche Schleif- und Putzarbeit am weichen Guß gespart werden kann, sondern auch der Ruf des Unternehmens von der Aufmerksamkeit der Putzer und Gußprüfer abhängt. Alle Klagen und Ausstellungen der belieferten Firmen werden hier verursacht; die Hauptsache aber ist ein gesunder Guß, wegen des schlechten Aussehens der Stücke kann der Leiter eines Werkes mal ein Auge zudrücken. In dieser Abteilung wird auch der Guß abgewogen, und die Abgänge werden auf Grund einer Stückzählung festgelegt, ehe der Guß das Werk verläßt. Die Gußaufstellungen gehen zum Bureau; alles, was an Ware täglich zur Glüherei gelangt, muß bekanntgemacht werden, um den Versand der Aufträge vorzubereiten. In derselben Abteilung werden am besten die verworfenen Gußstücke in Haufen gesammelt, damit sie in den Arbeitspausen von den Formern besichtigt werden können, denn der Arbeiter, der im Stücklohn arbeitet, muß das Recht haben, den Guß, den er nicht bezahlt bekommt, zu prüfen. Gleichzeitig bietet sich hier für den Meister Gelegenheit, mit den Arbeitern Formfehler zu besprechen, da man das Eisen ja nicht gerade zur Erzeugung von Ausschuß einschmilzt und nicht mehr Bodenraum zur Herstellung der Gußware hergeben möchte, als eben notwendig ist.

Nachdem der Guß im Handputzraum durchgesehen und sortiert ist, wird er zur Temperei gebracht. Diese besteht aus einem Packraum und einem Ofenraum. In neuzeitlichen Anlagen hat man versenkte Glühöfen (s. Abb. 175), die mit Laufkranen beschickt werden. Der Raum ist so unterteilt, daß auf der einen Seite der Packplatz, auf der anderen die Öfen liegen. In älteren Anlagen stehen die Öfen gewöhnlich in zwei Reihen, und der zwischenliegende Raum dient zum Packen der Töpfe und zum Beschicken der Öfen; man findet auch nur auf einer Seite aufgestellte Öfen mit davorliegendem Packraum (Abb. 201). Der Boden des letzteren ist mit gußeisernen Platten bedeckt, die sich häufig werfen oder zerbrechen und deshalb nach Bedarf erneuert werden müssen. Indessen bietet ein solcher Boden bei der starken Beanspruchung eine widerstandsfähige Unterlage. Die Glühtöpfe haben entweder viereckige, runde oder mehr ovale Form. Die neuen Töpfe sind etwa 25 mm dick. Bei dem ständigen Gebrauch werden die aus Weißeisen hergestellten Kisten immer dünner infolge der starken Oxydation des Eisens, das abblättert. Schließlich sind die Töpfe so dünn, daß sie auf den Schrotthaufen kommen, falls sie nicht schon vorher reißen. Von diesen Töpfen werden drei oder vier aufeinandergesetzt, und der Stapel wird auf eine eiserne Unterlage gestellt. Die Fugen werden mit einem Brei, der aus dem in den Putztrommeln abfallenden Sand mit Wasser angerührt wird, verschmiert und der ganze Stapel mit einer gleichmäßigen Schicht desselben Breies überzogen. Wird der Topf dann noch mit einem Schamottedeckel oder einer eisernen Platte abgedeckt, so bildet das Ganze einen ziemlich luftdichten Behälter. Diese mit Glühmittel und Gußware bepackten Behälter werden dann in die Glühöfen eingesetzt. Die Öfen werden in Amerika mit Naturgas, Generatorgas, Öl oder Kohle gefeuert.

Moldenke hat eine Anzahl Versuche über die Haltbarkeit der Töpfe angestellt, die zwar in mit Naturgas beheizten Öfen vorgenommen wurden, aber doch auch allgemeinen Wert haben. Einmal wurde das Gas benutzt, so wie es vom städtischen Gaswerk unter einem zwischen 0,10 und 0,70 kg schwankenden Druck geliefert wurde, und ein anderes Mal unter einem geregelten Druck von 0,056 kg. Im ersten Falle wurde das Gas durch drei $^3/_4$ zöllige Rohre, im letzteren durch drei 2zöllige eingeführt. Bei den größeren Rohren und langsamerem Gasstrom erzielte man eine sanftere Flamme, während die unter dem höheren Druck gebildete Flamme die

Töpfe stärker angriff. Die Topfstapel wurden nun so im Ofen angeordnet, daß die eine Reihe nahe der Feuerung an den heißesten Platz, die andere Reihe in die Mitte mit einer durchschnittlichen Temperatur und die dritte an die Stirnwand, die kälteste Stelle des Ofens, zu stehen kamen. Dabei wurde genau darauf geachtet, daß dieselben Töpfe immer an dieselbe Stelle gesetzt wurden. Das Ergebnis war, daß die an der heißesten Stelle dreifach übereinander aufgestellten Töpfe von oben nach unten gerechnet 11, 15 und 16 Hitzen aushielten, wenn das Gas unter Druckregelung stand, und 6, 8 und 10, wenn das Gas im Druck schwankte. Die in der Mitte aufgestellten Töpfe konnten unter denselben Verhältnissen 11, 13 und 14 mal bzw. 7-, 10- und 11 mal eingesetzt werden und die an der kältesten Ofenstelle angeordneten 16-, 18- und 20 mal bzw. 8-, 10- und 11 mal. Bei den unter Regelung des Druckes eingesetzten litten demnach die der größten Hitze ausgesetzten weniger als die kälter stehenden, obgleich man das Gegenteil erwarten sollte, und andererseits hielten die unter Regelung des Druckes eingesetzten Töpfe mehr Glühperioden aus als die unter Druckschwankung verwendeten. Durchschnittlich konnten die ersteren 15 mal, die letzteren nur 9 mal gebraucht werden. Das durchschnittliche Topfgewicht vor dem Gebrauch betrug 142 kg und nachher durchschnittlich nur noch 39 kg, woraus der starke Verschleiß an Topfmaterial deutlich hervorgeht. Im übrigen sind die Angaben, die gewöhnlich über den Topfverbrauch gemacht werden, unzuverlässig. Die besten Ergebnisse erzielt man bei Gasfeuerung. Bei Kohlenfeuerung behaupten die einen, daß die Töpfe bis 30 Hitzen aushielten, andere gestehen, daß sie nur bis auf 10 kamen. Die Werke geben hohe Rekordziffern an, fast immer fehlt es an genauen Feststellungen, wenn man nachfragt.

Stahlgußtöpfe widerstehen hohen Temperaturen länger als die aus Grauguß hergestellten, doch muß ihr Kohlenstoffgehalt so niedrig wie möglich sein, damit der kritische Punkt im Feuer nicht erreicht wird. In hohen Temperaturen, wie sie für Kupolofenguß nötig sind, leiden die Glühkisten stärker.

Nächst Naturgas ist das Erzeugergas das beste; es bringt etwa 10 v. H. Kohlenersparnis, doch greift es das Topfmaterial stärker an als ein richtig geführtes Kohlenfeuer. Generatorgasfeuerung ist zu empfehlen für Betriebe, die mit Martinöfen arbeiten; für kleine Anlagen sind die Anlagekosten zu hoch. Große Werke gehen aber jedenfalls alle zum Martinofen über, sobald genaue Vorschriften an den Kauf von Temperguß gestellt werden. Bei Kohlenfeuerung soll man eine gute Gaskohle mit wenig Aschen- und Schwefelgehalt verfeuern. Da für die Nachtfeuerung die Gefahr einer nicht zuverlässigen Ofenbedienung besteht, empfiehlt sich die zuerst in Deutschland ausprobierte mechanische Kohlenzuführung.

Auch Öl wird als Brennstoff benutzt. Moldenke hat selbst mit Öl gearbeitet und zwar auf jede Weise, mit gewöhnlichem und überhitztem Dampf, mit hoch- und niedriggepreßter Luft und auch ohne alle derartigen Mittel. Das beste Ergebnis wurde mit Öl, das unter weniger als 9 kg Druck stand, erzielt. Doch ist Öl als Heizmittel für Temperöfen im allgemeinen nicht zu empfehlen; man erhält starke lokale Einwirkungen, besonders der Teil unmittelbar über dem Verbrennungsraum wird scharf angegriffen. Die Gußware fiel gut aus, und da, wo Kohle sehr teuer und Öl billig ist, verwendet man natürlich am besten Öl.

Auch mit Kohlenstaub hat man Versuche gemacht, die gut ausgefallen sind. Doch ist der Betrieb mit Erzeugergas vorzuziehen, da die Anlagekosten im letzteren Fall nicht höher sind. Man arbeitet jedenfalls sicherer damit. Die Kohlenstaubfeuerung ist noch eine Frage der Zeit. Diejenigen, die mit ihr arbeiten, lassen sich nicht weiter über sie aus, als daß sie sagen, es geht. (Diese Ausführungen Moldenkes stammen aus dem Jahre 1911; bis heute hat man nichts weiter über die Kohlenstaubfeuerung an Glühöfen gehört, jedenfalls bietet die Literatur keinen Anhalt.)

Über den Charakter der „black-heart malleable castings" führt Moldenke folgendes aus: Man kann den harten Guß sehr hoch und kurze Zeit erhitzen oder bei niedriger Temperatur und lange Zeit hindurch glühen. Der letztere Weg wird von der amerikanischen Praxis zur Erzeugung des black-heart-Gusses eingeschlagen, den ersteren bezeichnet Moldenke als das „ignis fatuus" der Erfinder für kurzgeglühten Guß. Langes Glühen bei hoher Temperatur führt den Zustand des europäischen, weißkernigen Gusses herbei. Auch der Amerikaner erhält ein solches Erzeugnis, wenn er schlechtgeglühtes Material mehrmals wieder erhitzt, um ihm die vorgeschriebene Geschmeidigkeit und Zähigkeit zu geben, ebenso wenn Kupolofenguß mit höherem Schwefelgehalt geglüht wird.

Der Bruch der „black-heart-castings" ist bei hohem Gesamtkohlenstoffgehalt durch eine samtschwarze Kernzone gekennzeichnet; wird viel Stahl der Gattierung zugesetzt, so erhält der Kern eine hellere Schattierung und unregelmäßige Struktur; am Rand liegt ein weißes, meist nicht über 1,5 mm tiefes Band. Zwischen beiden Zonen erkennt man eine weitere zwar schwarze, aber doch noch heller schattierte, die der kristallinen Struktur des ursprünglichen Rohgußgefüges angehört, die einzelnen Kristalle sind senkrecht zur Oberfläche gerichtet. Der Bruch des europäischen Tempergusses ist stahlig und viel grobkörniger. Doch biegt sich dieses Material ausgezeichnet und ist sehr gut, obgleich ein wenig schwächer als schwarzkerniger Guß. Nur dicke Stücke, die selten vorkommen, sind geringwertiger und in nicht geeigneter Weise entkohlt.

Durch Versuche hat Moldenke den Verlauf der Temperwirkung verfolgt, indem er Stäbe mit Hammerschlag in Büchsen einpackte und mit der Gußware in den Ofen in geeigneter Weise einsetzte und nach Ablauf von 6 Stunden jedesmal eine Büchse herausholte. Die Bruchfarbe wurde von Stufe zu Stufe dunkler, doch blieb zunächst die kristalline Struktur unverändert, es erschienen kleine schwarze Flecke zwischen

den größeren Eisenkristallen, die sich als lampenrußartiger Kohlenstoff
unter dem Mikroskop zu erkennen gaben. Dann begann der kristalline
Aufbau zu verschwinden, die Kohlenstoffteilchen verbreiteten sich gleichmäßig über den ganzen Querschnitt des Bruches und nicht von außen
nach innen sich vermehrend, wie man erwarten sollte. Die Erhitzung
der Proben war jedoch stärker als die der Gußstücke, und so war die
schwarzkernige Struktur eher da als bei der Gußware; einige Stäbe
hatten zuviel Hitze bekommen, sie waren übertempert, d. h. der weiße
Rand sprang mit einer deutlich kristallinen Struktur tiefer ein, aber
das Aussehen war ganz anders als beim Rohguß, nicht parallel zum
Rand, sondern gleichmäßig den inneren schwarzen Kern umschließend
(closing in around the central, black core). Einzelne hocherhitzte Stäbe
hatten einen ganz weißen, kristallinen Bruch, der den schwarzen Kern
ganz verdrängt hatte und brachen kurz ab. Bei längerer Glühdauer
hätte man, sofern die gefährliche Temperaturzone nicht überschritten
worden wäre, europäischen, weißkernigen Guß erhalten. Daß eine solche
Gefahrenzone besteht, stellte sich bei einem Glühgang heraus, bei dem
der Gasdruck unerwartet hoch stieg und die Temperatur in demselben
Sinne folgte, wie hoch, konnte nicht mehr festgestellt werden. Die Töpfe
waren zusammengesunken, und die Gußstücke waren wie von einer aus
Hammerschlag gebildeten Emaille überzogen. Der Bruch zeigte matt-
weiße Farbe und ließ die facettenartigen Kristalle von oxydiertem Eisen
erkennen, die im Querschnitt bis zu einer Tiefe von 6 mm reichten. Einen
solchen Vorgang, bei dem der Inhalt von 20 Öfen verdorben war, beobachtet man selten in der Praxis, er beweist aber, daß kurze Glühdauer bei
hoher Temperatur immer zu Fehlschlägen führt, solange die Feinheiten
solcher Verfahren nicht ermittelt sind. Die beste Temperatur für alle
Stellen im Ofen liegt bei 730°. An der kältesten Stelle, d. h. bei den
untersten Töpfen der gegenüber der Verbrennungskammer liegenden
Reihe, soll sie nie unter 680° sinken und nicht über 760° steigen, letztere
Temperatur darf auch nur auf ganz kurze Zeit erreicht werden. Das
Gesagte gilt für Flammofen- und Martinofenmaterial, bei Kupolofenguß
bedarf man um 80 bis 100° höher liegender Temperaturen. Diese Temperaturen soll aber nicht der Ofenraum, sondern der Topf selbst haben
und an diesem auch gemessen werden.

Bezüglich der Glühdauer besteht keine unbedingt geltende Vorschrift.
Man kann z. B. starkwandige Stücke, wie Kupplungen, schon in 4 Tagen
fertig glühen, während man gewöhnlich 6 Tage braucht, die Abkürzung geht aber auf Kosten der Sicherheit. Nicht alle Öfen lassen sich
infolge ihrer verschiedenen Bauart und Lage der Esse in derselben Zeit
auf Vollhitze bringen; kleine Öfen mit scharfem Zug erreichen schon in
24 bis 36 Stunden diesen Punkt, ältere Ofenarten erst in 48 bis 60 Stunden.

Die Töpfe sollen nie rotglühend ausgeleert werden, die Güte der Ware
leidet darunter. Auch die durch das Glühen verbogenen Stücke sollen

nicht rotglühend gemacht und gerichtet werden; hämmert man sie in diesem Zustand, so verschwindet der schwarze Kern, und es entsteht ein brüchiges, feinkristallines, weißes Gefüge. Besonders bei Stücken, die nur an einem Ende so behandelt werden, ist das Verfahren bedenklich, weil sie an der kritischen Stelle unbedingt durchbrechen müssen. Bei sehr dünnwandigen Stücken fällt die Behandlungsweise nicht so ins Gewicht; sie sind so stark entkohlt, daß sie sich noch biegen lassen und weich bleiben, auch wenn das Gefüge weiß wird. Einige sehr interessante Wirkungen wurden übrigens beim Härten und Anlassen von Temperguß erzielt, die den Anlaß gaben, daß mancher sogenannte Stahlguß unter falscher Flagge segelt. Manchmal wird der im rotglühenden Zustand aus der Glühkiste entnommene Guß brüchig und selbst weiß; er wird durch die Luft abgeschreckt, und es ist bekannt, daß die am Montagmorgen ausgeleerten Glühtöpfe, die vollständig kalt sind, den weichsten Guß enthalten. Sind die Öfen so weit, daß sie abgeheizt werden können, so kann man sie vorsichtig öffnen. Es dürfen jedoch keine Luftströmungen entstehen, die von innen nach außen gerichtet sind, weil diese die Töpfe stark angreifen und einen dichten Regen von Eisenoxydteilchen, die von den Töpfen abgeblättert werden, hinausschleudern. Bei weißkernigem Guß wird bei höherer Temperatur und länger geglüht, ungefähr so, wie es beim Kupolofenguß erforderlich ist, und anstatt 60 Stunden muß der europäische Temperguß etwa 100 bis 120 Stunden Vollfeuer erhalten und ebenso langsam abgekühlt werden. Weshalb Kupolofenguß bei höherer Temperatur geglüht werden muß, ist noch nicht geklärt. Entweder liegt es an einem bestimmten Oxydationsgrad des Materials, der unter dem Einfluß der Hitze die Struktur lockert, oder an einer Beeinflussung des molekularen Aufbaus durch Berührung des Eisens mit dem Brennstoff. Diese im englischen Ausdruck etwas unklar gehaltene Erklärung bezeichnet aber Moldenke selbst als problematisch. Die Erscheinung ist entweder chemischer oder physikalischer Natur oder beides.

Die Umwandlung in schmiedbares Eisen beruht auf der Abscheidung von Temperkohle. Im amerikanischen Erzeugnis wird nur wenig Kohlenstoff entfernt. Dabei handelt es sich nur um den in der kristallinen Zwischenzone abgelagerten Kohlenstoff, der nach außen wandert und nicht etwa durch eine Verbindung mit eindringendem Sauerstoff entfernt wird. Der näher zur Randzone liegende Kohlenstoff wandert schneller als der zum schwarzen Kern hin liegende. (Moldenke hält demnach also eine Wanderung des abgeschiedenen Kohlenstoffs für möglich!)

An dieser Wanderung liegt es, daß die Mittelzone nach und nach heller wird. Moldenke hat stets gefunden, daß, wenn Sauerstoff während des Glühens infolge Überhitzens ins Eisen eindringt und das Gefüge gelockert wird, oder wenn mangels Siliziums der Sauerstoff Eingang findet, das Material das Aussehen verbrannten Eisens bekommt. Tatsächlich verläuft der Prozeß dann so wie zu Beginn der Herstellung des weißkernigen

Gusses. Fraglos spielt hierbei der Sauerstoff eine Rolle, indem er in der Form von Kohlensäure eintritt, ein Atom Kohlenstoff aufnimmt und wieder austritt. (Offenbar ist hiermit der Vorgang nach der Wüstschen Theorie gemeint.) Es ist klar, daß der letztere Prozeß besonders wirksam bei dünnen Gußstücken ist, und aus Veröffentlichungen über europäische Versuche geht hervor, daß es sich selten um Stücke handelt, die stärker als 12,5 mm im Durchmesser sind, d. h., daß der Prozeß nur auf eine Tiefe von 6,25 mm wirkt. Wenn das Innerste solcher Stücke nicht beeinflußt wird, ist der Prozeß zwecklos. Andererseits kann man bei dem blackheart-Prozeß, der nur auf einer Umwandlung des gebundenen Kohlenstoffs beruht, auf mehrere Zoll Tiefe einwirken, vorausgesetzt, daß man Schreckplatten angelegt hat, um das Metall im Zustand des Weißeisens zu erhalten ( ?). Der aus der Randzone entfernte Kohlenstoff ist unwesentlich; der amerikanische Temperguß, der 90 v. H. der Welterzeugung ausmacht, wird weiterhin seine beherrschende Stellung behalten, und wenn man in Europa geschickte Arbeit besser bezahlen wird und den Guß weniger bearbeitet, so daß Temperguß eben als gangbare Gußware verkauft wird, dann wird auch der weißkernige Guß noch weiter zurückgedrängt.

Moldenke erwähnt dann noch, daß man auch in Amerika Temperguß nicht in Töpfe, sondern in gemauerte Glühkisten mit Hammerschlag einpackt. Der Ofenraum wird durch Wände aus feuerfesten Steinen in mehrere Abteilungen geteilt, von denen jede einen besonderen Abzug hat. Es handelt sich dabei nur um Öfen kleinen Umfangs und um kleine Betriebe, die damit arbeiten. Diese einzelnen Abteilungen dienen als Aufnahmebehälter für das Glühmittel und die Gußware. Man spart so zwar das Topfmaterial, aber man kann nur kleine Mengen auf diese Weise bewältigen, und die Gefahr liegt vor, daß die unten liegenden Gußstücke untertempert und die oben liegenden verbrannt sind. Man kann ferner die Gußware und das Glühmittel nicht so hoch und breit schichten, weil sonst nicht genügend Hitze von oben her und durch die gemauerten Wände eindringt. Daher bedient man sich dieser Einrichtung nur in kleinen Betrieben, die leichte Gußware herstellen. Allerdings kann man einzelne lange und vielgliedrige Stücke bequemer und sorgfältiger in die einzelnen Abteilungen einbauen als in die räumlich beschränkten Töpfe; man vermeidet auf diese Weise eher das Verbiegen der Stücke. Indessen kann man schwere Gußstücke nicht in solchen Öfen glühen, da man zuviel Schwierigkeiten dabei hat und bald davon abkommt.

Nach vollendetem Glühen läßt man die Töpfe abkühlen und nimmt sie aus dem Ofen, setzt sie auf den mit Eisenplatten ausgelegten Boden des Packraumes, lockert die Gußstücke aus der Packmasse mit einem Spitzhammer oder anderen Werkzeugen und entleert die Kisten. Natürlich bleibt Packmasse an den Stücken haften, die in manchen Betrieben dann einer vorbereitenden Reinigung in Rommeln unterzogen werden.

Gewöhnlich aber werden sie unmittelbar zu dem Sonderraum gebracht, in dem die Putztrommeln für den weichen Guß aufgestellt sind. Entweder bedient man sich dabei wieder einer größeren Anzahl von Trommeln wie beim Rohguß oder einer langen schräggestellten Trommel, in die man die ungeputzten Stücke am höher gestellten Ende einträgt und bei der die geputzten Stücke am tiefer liegenden Ende herausfallen. Am besten trägt man die Gußstücke mit zerbrochenen Stücken geglühter Gußware zusammen in die Putzfässer ein, die die anhaftenden Teile des Glühmittels abreiben. Bringt man auch Graphit in die Trommel, so erhalten die Gußstücke ein schönes, völlig schwarzglänzendes Aussehen. Nun können die Stücke zu der Abteilung gebracht werden, in der sie vollends fertiggemacht werden. Von der größeren oder geringeren Sorgfalt bei den vorhergegangenen Arbeiten hängt das Maß der Nacharbeit ab. Ungenaues Formen führt ein Übergewicht herbei, unaufmerksames Putzen von Hand läßt Schleifarbeit übrig, um die restlichen Grate, Eingußansätze und andere Unregelmäßigkeiten zu beseitigen, die das Aussehen des Stückes schädigen.

Schlechtes Einpacken veranlaßt ein Werfen der Stücke, unter Umständen auch unscharfe Ecken und Kanten; so kommen alle schon vorher begangenen Fehler hier in der Endabteilung zum Vorschein. Man trifft daher in allen Betrieben größere oder kleinere Putzräume, wo die gröberen Arbeiten mit Hammer und Meißel vorgenommen werden, einen Schleifraum, wo die leichteren Nacharbeiten vorgenommen werden, und schließlich einen Raum, in dem die Stücke gerichtet oder andere Sonderarbeiten verrichtet werden, wie das Rundmachen verbogener rohrförmiger Stücke, indem man sie über einen Dorn schlägt u. a. Hier werden auch solche Gußstücke in ihre endgültige Form gebogen, bei denen man es aus gießtechnischen Gründen für besser hält, sie erst gerade zu gießen und dann zu biegen. Mit besonderem Nachdruck wird von Moldenke darauf hingewiesen, daß man dieser Abteilung besondere Aufmerksamkeit zuwenden müsse, da hier Tausende von Dollars allein für Schleifscheiben aufgewendet werden müssen, einzelne Betriebe hätten dafür einen Monatsaufwand von über 4000 Mark. Besonders wichtig sei es daher, auf eine richtige Umfangsgeschwindigkeit und eine Veränderungsmöglichkeit der Umdrehungszahl zu achten. Sehr viel Geld werde auch gespart, wenn mit größter Sorgfalt die Eingüsse und Grate in der Rohgußputzerei entfernt würden. Wenn in einem kleinen Betrieb eine große Reihe Schleifscheiben arbeiteten, so sei das ein schlechtes Zeichen und ebenso, wenn eine Reihe von Handputzern mit Entfernung von nicht zum Stück gehörenden Teilen beschäftigt sei, die nur so stark sein dürften, daß sie eigentlich mit der Schleifscheibe abgeschliffen werden müßten.

Die Gußstücke kommen nun in den Lager- und Verladeraum, wenn sie nicht vorher verzinkt oder mit sonst einem metallischen Überzug versehen werden müssen.

## 12. Die Anlage von Tempergießereien.

Bei der Anlage einer Tempergießerei spielt wie bei jeder Gießereianlage die Anordnung der einzelnen Betriebsabteilungen zueinander eine wichtige Rolle. Im großen und ganzen unterscheidet sich das Innere einer Tempergießerei nicht wesentlich von derjenigen einer Eisen- oder Stahlgießerei. Wird im Kupolofen geschmolzen, so findet man eben eine Schmelzanlage vor, wie sie in den Graugießereien üblich ist, bedient man sich des Martinofens, der Tiegel oder der Birne, so unterscheiden sich die Schmelzanlagen durch nichts von denjenigen einer Stahlgießerei mit den entsprechenden Schmelzöfen. Häufiger findet man Kupolöfen neben Martinöfen, Tiegelöfen, Ölflammöfen oder Birnen, wenn man neben dem anspruchsloseren Temperguß auch Qualitätsware herstellt. Die Sandaufbereitungseinrichtungen entsprechen vollkommen denjenigen der Graugießerei, sei es, daß man mit Einzelapparaten oder selbsttätig arbeitenden Maschinen arbeitet. Die Trockenkammeranlagen sind in der Regel nicht so ausgedehnt wie gewöhnlich in der Graugießerei oder der Stahlgießerei. Man trocknet die meisten Formen nicht, und für die in der Regel kleinen Kerne genügen Kerntrockenöfen oder kleine Kammern. Häufiger benutzt man die Kerntrockenkammer auch für die gelegentlich nötige Trocknung der Formen. Selbst in größeren Betrieben genügen meist ein bis zwei Formtrockenkammern.

Bezüglich der Ausstattung mit Fördermitteln begnügt man sich, da es sich um leichte Gußwaren handelt und vielfach aus Handpfannen gegossen wird, mit Schmalspurgleisanlagen oder Handhängebahnen. Nur bei ausgedehnteren Hallen, wenn man an die entfernt liegenden Stellen das Eisen in größeren Pfannen schafft, die sie dann dort an Handpfannen abgeben, oder was seltener vorkommt, aus Stopfenpfannen oder Gießtrommeln gießt, bedient man sich leichter Laufkräne und in einzelnen Fällen der Elektrohängebahn mit oder ohne Führerstandkatze. Trifft man in Tempergießereien auf Laufkrane größerer Leistungsfähigkeit oder Konsolkrane, so hängt das gewöhnlich damit zusammen, daß man neben dem Temperguß auch größere Grauguß- oder Stahlgußstücke herstellt, um die Kupolofenanlage bzw. die Martinöfen oder Birnen besser auszunutzen. Zuweilen handelt es sich dann auch um eine nachträgliche Angliederung einer Tempergießerei an eine bereits bestehende Grau- oder Stahlgießerei.

Eine besondere Note erhält die Tempergießerei eigentlich nur durch den Glühbetrieb, der das Arbeitsdiagramm insofern beeinflußt, als eine weitere Betriebsabteilung eingeschoben wird, die auch die Anordnung der Putzereibetriebe mitbestimmt. Sonst unterscheidet sich der Materialdurchgang durch nichts von dem bei einer Grau- oder Stahlgießerei. Es würde über den Rahmen einer Sonderarbeit über Temperguß hinausgreifen, wollte man hier alle die Anordnungsmöglichkeiten der Form-

hallen, des Schmelzbetriebes und der übrigen Betriebsabteilungen erörtern. Es genügt daher, einige Beispiele anzuführen und im übrigen
der Hinweis auf die einschlägige Literatur. Eine größere Arbeit, die sich
mit diesen Fragen befaßt und mancherlei Anhaltspunkte bietet, hat der
Verfasser kürzlich in Stahl und Eisen (75) veröffentlicht. Nur ganz allgemein mag hier bemerkt werden, daß man bei parallel zueinander angelegten Formhallen die Spannweite nicht zu weit zu wählen braucht, da
es sich ja um Kleinguß handelt, der auf Bänken, Formmaschinen und
von Hand auf dem Boden angefertigt wird. Man kommt i. a. schon
mit Hallenbreiten von 10 bis 13 oder 15 m aus. Eine solche Hallenabmessung und der Umstand eines bescheidenen Anspruchs an Hebezeuge
bringt den Vorteil mit sich, auch niedriger als sonst bauen zu können,
und die Möglichkeit einer entsprechend leichten und einfachen Gestaltung der Eisenkonstruktion und Abdachung. Vielfach trifft man daher
bei ausgesprochenen Tempergießereien auf Säge- oder Pultdächer. Auf
der anderen Seite bringt derselbe Umstand, daß man nicht auf schwere
Laufkrane angewiesen ist, eine fast völlige Ungebundenheit an bestimmte
Spannweiten mit sich. So findet man in der Praxis auch große zusammenhängende Formfelder von 30 m oder noch mehr Breite, in die
nur aus bautechnischen Gründen leichte Stützen gesetzt sind. Einige
Beispiele dieser Art sind weiter unten (Abb. 207 und 211) angeführt.

Was nun die Anordnung des Glühraumes innerhalb des Arbeitsdiagrammes angeht, so ergibt sich diese eigentlich von selbst aus dem Fabrikationsgang. Auf das Gießen und Entleeren der Form folgt das erste
Putzen in der Trommel und von Hand, dann evtl. ein Sortieren, um zugleich die schon vor dem Glühen Ausschuß gewordenen Stücke auszuschalten und nicht unnötig mitzuglühen und so der guten Ware in den Glühtöpfen nicht nutzlos Raum fortzunehmen und Brennstoff aufzuwenden.
Dann werden die Gußstücke dem Packraum und weiterhin dem Glühraum
übergeben; der aus den Glühöfen kommende weiche Guß wird nun wieder
geputzt bzw. gerommelt, dann wird der beim Glühen verdorbene Guß
ausgeschaltet und die beim Abschlagen der Eingüsse usw. entstandenen
Trennungsflächen werden auf Schleifscheiben glatt geschliffen und etwa
noch vorhandene kleine Grate durch Schleifen beseitigt. Hierauf wird
die Gußware gerichtet, zum Verzinnen oder zur Bearbeitungswerkstatt
gebracht, falls nötig, gelagert und versandfertig gemacht.

Aus diesem kurz beschriebenen Arbeitsverlauf, der mit der einen oder
anderen Abweichung üblich ist, ergibt sich nun die Anordnung der
zugehörigen Räumlichkeiten von selbst. Manche Betriebe, namentlich
solche mit großer Erzeugung, haben für alle die vorgenannten Verrichtungen einen besonderen Arbeitsraum, und so folgt auf die Putzerei ein
Sortierraum, dann die Abteilungen fürs Packen und Glühen, die in einem
gemeinsamen größeren Raume vereinigt sind, dann ein zweiter Putzraum
mit Schleifscheiben, ein Raum fürs Richten der Stücke, ein solcher zur

Herstellung der Metallüberzüge und schließlich ein Lagerraum und Versandraum. An den Versandraum schließt sich die Verladestelle (Rampe) an, falls die Fuhrwerke nicht unmittelbar in den Versandraum einfahren (s. Abb. 209, 211 u. 212), Indessen trifft man in der Praxis auf größere oder kleinere Unterschiede in der Zahl und Anordnung der genannten Abteilungen. Besonders kleine und mittlere Betriebe sind oft räumlich so beschränkt, daß sie die eine oder andere Arbeitsverrichtung mit einer zweiten oder dritten zusammen in einen Raum verlegen müssen; so kommt es, daß manche Tempergießereien auf den zweiten größeren Putzraum ganz verzichten und die geglühten Stücke wieder in den Putzraum für den Rohguß bringen und dort putzen, andere begnügen sich etwa mit einem Sortierraum oder sortieren im

Abb. 201. Glüh- und Packraum (V).

Putzraum, für das Geraderichten ist zuweilen nur ein besonderer Arbeitsplatz im Putzraum oder Schleifraum eingerichtet usw. Das alles hängt mehr oder weniger von dem Umfang des Betriebes und dem überhaupt zur Verfügung stehenden Raum ab. Daß mit solchen Raumbeschränkungen unerwünschte rückläufige Materialbewegungen verbunden sind, ist unvermeidlich. Die Verhältnisse sind besonders ungünstig, wenn der eine oder andere Raum in einem besonderen Gebäude auf dem Hof liegt und Hin- und Hertransporte zwischen diesem und dem Gießereigebäude oder einem weiteren Nebengebäude nötig sind. Sehr kleine Betriebe wieder haben den Vorteil, daß sie alle Verrichtungen ohne Umständlichkeiten in der Gießerei selbst ausführen können, weil sie alle für sich nur wenig Raum, unter Umständen nur einen kleineren Arbeitsplatz beanspruchen.

In den Gießereien der Vereinigten Staaten findet man auch besondere Räume für die Handputzerei. Im übrigen ist näheres über die amerikanische Arbeitsweise im vorigen Abschnitt ausgeführt.

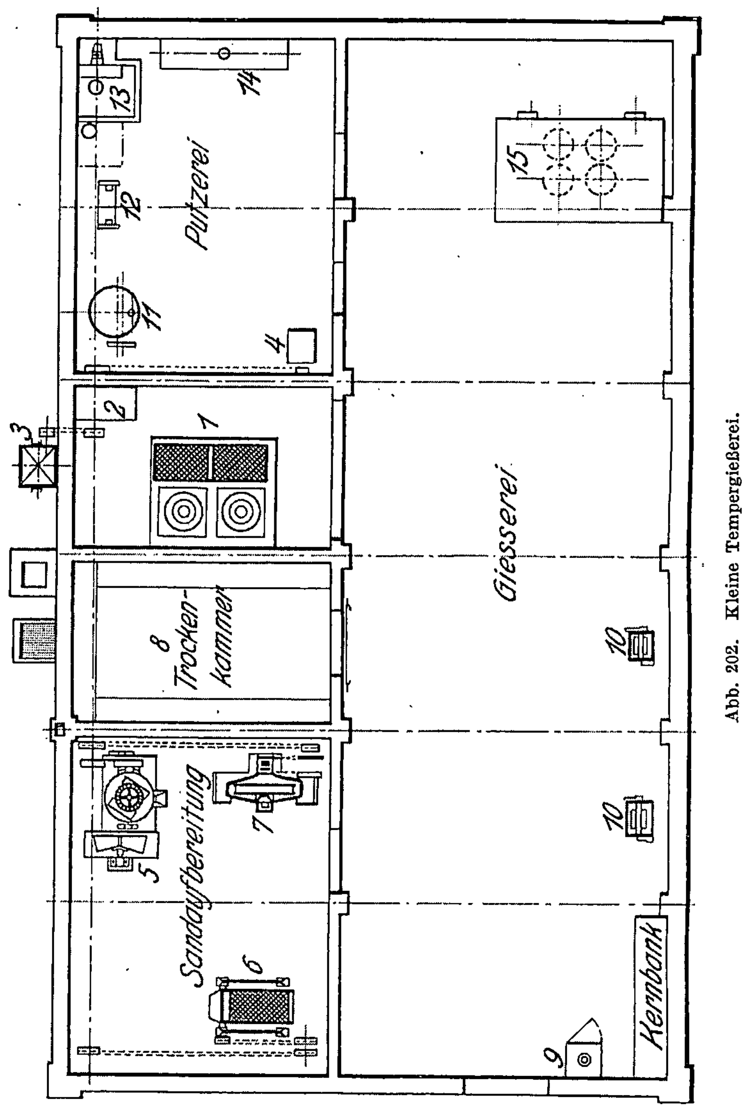


Abb. 202. Kleine Tempergießerei.

Der Packraum liegt gewöhnlich entweder vor Kopf der Glühöfen oder parallel zur Ofenreihe (Abb. 176, 205, 209, 211, 212).

Eine Anlage kleinen Umfanges ist in Abb. 202 im Grundriß aufgezeichnet. Das Gebäude umfaßt ein Hauptschiff mit dem Form- und Gießraum und ein Nebenschiff, das die Sandaufbereitung, Trocken-

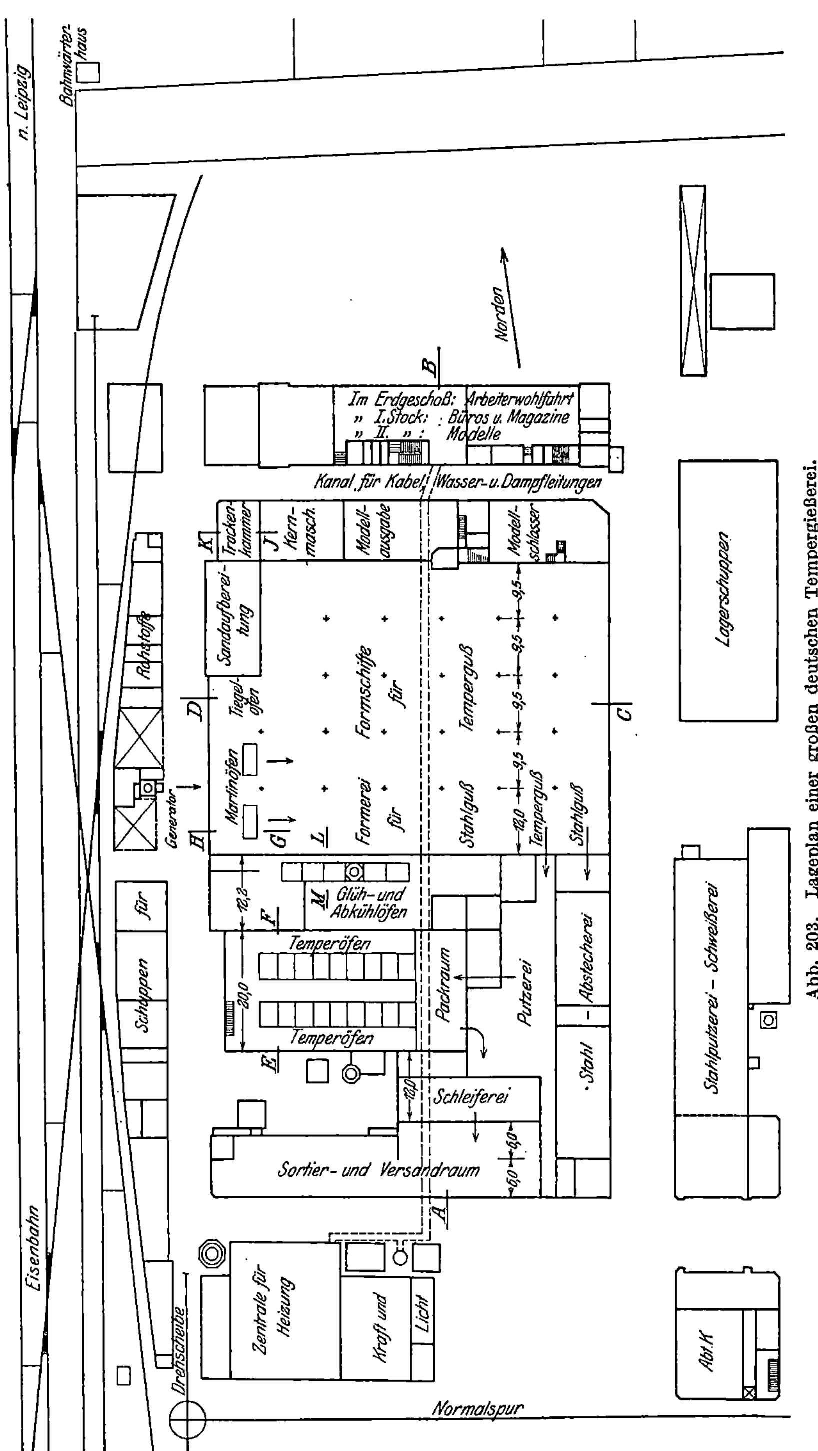


Abb. 203. Lageplan einer großen deutschen Tempergießerei.

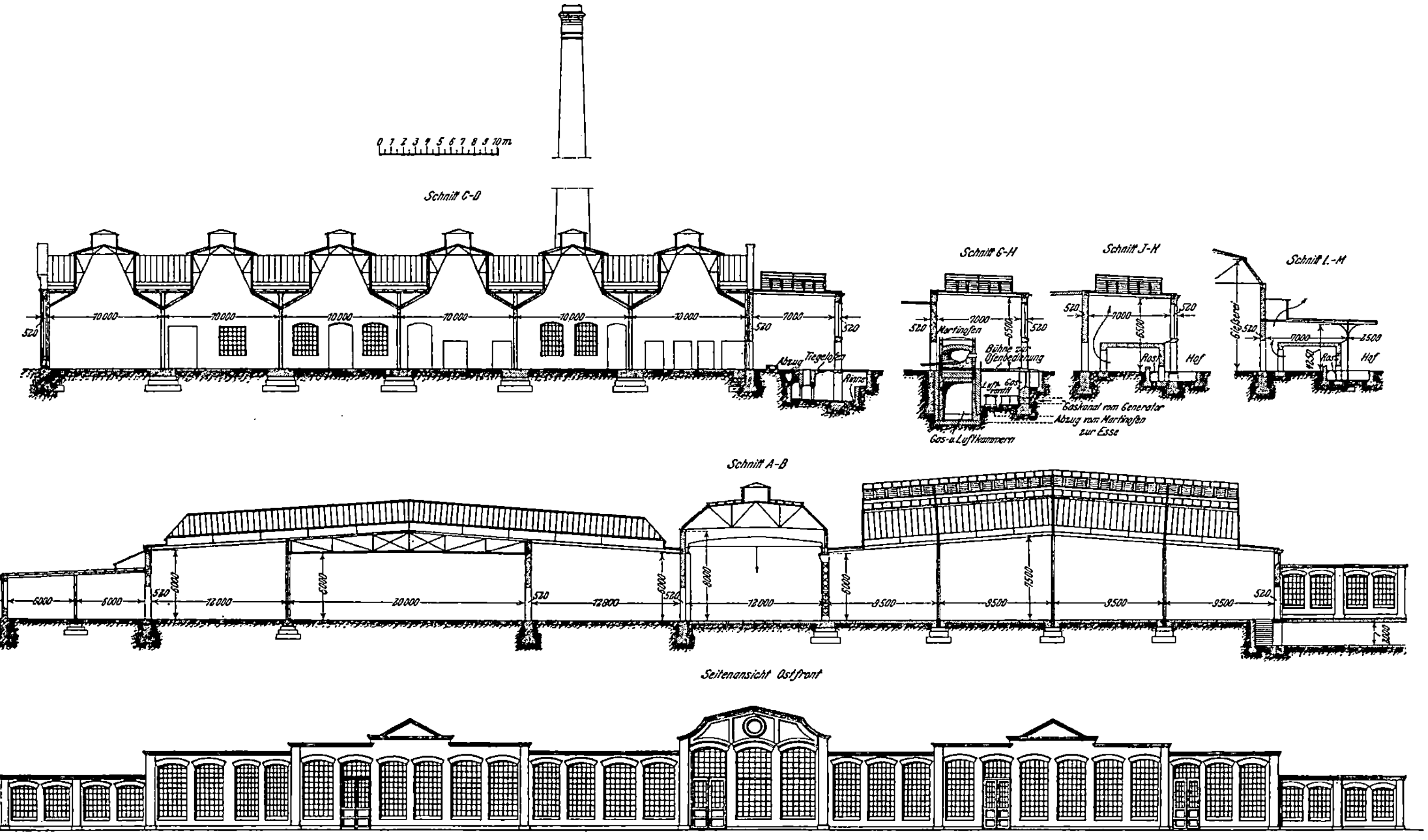

Abb. 204a. Deutsche Temper- und Stahlgießerei mit Martin- und Tiegelöfen (Schnitte zu Abb. 203).

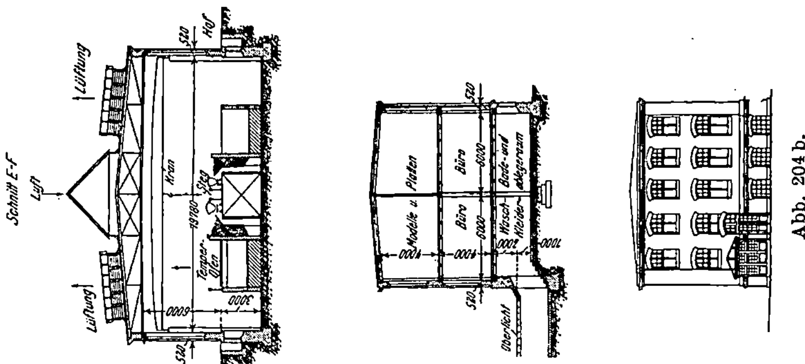

kammer, Schmelzanlage und die Putzerei aufnimmt. Es handelt sich um eine Tempergießerei, die ihren Rohguß in zwei mit Gebläse betriebenen Tiegelöfen schmilzt, wie bei 1 und 2 angedeutet ist. Bei 3 liegt ein kleiner Rohstoffaufzug. Der Glühofen steht in der Formhalle gegenüber der Putzerei, die Kernmacherei nebst einem Kerntrockenofen 9 ist in der anderen Ecke gegenüber der Sandmacherei untergebracht. Die wesentlichsten inneren Einrichtungen sind durch Nummern bezeichnet. Die Sandaufbereitung erfolgt nur mit einem Kollergang 5, einem Sieb 6 und einer Sandmischmaschine 7. Die Putzerei ist nur mit einem Sandstrahlgebläse 11, einem Schleifstuhl 12 und einem Putztisch 14 ausgestattet. Der Antrieb der Maschinen erfolgt durch einen Motor 4, bei 13 steht der Exhaustor. Ein Teil der Gußware wird auf Kniehebelformmaschinen 10 geformt. Die dem Guß nach dem Entleeren zuteil werdende Weiterbehandlung bis zur Fertigstellung spielt sich an dem bei der Putzerei gelegenen Kopfteil der Gießerei ab.

Ganz anders liegen die Verhältnisse bei der durch die Abb. 203 und 204 im Grund- und Aufriß veranschaulichten Tempergießerei, die zugleich Stahlguß anfertigt. Es handelt sich um einen der größeren und bekanntesten Betriebe in Deutschland. Der Anlageplan (Abb. 203) zerfällt in zwei Hälften. Die nördliche Hälfte umfaßt die Formerei, Gießerei, Schmelzanlage und die zugehörigen Nebenabteilungen: Sandaufbereitung, Kernmacherei und Trockenkammern; die südliche Hälfte die Abteilungen für das Putzen, Tempern und Fertigmachen des Gusses. Man beachte hier den beträchtlichen Bodenbedarf, der für die zuletzt genannten Abteilungen annähernd 100 v. H. der Formfläche ausmacht. Die Rohstoffe werden auf der Westseite angefahren und unmittelbar an die vor Kopf der Gießhallen gelegene Schmelzanlage bzw. Sandaufbereitung abgegeben. Die Schmelzanlage besteht aus zwei Martinöfen (s. Schnitt G—H in Abb. 204a u. b) und einem Tiegelofen (s. Schnitt C—D). Die im Schnitt A—B mit Paraboldach überdeckte Halle von 12 m Breite ist mit Laufkran ausgestattet und dient hauptsächlich der Anfertigung von Stahlformguß; rechts daran schließen sich vier weitere 9,5 m breite Formschiffe für Temperguß an; in einem

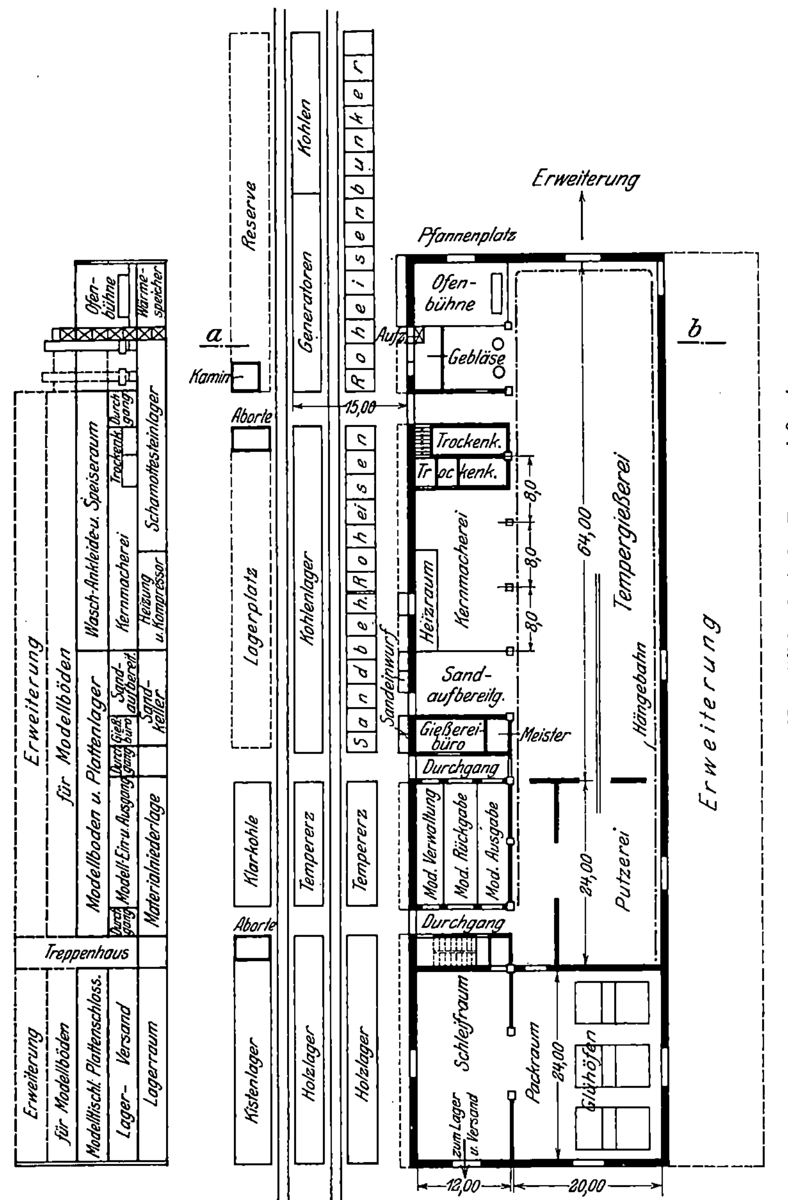

Abb. 205.  Neuzeitliche deutsche Tempergießerei.

an diesen nördlich angelehnten Flügeltrakt befinden sich Modellschlosserei, Modellausgabe, Kernmacherei und Trockenkammern. Die an der Ostseite des südlichen Gebäudeblocks gelegene Halle nimmt die Kaltsägen und Abstechbänke für den Stahlguß auf, der in einem über dem Hof nach Osten zu gelegenen Gebäude fertiggeputzt wird. Alle übrigen Räume dieses Gebäudeteiles dienen der Fertigstellung des Tempergusses. Aus der Gießerei gelangt der Guß der Pfeilrichtung folgend zur Putzerei, von hier

zu der mit der Längsachse ost-westlich gerichteten Temperei, aus dieser
zur Schleiferei und weiterhin zum Packraum und Versandraum. Längs
des Versandraumes, südlich der Kraftzentrale, führt ein Gleisweg vorbei,
auf dem die mit der Gußware zu beladenden Eisenbahnwagen stehen.
Zwischen der Temperei und dem 12 m breiten südlichsten Formschiff
liegt ein überdachter Hof, auf dem nichtgebrauchte Glühtöpfe abgestellt
werden können und die Trockenkammern und Glühöfen für Stahlformguß
sowie Abkühlöfen für rohen Temperguß untergebracht sind (s. Schnitt
*L—M*). Die Temperei ist 20 m breit und mit Laufkran ausgerüstet zum
Beschicken der Glühöfen. Der Packraum liegt östlich vor den Glühkam-
mern, die über Gießereisohle angeordnet und mit abhebbaren Decken
ausgestattet sind. Die Beheizung der Glühöfen erfolgt mit Kohle, die
auf einem mitten zwischen den beiden Glühöfenreihen errichteten Steg
herangefahren und seitlich in die Feuerungen gekippt wird. Schnitt *E—F*
läßt diese Anordnung genauer hervortreten. Durch einen schmalen Hof
von dem Gießereigebäude getrennt, erstreckt sich in ost-westlicher Richtung ein weiteres Gebäude, in dessen Kellergeschoß die mit der Gießerei
durch einen unterirdischen Gang verbundenen Wasch- und Ankleideräume, in dessen Erdgeschoß die Betriebs- und kaufmännischen Bureaus
und in dessen Obergeschoß
die Modell- und Plattenlager
untergebracht sind.

Beachtenswert an dem
Bau selbst ist übrigens noch
der eigentümliche, nach Art
der Boileaudächer mit hohen
senkrechten Fensterflächen
ausgestattete Dachaufbau, wie
der Schnitt *C—D* genauer erkennen läßt.

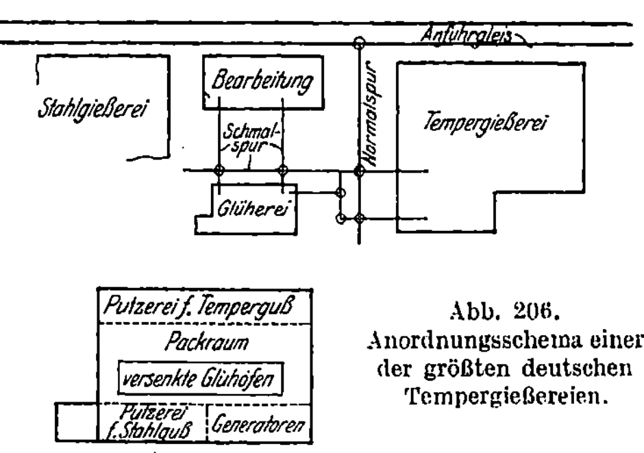


Abb. 206.
Anordnungsschema einer
der größten deutschen
Tempergießereien.

Eine vollkommen andere Anordnung läßt die in Abb. 205 dargestellte,
vom Verfasser entworfene, aber etwas anders ausgeführte Anlage erkennen, die in ihrem weiteren Ausbau als Dreihallenbau gedacht ist.
Nach Norden hin soll sich später eine Stahlformgießerei anschließen,
so daß dann die vorläufig auf der Nordwestecke befindliche Schmelzanlage nach Norden hin erweitert werden kann und zentral zu den
Formschiffen liegt. Für diesen zukünftig herzustellenden Stahlformguß
ist auch in der Hauptsache die Ausstattung mit Laufkran und Konsol-
kran bestimmt, die aber auch zur Fortschaffung größerer Pfannen, aus
denen das Eisen weiterverteilt werden soll, dienen. (Profil wie Abb. 106.)
Der Materialdurchgang vollzieht sich auf einem gebrochenen Weg.
Die zunächst auf dem westlichen Hof gelagerten Rohstoffe (Sand, Eisen)
gelangen, in west-östlicher Richtung sich bewegend, zu der unmittelbar
davorliegenden Schmelzanlage und Sandmacherei, von hier in die Form-

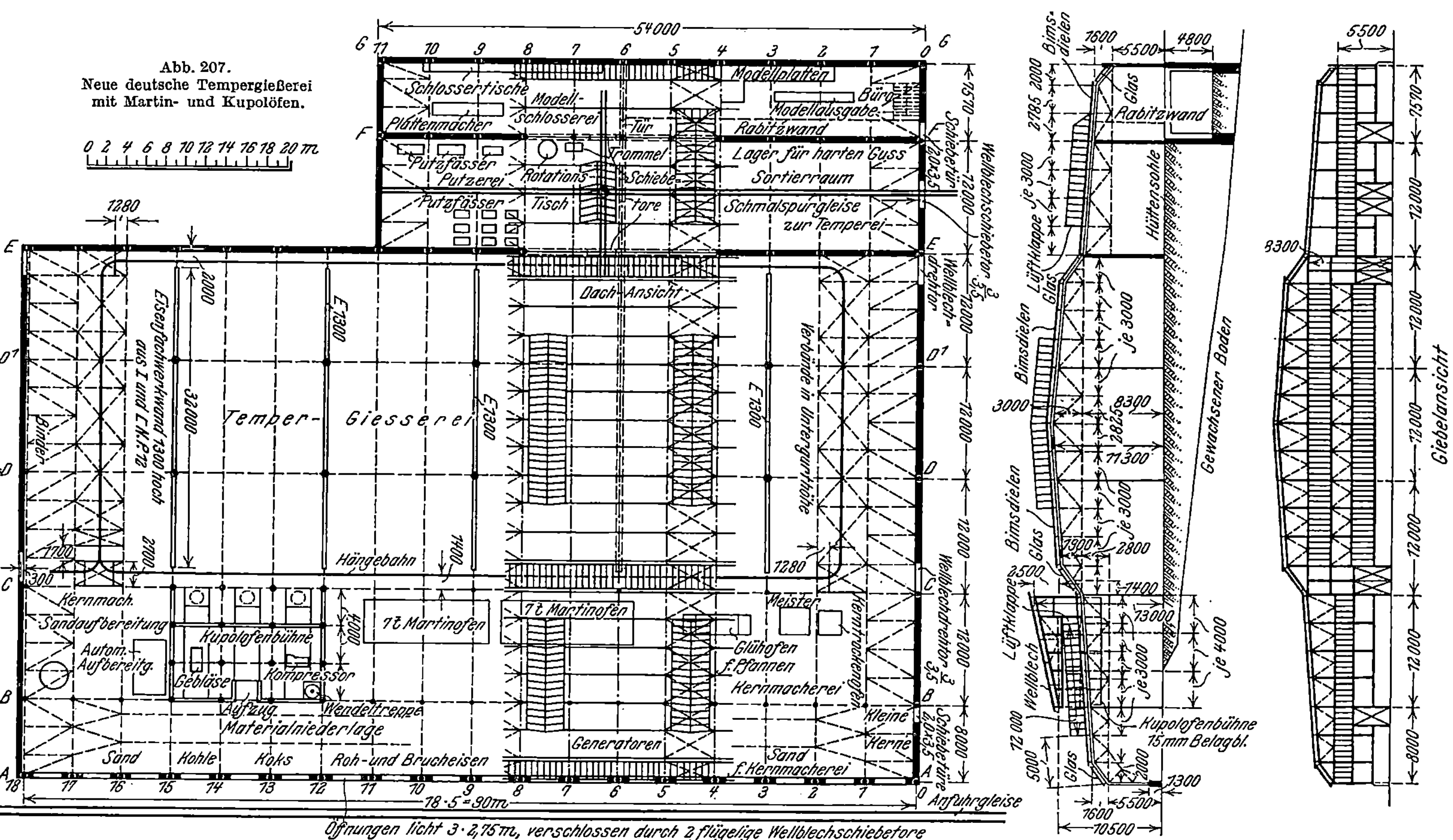

Abb. 207.
Neue deutsche Tempergießerei
mit Martin- und Kupolöfen.
0 2 4 6 8 10 12 14 16 18 20 m
54000
Schlossertische
Plattenmacher
Modell-Schlosserei
Modellplatten
Büro
Modellausgabe
Putzfässer
Putzerei
Rotations
Trommel
Tür
Rabitzwand
Lager für harten Guss
Sortierraum
Putzfässer
Tisch
Schiebe-tore
Schmalspurgleise zur Temperei
Wellblechschiebetor 3/3,5
Schiebetür 2,0×3,5
Wellblech-drehtor
Dach-Ansicht
Verbände in Untergurthöhe
Wellblechdrehtor 3/3,5
Schiebetüre 2,0×3,5
Temper- Giesserei
Eisenfachwerkwand 1300 hoch aus I und ⌷ N.P.12
E 1300
E 1300
E 1300
Wand mit Öffnungen ohne Türen
Binder
Hängebahn
1280
7 t Martinofen
7 t Martinofen
Meister
Kerntrockenofen
Glühofen f. Pfannen
Kernmacherei
Kernmach.
Sandaufbereitung
Autom. Aufbereitg.
Kupolofenbühne
Gebläse
Kompressor
Aufzug
Materialniederlage
Wendeltreppe
Generatoren
Kleine Kerne
Sand f. Kernmacherei
Sand
Kohle
Koks
Roh- und Brucheisen
18·5 = 90m
Anfuhrgleise
Öffnungen licht 3·2,75m, verschlossen durch 2 flügelige Wellblechschiebetore
Bims-dielen
Glas
Rabitzwand
Hüttensohle
Gewachsener Boden
Lüftklappe je 3000
Bimsdielen
Glas
je 3000
Bimsdielen
Lüftklappe
Wellblech
Glas
Kupolofenbühne 15mm Belagbl.
Giebelansicht

und Gießhalle; dann wird die Gußware in nord-südlicher Richtung zur Putzerei, zum Pack- und Glühraum, von dort zum Schleif- und weiterhin zum Lager- und Versandraum geschafft. Der Verkehr in diesen Räumen wird mit von Hand geschobenen Wagen durchgeführt.

Bei der durch Abb. 206 veranschaulichten neuzeitlich eingerichteten Anlage ist der Glühraum von dem Hauptgießereigebäude getrennt, ebenso die Bearbeitungswerkstatt. Das Hauptgießereigebäude (Abb. 207) ist durch ein dreiteiliges Profil ausgezeichnet, dessen mittlerer Teil eine Spannung von 32 m hat. Die beiden symmetrisch anliegenden Felder sind 20 m breit gehalten. Das auf der Abbildung unten liegende Seitenschiff nimmt die aus zwei 7-t-Martinöfen und einer Kupolofenanlage bestehende Schmelzanlage auf, ferner die Aufbereitungsanlage auf dem linken und die Kernmacherei auf dem rechten Flügel. Die Behälter für Roheisen, Stahlabfälle usw., die verschiedenen Sande, die Generatorkohle und die Generatoren selbst liegen unter demselben Dach mit den Schmelzöfen. Die Anfuhr der Rohstoffe erfolgt auf dem im Bild ganz unten liegenden Normalspurgleis, das so nahe an dem Gebäude liegt, daß alles Material durch entsprechende Öffnungen in der Gießereiwand unmittelbar aus dem Waggon in die Bunker geworfen werden kann. Die Mittelhalle ist durch zwei Stützenreihen in drei Längsschiffe unterteilt, doch sind die Arbeitsfelder so angelegt, daß sie mit ihrer Längsachse senkrecht auf die Schmelzanlage zustreben, d. h. parallel zu dieser Richtung sind die Formbänke und Formmaschinen angeordnet. Die ganze Halle wird an ihrem Umfang von einer an der Dachkonstruktion aufgehängten Elektrohängebahn mit Führerstandkatze umfahren, die einesteils den Sand, anderenteils das Eisen in größeren Pfannen an die Stirnseiten der Formfelder schafft, wo es an kleinere, von den Formern selbst getragene Handpfannen abgegeben wird. Ein Teil des Eisens wird für die naheliegenden Formplätze natürlich bei dem Ofen abgeholt. Das auf der Abb. 206 oben gelegene, nur etwa auf die halbe Länge der Gießerei ausgebaute Seitenschiff ist noch einmal durch eine Längswand und eine Querwand in vier Räume unterteilt. An die Haupthalle unmittelbar angelehnt liegt links der Putzraum, rechts davon der Lager- und Sortierraum für den Rohguß. Anstoßend an die Putzerei liegt die Plattenmacherei und an den Sortierraum nach oben angrenzend die Modellausgabe und das Modellplattenlager. Die Räume sind durch Schiebetore miteinander verbunden, und der Verkehr zwischen ihnen vollzieht sich auf Schmalspurgleisen. Aus dem Sortierraum führt ein Schmalspurgleis zu dem auf dem Hof liegenden Glühereigebäude, in dem die Generatoren für die gasbeheizten, in der Mitte liegenden Glühöfen bzw. -gruben und eine weitere Putzerei ihren Platz gefunden haben. Der zu bearbeitende Guß wird auf Schmalspurgleisen über den Hof zu der Bearbeitungswerkstatt geschafft. Die Skizze nach Abb. 206 mußte aus dem Gedächtnis auf-

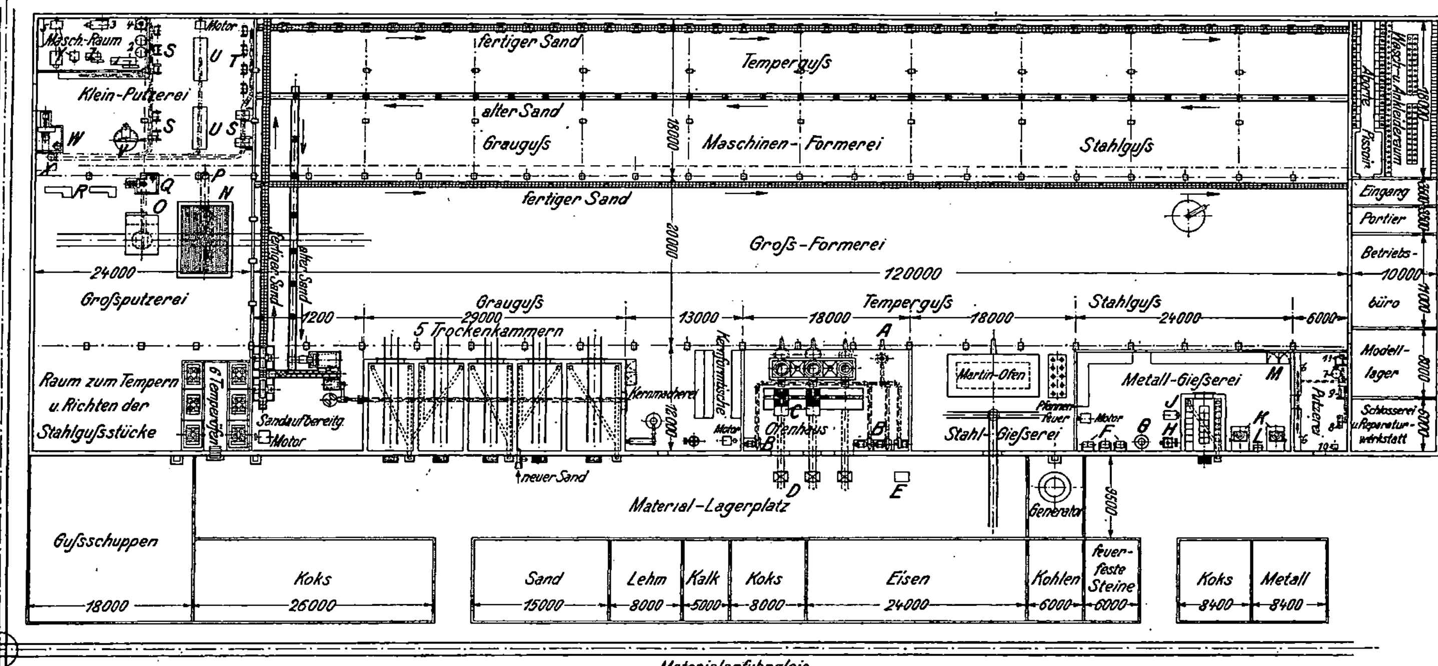


Abb. 208a. Temper-, Stahl- und Graugießerei.

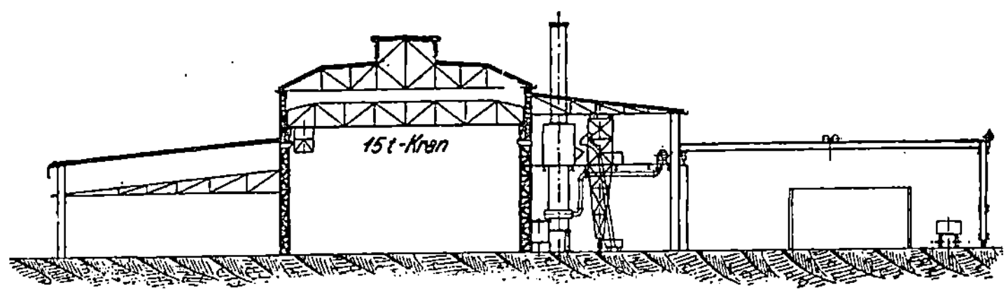


Abb. 208 b. (Schnitt zu Abb. 208 a.)

skizziert werden, so daß nur die grundsätzliche Anordnung Anspruch auf Richtigkeit machen kann, die Größe der Glüherei und Bearbeitungswerkstatt, die auch die Bearbeitung der aus einer weiter rechts liegenden Stahlgießerei zu übernehmen hat, ist nicht sicher; dasselbe gilt auch von den Gleiswegen.

Daß man häufiger eine Tempergießerei mit einer Stahlformgußgießerei vereinigt, wurde schon erwähnt und durch Abb. 203 und 204 näher veranschaulicht. Die Abb. 208 a u. b befaßt sich mit einem Fall, in dem eine Graugießerei, eine Tempergießerei und eine Stahlformgießerei als gleichwertig nebeneinander arbeitende Betriebe in einem Gebäude untergebracht sind. Es handelt sich um einen Dreihallenbau mit einem schmäleren und einem breiteren Seitenschiff. In dem schmäleren liegen die Schmelzanlagen, die Sandaufbereitung, die Trockenkammern, die Kernmacherei und eine Metallgießerei. Vor und parallel zu diesem Schiff erstrecken sich die Rohstofflager. In dem auf der Abbildung oben liegenden breiteren Seitenschiff sind die Formmaschinen aufgestellt, und zwar so, daß parallel zu den in der Haupthalle nebeneinander angelegten Formereien für Grauguß, Temper- und Stahlformguß eine Abteilung für den entsprechenden Formmaschinenguß angeordnet ist. Die Maschinenformerei ist mit mechanischer Zuführung des Modellsandes und ebensolcher Rückführung des Altsandes ausgestattet. Die Putzereien liegen auf dem Bild vor der linken Kopfseite, unmittelbar an diese anstoßend im Seitenschiff der Glühraum und die Arbeitsplätze für das Richten der Gußstücke, und an diesen Raum angrenzend nach unten hin der Gußschuppen. Auf der rechten Kopfseite haben die Wasch- und Ankleideräume, die Betriebsbureaus, das Modellager und die Schlosserei Unterkunft gefunden. Die Gußwaren werden auf einem Gleis verladen, das mittels Drehscheibe Anschluß an das Anfuhrgleis hat.

Vielleicht kann auch der vom Verfasser herrührende Vorentwurf nach Abb. 209, der infolge der unglücklichen Wendung des Krieges liegen bleiben mußte, noch einige Anhaltspunkte bieten. Es handelt sich um einen Shedbau mit senkrecht auf die Gießhalle bzw. im rechten Winkel anstoßenden Putz-, Glüh- und Versandräumen nebst mechanischer Werkstatt. Die Zufuhr der Rohstoffe erfolgt auf elektrisch betriebenen Straßenbahnwagen. Die Anlage ist für eine Jahreserzeugung von 1000 t geplant. Die Unterteilung des Glühraumes ist ähnlich gedacht, wie in Abb. 176. Alles weitere bezüglich der Raumaufteilung ergibt sich aus der Abbildung.

Bei den amerikanischen Gießereien findet man bei den nach dortigen Begriffen kleineren Anlagen bis etwa 5 t Tageserzeugung ähnliche Anordnungen wie bei uns; bei solchen jedoch, die eine erheblich größere

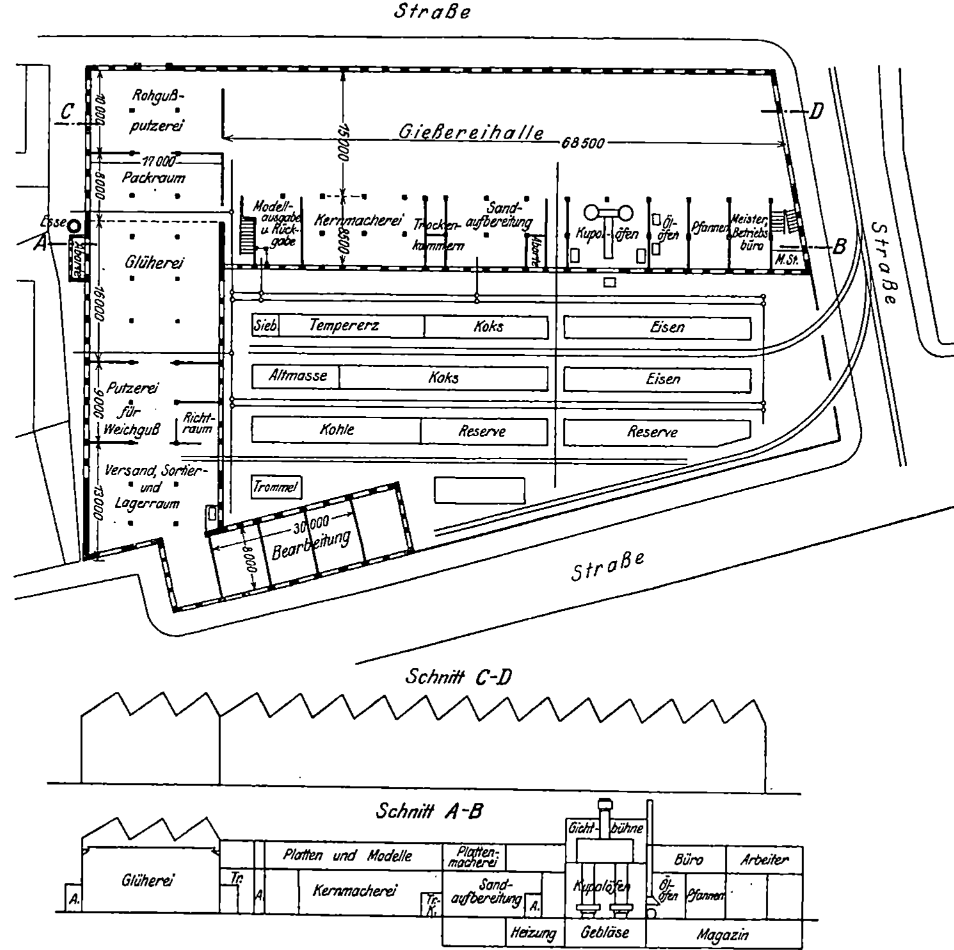



Abb. 209. Tempergießerei für eine Jahreserzeugung von 1000 t.

Tageserzeugung haben als europäische Betriebe, sind Raumbeschränkungen, wie man sie vielfach bei uns findet und von denen S. 273 die Rede war, nicht angängig. Man ordnet auch hier für die Behandlung der Rohgußware und der geglühten Gußware besondere Räume in der Reihenfolge an, wie sie eingangs S. 272 besprochen wurden. Im Unterschied von den europäischen Gießereien findet man in fast allen amerikanischen Betrieben mit größeren Tagesleistungen als 5 t den Flammofen, während man in den kleineren Tempergießereien vielfach im Kupolofen schmilzt. Die Flammöfen bringen den Vorteil mit sich, daß man sie an jeder beliebigen Stelle der Gießerei hinstellen kann, während man beim Kupolofen und Martinofen diese an eine bestimmte Stelle des Gebäudes, gewöhnlich in ein Seitenschiff, nebeneinander legen muß.

Den Grundriß einer kleineren Anlage für eine tägliche Erzeugung von 5 t bietet Abb. 210. Der Bau ist zweischiffig. Das breitere Feld von 36 m Länge und 15 m Breite nimmt die Formerei auf und den 6-t-Flammofen. Im Seitenschiff liegen alle anderen Betriebsabteilungen nebeneinander. Von rechts nach links folgen sich die Sandaufbereitung und das Sandlager, die Kernmacherei mit einem der bekannten drehbaren amerikanischen Kerntrockenöfen; in einem weiteren gemeinsamen Raume liegen die Putztrommeln und Putzbänke für den Rohguß, der Packraum

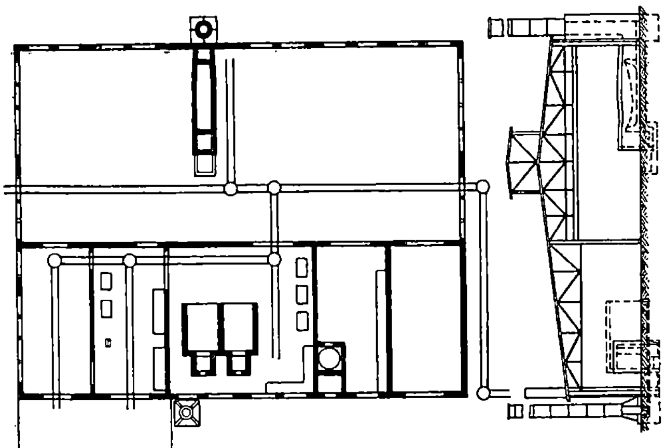

Abb. 210. Amerikanische Tempergießerei für 5 t täglicher Erzeugung (185).

und die beiden Glühöfen. An diesen Raum nach links grenzt der Putzraum für die geglühte Gußware mit zwei Rommeln, zwei Putztischen und einem Schleifstuhl. Am weitesten links liegt das Gußlager mit anstoßendem Verladeraum, der auf den Hof herausgebaut ist.

Die im Grundriß gezeichnete Anlage nach Abb. 211 bietet das Beispiel des seltener vorkommenden Falles einer in einer Richtung — hier parallel zur Querachse der Gießerei — verlaufenden Materialbewegung. Im Bild ganz oben liegt das Rohstoffanfuhrgleis, das Sand und Eisen an das parallel zu ihm angelegte Rohstofflager abgibt. Von hier gelangt das Eisen auf kürzestem Wege in die Flammöfen, die nach amerikanischer Gepflogenheit in ihrer ganzen Länge in den Gieß- bzw. Formraum hineingebaut sind. Von hier aus wird das Eisen in der Gießerei verteilt, vor deren linker Kopfseite die Kernmacherei angeordnet ist. An die Formhalle schließt sich im Bild weiter nach unten hin ein besonderes Gebäude unmittelbar an zur Aufnahme der Putzerei für den Rohguß, des Pack-

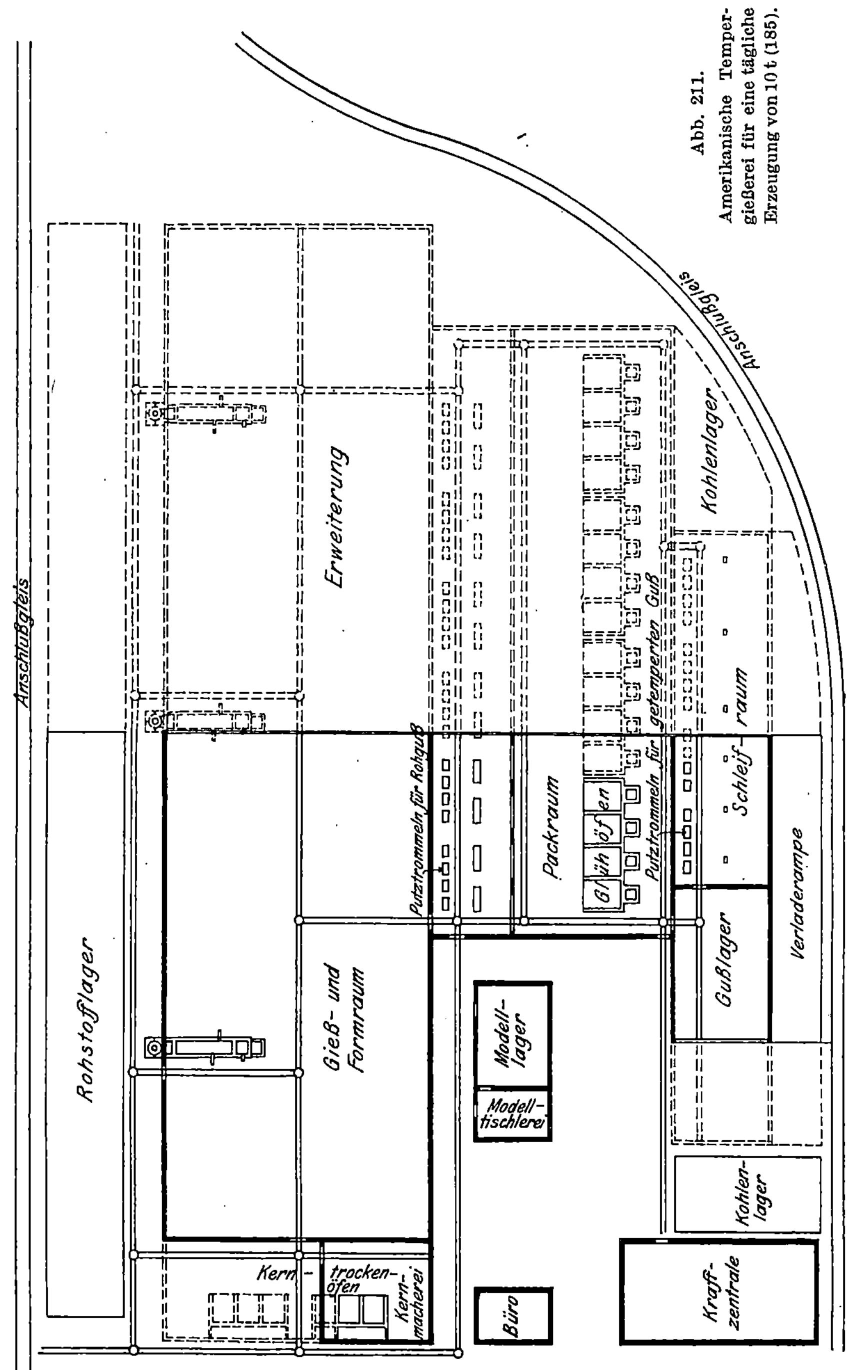


Abb. 211. Amerikanische Tempergießerei für eine tägliche Erzeugung von 10 t (185).

und Glühraumes. Beide Abteilungen sind durch eine Zwischenwand getrennt. Aus dem Glühraum gelangt die weiche Gußware in ein weiteres Gebäude, in dem die Putzerei und Schleiferei für den weichen Guß und an diese nach links angrenzend der Sortierraum und das Gußwarenlager Platz gefunden haben. Vor dem Lagerraum und Schleifraum liegt der Verladeplatz. Die beladenen Wagen werden auf dem im Bild zu unterst gezeichneten Anschlußgleis aus dem Fabrikgebäude herausgefahren. Auf dem links von den Putzereigebäuden liegenden Fabrikhof findet man das Bureaugebäude, die Kraftzentrale und die in einem Gebäude vereinigte Modelltischlerei und das Modellager.

Die Gießerei hat bedeutende Erweiterungen vorgesehen. In ihrem durch stark ausgezogene Linien bezeichneten Umfang reicht sie aus für eine Tagesleistung von 10-t; ausgebaut soll sie 30 t täglich erzeugen. Der Gieß- und Formraum ist 33 m breit und 60 m lang = rd. 2000 qm und ist mit einem 10 t-Flammofen ausgestattet. Die Kernmacherei hat nur 40 qm belegt. Der Putzraum für Rohguß ist 10,4 m breit und 24 m lang = rd. 250 qm; er enthält 8 Putztrommeln und 4 Putzbänke; der Glühraum bedeckt 20 × 24 = 480 qm und ist mit 4 Glühöfen von 3,6 × 4,8 m besetzt, neben denen noch Platz für einen weiteren Ofen bleibt. Der anschließende Putzraum für den geglühten Guß sowie das Gußlager sind je 12 m breit und 18 m lang. Das Modellgebäude umfaßt 9 × 18 = 162 qm. Zur Versorgung der Glühöfen ist zwischen der Kraftzentrale und dem Gußwarenlager ein Kohlenlager angelegt.

Eine weitere Anlage für die, an unseren Verhältnissen gemessen, gewaltige Tagesleistung von 100 t ist in Abb. 212 im Grund- und Aufriß wiedergegeben. Die Anlage umfaßt vier einzelne voneinander getrennte Gebäude. Ein Hauptgebäude von 210 m Länge und 45 m Breite nimmt die Formerei und Gießerei auf, ein weiteres zweischiffiges Gebäude (s. Schnitt A—B links) bietet in seinem schmäleren und kürzeren Teil der Putzerei des Rohgusses, in seinem größeren, 186 m langen und 42 m breiten Teil dem Packraum und dem Glühraum Unterkunft. Vor dem linken Kopf dieses Baues liegt das Modellgebäude von 42 m Länge und 15 m Breite. In einem symmetrischen Dreihallenbau, der im Bild rechts von der Gießerei und dem Glühofenhaus angeordnet ist, wird der weiche Guß in Putztrommeln und auf Putzbänken geputzt, in Säure gebeizt, gelagert und versandfertig gemacht. Die Unterteilung des Baues geht aus dem Grundriß hervor. Die eine Hälfte des Hauptgebäudes ist vierschiffig, die andere dreischiffig ausgebildet. Die auf dem im Bild oben liegenden Anfuhrgleis ankommenden Rohstoffe werden unmittelbar in die an das vorspringende Schiff angrenzenden bzw. die auf dem Hof liegenden Bunker entleert. In dem vorspringenden Seitenschiff befinden sich ein Sandlager (15 × 36 m), die Sandaufbereitung (12 × 22,5 m) und die Kernmacherei (66 × 22,5 m). Im Hauptschiff sind beiderseits sieben 15-t-Flammöfen verteilt, die von elektrisch betriebenen 5-t-Lauf-

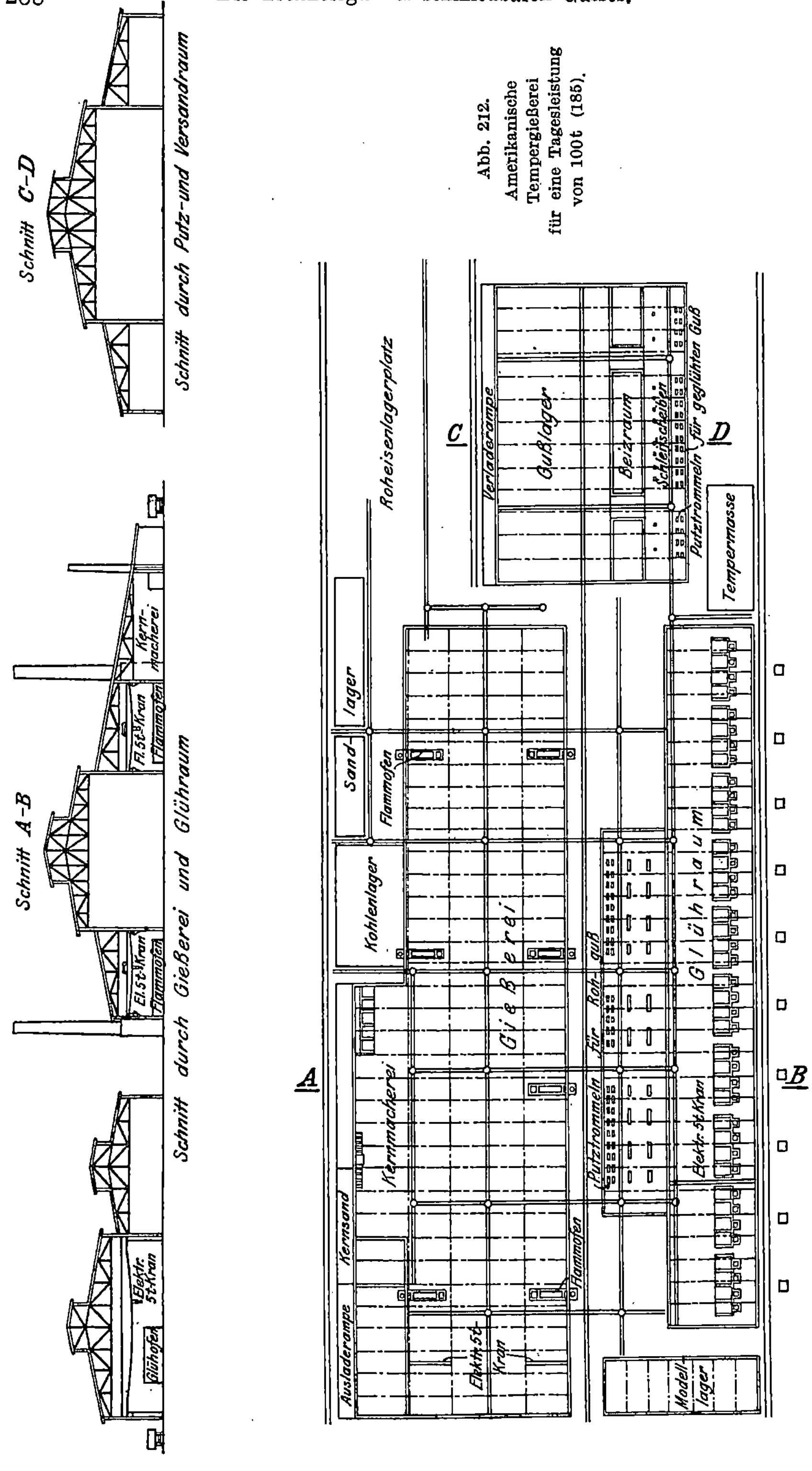

Abb. 212. Amerikanische Tempergießerei für eine Tagesleistung von 100 t (185).

kranen bedient werden. Die Krane über-
spannen das ganze 10,4 m breite Feld. In
dem Glühraum stehen 40 mit Koks beheizte Temperöfen, 3,6 m breit und 4,8 m
lang, je 4 Öfen bilden eine Gruppe. In
dem für die Fertigstellung des weichen
Gusses bestimmten Gebäude entfallen
12 × 78 = 936 qm auf den mit Putztrommeln und Schleifscheiben ausgestatteten
Raum, 9 × 78 = 700 qm auf die Beizerei,
30 × 78 = 2240 qm auf den Lagerraum für
Gußware. An diesen Raum stößt die Ver-
laderampe mit dem Abfuhrgleis. Der ganze
innere Verkehr spielt sich auf Schmalspurgleisen ab, wie der Grundriß hervortreten
läßt.

Daß man auch auf schmalem Raum
eine brauchbare Unterteilung durchführen
kann, zeigt der Gießereigrundriß der Danville Malleable Iron Co. nach Abb. 213.
Hier erfolgt die Materialbewegung in Richtung der Längsachse des Grundstückes.
Auf dem Bilde unten liegt das Material-
anfuhrgleis und das Rohstofflager parallel
zur Längsachse des Baues. Der Lagerplatz
wird von zwei Elektrohängebahnlinien bedient. Diese stoßen auf eine Hänge-
bahnbrücke von 12 m Spannung, die in
einem auf den Rohstofflagerplatz vorspringenden Anbau untergebracht ist
und über die in der Mitte der Haupthalle angeordneten beiden Flammöfen
führt, um diese zu beschicken. Ein am
rechten Flügel vorspringender Anbau
nimmt die Sandaufbereitung und das
Sandlager auf. Die Kernmacherei liegt
vom Beschauer des Bildes
aus gesehen rechts vor Kopf
des Hauptgebäudes, das
seiner Länge nach von einer
in der Mitte angeordneten
Einschienenbahn durchzogen
ist. Mit Hilfe dieser Einrichtung gelangt die Gußware



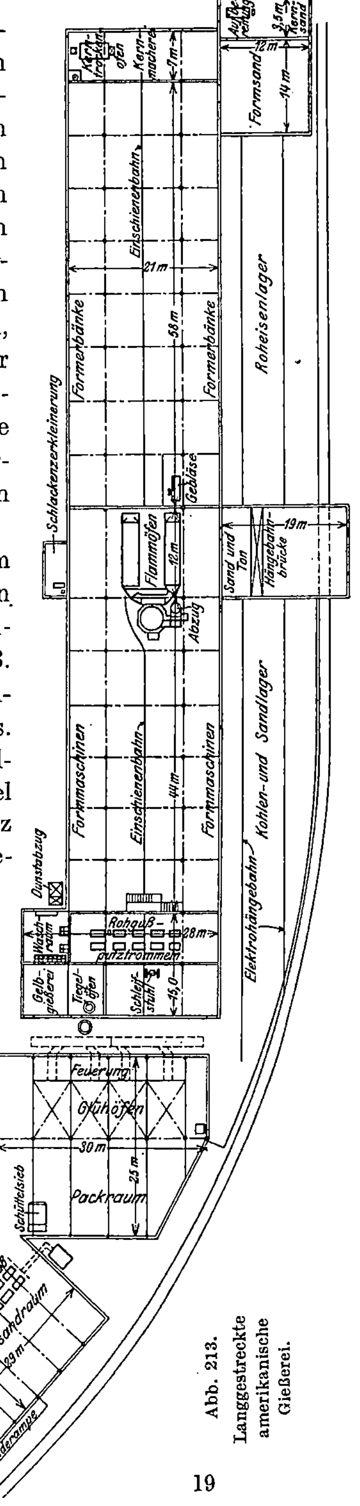


Abb. 213. Langgestreckte amerikanische Gießerei.

aus der Formerei zu der vor ihrer linken Kopfseite liegenden Rohgußputzerei und Schleiferei; offenbar werden in diesem Betrieb die harten
Gußstücke bereits beschliffen. Auf die Rohgußputzerei folgt in der Längsrichtung weiter nach links in einem besonderen Gebäude der Glühraum
und an diesen anstoßend, durch ein Verbindungstor verbunden, ein weiteres
Gebäude für die Putzerei der getemperten Gußware und den Versandraum.

In Amerika baut man auch ununterbrochen arbeitende Tempergießereien mit völlig selbsttätiger Förderung des Roh- und Tempergusses.
Eine solche in einem mehrstöckigen Gebäude eingerichtete Anlage ist
in The Foundry (187) näher beschrieben.

Der Bodenbedarf einer Tempergießerei ist größer als der in einer
gewöhnlichen Graugießerei. In Amerika rechnet man mit dem halben
Bodenbedarf einer Graugießerei, die ähnliche Gußstücke herstellt. In
Deutschland kann man etwa 0,9 bis 1,2 qm für die Tonne der Jahreserzeugung annehmen, je nachdem ob reine Bankformerei, Kleinhandformerei oder Formmaschinenbetrieb oder ein aus diesen Arbeiten gemischter Betrieb vorliegt. Dem Verfasser sind auch Betriebe bekannt,
die schon mit 0,8 qm/t auskommen, in denen die Former aber sehr
beengt sind. Der Flächenbedarf für die Schmelzanlage richtet sich
am besten nach den besonderen Ansprüchen der Anlage. Für die
Kernmacherei kann man im Mittel 15 v. H. der reinen Formfläche
rechnen, für die Sandaufbereitung etwa 10 v. H. Alle übrigen Räume,
in denen die Gußstücke geputzt, geglüht, gerichtet, sortiert, gelagert
und versandt werden, nehmen etwa 90 bis 100 v. H. der reinen Formfläche
in Anspruch, wenn es nicht zu enge hergehen soll, und zwar kann man
diesen Raum etwa wie folgt aufteilen: Für die Rohgußputzerei unter
eventueller Berücksichtigung eines Zähl- und Sortierraumes 15 v. H.; für
den Pack- und Glühraum 45 v. H.; für das Putzen, Schleifen und Richten
des getemperten Gusses 20 v. H.; für den Sortier-, Lager- und Versandraum mit Ladestelle für Fuhrwerk oder Eisenbahnwagen 20 v. H.

Was die Zahl der benötigten Putztrommeln angeht, so lassen sich
keine feststehenden Zahlen angeben. Der Bedarf hängt außer von dem
Fassungsvermögen der Trommel selbst sowohl von der Größe der Gesamterzeugung, als auch von dem Gewicht und der Größe der Stücke
ab. Zum Putzen der Rohgußstücke braucht man bei europäischen Verhältnissen i. a. mehr Trommeln, als zum Rommeln des getemperten
Materials. Eine kleine Tempergießerei z. B. mit etwa 500 t Jahreserzeugung kommt schon mit 2 bis 3 Trommeln für den Rohguß und
2 Trommeln für den weichen Guß aus. Eine Gießerei für 1000 t
Jahreserzeugung braucht etwa 4 bis 5 Trommeln für den harten und
3 Trommeln für den weichen Guß; eine solche für 2000 t Jahreserzeugung benötigt gegen 6 größere Trommeln für den harten und 4 Trommeln für den weichen Guß. In der amerikanischen Gießerei nach

Abb. 210 für 5 t Tagesleistung kommt man schon mit 3 Trommeln für den harten und 2 Trommeln für den Temperguß aus. Auf dem Plan nach Abb. 211, eine Tempergießerei für 10 t täglicher Leistung, hat man 8 kleine und 4 große Trommeln für die gesamte Erzeugung vorgesehen, und die große Gießerei für 100 t täglicher Erzeugung arbeitet mit 46 kleinen und 20 großen Trommeln für den gesamten Guß. Wie gesagt, Größe und Ausnntzung der Trommeln ist maßgebend. Kleinere Betriebe kommen mit 1 bis 2 Schleifscheiben aus. In der Putzerei nach Abb. 210 stehen 6, in der nach Abb. 211 nur 12 Schleifstühle.

# Literaturverzeichnis.

Vorbemerkung: Die in den Text dieses Buches in Klammern eingefügten römischen und arabischen Zahlen verweisen auf die im nachstehenden Literaturverzeichnis unter denselben Zahlen angeführten Buchwerke und Einzelabhandlungen. Die häufig genannte Zeitschrift „Stahl und Eisen" ist abgekürzt mit „St. u. E." bezeichnet.

## Buchwerke.


I. Geiger, C., Handbuch der Eisen- und Stahlgießerei. I. u. II. Band. Verlag Julius Springer, Berlin 1911 u. 1916.

II. Ledebur, A., Handbuch der Eisen- und Stahlgießerei. Verlag Bernh. Fr. Voigt, Leipzig 1901.

III. Ledebur, A., Handbuch der Eisenhüttenkunde. I. u. III. Abteil. Verlag Arthur Felix, Leipzig 1899 u. 1900.

IV. Lelong, A., u. Mairy, E., Traité Pratique de Fonderie. II. Band. Verlag Béranger, Paris und Lüttich 1912.

V. Moldenke, R., The Production of Malleable Castings. Verlegt durch The Penton Publishing Company, Cleveland, Ohio, 1911.

VI. Osann, B., Lehrbuch der Eisen- und Stahlgießerei. Verlag W. Engelmann, Leipzig 1913.

VII. Réaumur, R. A. F. de, L'art de convertir le fer forgé en acier et l'art d'adoucir le fer fondu, ou de faire des ouvrages de fer fondu aussi fini que de fer forgé. Verlag von Michel Brunnet, Paris 1722.

VIII. Réaumur, R. A. F. de, Nouvel art d'adoucir le fer fondu et de faire des ouvrages aussi fini que de fer forgé. II. Vol. des „Descriptions des arts et des métiers". 1722.

IX. Rott, C., Die Fabrikation des schmiedbaren und Tempergusses. Verlag Baumgärtner, Leipzig 1881.

X. Rott, C., Die Kleinbessemerei für den Stahlformguß, Temperguß und Feinguß. Verlag W. H. Uhland, Leipzig 1900.

XI. Schmidt, E., Die magnetische Untersuchung des Eisens und verwandter Metalle. Verlag von W. Knapp, Halle a. d. S. 1900.

XII. Lohse, U., Die geschichtliche Entwicklung der Eisengießerei seit Beginn des 19. Jahrhunderts. In: Beiträge zur Geschichte der Technik und Industrie. Bd. 2. 1910. Verlag Julius Springer, Berlin.

XIII. Beck, L., Die Geschichte des Eisens in technischer und kulturgeschichtlicher Beziehung. Bd. 1—5. Verlag Friedr. Vieweg & Sohn, Braunschweig, 1890—1903.

XIV. Die Gutehoffnungshütte Oberhausen, Rheinland. Zur Erinnerung an das 100jährige Bestehen. 1810—1910. Druck von A. Bagel, Düsseldorf 1910.

## Veröffentlichungen in Zeitschriften, Jahrbüchern und Sammelwerken.

Akerlind, G. A.
1. Über die Herstellung des schmiedbaren Eisengusses. Eisenzeitung 1907, Nr. 36, S. 639.

Arnold, J. O., und William, M. A.
2. Über die Wanderungsfähigkeit verschiedener Körper im Eisen. St. u. E. 1899, S. 617.

Bannister, C. O.
3. Temperguß. Proceedings of the Institute of Mechanical Engineers 1904, Nr. 1, S. 203.

Baur, E., und Glaesner, A.
4. Über die Einwirkung von Kohlenstoff, Kohlenoxyd und Kohlensäure auf das Eisen und seine Oxyde. Zeitschr. f. physik. Chemie 43, 354; s. a. St. u. E. 1903, S. 556.

Becker, H.
5. Über das Glühfrischen mit gasförmigen Oxydationsmitteln. Mitteil. a. d. eisenh. Inst. d. Techn. Hochschule Aachen, 1911, 4. Bd., S. 43.

Benedicks.
6. Über das Gleichgewicht und die Erstarrungsstrukturen des Systems Eisen-Kohlenstoff. Metallurgie 1906, S. 393, 425 u. 466.

Blume, G. A.
7. Die Herstellung schmiedbaren Gusses in Schweden. The Foundry 1910, Sept., S. 8; s. a. St. u. E. 1911, S. 1600.
8. Darstellung von Temperguß im Martinofen. Bericht über einen Vortrag in St. u. E. 1913, S. 367.

Chadsey, S. B.
9. Glühversuche mit Temperguß. Foundry 1911, Jan., S. 215; s. a. St. u. E. 1911, S. 530.
10. Der Kohlenstoffgehalt des Tempergusses. The Foundry 1911, April, S. 56.

Carnevali, F., Giolitti und Tavanti, G.
11. Über die Herstellung von schmiedbarem Guß. Rassegna Mineraria, Metallurgica e Chemica 1910, Sept., S. 97.

Charpy, G., und Grenet, L.
12. Über das Gleichgewicht des Systems Eisen-Kohlenstoff. Bulletin de la Société d'encouragement 1902, S. 399.

Charpy, G.
13. Über die Identität des Graphits und des durch Glühen erzeugten graphitischen Kohlenstoffs. Comptes Rendus 1907, 9. Dez.

Child, A. T. und Heineken, W. P.
14. Über Veränderung des Kleingefüges beim Temperguß. Transactions of the American Institute of Mining Engineers 1900, S. 734.

Davenport, R.
15. Chemische Untersuchungen über einige Punkte der Darstellung schmiedbaren Gusses. Mechanics Magazin 1871, S. 392; Dinglers Polyt. Journal Bd. 270, S. 51.

Davis, G. C.
16. Über Temperguß. Foundry 1900, Mai, S. 103; s. a. Eisenztg. 1900, Nr. 25, S. 383.

Davis, C., und Wheeler, E. C.
17. Die Darstellung des schmiedbaren Gusses in den Vereinigten Staaten. The Iron Age 1899, Bd. 63, Nr. 6 bis 8; s. a. St. u. E., 1899, S. 366.

Diller, H. E.
18. Amerikanischer schmiedbarer Guß. Bericht in St. u. E. 1904, S. 1195.

Doubs, F.
19. Die Herstellung von weichem Flußeisen im Elektroofen aus kaltem und flüssigem Einsatz. St. u. E. 1911, S. 591.

Durrer, R.
20. Bericht über die verschiedenen Erzeugungsarten von schmiedbarem Guß. St. u. E. 1917, S. 882.
21. Die praktische Anwendung der Metallographie in der Eisen- und Stahlgießerei. St. u. E. 1917, S. 870.

Eckert, F.
22. Fabrikation von schmiedbarem Eisenguß. Praktischer Maschinenkonstrukteur 1908, 22. Okt., S. 177.

Erbreich, F.
23. Der schmiedbare Guß. St. u. E. 1915, S. 549, 652, 773.

Estep, H. C.
24. Beschreibung der Tempergießerei der Danville Malleable Iron Co. in Danville. The Foundry 1914, März, S. 85.
25. Herstellung von Ofenplatten aus schmiedbarem Guß. The Foundry 1910, Nov., S. 91.

Evens, H. O.
26. Über das Schwinden des schmiedbaren Gusses. The Iron Age 1900, 12. April, S. 17.

Flinterman, R. F.
27. Verluste bei der Herstellung von schmiedbarem Guß. The Iron Trade Review 1904. 25. Aug., S. 48.

Forquignon, M.
28. Untersuchungen über schmiedbaren Guß und das Glühen des Stahles. Annales de Chemie et de Physique 1881, Bd. 23, S. 433; s. a. St. u. E. 1882, S. 202; 1886, S. 380 u. 777.

Fraser, A.
29. Die Verwendung von Kokillen bei der Herstellung von schmiedbarem Guß. The Foundry 1917, Aug., S. 303.

Fulton, A. M.
30. Neuzeitliches Gießverfahren für Temperguß. The Foundry 1917, Aug., S. 319; s. a. St. u. E. 1917, 26. April, S. 406.

Gale, C. H.
31. Zusatz von Titan zu schmiedbarem Guß. Bericht über einen Vortrag in St. u. E. 1913, S. 367; s. a. 1911, S. 1794.

Geiger, C.
32. Beiträge zur Kenntnis der zwei Kohlenstofformen im Eisen „Temperkohle" und „Graphit". Dissertation, Greiner & Pfeiffer, Stuttgart 1904.
33. Temperguß in Amerika. St. u. E. 1908, S. 700.
34. Temperaturen beim Temperprozeß. St. u. E. 1911, S. 1436. Bericht über Nr. 119.

Geilenkirchen.
35. Die Verwendung des Flammofens in der Gießerei insbesondere zur Schmelzung von schmiedbarem Guß. St. u. E. 1907, S. 19.

Gilmore, L. E.
36. Ununterbrochener Kupolofenbetrieb bei Herstellung von schmiedbarem Guß. The Iron Age 1915, 4. Febr., S. 306.
37. Betriebsfaktoren in der Tempergießerei. St. u. E. 1916, S. 417.

Giolitti, Carnevali, F., und Tavanti, G.
38. Die Herstellung von schmiedbarem Guß. Rassegna Mineraria, Metallurgica e Chemica 1910, 1. Sept., S. 97.

Glaesner, A., und Baur, E.
39. Über die Einwirkung von Kohlenstoff, Kohlenoxyd und Kohlensäure auf das Eisen und seine Oxyde. St. u. E. 1903, S. 556; Bericht nach Zeitschr. d. physik. Chemie 43, 354.

Goerens, P.
40. Über den augenblicklichen Stand unserer Kenntnisse der Erstarrungs- und Erkaltungsvorgänge bei Eisen-Kohlenstofflegierungen. St. u. E. 1907, S. 1093.
41. Über den allgemeinen Stand unserer Kenntnis der Erstarrungs- und Erkaltungsvorgänge bei Eisen-Kohlenstofflegierungen. Mitteil. a. d. eisenh. Inst. d. Techn. Hochschule Aachen 1908, S. 73.

Goerens, P., und Gutowsky.
42. Experimentelle Studie über den Erstarrungs- und Schmelzvorgang bei Roheisen. Metallurgie 1908, S. 137.

Grenet, L., und Charpy.
43. Über das Gleichgewicht des Systems Eisen-Kohlenstoff. Bulletin de la Société d'encouragement 1902, S. 399.

Guillet, L.
44. Einiges über das Zementieren. Bericht von Bauer in St. u. E. 1904, S. 1058, nach Mémoires de la Société des ingenieurs civils 1904, S. 176.

Gunner, P.
45. Die neueren Fortschritte und Versuche in der österreichischen Stahlfabrikation. Berg- und Hüttenmännisches Jahrbuch der k. k. Montan-Lehranstalten zu Leoben und Přibram. VI. Band, S. 81.

Gutowsky, N.
46. Die Erzeugung und die Bedeutung des Tempergusses in der Technik. Journal des Vereins Sibirischer Ingenieure 1911, Nr. 1, S. 1; Nr. 2, S. 46.

Gutowsky, N., und Goerens, P.
47. Experimentelle Studie über den Erstarrungs- und Schmelzvorgang bei Roheisen. Metallurgie 1908, S. 137.

Hatfield, W. H.
48. Entwicklung und gegenwärtige Bedeutung des schmiedbaren Gusses. The Foundry Trade Journal and Pattern-Maker 1908, April, S. 208.
49. Die chemisch-physikalischen Vorgänge bei der Entkohlung der Eisen-Kohlenstofflegierungen. The Journal of Iron and Steel Institute 1909, I, S. 242; s. a. Bericht in Metallurgie 1909, S. 358.
50. Gußeisen im Licht neuerer Untersuchungen. Proceedings of Royal Society A. 1911, 35.
51. Über Grauguß und Temperguß. Revue de Métallurgie 1913, Aug., S. 937; s. a. St. u. E. 1913, S. 1068.

Hausenfelder, R.
52. Teerölverwertung für Heiz- und Kraftzwecke. St. u. E. 1912, S. 775.

Heineken, W. P., und Child, A. T.
53. Über Veränderungen des Kleingefüges beim Temperguß. Transactions of the American Institute of Mining Engineers 1900, S. 734.

Hermann, S.
54. Das Glühfrischverfahren. Gießereizeitung, Nr. 14, S. 469.

Hooper, K. G.
55. Tempereinrichtungen für Tempergießereien. Castings 1911, Nov., S. 60.

Horner, J.
56. Über Darstellung des Tempergusses. Engineering 1910, Dez., S. 787.

Howard, J.
57. Über chemische Änderungen beim schmiedbaren Guß infolge des Glühens. The Iron Age, 12. Sept. 1901, S. 16; s. a. St. u. E. 1901, S. 1136.

**Howe, H. M.**
58. Erzeugung von weißem Gußeisen für den Temperprozeß. Bulletin of the American Institute of Mining Engineers 1909, März, S. 317; s. a. St. u. E. 1909, S. 982.

**Hurren.**
59. Die Güte von Tempererzen. The Iron and Coal Trades Review 1910, 19. Aug., S. 283.

**Irresberger, C.**
60. Tiegelöfen im Gießereibetrieb. St. u. E. 1904, S. 254.

**Iljin, N., und Ruer, R.**
61. Zur Kenntnis des stabilen Systems Eisen-Kohlenstoff. Mitteil. a. d. eisenh. Inst. d. Tech. Hochschule Aachen 1913, 5. Bd., S. 10.

**James, Ch.**
62. Über das Ausglühen des weißen Gußeisens. Journal of the Franklin Institute 1900, Sept., S. 227.

**Jefferey, A. T.**
62a. Herstellung von bearbeitetem Temperguß. Foundry 1917, Okt., S. 449.

**Kaiser, W.**
63. Tiegelstahlerzeugung in Milwaukee. The Iron Trade Review 1912, 24. Okt., S. 762; s. a. St. u. E. 1914, S. 367.

**Kloss, H.**
64. Schwarzbrennen von Temperguß. Gießereizeitung 1917. S. 96.

**Lamla, M.**
65. Die Herstellung des schmiedbaren Gusses in Theorie und Praxis. Gießereizeitung 1911, S. 197, 268, 300, 336, 408, 498, 530, 565, 631, 664, 687, 724, 749.

**Leasman, E. L.**
66. Glühvorgang beim Temperguß. Transactions of the American Foundry men's Association 1914, Bd. 22, S. 169; s. a. St. u. E. 1914, S. 1434; 1915, S. 218.

**Leber, E.**
67. Das Gießereiwesen in den letzten zehn Jahren. St. u. E. 1912, S. 129.
68. Die Bedeutung des Gießereiwesens. St. u. E. 1913, S. 347.
69. Eine amerikanische Tempergießerei (Gießerei der Link Belt Co). St. u. E. 1915, S. 104, nach The Iron Age 1914, 6. Aug., S. 308.
70. Die Herstellung und Eigentümlichkeit des Tempergusses. Bericht über einen Vortrag von Pero. St. u. E. 1915, S. 218.
71. Die Selbstkostenberechnung von Gattierungen für Temperguß. Bericht über einen Vortrag von H. Hemenway. St. u. E. 1915, S. 218.
72. Untersuchungen des Glühprozesses beim Temperguß. Bericht über einen Vortrag Storeys. St. u. E. 1915, S. 218.
73. Einfluß der Zusammensetzung des schmiedbaren Gusses auf seine mechanischen Eigenschaften. Bericht über einen Vortrag von Pollard. St. u. E. 1915, S. 563.
74. Festigkeit und Geschmeidigkeit von schmiedbarem Guß. Bericht über einen Vortrag von Touceda. St. u. E. 1915, S. 563.
75. Allgemeine Gesichtspunkte, Grundsätze und Regeln bei Anlage einer Gießerei. St. u. E. 1917, Nr. 30 u. f.

**Ledebur, A.**
76. Das Verbrennen des Eisens und Stahls. St. u. E. 1883, S. 502.
77. Einige neuere Untersuchungen und Theorien über die Formen des Kohlenstoffs im Eisen und Stahl. St. u. E. 1886, S. 384. Bericht über Nr. 28.
78. Über das Verhalten des Roheisens beim Glühen in Holzkohle. St. u. E. 1886, S. 777.

79. Über die Benennung der verschiedenen Kohlenstofformen im Eisen. St. u. E. 1888, S. 742.

80. Neuere Arbeiten über Glühfrischen und die Veränderungen der Kohlenstofformen beim Glühen. St. u. E. 1897, S. 628. Bericht über Nr. 124.

81. Über den Einfluß der Erhitzung auf das Gefüge und das Verhalten des Eisens, insbesondere des Flußeisens. St. u. E. 1898, S. 649.

82. Über Darstellung schmiedbaren Gusses in den Vereinigten Staaten. 1899, S. 366. Bericht über Nr. 17.

83. Über die Wanderungsfähigkeit verschiedener Körper im Eisen. St. u. E. 1899, S. 617. Bericht über Nr. 2.

84. Über den Einfluß des Siliziums beim Glühfrischen. St. u. E. 1902, S. 813. Bericht über Nr. 12.

Leo.

85. Schmiedbarer Guß. Dinglers Polyt. Journal 1903, Nr. 32, S. 512.

Leuenberger, E. und Wüst, F.

86. Über den Einfluß der Glühdauer auf die Qualität des Tempergusses. Ferrum 1916, Aug. Sept., S. 161.

Leuenberger, E.

87. Über den Einfluß des Siliziums und die Glühdauer auf die mechanischen Eigenschaften des schmiedbaren Gusses. St. u. E. 1917, S. 514 und 601.

Lißner, A.

88. Beiträge zur Kenntnis der Temperkohlebildung im Kupolofentemperguß. Ferrum 1912, Nov., S. 44.

Mannesmann, R.

89. Studien über den Zementstahlprozeß. Verhandl. d. Vereins z. Beförd. d. Gewerbefleißes 1879, S. 31.

Matthews, J.

90. Schmiedbarer Guß The Ironmonger 1909, 10. April, S. 60.

Moldenke, R.

91. Schmiedbarer Guß. The Foundry 1903, Dez., S. 863.

92. Schmiedbarer Guß. The Metallographist 1904, Febr., S. 159; s. a. St. u. E. 1904, S. 178.

93. Herstellung von Temperguß. Cassiers Magazins 1907, Jan., S. 211.

94. Über Tempergießerei. The Iron Age 1907, 23. Mai, S. 1565.

95. Die Darstellung des schmiedbaren Gusses. The Foundry 1908, Febr., S. 257; März, S. 24; April, S. 60; Mai, S. 117; Juni, S. 173 u. 273; Sept., S. 27; Okt., S. 70; Nov., S. 127; 1909, Jan., S. 210; Febr., S. 265; März, S. 7; April, S. 84; Aug., S. 295.

96. Über verzinnten Temperguß. The Foundry 1908, Juni, S. 186.

97. Unvollständig getemperter schmiedbarer Guß. The Foundry 1908, Okt. S. 56.

98. Schmiedbarer Guß. The Foundry 1910, Okt., S. 55.

99. Beurteilung des Tempergusses nach dem Bruchaussehen. The Foundry 1911, Febr., S. 237.

100. Verwendung von Stahlschrott in der Tempergießerei. The Foundry 1911, März, S. 47.

101. Blasiger schmiedbarer Guß. The Foundry 1913, März, S. 106.

102. Die Herstellung von schmiedbarem Guß. Transactions of the American Fondrymen's Association 1912, S. 815; s. a. St. u. E. 1913, S. 2149.

103. Die Herstellung von schmiedbarem Guß. The Iron Trade Reviews 1914, Nov., S. 857.

104. Schmiedbarer Guß für Automobile. The Iron Trade Review 1915, 25. Febr., S. 218.

104a. Die Entwicklung des schmiedbaren Gusses. The Foundry 1917, Sept., S. 280.

**Moore, M. J.**

105. Über Schwefel im Temperguß. The Iron Age 1900, 3. Mai, S. 26.

**Müller, G.**

106. Temperguß. Gießereizeitung 1904, Nr. 19, S. 665.

**Müller, W.**

107. Einiges über Tempergießereien. St. u. E. 1907, S. 1247.

**Namias, C. R.**

108. Mitteilungen über schmiedbaren Guß. Engineering 1909, LXXXVII, S. 669; s. a. St. u. E. 1909, S. 1036.

**Nulsen, J. G., und Pero, J. P.**

109. Entwicklung und gegenwärtiger Stand des Tempergußverfahrens. Bericht in St. u. E. 1916, S. 321, nach The Iron Age 1915, 18. Nov., S. 1168.

**Oberhoffer, P.**

110. Metallographische Beobachtungen im luftleeren Raum bei höheren Temperaturen. Metallurgie 1909, S. 526.

**Osann, B.**

111. Temperstahlguß. St. u. E. 1903, S. 22.

112. Betrachtungen über den amerikanischen Gießereibetrieb. St. u. E. 1906, S. 161.

**Outerbridge, A. E.**

113. Über den Einfluß der Wärmebehandlung des Hartgusses. The Foundry 1903, März, S. 35.

**Pero, J. P., und Nulsen, J. G.**

114. Entwicklung und gegenwärtiger Stand des Tempergußverfahrens. Bericht in St. u. E. 1916, S. 321, nach The Iron Age, 1915, 18. Nov., S. 1168.

**Pero, J. P.**

115. Herstellung und Eigentümlichkeit des schmiedbaren Gusses. St. u. E. 1915, S. 218.

115a. Fortschritte in der Herstellung von Temperguß. Foundry 1917, Sept., S. 377.

**Platz, B.**

116. Chemische Vorgänge beim Glühen und Tempern von Roheisen. St. u. E. 1885, S. 471.

**Pollard, A. L.**

117. Einfluß der Zusammensetzung des schmiedbaren Gusses auf seine mechanischen Eigenschaften. Bericht in St. u. E. 1915, S. 563.

**Pope, H. F.**

117a. Schmiedbarer Guß und dessen Anwendung. Foundry 1917, Nov., S. 505.

**Powers, Ch.**

118. Temperguß. The Foundry 1901. Sept., S. 43.

**Putnam, W. P.**

119. Das Tempern des schmiedbaren Gusses. The Iron Age 1911, 23. März, S. 726; s. a. St. u. E. 1911, S. 1436.

**Richter.**

120. Chemische Untersuchungen im Laboratorium der k. k. Montan-Lehranstalt zu Leoben. Berg- u. Hüttenmännisches Jahrbuch der k. k. Montan-Lehranstalten zu Leoben und Příbram 1860, S. 358.

**Rott, C.**

121. Die Fortschritte in der Flußeisendarstellung für den Gießereibetrieb. Eisenzeitung 1901, Nr. 8, S. 111; Nr. 9, S. 128; Nr. 10, S. 146; Nr. 11, S. 164; Nr. 12, S. 181.

122. Beschleunigter Temperprozeß für schmiedbaren und Stahlguß. St. u. E. 1895, S. 512.

Royston, C. P.
123. Die Beziehungen des Kohlenstoffs zum Eisen. The Iron and Steel Institute 1897, S. 166; s. a. St. u. E. 1897, S. 628.
Ruer, R., und Iljin, N.
124. Zur Kenntnis des stabilen Systems Eisen-Kohlenstoff. Mitteil. a. d. eisenh. Inst. d. Techn. Hochschule Aachen 1913, 5. Bd., S. 10.
Sahlin, A.
125. Der Elektroofen von Rennerfelt. St. u. E. 1914, S. 328.
Savoia, M.
126. Mitteilungen über schmiedbaren Guß. St. u. E. 1909, S. 1037.
Schlösser, P., und Wüst, F.
127. Der Einfluß von Kohlenstoff, Silizium, Mangan, Schwefel und Phosphor auf die Bildung von Temperkohle im Eisen. St. u. E. 1904, S. 1120.
Schoemann, E.
128. Altes und Neues über Temperguß. Eisenzeitung 1908, 11. Jan., S. 21; 18. Jan., S. 37; 1. Febr., S. 71.
129. Moderne Tempergießerei. St. u. E. 1909, S. 593.
Schott, E. A.
130. Die Herstellung von schmiedbarem Guß. Bearbeitung von Nr. 95 in St. u. E. 1909, S. 1198; 1402, 1563, 1741, 1900.
Schrage, C.
131. Der Temperguß in Theorie und Praxis. Eisenzeitung 1917, Nr. 13, S. 190; Nr. 14, S. 201; Nr. 15, S. 218; Nr. 19, S. 273; Nr. 20, S. 286; Nr. 23, S. 329.
Skamel, E.
132. Glühen und Glühofen in Temper- und Stahlgießereien. Gießereizeitung 1913, Dez., S. 729.
Smith, R. H.
133. Schwefel im schmiedbaren Guß. Bericht in St. u. E. 1916, S. 224.
Smith, E. W., und Walter, C. M.
134. Über gasgefeuerte Temper-, Glüh- und Schmelzöfen. The Foundry Trade Journal 1914, Febr., S. 77.
Stead, J. E.
135. Das kristalline Gefüge des Eisens und Stahls. Journal of the Iron and Steel Institute, Vol. 53, 1898, S. 145.
Stone, C. A.
136. Elektrischer Beschickwagen für schmiedbaren Guß. Zeitschr. f. prakt. Maschinenbau 1910, 23. Febr., S. 432.
Storey, O. W.
137. Glühversuche mit schmiedbarem Guß. The Foundry 1914, Dez., S. 478; s. a. St. u. Eisen 1915, S. 218.
Stotz, R., und Wüst, F.
138. Über das Tempern mit einer Mischung von Kohlendioxyd und Kohlenmonoxyd. Ferrum 1916, Dez., S. 33.
139. Beitrag zur Theorie des Temperprozesses. St. u. E. 1916, S. 501.
140. Über die Theorien des Glühfrischprozesses. Gießereizeitung 1916, Juli, S. 209; 1. Aug., S. 225.
Sudhoff, E., und Wüst, F.
141. Über die Einwirkung von Wasserstoff und Stickstoff auf temperkohlehaltiges Eisen bei verschiedenen Temperaturen. Mitteil. a. d. eisenh. Inst. d. Techn. Hochschule Aachen 1911, 4. Bd., S. 94.
Tamman, G., und Treitschke, W.
142. Über das Zustandsdiagramm von Eisen und Schwefel. Metallurgie 1907, Nr. 2, S. 54.

Tavanti, G., Giolitti und Carnevali, F.
143. Die Herstellung von schmiedbarem Guß. Rassegna Mineraria, Metallurgica
e Chemica 1910, Sept., S. 97.
Teichmann, H.
144. Ölfeuerungsbetriebe mit besonderer Berücksichtigung der Steinkohlenteeröle
für Metallschmelzöfen. St. u. E. 1911, S. 847.
Touceda, E.
145. Herstellung und Verwendung von Temperguß. The Iron Age 1913, 12. Juni,
S. 1426.
146. Temperguß für Automobilteile. The Foundry 1913, Juli, S. 276.
147. Festigkeit und Zähigkeit des schmiedbaren Gusses. The Iron Age 1914,
Okt., S. 948.
148. Schmiedbarer Guß für Automobile. The Iron Trade Review 1915, 25. Febr.,
S. 224 u. 246 b.
149. Die Phosphorgrenze im schmiedbaren Guß. The Iron Age 1915, Okt.,
S. 924; s. a. St. u. E. 1915, S. 1330.
150. Festigkeit und Geschmeidigkeit des schmiedbaren Gusses. Bericht in St.
u. E. 1915, S. 563.
151. Über das normale Bruchaussehen von gutem schmiedbaren Guß. Bericht
Stadelers in St. u. E. 1917, S. 528.
151 a. Fortschritte in der Erzeugung von Temperguß. Foundry 1917, S. 376.
151 b. Stand der Tempergußtechnik. Foundry 1917, Nov., S. 475; s. a. St. u.
E. 1918, S. 493.
Trasher, G. M.
152. Die natürliche Härte des Gußeisens und ihre Bedeutung für die Erzeugung
von schmiedbarem Guß. Metallurgical and Chemical Engineering 1915,
Jan., S. 39.
153. Über die Beziehung des Siliziums zum Gesamtkohlenstoff beim schmied-
baren Guß und Hartguß. Bulletin of the American Institute of Mining
Engineers 1915, Okt., S. 2129; Bericht in St. u. E. 1916, S. 943.
Treitschke, W., und Tamman, G.
154. Über das Zustandsdiagramm Eisen und Schwefel. Metallurgie 1907, Nr. 2,
S. 54.
Vogel, O.
155. Lose Blätter aus der Geschichte des Eisens. St. u. E., 1917, S. 522;
1918, S. 1101 u. 1210.
Walter, C. M., und Smith, E. W.
156. Über gasgefeuerte Temper-, Glüh- und Schmelzöfen. The Foundry Trade
Journal 1914, Febr., S. 77.
West, Th. D.
156 a. Die heutige amerikanische Gießereipraxis, ihre Aussichten und Anforde-
rungen. Industrial World 1911, 6. Febr., S. 160; s. a. St. u. E. 1911, S. 692.
Wheeler, E. C., und Davis, C.
157. Die Darstellung des schmiedbaren Gusses in den Vereinigten Staaten.
The Iron Age 1899, Bd. 63, Nr. 6 bis 8; s. a. St. u. E. 1899, S. 366.
William, A. M., und Arnold, J. O.
158. Über die Wanderungsfähigkeit verschiedener Körper im Eisen. St. u. E.
1899, S. 617.
Woodworth, J. V.
159. Die Herstellung des Tempergusses. American Mechanist 1902, 2. Aug.,
S. 1009.
Wüst, F.
160. Veränderungen des Gußeisens durch anhaltendes Glühen. St. u. E. 1903,
S. 1136.

161. Roheisen für den Temperprozeß. St. u. E. 1904, S. 305.
162. Beitrag zur Kenntnis der Eisen-Kohlenstofflegierungen höheren Kohlenstoff-gehaltes. Metallurgie 1906, S. 11.
163. Untersuchungen über die Festigkeitseigenschaften und Zusammensetzung des Tempergusses. Mitteil. a. d. eisenh. Inst. d. Techn. Hochschule Aachen 1908, 2. Bd., S. 44.
164. Über die Theorie des Glühfrischens. Mitteil. a. d. eisenh. Inst. d. Techn. Hochschule Aachen 1908, 2. Bd., S. 111.

Wüst, F., und Leuenberger, E.
165. Über den Einfluß der Glühdauer auf die Qualität des Tempergusses. Ferrum 1916, Aug. Sept., S. 161.

Wüst, F., und Schlösser, P.
166. Der Einfluß von Kohlenstoff, Silizium, Mangan, Schwefel und Phosphor auf die Bildung der Temperkohle. St. u. E. 1904, S. 1120.

Wüst, F., und Stotz, R.
167. Über das Tempern mit einer Mischung von Kohlendioxyd und Kohlen-monoxyd. Ferrum 1916, Dez., S. 33.

Wüst, F., und Sudhoff, E.
168. Über die Einwirkung von Wasserstoff und Stickstoff auf temperkohle-haltiges Eisen bei verschiedenen Temperaturen. Mitteil. a. d. eisenh. Inst. d. Techn. Hochschule Aachen 1911, 4. Bd., S. 94.

## Verzeichnis der ohne Angabe der Verfasser erschienenen Veröffentlichungen, nach der Zeitfolge geordnet.

169. Die physikalischen Eigenschaften des Tempergusses. The Foundry 1900, Nov., S. 116.
170. Schmiedbarer Guß. The Foundry 1903, Febr., S. 254.
171. Großer Glühofen für schmiedbaren Guß. The Iron Age 1903, 2. Juli, S. 5.
172. Maschinen zum Beschicken von Temperöfen. The Foundry 1908, Febr., S. 260.
173. Die nordamerikanische Tempergußindustrie im Jahre 1907. The Foundry 1908, Febr., S. 262.
174. Eine Gießerei für Stahl und Temperguß. Castings 1908, März, S. 209.
175. Beschreibung von Temperöfen. The Foundry 1908, Juni, S. 189.
176. Verteilung der Eisen- und Stahlgießereien in den Vereinigten Staaten. The Foundry 1908, Juli, S. 242.
177. Titan im Gußeisen. St. u. E. 1909, S. 980.
178. Schwedische Roheisensorten. St. u. E. 1909, S. 980.
179. Aus der Praxis der Tempergießerei. The Iron Age 1909, 18. März, S. 900.
180. Temperguß für Automobilteile. The Iron Age 1909, 9. Dez., S. 1783.
181. Bericht über eine Besprechung des Vereins deutscher Eisengießereien, Gruppe Brandenburg. St. u. E. 1910, S. 593.
182. Dasselbe: Fortsetzung. St. u. E. 1910, S. 715.
183. Tempergießerei in Västerås. Skandinavisk Gjuteri-Tidning 1910, Juni, S. 140.
184. Über Temperguß. The Foundry 1910, Sept., S. 31.
185. Typische Entwürfe neuzeitlicher Eisengießereien. The Foundry 1911, Febr., S. 247.
186. Feuerverzinnen von Grau- und Temperguß. Gießereizeitung 1911, S. 229.
187. Eine ununterbrochen arbeitende Tempergießerei. The Foundry 1911, März, S. 1; s. a. St. u. E. 1911, S. 518.
188. Neuerungen in einer Gießereianlage. Zeitschr. f. prakt. Maschinenbau 1911, März, S. 283.

189. Flamm- und Temperöfen. Praktischer Maschinenkonstrukteur 1911, Aug., S. 198.
190. Zur Frage des Titanzusatzes zu Eisen und Stahl. St. u. E. 1911, S. 1794.
191. Die Herstellung von Ofenteilen aus schmiedbarem Guß. The Foundry 1912, 9. Mai, S. 1145.
192. Über schmiedbaren Guß. Die Gießerei 1914, 22. Jan., S. 20.
193. Einige praktische Gesichtspunkte für das Formen von Eisen-, Temper- und Stahlgußstücken. Die Gießerei 1914, 7. April, S. 97.
194. Über den heutigen Stand der Wärme- und Glühöfen. St. u. E. 1914, S. 1636; 1915, S. 421.
195. Eine neue Tempergießerei (Gießerei der Hammond Malleable Iron Co). The Iron Trade Review 1915, 29. April, S. 859. Dass. The Foundry 1915, Mai, S. 204.
196. Fortschritte in der Herstellung von schmiedbarem Guß. The Iron Age 1916, 26. Okt., S. 935.
197. Magnesium und Temperguß. Eisenzeitung 1916, 11. Nov., S. 670.
198. Herstellung von schmiedbarem Guß. The Ironmonger 1917, 17. März, S. 42.
199. Neues Verfahren zur Herstellung von schmiedbarem Guß. The Iron Age 1917, 10. April, S. 967.
200. Bericht über den gegenwärtigen Stand der Tempergießerei in England. Nach Hatfield. W. H. Iron a. Steel Institute 1917. 96. Bd. S. 307.
201. Herstellung von Granaten aus schmiedbarem Guß. Iron Trade Review 1918, Febr., S. 477; s. a. Foundry 1918, Juni, S. 240.
202. Herstellung von Gewehrgranaten aus Temperguß. Foundry 1918, Febr., S. 47.
203. Temperguß. Eisenzeitung 1918, Aug., S. 413.
204. Temperguß und seine Überwachung. Eisenzeitung 1918, Aug., S. 413.

# Verzeichnis der deutschen Tempergießereien[1].

**Baden.**
Singen bei Konstanz.
** Eisen- und Stahlwerk von Gg.
Fischer, A.-G.

**Bayern.**
München.
** F. S. Kustermann.
Nürnberg.
Caspar Berg.

**Rheinpfalz.**
Kaiserslautern.
** Hans Lindeck.
Neustadt a. d. Hardt.
* Neustadter Eisengießerei.

**Elsaß.**
Bischweiler, Kr. Hagenau.
* Eisengießerei Ph. Pulfermüller
G. m. b. H.
Winzenheim, Kr. Gebweiler.
Gebr. Haren.
Zabern.
Gebr. Kuhn.

**Lothringen.**
Bärenthal.
** Couloux & Co. G. m. b. H., Stahl-
werk Bärenthal.

**Mecklenburg.**
Friedland i. W.
Eisenwerk Friedland G. m. b. H.

**Preußen.**
**Brandenburg.**
Arnswalde.
Jahn Kommanditgesellschaft.
Berlin.
** Berlin-Burger Eisenwerk W. 9.
Carl Falkner, O. Pettenkoferstr.
Seiffert & Co. A.-G., Köpenickerstr.
154a S. O.

Fürstenwalde a. d. Spree.
Gustav Chorus Nachf.
Lichtenberg b. Berlin.
H. F. Eckert A.-G.
Pankow.
Ambroin-Werke G. m. b. H.

**Hessen-Nassau.**
Schmalkalden.
F. W. Kampmann.
Steinbach-Hallenbach.
*** Thüringer Temper- u. Stahl-
gießerei G. m. b. H.

**Pommern.**
Anklam.
Anklamer Eisenwerke.
Gebr. Münster.
Torgelow.
Gebr. Sauer & Co.
Ueckermünde.
** Paul Bobzin, Ueckermünder
Eisenwerk.

**Rheinprovinz.**
Aachen.
J. G. Vonderhecken.
Mühlheim a. Rhein.
Theodor Mongen.
Cöln-Sülz.
** Fremery & Stamm, Sülzer Eisen-
werk.
Elberfeld.
** G. u. J. Jäger, Komm. Ges.
Berg.-Gladbach.
F. Jäger.
H. Köttgen & Co.
Gräfrath, Kr. Solingen.
Lüttgens & Engels.
Heiligenhaus.
Gebr. Balz.
August Hitzbleck.

---

[1] An Hand der „Gemeinfaßlichen Darstellung des Eisenhüttenwesens" zusammengestellt.

Die mit * bezeichneten Werke stellen auch Grauguß her.
„  „  ** „  „  „  „ Eisen- und Stahlguß her.
„  „  *** „  „  „  „ Stahlguß her.

Radevormwald.
　Meskendahl & Ambrock.
　Ludwig Rocholl & Co.
Remscheid.
　*** Bergische Stahlindustrie.
　Karl Greuling.
　A. Mannesmann.
　Emil Spennemann.
　J. G. Walter.
　Wortmann & Paas.
Solingen.
　August Ferdinand Hammesfahr.
　Julius Hammesfahr.
　Kurt Kirschner.
Velbert.
　August Boer.
　** Eisengießerei und Schloßfabrik
　　　A.-G. vorm. Gebr. Judick.
　Eduard Albert Engels.
　Albert Fischer.
　Ernst Grundscheid.
　Gustav Albert Heidmann.
　Emil Hohagen
　** Temper-Stahl- und Graugußwerk
　　　G. m. b. H.
　Gebr. Tiefenthal G. m. b. H.
　Tillmanns & Kellner G. m. b. H.
Wald.
　Därmann & Co.
　F. W. Gottfried Nachf.
　** Carl Großmann, Eisen- und
　　　Stahlwerk A.-G.
Weyer.
　Carl Wipperfürth & Co.

**Provinz Sachsen.**
　Lauchhammer.
　　* Lauchhammer A.-G.
　Magdeburg-Buckau.
　　** Fried. Krupp A.-G. Grusonwerk.
　Magdeburg-Neustadt.
　　Hermann Saaß & Co.
　Zeitz.
　　Louis Hofmann.

**Westfalen.**
　Altenvörde.
　　August Bilstein.
　　Falkenroth & Schnöring.
　　Fr. Wilhelm Lohmann.
　Annen.
　　** Annener Stahl-Eisen- und Tem-
　　　pergießerei Roos & Schnele,
　　　G. m. b. H.
　　** H. Knapmann.

Bielefeld.
　Wilhelm Kramer.
　R. Tweer.
Egge b. Volmarstein.
　Chr. Schüttler Wwe.
Frönsberg.
　L. Kuhlmann.
Gevelsberg.
　** H. Bovermann Nachf. G. m. b. H.
　Gebr. Bröcking & Co.
　Gebr. vom Bruch.
　** Heinr. Dieckerhoff, Gevelsberger
　　　Stahlwerk.
　Gebr. Dörken.
　Gevelsberger Tempergießerei Sichel-
　　　schmidt & Spies.
　Gebr. Hölker.
　*** Kottenhoff & Wehdeking.
　** Robert Schmitz.
　** Stockey & Schmitz, Eisen- und
　　　Stahlgießerei.
　Wilhelm Schmidt.
　Fritz Würpel & Co.
Hagen.
　August Bisterfeld jr.
　Boecker & Voormann.
　Wilhelm Holthaus.
　F. W. Killing.
　Joh. Casp. Post Söhne.
　Carl Ruthenkolk.
Haspe.
　Ackermann & Co.
　Friedrich Dickermann & Co.
　E. & A. Falkenroth.
　** Gußstahlwerk Wittmann, A.-G.
　Alfred Witte-Löhmer.
Hemer.
　J. D. Steffen & Sohn.
Iserlohn.
　Turk & Bolte.
Linden a. d. Ruhr.
　E. Wolf jr.
Menden.
　Schmöle & Co.
Milspe.
　J. D. Brackelsberg.
　Julius Brackelsberg.
　Gebr. Emde.
　Gebr. Regeniter.
　Rudolf Rentrop.
Schwelm.
　** Edler & Co., Märkische Stahl-
　　　und Eisengießerei.
　Gustav Schubeis.

Silschede.
August Schröder.
Verneis bei Vörde i. W.
** Emil Herminghaus.
Vogelsang bei Haspe.
** H. Bovermann Nachf. G. m. b. H.
Brandt, Ebbinghaus & Co.
* Vogelsanger Eisengießerei u. Maschinenfabrik.
Volmarstein.
Ewald Schmidt.
Vörde, Bez. Arnsberg.
J. C. Störring & Co.
Witten a. d. Ruhr.
Gebr. Schüren.

## Königreich Sachsen.
Chemnitz-Altendorf.
** H. Krautheim.
Dresden-Löbtau.
G. Krüger & Rott G. m. b. H.
Dresden-Radebeul.
Louis Paul & Co.

Leipzig-Großzschocher.
** Meier & Weichelt.
Leipzig-Plagwitz.
** Rudolf Sack.
Meißen.
Meißner Gußwerk, Ernst Paul Nachf. Inh. A. Reuß.
Schönheiderhammer.
* Carl Edler von Querfurth.
Wittigsthal b. Johanngeorgenstadt.
** Nestler & Breitfeld G. m. b. H.
Wurzen.
Richard Klinkhardt.

## Sachsen-Altenburg.
Zella St. Blasii.
Gebr. Decker.

## Württemberg.
Stuttgart.
** Groß & Froehlich.
Stuttgart-Kornwestheim.
A. Stolz.

# Namenverzeichnis.

# Sachverzeichnis.

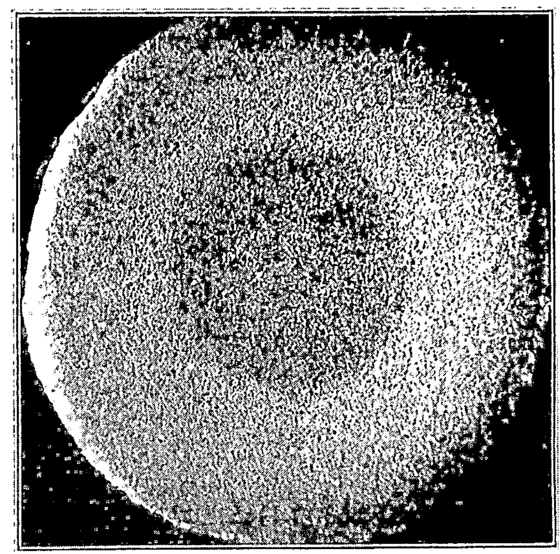



**Abb. 8.**
Einmal getemperter Grauguß (139).

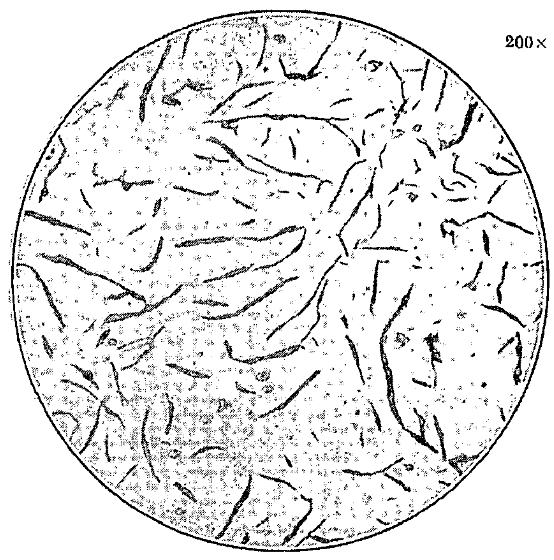



**Abb. 9.**
Grauguß, einmal getempert, Kern, ungeätzt

Verlag von Julius Springer, Berlin.

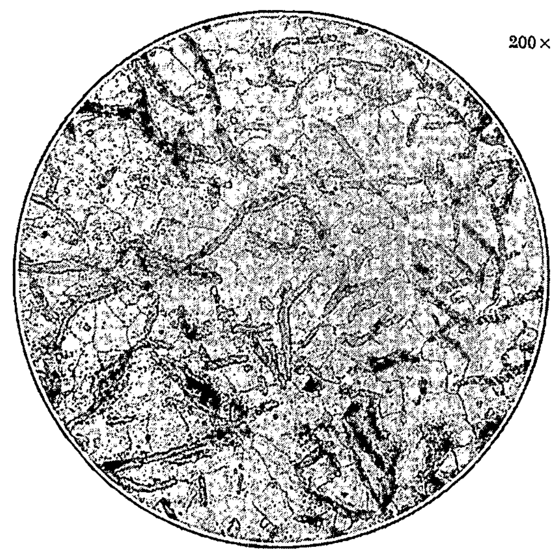

200 ×

**Abb. 10.**
Grauguß, einmal getempert, mittlere Zone, ungeätzt (139).

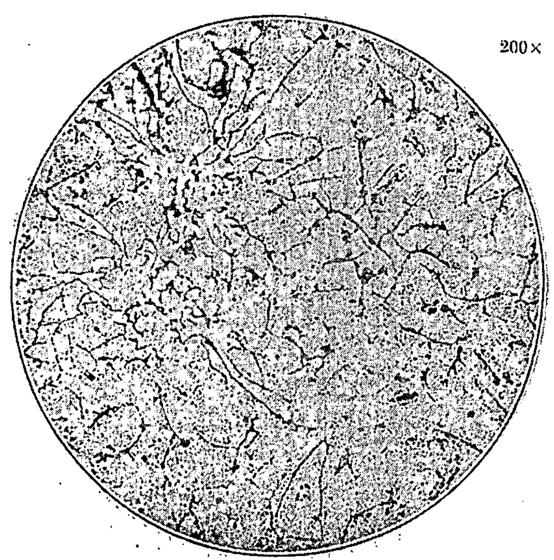

200 ×

**Abb. 11.**
Grauguß, einmal getempert, Rand, ungeätzt (139).

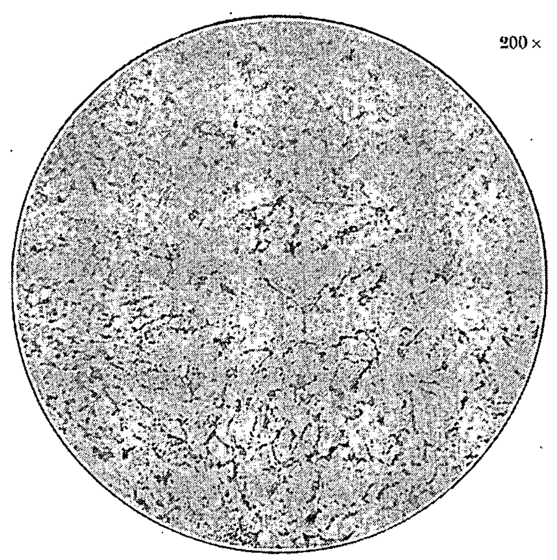



**Abb. 12.**
Grauguß, zweimal getempert, Rand, ungeätzt (139).

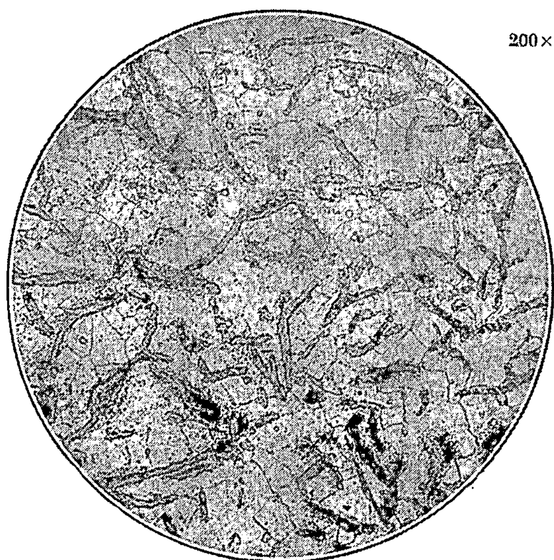



**Abb. 13.**
Grauguß, einmal getempert, Kern, geätzt (139).

Verlag von Julius Springer, Berlin.

400×

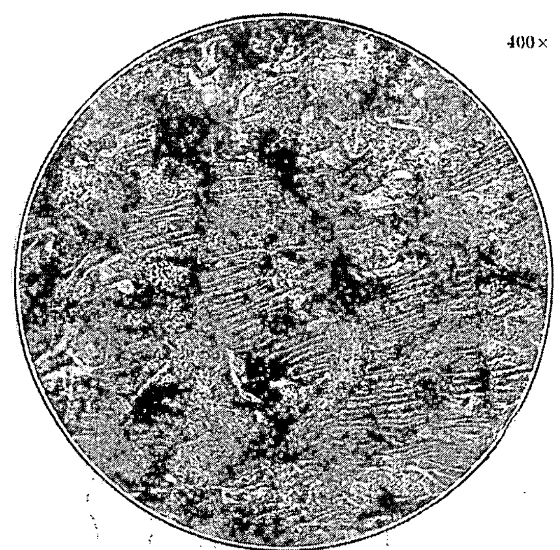

Abb. 14.
Grauguß, einmal getempert, mittlere Ringzone, geätzt (139).

400×

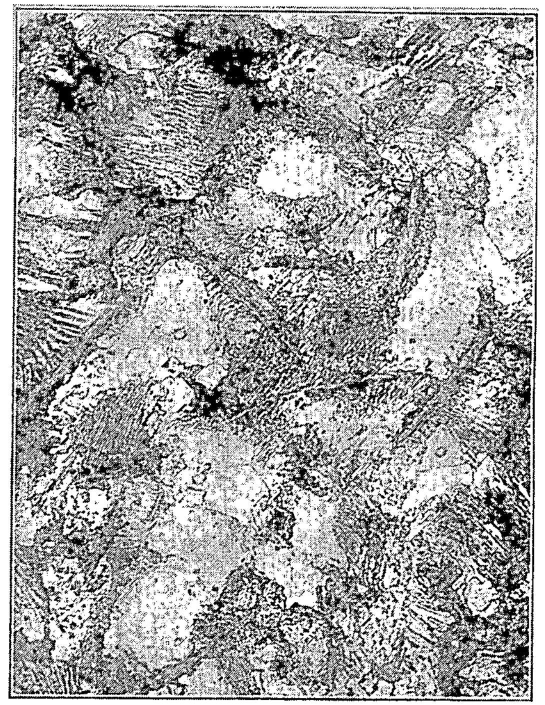

Abb. 15.
Grauguß, zweimal getempert, Kern, geätzt (139).

400 ×

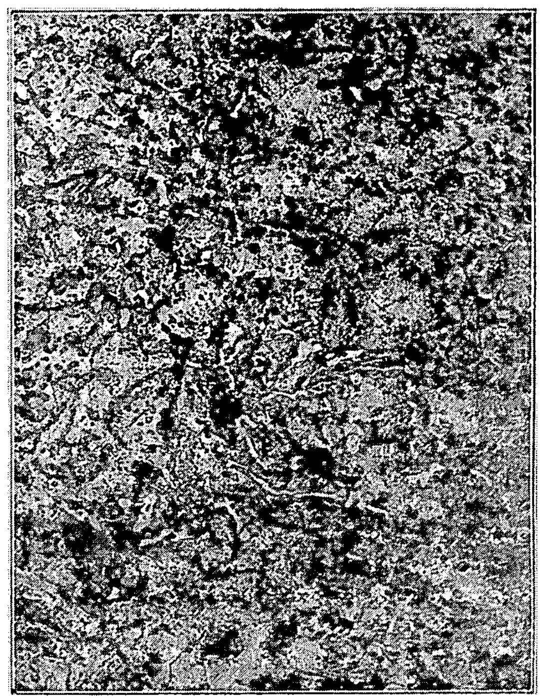

Abb. 16. Grauguß, zweimal getempert, Rand geätzt (139).

28 ×

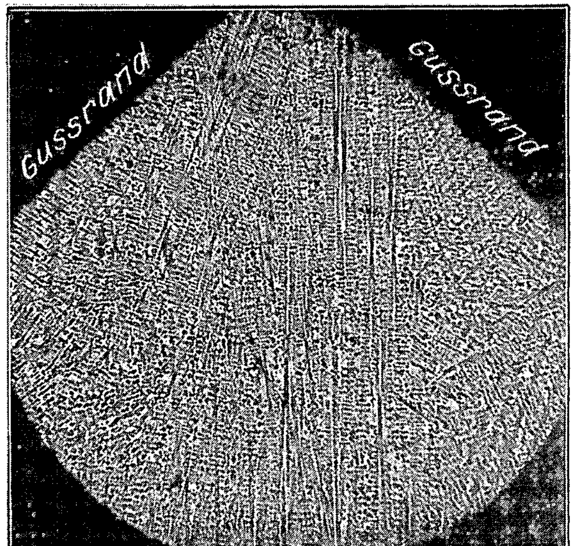


Abb. 17. Temperrohguß (23).

Verlag von Julius Springer, Berlin.

420 ×

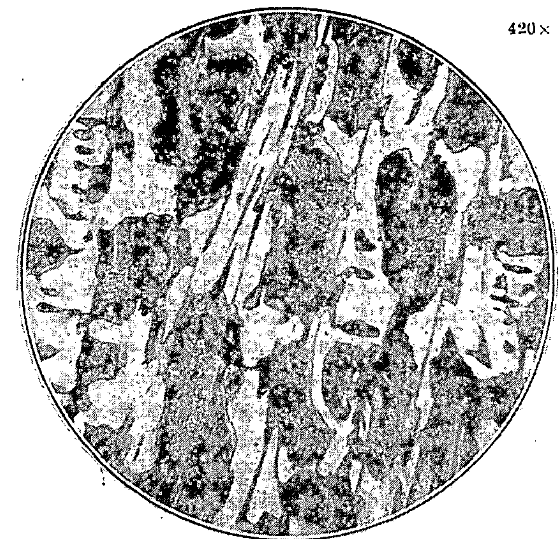

Abb. 18.
Temperrohguß (23).

90 ×

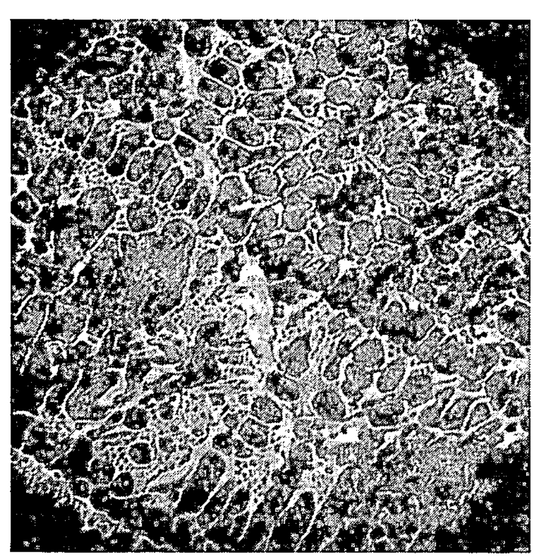

Abb. 19.
Temperrohguß aus dem Tiegelofen.

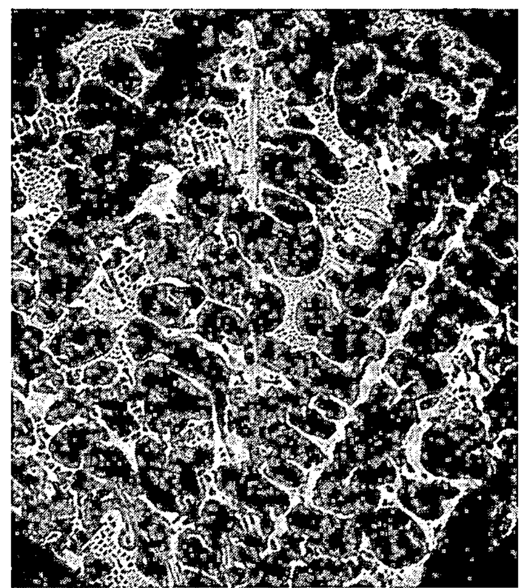

Abb. 19a.
Temperrohguß aus dem Martinofen.

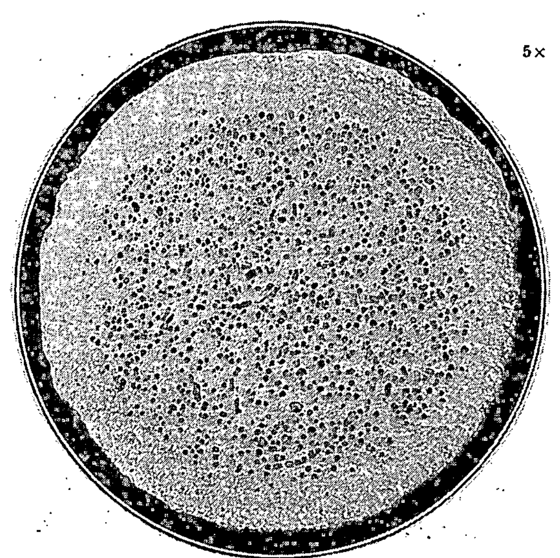

Abb. 20.
In Stickstoff geglüht, ungeätzt (139).

Verlag von Julius Springer, Berlin.

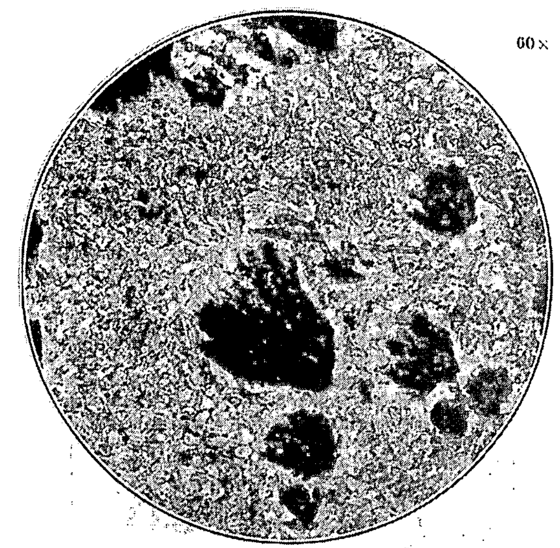



Abb. 21.
In Stickstoff geglüht, geätzt (139).

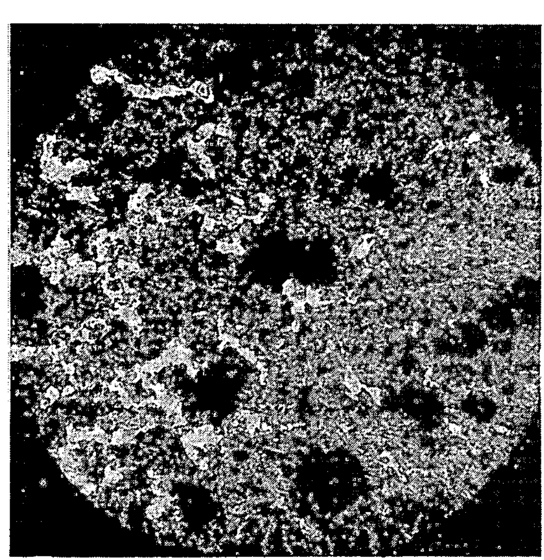



Abb. 22.
Fertig geglühter Temperguß.

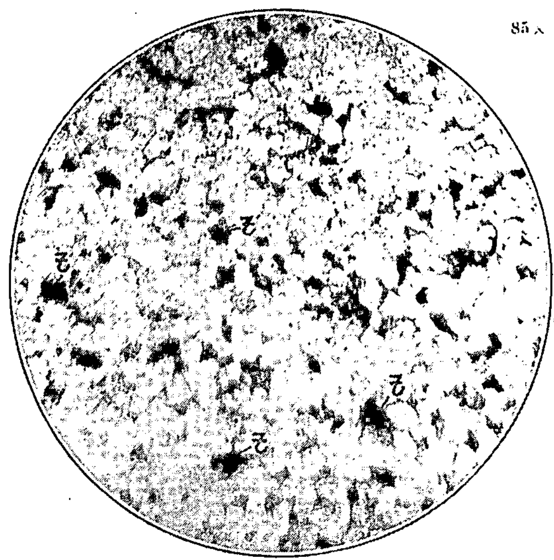

Abb. 23.
Temperguß, geätzt (23).

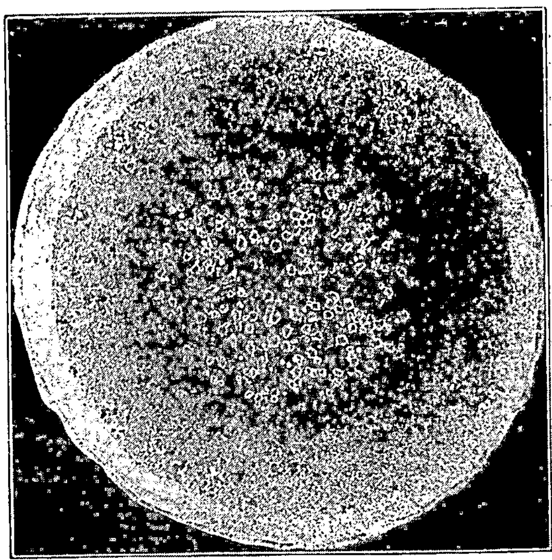

Abb. 24.
Glühung II, 0,55 % Si (87).

5,5 ×

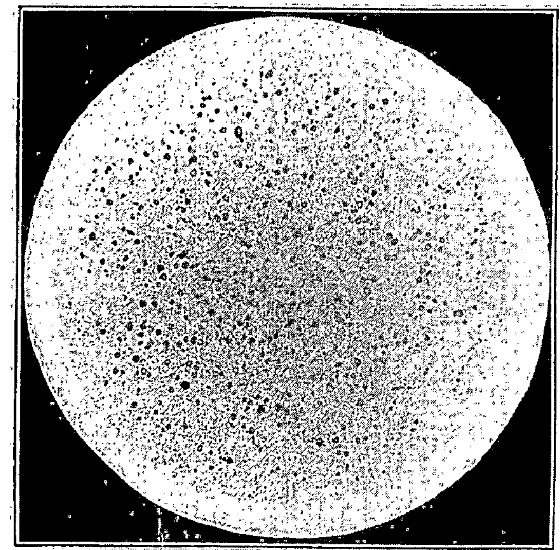

Abb. 25.
Glühung III, 0,55 % Si (87).

5,5 ×

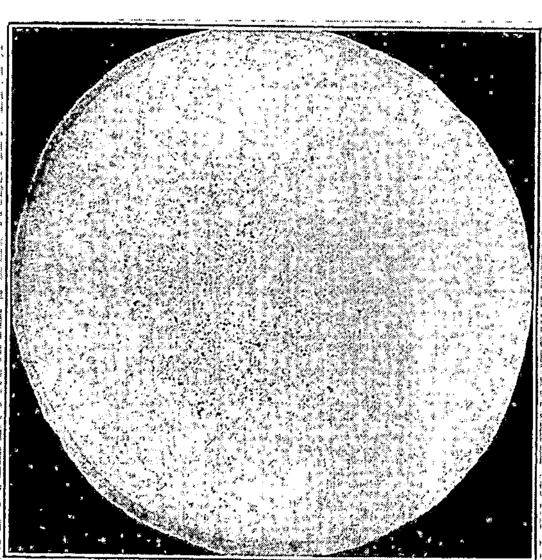

Abb. 26.
Glühung V, 0,55 % Si (87).

160 ×

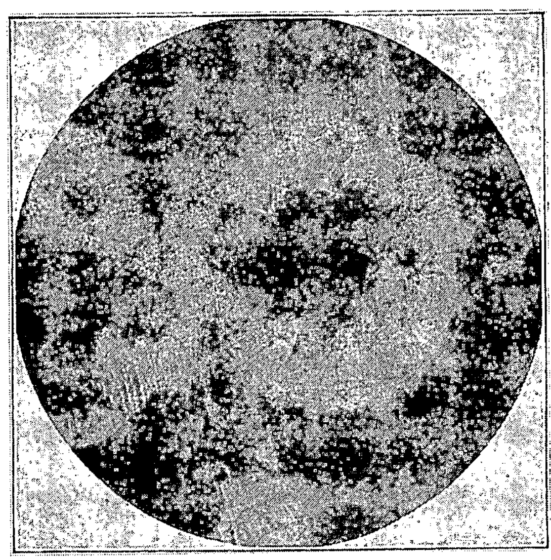

Abb. 27.
Temperkohle bei Glühung II (87).

160 ×

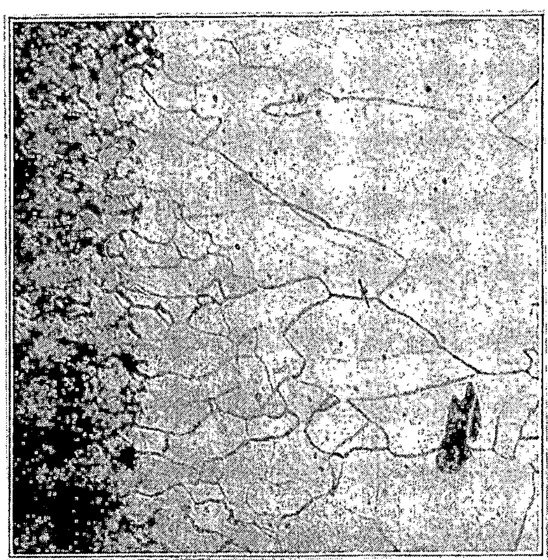

Abb. 28.
Glühung I, 0,58 % Si (87).

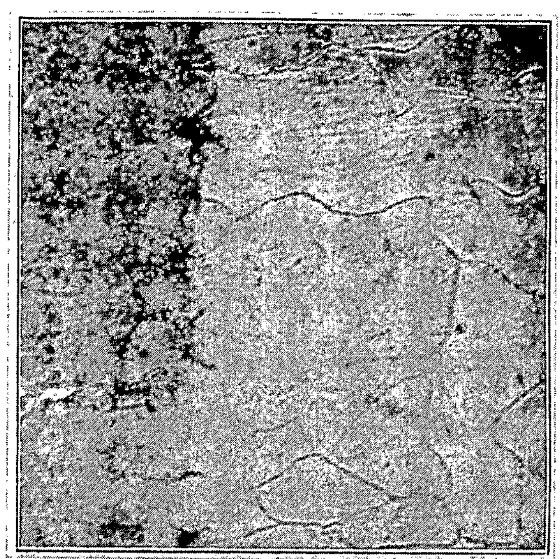

Abb. 29.
Glühung V, 0,58 % Si (87).



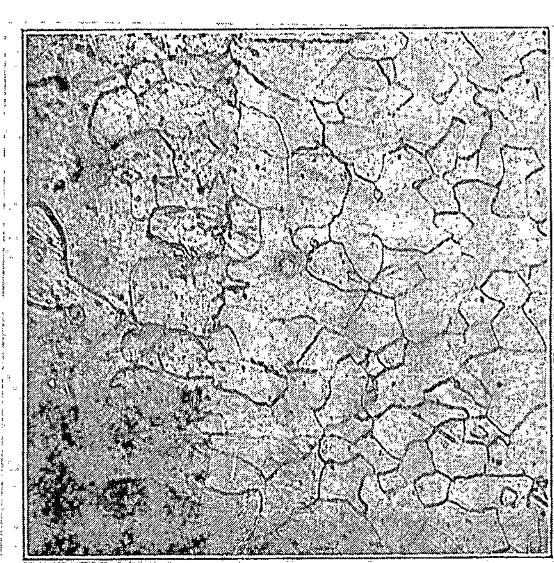

Abb. 30.
Glühung I, 0,17 % Si (87).

160 ×

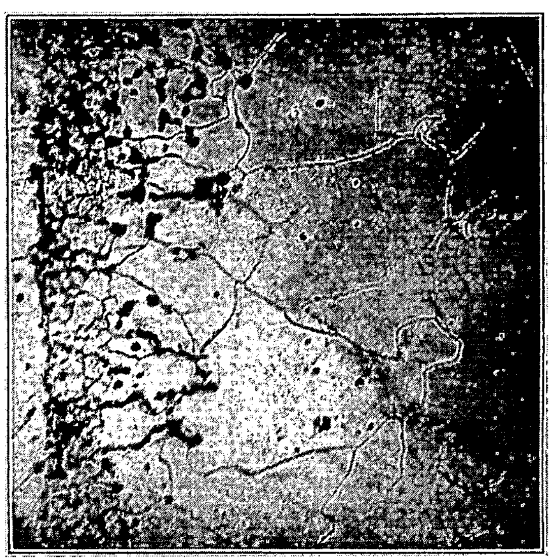

Abb. 31.
Glühung I, 1,05 % Si (87).

160 ×

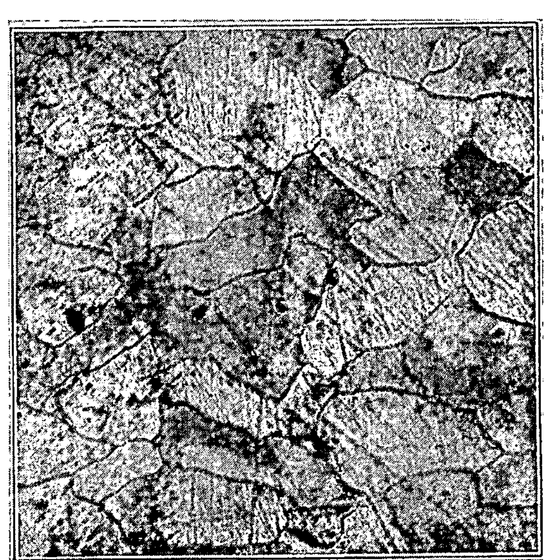

Abb. 32.
Glühung V, 0,17 % Si (87).

Verlag von Julius Springer, Berlin.

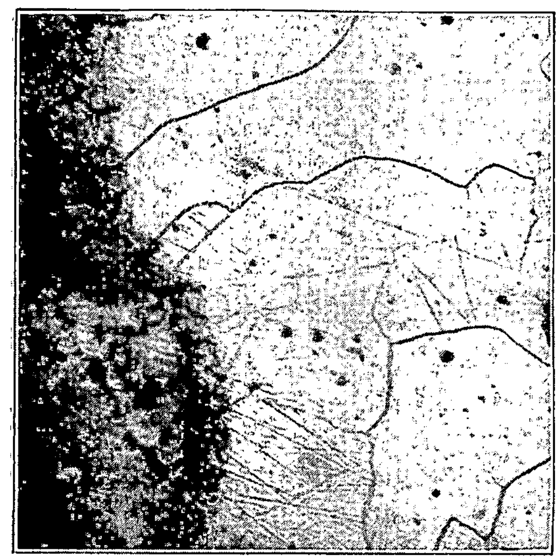

Abb. 33.
Glühung V, 1,05 % Si (87).



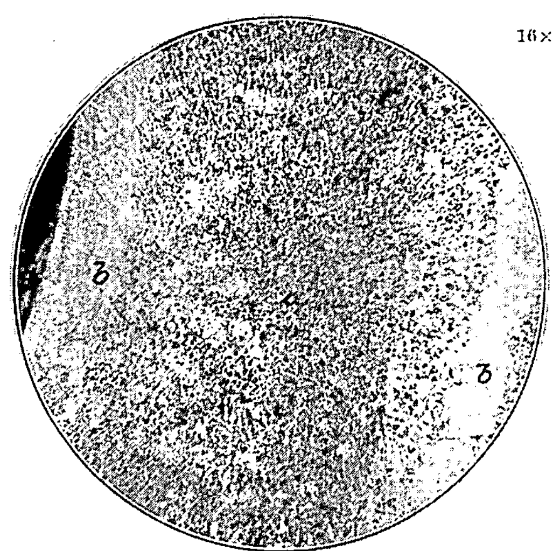

Abb. 34.
Strukturübergänge im Temperguß (23).

20×

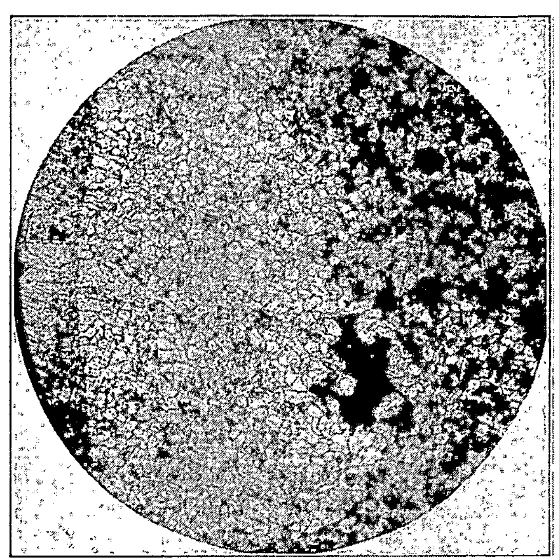

**Abb. 35.**
Perlit-, Ferrit- und Randzone (87).

420×

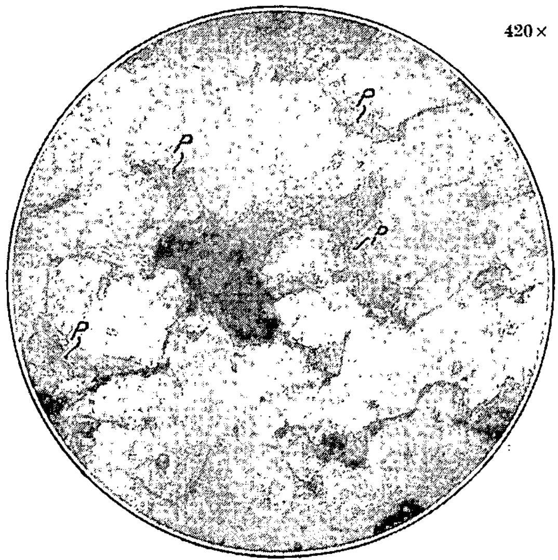

**Abb. 36.**
Temperkohle neben Ferrit und Perlit (25).

Verlag von Julius Springer, Berlin.

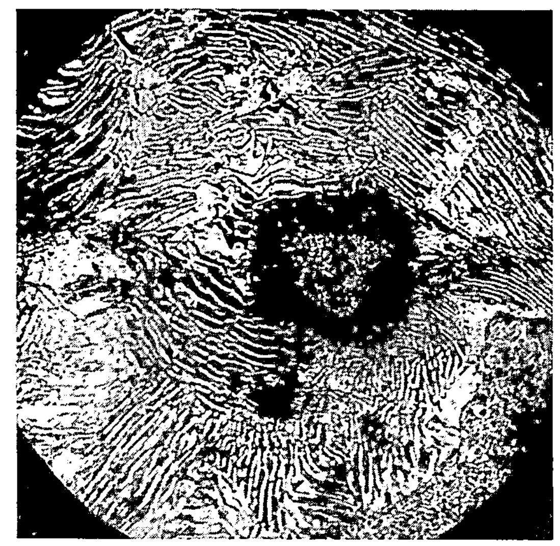

Abb. 37.
Perlit im Temperguß.

700 ×

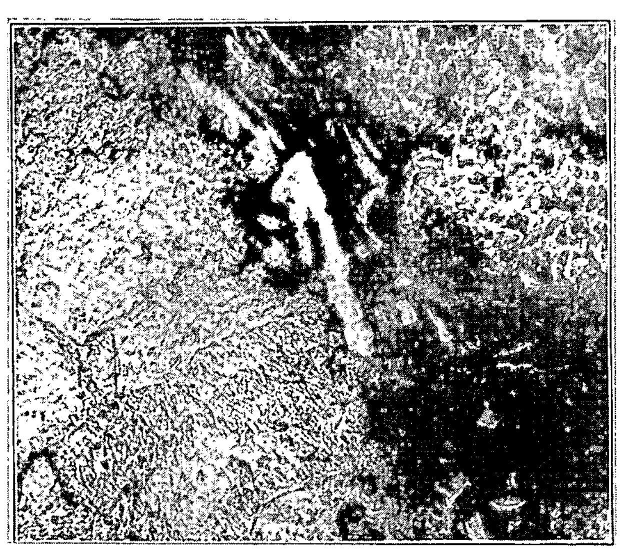

Abb. 38.
Zementitkristalle im Temperguß (23).

5 ×

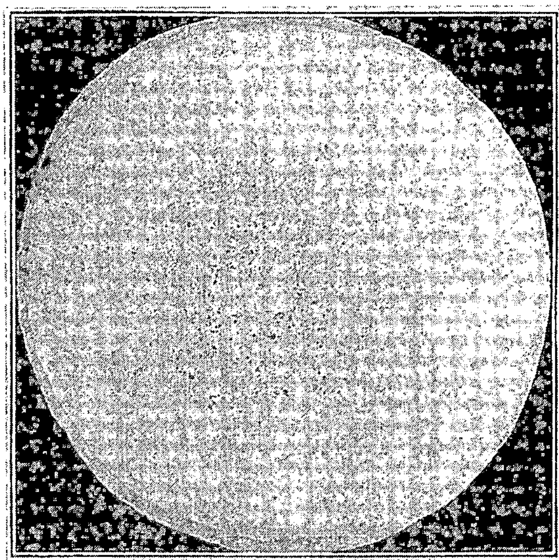

Abb. 39.
Einmal getempert, ungeätzt (139).

5 ×

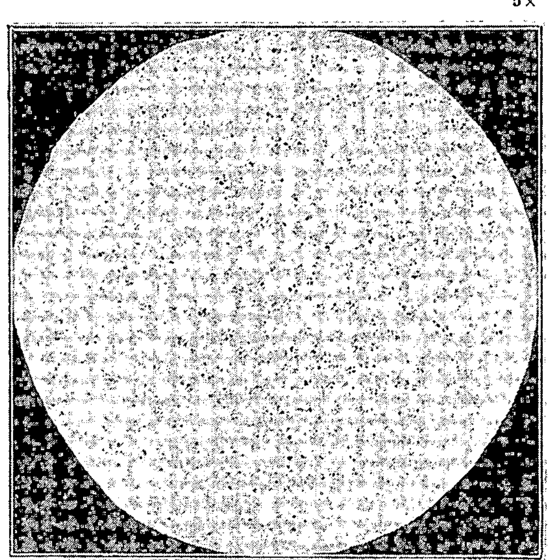

Abb. 40.
Zweimal getempert, ungeätzt (139).

Verlag von Julius Springer, Berlin.

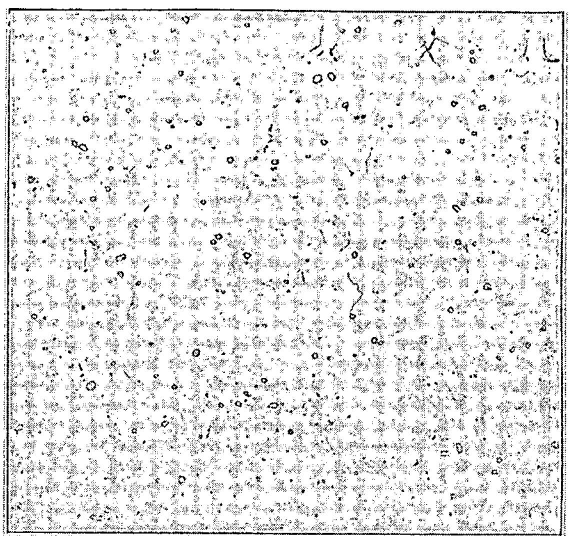

100 ×

**Abb. 41.**
Einmal getempert, Rand geätzt (139).

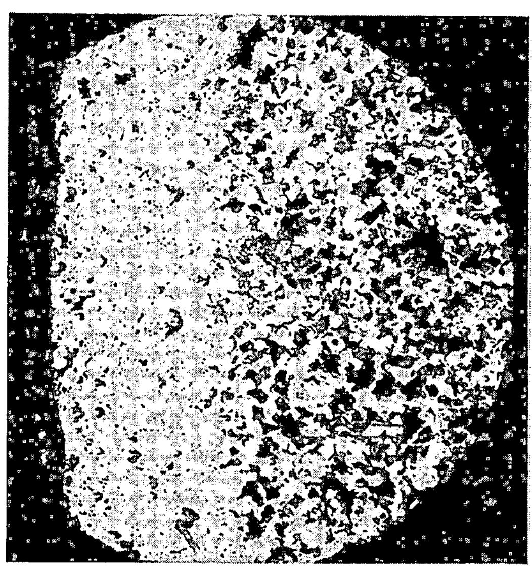

90 ×

**Abb. 42.**
Entkohlte Randzone.

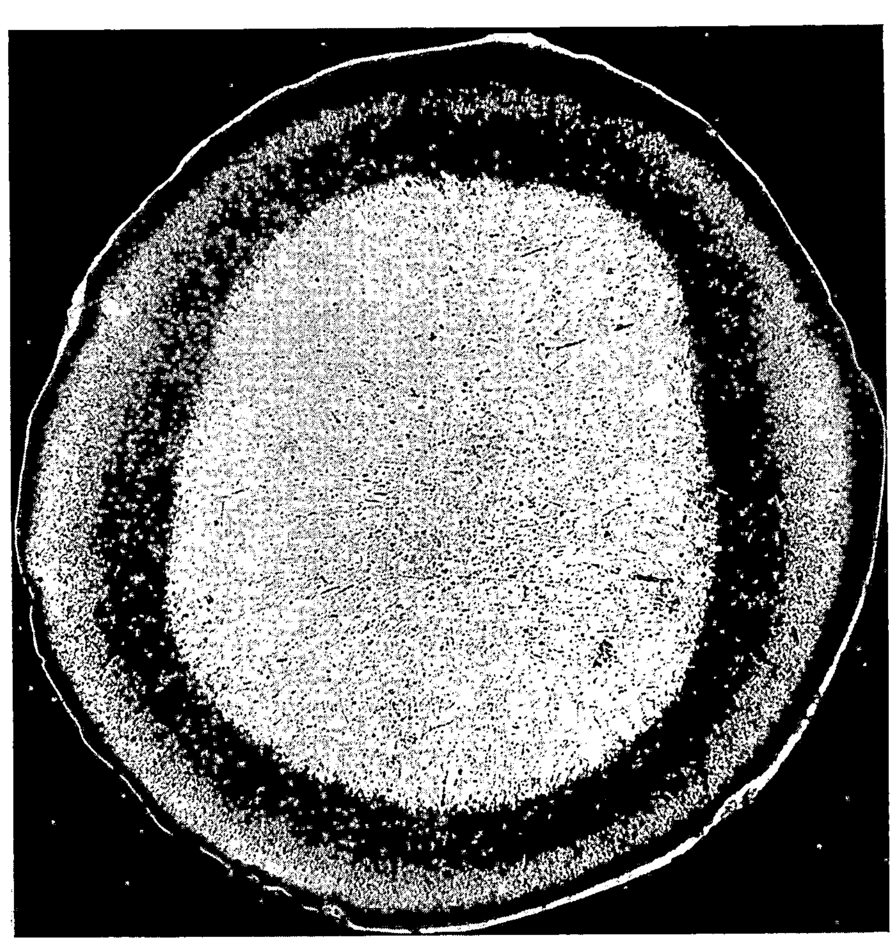

**Abb. 43.**
Zementierung an Temperguß (163).

Verlag von Julius Springer, Berlin.

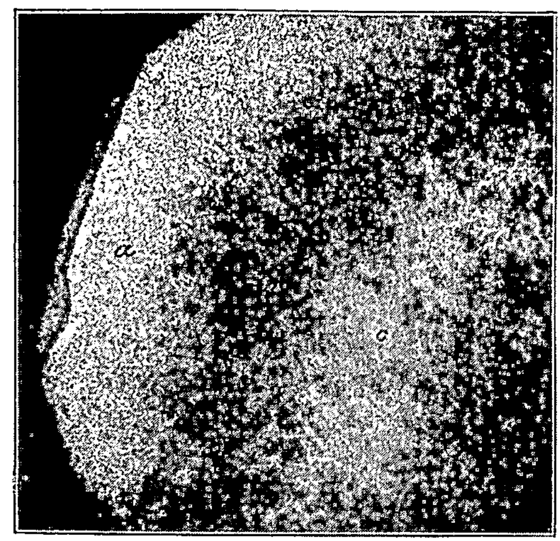

Abb. 44.
Schichten in geätztem Temperguß (23).



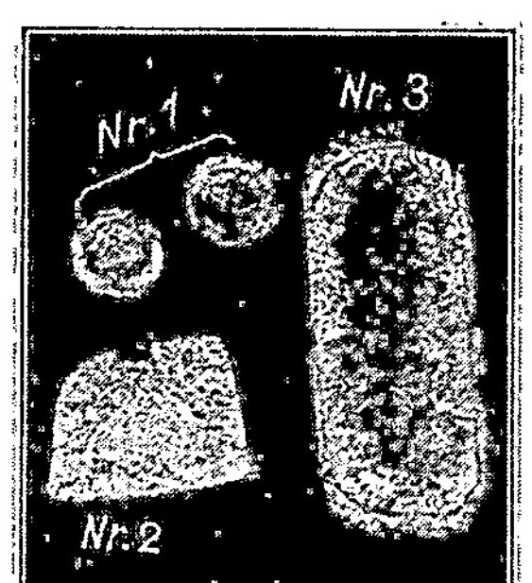

Abb. 45.
Tempergußbrüche (23).

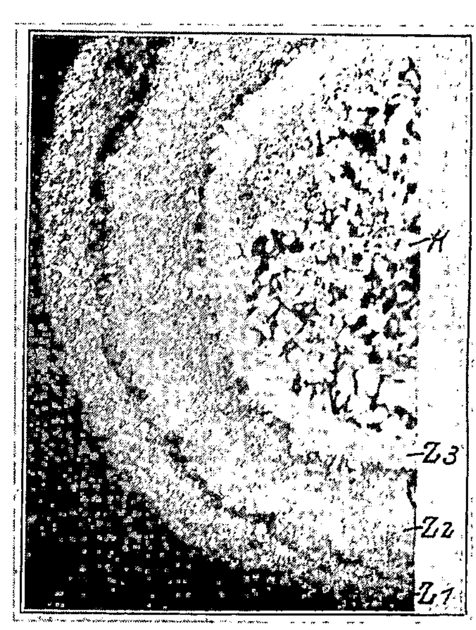


Abb. 46.
Zonenbildung an Nr. 1 der Abb. 45.

160×

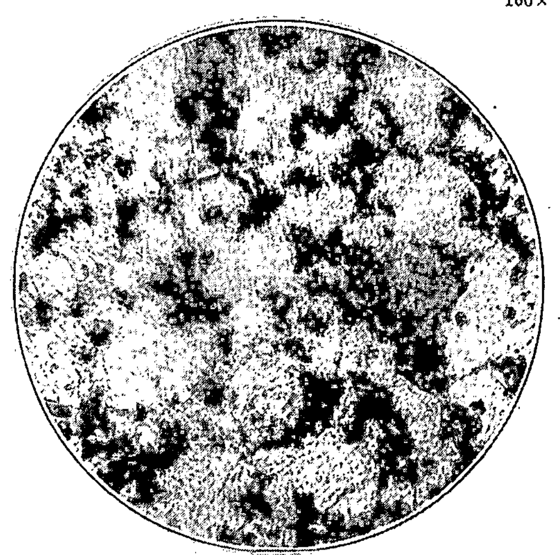

Abb. 47.
Zone 1 der Abb. 46.

640×

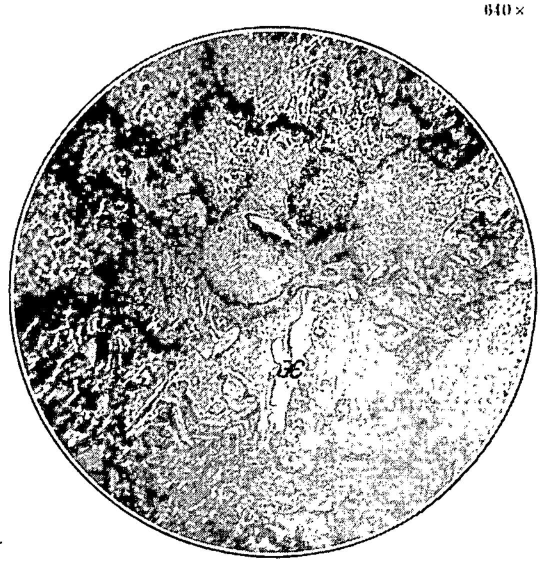

Abb. 48.
Zone 2 der Abb. 46.

Verlag von Julius Springer, Berlin.

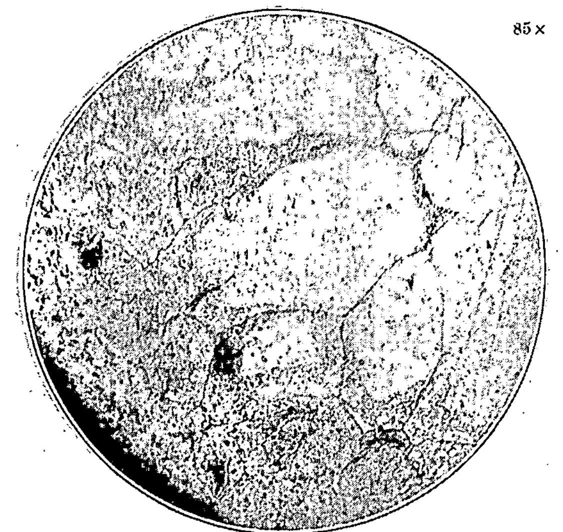

Abb. 49.
Schalender Schlüsselteil (23).

Abb. 50.
Angefrittete Tempermasse (23).

Abb. 52.
Temperguß mit Haut, ungeätzt (139).

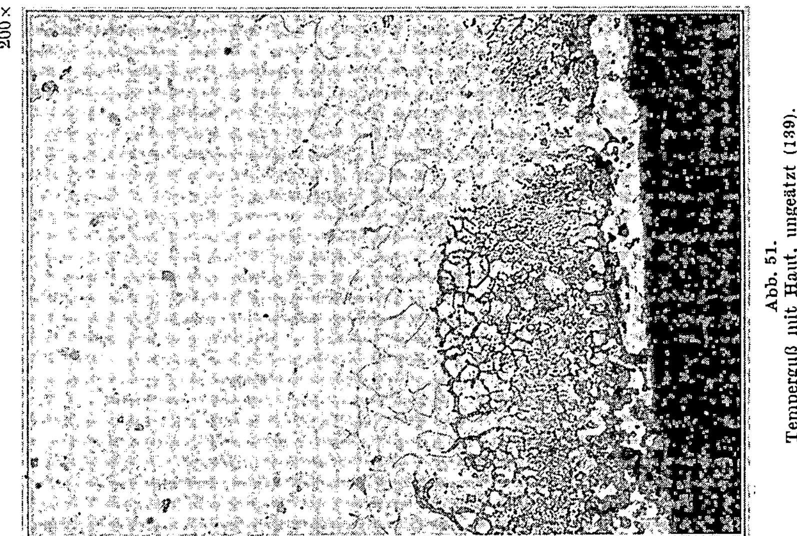


Abb. 51.
Temperguß mit Haut, ungeätzt (139).

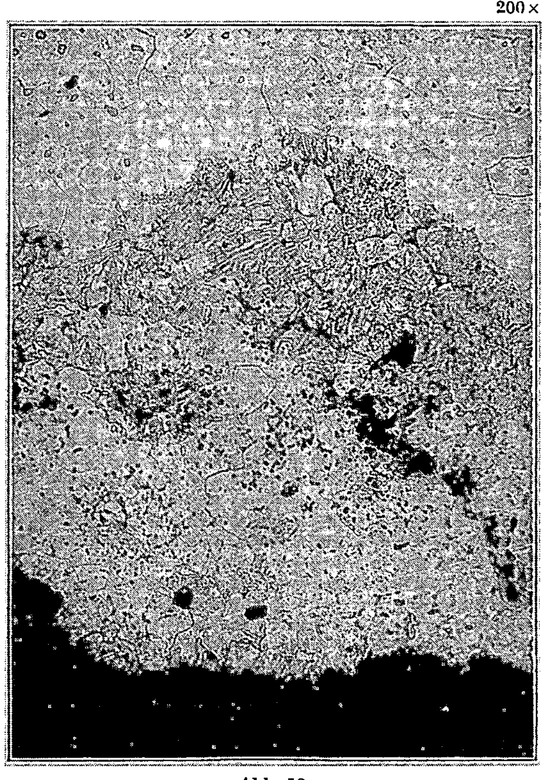

200×

Abb. 53.
Temperguß mit Haut, schwach geätzt (139).

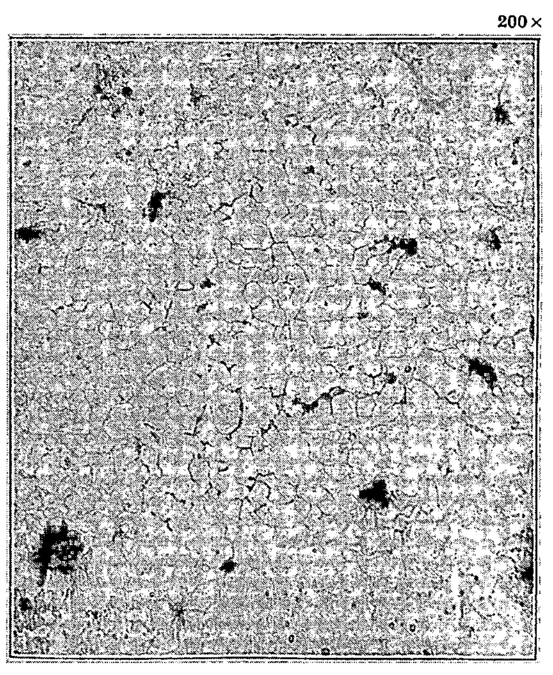

200×

Abb. 54.
Schwarze Stelle, ungeätzt (139).

400×

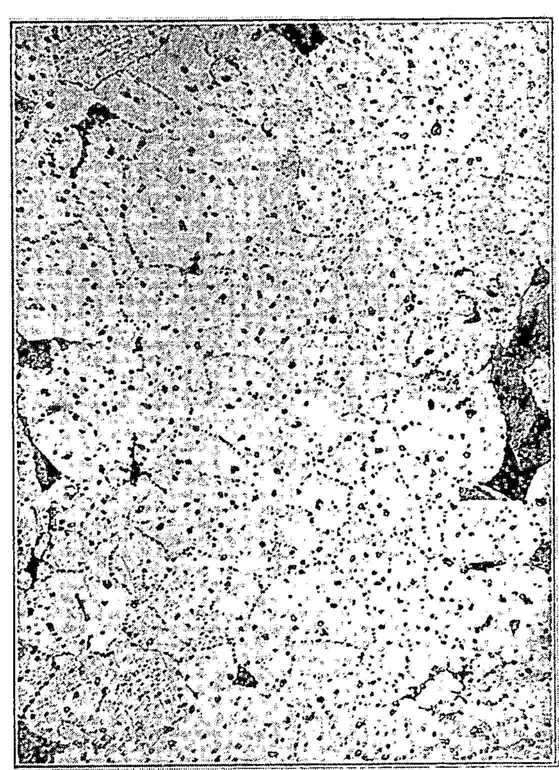

**Abb. 55.**
Schwarze Stelle, schwach geätzt (139).

Verlag von Julius Springer, Berlin.

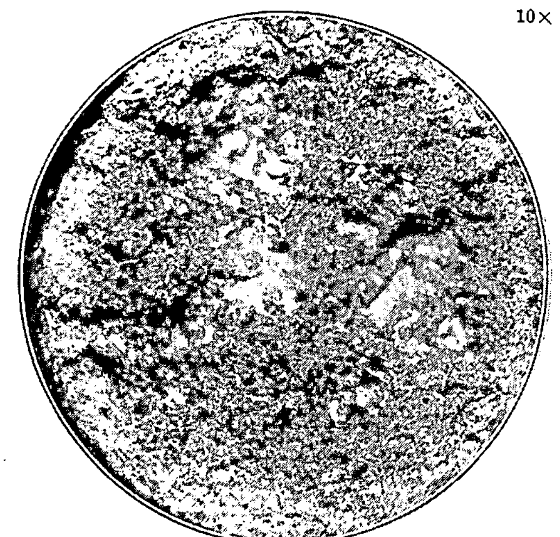


Abb. 65.
Bruch von Bohrguß (23).

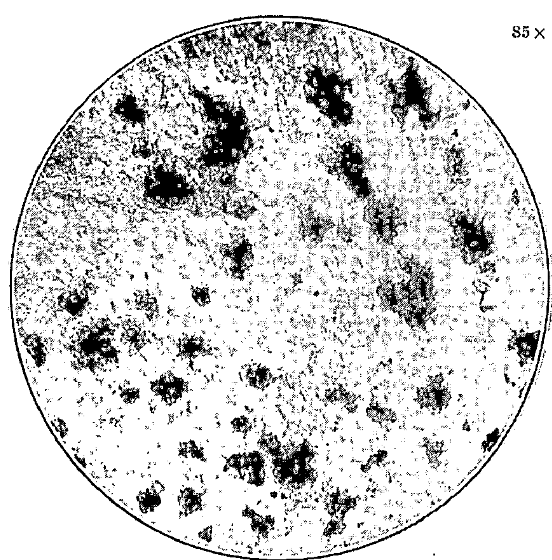


Abb. 66.
Bohrguß, Kernzone (23).

# Berichtigung.

Es muß heißen:

Seite 45 Zeile 13 von oben „bei 1000°" statt „700°".

Seite 50 in Tabelle 10 „7 maligem" und „11 maligem" statt „7 stündigem" und „11 stündigem".

Seite 70 Zeile 11 von oben „und bis 0,67 v. H." statt „und 0,67 v. H.".

Seite 109 Zeile 2 und 3 von unten „mit Zunahme des gebundenen Kohlenstoffs" statt „mit der Menge des gebundenen Kohlenstoffs".

Leber, Temperguß.